양자 정보학 강의

이해웅

카이스트
명강 PLUS 01 KAIST PRESS

양자 역학으로 배우는
미래 정보 이론

양자
정보학
강의

사이언스 북스
SCIENCE BOOKS

하늘 나라에 계신 어머니께

머리말

양자 정보학(quantum information science)은 양자계(quantum system)를 이용하는 정보 처리의 원리와 방법을 연구하는 학문이다. 양자계(광자, 원자 등)를 지배하는 물리 법칙은 양자 역학이고 따라서 양자 정보학에서의 정보 처리는 양자 역학의 원리와 법칙에 따른다. 이것이 양자 정보 처리가 고전 이론에 기반을 둔 기존의 고전 정보 처리와 판이하게 다른 이유이고 양자 정보학이 독립적인 하나의 학문을 구성하는 기본 이유이다.

양자 역학의 원리와 법칙을 적절하게 이용하면 고전 정보 처리에서는 가능하지 않았던 또는 상상조차 할 수 없었던 방법들이 가능해진다. 그 대표적인 예가 양자계를 이용하는 암호 전달, 즉 양자 암호(quantum cryptography)의 방법이다. 기존의 RSA 등의 고전 암호 전달의 방법이 그 절대적 안전성(absolute security)을 보장할 수 없고 단지 암호를 해독하는 데 오랜 시간이 걸린다는 계산적 안전성(computational security)에 의존하는 반면에 양자 역학의 원리를 이용하면 절대적 안전성이 보장되는 암호 전달이 가능해진다.

또 하나의 대표적인 예는 양자 전산(quantum computation)이다. 양자 역학의 병렬성(quantum parallelism)을 이용하면 어떤 계산들, 예를 들어 소인수 분해의 계산을 기존의 어떤 고전 계산의 방법과 비교할 수도 없이 훨씬 더 빠르게 수행할 수 있다. 이와 같은 양자 정보학의 정보 처리 기능들이 성취된다면 인류 사회가 받을 혜택은 지대할 것이고 이것이 많은 사람들이 양자 정보 시대가 곧 다가올 것을 꿈꾸면서 양자 정보학을 연구하는 이유가 될 것이다.

양자 정보학의 기본 이론은 양자 역학이므로 양자 정보학은 양자 역학이 탄생된 20세기 초반에 이미 존재했다고 말할 수도 있다. 그러나 양자 정보학이 실제로 학문의 중심 과제로 부상한 것은 불과 최근 30여 년의 일이다. 양자 정보학 발전에 커다란 획을 그은 사건들을 보면 1984년에 양자 암호의 방법인 BB84가 제안되었고 1992년에 양자 통신의 기본 방법이 될 양자 텔레포테이션(quantum teleportation)이 제안되었고 1996년에 양자 전산의 혁신적 가능성을 보여 준 쇼어 알고리듬(Shor algorithm)이 제안되었다. 이러한 사건들을 계기로 양자 암호, 양자 통신, 양자 전산이 각각 양자 정보학의 중요한 과제로 빠른 발전을 보이며 오늘에 이르렀다.

가장 빠른 발전을 보인 분야는 양자 암호로 이미 여러 해 전부터 양자 암호 전달을 수행하는 장비들이 상용 판매되고 있다. 반면에 복잡한 양자 전산을 수행할 양자 컴퓨터가 가장 가까운 장래에 그 모습을 드러낼지는 아직은 불확실하다. 또한 양자 전산의 월등한 우월성을 보여 줄 양자 알고리듬도 손가락으로 셀 정도의 수밖에는 발견되지 않았다. 이 책에서는 양자 암호, 양자 통신, 양자 전산을 주제로 지금까지 이루어진 기본 이론들을 소개하고 분석하여 앞으로의 더 큰 발전에 기여할 수 있는 틀을 마련하고자 한다.

1장에서 3장까지는 양자 정보학을 이해하기 위한 준비 과정이라고 생각할 수 있다. 양자 정보학의 깊이 있는 이해를 위해서 필요한 양자 역학, 양자 광학의 원리들을 간단히 소개하고 양자 정보학의 핵심 개념인 양자 얽힘(quantum entanglement)을 상세히 논의한다.

1장의 주제는 슈미트 분해(Schmidt decomposition), POVM(positive operator valued measure), 결잃음(decoherence) 등 양자 정보학에서 중요한 역할을 하는 양자 역학의 기본 개념들이다.

2장의 주제는 양자 광학이다. 현재까지 양자 정보의 실험들은 대부분 광자를 양자계로 하는 광학적 실험으로 수행되었다. 특히 양자 암호나 양자 텔레포테이션의 실험을 위해서는 광학적 구현이 필수적인 역할을 해 왔다. 따라서 2장에서는 양자 정보 실험을 이해하기 위해 필요한 양자 광학의 기본 개념들인 간섭성(coherence), 압축(squeezing) 등을 소개하고, 양자 정보 실험의 중요한 요소인 광분할기(beam splitter), 호모다인 측정(homodyne detection) 등을 설명한다.

양자 정보 이론의 핵심이 되는 개념은 양자 얽힘이다. 이미 오래전에 에르빈 슈뢰딩거(Erwin Shrödinger)가 인지했듯이 양자 얽힘은 양자 역학의 가장 중요한 특성이며 양자 정보 이론이 기존의 고전 정보 이론과 다른 중요한 원인이 된다.

양자 얽힘은 이미 오래전부터 학문적으로는 물론 철학적인 논쟁의 대상이 되었는데 알베르트 아인슈타인이 중심이 된 EPR(Einstein-Podolsky-Rosen) 논쟁과 이의 실험적 해결을 제공해 준 벨 부등 관계(Bell's inequality)의 이론은 양자 정보학의 이해를 위해서도 중요한 부분을 차지한다.

따라서 3장에서는 양자 얽힘의 정의에서부터 시작해서 EPR 논쟁과 벨 부등 관계를 논의하고, 얽힘과 연관된 양자 정보학의 현상들을 이해하는 데 필요한 개념들-혼합 얽힘 상태(mixed entangled state), 얽힘 구분 기준(entanglement criterion), 얽힘의 정도 등-을 설명한다.

이 책의 주 부분은 4, 5, 6장으로 양자 정보학의 세 중요 과제인 양자 전산, 양자 암호 및 양자 텔레포테이션을 주제로 한다. 양자 전산이 주제인 4장에서는 우선 고전 전산의 방법을 간단히 소개한 후 기본적인 양자 전산을 수행하는 양자 게이트들을 소개하고 이 게이트들을 실제로 구현하는 양자 회로를 어떻게 구성해서 어떻게 양자 전산을 수행하는지를 설명한다. 또한 현재까지 알려진 중요한 양자 알고리듬들-도이치 알고리듬 (Deutsch algorithm), 그로버 알고리듬(Grover algorithm), 쇼어 알고리듬-을 자세히 논의하고 이 알고리듬들을 실현할 양자 회로를 설명한다. 4장의 마지막에서는 양자 게이트에 기반을 둔 보통의 양자 전산과는 다른 방법으로 최근에 제안된 단방향 양자 전산 (one-way quantum computing) 또는 클러스터 상태 양자 전산(cluster state quantum computation)의 방법을 설명한다.

5장에서는 양자 암호에 대해 상세히 논의한다. 우선 고전 암호의 방법들이 소개되고 양자 암호 전달의 여러 방법들, 특히 BB84, B92와 E91의 방법들이 자세히 논의되며 도청 방법들도 소개된다. 양자 암호는 실험적으로도 많은 진전을 보인 분야이므로 양자 암호 전달을 실제로 구현한 여러 실험 구도들도 설명한다.

6장에서는 양자 통신의 기본 방법을 제공하는 양자 텔레포테이션에 대한 상세한 논의를 한다. 양자 텔레포테이션은 송신자와 수신자가 양자 얽힘을 공유하고 송신자가 벨 상태 측정 (Bell-state measurement)이란 특정한 형태의 측정을 수행함으로써 수행된다. 6장에서는 우선 벨 상태를 설명한 후 양자 텔레포테이션의 원리와 방법을 상세히 설명한다. 또한 여러 다른 상태-광자 상태, 원자 상태, 간섭성 상태(coherent state)와 압축 상태-의 텔레포테이션을 실제로 수행하는 실험 구도를 논의한다.

마지막으로 7장에서는 양자 암호, 양자 텔레포테이션, 양자 전산의 각 분야에서의 현재까지의 실험적 발전 상황을 간단히 요약한다. 특히 양자 정보학의 궁극적인 목표물이라고 할 수 있는 실용적인 양자 컴퓨터가 실현되려면 어떤 조건들이 만족되어야 하고 현재의 상황은 어디까지 와 있는지를 살펴보면서 양자 정보학의 미래를 생각해 보는 것으로 끝을 맺는다.

양자 정보학은 특히 최근 30여 년 동안 눈부신 발전을 이룩하면서 현대 물리학과 정보 이론의 혁신 첨단 과제로 부상했다. 그동안 양자 정보학을 주제로 하는 전문 도서들이 여러 권 영어로 출간되었으나 아직 한국어로 저술한 전문 도서는 찾기 어려운 실정이다. (찾아볼 만한 한국어 도서 정보를 참고 문헌에 실었다.)

이 책은 대학원 수준의 전문 저서로서 양자 정보학의 모든 핵심 이론에 대한 포괄적인 소개와 양자 정보 처리의 원리와 방법에 대한 깊이 있는 설명/분석을 제공하는 것을 목표로 한다. 특히 양자 정보학의 주 연구과제인 양자 전산, 양자 암호, 양자 통신의 원리와 방법을 상세히 논의한다.

한국에서 양자 정보학을 전공하는 대학원생과 양자 정보학에 입문하는 연구자들을 대상으로 이들이 빠르게 발전해 가고 있는 양자 정보학의 중심에 들어가 첨단의 연구를 좀 더 수월히 수행하는데 도움을 주고자 이 책을 쓰게 되었다. 또한 이 책으로 인해 양자 정보학이 한국에 더 널리 알려지는 계기가 되기를 바라는 마음이다.

끝으로 출판사의 재정에 별 도움을 못 줄 이 책의 출간을 꾸준히 추진해 주고, 수식으로 차 있는 이 책의 편집과 교정이란 불가능한 작업을 훌륭하게 수행해 준 ㈜사이언스북스 편집부에 감사를 드린다.

차 례

제1장 양자 정보를 위한 양자 물리학
(Quantum Physics for Quantum Information)

양자 정보학은 양자계의 정보 처리(information processing)의 원리와 방법을 연구하는 학문이다. 양자계를 지배하는 물리 법칙은 양자 역학이므로 양자 정보학에서의 정보 처리는 양자 역학의 원리에 따라 수행된다. 따라서 두말할 필요 없이 양자 정보학 연구를 위해서 가장 기본적으로 요구되는 지식이 양자 역학이다. 이 책은 이미 양자 역학의 기초 지식을 가지고 있는 독자를 대상으로 하고 있다. 그러나 양자 정보학에서의 양자 역학의 중요성을 감안하여 1장에서는 "양자 정보를 위한 양자 물리학"이란 제목으로, 특히 양자 정보학에서 중요하면서도 보통 대학의 양자 역학 강의에서는 상세히 다루지 않는 주제들, 예를 들어 슈미트 분해, POVM, 결잃음 등을 중심으로 양자 물리학의 원리를 간단히 요약하고자 한다.

대학의 전통적인 양자 역학 강의에서 상세히 다루지 않는 주제 중에서 양자 정보학에서 가장 중요한 위치를 차지하는 것은 아마도 양자 얽힘일 것이다. 최근에는 그 중요성이 널리 인식되면서 대학의 양자 역학 강의에서도 양자 얽힘에 대해서 점차로 상세히 다루는 추세이다. 이 책에서는 3장 전체의 주제를 양자 얽힘으로 선택했고 따라서 1장에서는 이를 다루지 않는다.

1.1 양자 물리학의 기본 원리

1.1.1 선형 중첩과 확률

양자 물리학에서는 고려 대상의 계에 관한 모든 정보는 그 계의 파동 함수(wave function)에 들어 있다. 계의 파동 함수는 일반적으로 기술하고자 하는 그 계의 물리량을 나타내는 연산자(operator)의 고유 함수(eigenfunction)들의 선형 중첩으로 주어진다. 이때 각 고유 함수의 앞에 붙는 상수(expansion coefficient)의 물리적 의미는 그 계의 상태를 측정할 때 그 고유 상태에 있는 것으로 발견될 확률이 그 상수의 절대 제곱으로 주어진다는 것이다. 이런 이유로 이 상수를 확률 진폭(probability amplitude)이라고 하기도 한다.

수학적으로 보면 상태 함수는 힐베르트 공간(Hilbert space, 모든 가능한 양자 상태들을 포함하는 추상적, 수학적 공간)에서 길이 1인 벡터로 기술되며, 고유 함수들은 이 힐베르트 공간에서 직교 규격화되고(orthonormal) 완전한(complete) 조합의 기본 벡터들이 된다.

예를 들어 기술하고자 하는 계가 1개의 광자이고 기술하고자 하는 물리량이 그 광자의 편광 상태인 경우를 생각하자. 광자의 임의의 편광 상태를 기술하는 파동 함수 $|\psi>$는 수평 편광 상태 $|\leftrightarrow>$와 수직 편광 상태 $|\updownarrow>$의 선형 중첩

$$|\psi> = \alpha|\leftrightarrow> + \beta|\updownarrow> \qquad (1.1)$$

로 주어진다. 이때 계수 α와 β(이들은 일반적으로 복소수이다.)는 $|\alpha|^2 + |\beta|^2 = 1$을 만족시킨다.

이제 이 광자를 수평 편광은 반사시키고 수직 편광은 투과시키는 편광 분할기(polarizing beam splitter)에 입사시킨다면 어떤 일이 일어날까? 광자는 쪼개질 수 없으므로 반사하거나 투과하거나 둘 중의 하나가 일어나며 어느 것이 일어날지는 사전에 알 수 없다. 그러나 각각이 일어날 확률은 정해져 있다. 즉 반사할 확률은 $|\alpha|^2$이고 투과할 확률은 $|\beta|^2$이 된다.

1.1.2 측정과 파동 함수 붕괴

앞에서 본 바와 같이 파동 함수가 둘 이상의 고유 함수의 선형 중첩으로 나타내지는 상태에 있는 계에 대하여 어느 고유 상태에 있는지를 알기 위해 측정을 한다면 그 결과는 미리 확실히 예측할 수 없지만 (각 고유 상태에 대응되는 확률만 알므로) 측정 결과가 어느 하나의 고유 상태를 줄 것만은 확실하다. 이러한 측정 결과가 나오면 이 계의 상태는 더 이상 고유 함수들의 선형 중첩으로 표현되는 상태가 아니고 측정 결과로 나온 그 고유 상태가 된다. 양자 역학에서는 이 현상을 측정에 의한 파동 함수의 붕괴라고 부른다.

예를 들어 다시 앞의 식 (1.1)로 표시되는 편광 상태에 있는 광자를 생각하자. 이 광자를 편광 분할기에 입사시켰더니 반사되어 나온 것으로 관측이 되었다고 하자. 그러면 그 측정 후의 광자의 편광 상태는 $|\leftrightarrow>$이 된다. 이러한 상태의 변화를 양자 역학에서는 측정의 행위에 의해서 식 (1.1)의 상태가 $|\leftrightarrow>$의 상

태로 붕괴했다고 설명한다.

측정에 의한 파동 함수의 붕괴는 양자 역학에 대한 코펜하겐 해석(Copenhagen interpretation)의 핵심이 되는 개념으로 1935년 발표된 알베르트 아인슈타인(Albert Einstein), 보리스 포돌스키(Boris Podolsky), 네이선 로젠(Nathan Rosen)의 EPR 논문[1]을 시작으로 많은 물리적, 철학적 논쟁을 불러일으켰다. 이 개념은 특히 얽힘 상태(entangled state)에 있는 두 계에 적용될 때 흥미 있는 의미를 갖게 되는데 3.2에서 상세하게 논의할 것이다.

1.2 큐비트

2차원 힐베르트 공간에서 기술되는 계, 즉 2준위계(two-level system)를 양자 정보학에서는 큐비트(qubit, quantum bit의 약자)라 부르며, 양자 정보를 저장하고 실어 나르는 역할을 하는 기본계가 된다.

> 큐비트 = (양자 정보를 가지고 있는) 2준위계

큐비트의 직교 규격화된 두 기본 벡터를 $|0>$과 $|1>$로 표시하면 큐비트의 임의의 상태는

$$|\psi> = \alpha|0> + \beta|1> \tag{1.2}$$

으로 표시되며, α와 β는

$$|\alpha|^2 + |\beta|^2 = 1 \tag{1.3}$$

의 규격화 조건(normalization condition)을 만족하는 복소수 상수이다.

큐비트의 임의의 상태 $|\psi>$를 기술하는 두 기본 벡터는 꼭 $|0>$과 $|1>$일 필요는 없으며, 2차원 힐베르트 공간에서 길이가 1이고 서로 직교하는 두 벡터이면 된다. 예를 들어 두 기본 벡터를

$$|+> = \frac{1}{\sqrt{2}}(|0>+|1>) \tag{1.4a}$$

$$|-> = \frac{1}{\sqrt{2}}(|0>-|1>) \tag{1.4b}$$

의 두 벡터로 잡으면 식 (1.2)의 상태는

$$|\psi> = A|+>+B|-> \tag{1.5}$$

로 표시되며

$$A = \frac{1}{\sqrt{2}}(\alpha+\beta), \; B = \frac{1}{\sqrt{2}}(\alpha-\beta) \tag{1.6}$$

이다.

실제로 큐비트는 어떤 계에서 구현될까? 두 준위로 기술될 수 있는 계라면 어느 계이건 큐비트의 자격을 갖는다. 그 예로서 편광 광자(polarized photon), 스핀, 2준위 원자, 광자수 큐비트 (photon number qubit), 간섭성 상태 큐비트(coherent state qubit) 등을

들 수 있다. 편광 광자는 이미 식 (1.1)에서 설명을 했고 스핀의 경우에는 업 상태 $|\uparrow>$와 다운 상태 $|\downarrow>$, 2준위 원자의 경우에는 들뜬 상태 $|e>$와 바닥 상태 $|g>$를 두 기본 벡터로 선택할 수 있다.

광자수 큐비트의 경우는 진공 상태 $|0>$와 단일 광자 상태 $|1>$을, 간섭성 상태 큐비트의 경우는 두 간섭성 상태 $|\alpha>$와 $|-\alpha>$를 두 기본 벡터로 선택할 수 있다. (단 간섭성 상태 $|\alpha>$와 $|-\alpha>$는 $|\alpha|$가 충분히 큰 경우에만 근사적으로 서로 직교하므로 이런 경우에만 큐비트로 인정될 수 있다.)

편광 광자의 경우 수평 편광과 수직 편광을 기본 벡터로 사용하면($|\leftrightarrow> = |0>, |\updownarrow> = |1>$) 식 (1.2)는 식 (1.1)이 된다. 이 경우 식 (1.4)로 정의되는 $|+>$와 $|->$의 상태는 각각 45°, 135° $(=-45^o)$의 선 편광 상태가 된다. 식 (1.2)의 계수 α, β와 마찬가지로 식 (1.5)의 계수 A, B도 1.1.1에서 설명한 확률로서의 의미를 갖는다. 편광 분할기를 45° 돌려서 45^o의 편광은 반사시키고 135^o의 편광은 투과시키도록 했을 때 식 (1.1)에 있는 상태의 광자가 반사될 확률은 $|A|^2$, 투과될 확률은 $|B|^2$이 된다.

양자 정보에서는 때로는 큐비트 대신 3준위계, 일반적으로 d개의 준위를 갖는 d준위계를 양자 정보를 저장하고 실어 나르는 기본계로 선택할 수도 있다. 이러한 경우의 3준위계를 큐트리트 (qutrit), d준위계를 큐디트(qudit, 때로는 큐니트(quNit))라고 부른다. 큐트리트의 상태는 3차원 힐베르트 공간에서 기술되며 기본 벡터를 $|0>$, $|1>$, $|2>$로 표시하면 임의의 상태는

$$|\psi> = \alpha|0> + \beta|1> + \gamma|2> \tag{1.7}$$

로 표시되고

$$|\alpha|^2 + |\beta|^2 + |\gamma|^2 = 1 \tag{1.8}$$

이다.

1.3 슈미트 분해

두 입자 또는 두 계 A, B로 구성된 복합계 AB를 생각하자. 이 복합계의 임의의 순수 상태 $|\psi>_{AB}$는 계 A의 상태를 기술하는 힐베르트 공간 H_A와 계 B의 상태를 기술하는 힐베르트 공간 H_B의 텐서곱으로 구성되는 힐베르트 공간 $H_{AB}=H_A \otimes H_B$에 존재하며, 일반적으로

$$|\psi>_{AB} = \sum_{i,j} c_{ij}|i>_A|j>_B \tag{1.9}$$

로 주어진다. 여기서 c_{ij}는 $\sum_{i,j}|c_{ij}|^2 = 1$을 만족시키는 복소수 계수이고, $|i>_A$와 $|j>_B$는 각각 힐베르트 공간 H_A와 H_B에 존재하는 직교 규격화된 기본 벡터이다.

그런데 임의의 순수 상태(pure state) $|\psi>_{AB}$를 다음 식 (1.10)과 같이 더 간단한 형태로 표시할 수 있는 기본 벡터 $|\tilde{i}>_A$와 $|\tilde{i}>_B$가 항상 존재한다는 사실이 알려져 있으며, 이것은 양자 정보 연구에서 유용하게 쓰인다.

$$|\psi>_{AB} = \sum_i \lambda_i |\tilde{i}>_A |\tilde{i}>_B \tag{1.10}$$

여기서 λ_i는 음수가 아닌 실수(nonnegative real number)이고 $\sum_i \lambda_i^2 = 1$ 을 만족시킨다. 계수 λ_i가 갖는 물리적 의미는 계 A를 상태 $|\tilde{i}>_A$에서 발견할 확률(또는 계 B를 상태 $|\tilde{i}>_B$에서 발견할 확률)이 λ_i^2 이라는 점이다. 식 (1.10)의 표현을 슈미트 분해라 부르고 0이 아닌 λ_i의 총 개수, 즉 슈미트 분해의 항의 수를 슈미트 수 (Schmidt number)라 부른다.

$$\boxed{\text{슈미트 분해} \quad |\psi>_{AB} = \sum_i \lambda_i |\tilde{i}>_A |\tilde{i}>_B}$$

예를 들어 두 큐비트 A, B로 구성된 계 AB의 순수 상태

$$\frac{1}{2}(|0>_A|0>_B + |0>_A|1>_B + |1>_A|0>_B + |1>_A|1>_B) \tag{1.11}$$

를 생각하자. 이 상태는 기본 벡터를

$$|\tilde{0}>_A = \frac{1}{\sqrt{2}}(|0>_A + |1>_A), \quad |\tilde{1}>_A = \frac{1}{\sqrt{2}}(|0>_A - |1>_A) \tag{1.12a}$$

$$|\tilde{0}>_B = \frac{1}{\sqrt{2}}(|0>_B + |1>_B), \quad |\tilde{1}>_B = \frac{1}{\sqrt{2}}(|0>_B - |1>_B) \tag{1.12b}$$

로 잡을 때 $|\tilde{0}>_A|\tilde{0}>_B$로 나타낼 수 있음을 알 수 있다. 이것이 이 상태의 슈미트 분해이며 이 상태의 슈미트 수는 1이다. 여기

서 유의할 점은 또 다른 상태의 슈미트 분해를 위해서는 일반
적으로 다른 기본 벡터가 필요하다는 점이다.

아주 쉬운 예로 $\frac{1}{\sqrt{2}}(|0>_A|0>_B+|1>_A|1>_B)$의 상태를 생각
해 보자면 이미 슈미트 분해의 형태로 표현되어 있으므로 $|0>_A$,
$|1>_A$ 및 $|0>_B$, $|1>_B$가 슈미트 분해를 위한 기본 벡터임이 자
명하다. 이 상태의 슈미트 수는 2이다. 또 한 가지 유의할 점은
슈미트 분해는 두 계로 구성된 복합계에만 적용되고 셋 또는
그 이상의 계로 구성된 복합계에는 적용되지 않는다는 점이다.
예를 들어 3개의 계 A, B, C로 구성된 복합계 ABC에서

$$|\psi>_{ABC}=\sum_i \lambda_i|\tilde{i}>_A|\tilde{i}>_B|\tilde{i}>_C \tag{1.13}$$

의 형태로 표시될 수 없는 상태들이 존재한다는 것이 알려져
있다.

슈미트 분해는 3장에서 상세히 다루는 얽힘의 유무를 구분하
는 기준을 제공한다는 점에서도 양자 정보학에서의 중요성이
있다. 3장의 3.1.1에서 설명하겠지만 슈미트 수가 1인지 또는 1
보다 큰지에 따라 주어진 계가 얽힘의 상태에 있는지 없는지를
알 수 있기 때문이다. 즉 얽힘 상태를 정량적으로 정의해 주는
양이 슈미트 수라고 생각할 수 있다.

일반적으로 식 (1.9)로 주어진 임의의 상태에 대해서 슈미트
기본 벡터 $|\tilde{i}>_{A,B}$를 어떻게 찾을 수 있을까? 이 물음에 답하기
위해서 먼저 계 A(또는 계 B)의 환산 밀도 연산자(reduced density
operator)

$$\rho_A = Tr_B |\psi>_{AB\,AB}<\psi|, \ \rho_B = Tr_A |\psi>_{AB\,AB}<\psi| \tag{1.14}$$

가 식 (1.10)에 의해서

$$\rho_A = \sum_i \lambda_i^2 |\tilde{i}>_{A\,A}<\tilde{i}|, \ \ \rho_B = \sum_i \lambda_i^2 |\tilde{i}>_{B\,B}<\tilde{i}| \tag{1.15}$$

이 됨을 아는 것이 도움이 된다. 즉 두 환산 밀도 연산자 ρ_A와 ρ_B는 슈미트 기본 벡터로 표시할 때 대각선화되며(diagonalized) 또한 같은 양수의 계수 λ_i^2의 대각선 행렬 요소를 갖는 것을 알 수 있다. 식 (1.9)의 상태로부터 출발해서 ρ_A를 구하면

$$\rho_A = (|0>_A \ |1>_A) \, U \begin{pmatrix} {}_A<0| \\ {}_A<1| \end{pmatrix} \tag{1.16}$$

이며 여기서 U는 2×2 행렬로

$$U = \begin{pmatrix} |c_{00}|^2 + |c_{01}|^2 & c_{00}c_{10}^* + c_{01}c_{11}^* \\ c_{10}c_{00}^* + c_{11}c_{01}^* & |c_{10}|^2 + |c_{11}|^2 \end{pmatrix} \tag{1.17}$$

이다. 이 행렬 U의 고윳값을 μ_1, μ_2라 하고 이에 대응하는 규격화된 고유 벡터를 $\vec{x}_1 = \begin{pmatrix} x_{11} \\ x_{12} \end{pmatrix}$, $\vec{x}_2 = \begin{pmatrix} x_{21} \\ x_{22} \end{pmatrix}$라 하면 행렬 U는 두 고유 벡터로 구성된 행렬 $X = \begin{pmatrix} x_{11} & x_{12} \\ x_{21} & x_{22} \end{pmatrix}$에 의해 대각선화된다. 즉

$$XUX^{-1} = \begin{pmatrix} \mu_1 & 0 \\ 0 & \mu_2 \end{pmatrix} \tag{1.18}$$

이다. 식 (1.16)을

$$\rho_A = (|0>_A \ |1>_A) X^{-1} XU \ X^{-1} X \binom{_A<0|}{_A<1|} \tag{1.19}$$

$$= (|0>_A \ |1>_A) X^{-1} \begin{pmatrix} \mu_1 & 0 \\ 0 & \mu_2 \end{pmatrix} X \binom{_A<0|}{_A<1|}$$

로 표시하면 두 상태 $|\tilde{0}>_A$와 $|\tilde{1}>_A$를

$$\begin{pmatrix} |\tilde{0}>_A \\ |\tilde{1}>_A \end{pmatrix} = X \begin{pmatrix} |0>_A \\ |1>_A \end{pmatrix}, \tag{1.20}$$

즉

$$|\tilde{0}>_A = x_{11}|0>_A + x_{12}|1>_A \tag{1.21a}$$

$$|\tilde{1}>_A = x_{21}|0>_A + x_{22}|1>_A \tag{1.21b}$$

로 정의할 때

$$\rho_A = \mu_1|\tilde{0}>_{AA}<\tilde{0}| + \mu_2|\tilde{1}>_{AA}<\tilde{1}| \tag{1.22}$$

이 된다. 식 (1.15)를 보면 ρ_B를 구해도 같은 결과가 나올 것이 분명하다.

따라서 식 (1.9)의 상태는

$$|\psi>_{AB} = \sqrt{\mu_1}|\tilde{0}>_A|\tilde{0}>_B + \sqrt{\mu_2}|\tilde{1}>_A|\tilde{1}>_B \tag{1.23}$$

로 쓸 수 있다. 여기서 $|\tilde{0}>_B$와 $|\tilde{1}>_B$는 식 (1.21)을 B에 적용하여 얻어지는 상태로 정의된다. 식 (1.23)이 식 (1.9) 상태의 슈미트 분해이다. 따라서 어떤 임의의 두 큐비트 상태의 슈미트 분해를 구하려면 환산 밀도 연산자 ρ_A(또는 ρ_B)를 구하고 이 환산 밀도 연산자 행렬의 고윳값 μ_1, μ_2와 이에 대응하는 규격화된 고유 벡터 $\vec{x}_1$, $\vec{x}_2$를 구하면 된다. 그러면 슈미트 분해는

$$|\psi>_{AB} = \lambda_0 |\tilde{0}>_A |\tilde{0}>_B + \lambda_1 |\tilde{1}>_A |\tilde{1}>_B \tag{1.24}$$

$$\lambda_0 = \sqrt{\mu_1}, \ \lambda_1 = \sqrt{\mu_2} \tag{1.25}$$

$$|\tilde{0}>_{A,B} = \vec{x}_1^T \binom{|0>}{|1>}_{A,B}, \ |\tilde{1}>_{A,B} = \vec{x}_2^T \binom{|0>}{|1>}_{A,B} \tag{1.26}$$

로 주어진다. 고유 벡터 $\vec{x}_1$, $\vec{x}_2$는 규격화되었으므로 $|\tilde{0}>_{A,B}$와 $|\tilde{1}>_{A,B}$ 역시 규격화되어 있다.

1.4 양자 상태의 구별: 폰 노이만 측정과 POVM

주어진 계가 어떤 양자 상태에 있는지를 알아내려면 측정을 수행해야 한다. 여기서는 계가 큐비트인 경우 양자 상태를 알아내는 측정 방법에 대해 논의하겠다.

1.4.1 직교하는 두 상태의 구별

$|0>$의 상태에 있는 큐비트와 $|1>$의 상태에 있는 큐비트를 같

은 개수로 섞어 놓은 상자에서 큐비트 1개를 임의로 꺼내오면 이 큐비트는 $|0>$ 또는 $|1>$의 상태에 있지만 측정 전에는 어느 상태에 있는지 모르고 각각의 상태에 있을 확률이 50퍼센트가 된다.

두 가능한 상태 $|0>$과 $|1>$이 서로 직교하는(orthogonal) 경우는 폰 노이만 투영 측정(von Neumann's projection measurement, 폰 노이만 측정)을 수행하여 이 큐비트의 상태가 어느 것인지를 확실히 알아낼 수 있다. 예를 들어 $|0>$과 $|1>$이 수평 편광 $|\leftrightarrow>$와 수직 편광 $|\updownarrow>$인 경우 투과축이 수직인 편광기에 입사시켜 투과하면 $|\updownarrow>$이고 아니면 $|\leftrightarrow>$이다.

1.4.2 직교하지 않는 두 상태의 구별: 최소 에러 상태 구별

만일 두 가능한 상태가 직교하지 않는(nonorthogonal) 경우에는 폰 노이만 측정으로 항상 확실하게 올바르게 구별하는 것은 불가능하다. 두 가능한 상태를 $|\psi_1>$, $|\psi_2>$라 하고

$$< \psi_1|\psi_2 > \ = \cos \alpha \quad (0 \leq \alpha \leq 180^o) \tag{1.27}$$

라고 하자. 주어진 상태가 $|\psi_1>$, $|\psi_2>$ 중 어느 것인지를 가능한 한 높은 확률로 올바르게 구별하는 방법은 다음과 같다.

서로 직교하면서 각각 $|\psi_1>$과 $|\psi_2>$에 가장 가까운 두 상태 $|\phi_1>$과 $|\phi_2>$를 그림 1.1에서와 같이 정의한다. (그림 1.1에서는 $\alpha < 90^o$라고 가정했다.) 두 상태 $|\phi_1>$과 $|\phi_2>$는 서로 직교하므로 폰 노이만 측정을 수행하여 확실히 구별할 수 있다. 그 결과가 $|\phi_1>$이면 실제의 상태는 $|\psi_1>$, $|\phi_2>$이면 실제의 상태는 $|\psi_2>$

라고 추정하는 것이 가장 높은 확률로 두 상태를 구별하는 방법이 된다. 이 경우 올바르게 추정할 성공 확률은

$$P = \frac{|<\phi_1|\psi_1>|^2}{|<\phi_1|\psi_1>|^2 + |<\phi_1|\psi_2>|^2} = \frac{1}{2}(1 + \sin \alpha) \qquad (1.28)$$

이다.

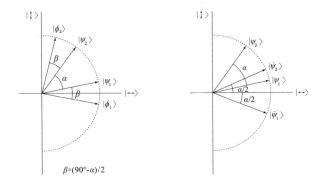

그림 1.1

직교하지 않는 두 상태의 구별.

그림 1.2

직교하지 않는 두 상태의 회전.

앞의 폰 노이만 측정 방법은 가능한 범위 내에서 최대한 높은 확률로 올바른 결과를 주지만, 두 상태가 직교하지 않는 한 잘못된 결과가 나올 위험이 항상 존재한다는 단점이 있다. 그런데 항상 성공 확률이 높은 것만이 중요한 것이 아니고 어떤 경우는 잘못된 결과를 최소한으로 막는 것이 중요할 수도 있다.

아주 높은 성공 확률로 올바른 구별은 못 하더라도 최소한 잘못된 결과만은 피할 보장을 주는 방법은 없을까? 그러한 방

법이 POVM을 이용하는 방법인데 다음에 설명하도록 하겠다.

1.4.3 직교하지 않는 두 상태의 구별: 에러 없는 상태 구별

에러 없는 상태 구별 방법을 구체적으로 설명하기 위해 광자의 $|1> =|\updownarrow >$의 임의의 두 중첩 상태 $|\psi_1 >, |\psi_2 >$를 생각하자. 이 두 상태는 직교하지 않으며 식 (1.27)에서와 같이 서로 각 α를 이룬다. 여기서는 구체적 논의를 위하여 $\alpha < 90^o$, 즉 $\cos\dfrac{\alpha}{2} > \sin\dfrac{\alpha}{2}$를 가정하겠다.

에러 없는 상태 구별 방법을 적용시키기 위해서는 먼저 큐비트의 상태를 알맞은 각도만큼 회전시켜 큐비트의 상태가 그림 1.2에서 보는 바와 같이 $|\psi_1 >$이

$$|\tilde{\psi}_1 > = \cos\frac{\alpha}{2} \ |\leftrightarrow > - \sin\frac{\alpha}{2} \ |\updownarrow > \qquad (1.29a)$$

으로, $|\psi_2 >$가

$$|\tilde{\psi}_2 > = \cos\frac{\alpha}{2} \ |\leftrightarrow > + \sin\frac{\alpha}{2} \ |\updownarrow > \qquad (1.29b)$$

으로 변환되게 준비하는 것이 편리하다. 이러한 회전은 항상 가능하므로 지금부터는 식 (1.29)로 주어지는 두 상태를 에러 없이 구별하는 방법을 논의하기로 한다. 또한 $|\tilde{\psi}_1 >$을 $|\psi_1 >$으로, $|\tilde{\psi}_2 >$를 $|\psi_2 >$로 단순화시켜 부르기로 한다. 식 (1.29)의 두 상태의 구별은 그림 1.3과 같이 큐비트를 편광 분할기 PBS1에 통과시켜 수평 편광 (a)와 수직 편광 (b)를 분리시킨 후 수평 편광

부분을 투과 계수(transmission coefficient)가 $t = \tan\frac{\alpha}{2}$인 광분할기 BS에 통과시키면 된다.

여기서 광분할기가 하는 역할은 수평 편광의 광자가 광분할기를 투과하는 경우 그 진폭 계수를 수직 편광의 광자의 진폭 계수와 같게 만드는 일이다. 이렇게 되면 수평 편광과 수직 편광의 두 빔 (a), (b)가 다시 또 하나의 편광 분할기 PBS2에서 합쳐질 때, 원래의 상태가 $|\psi_1>$인지 $|\psi_2>$인지에 따라 135° 편광($\frac{1}{\sqrt{2}}(|0>-|1>)$) 또는 45° 편광($\frac{1}{\sqrt{2}}(|0>+|1>)$)의 상태가 되므로 세 번째의 편광 분할기 PBS3의 투과축을 45° 돌려서 어느 상태인지를 결정할 수 있다.

그림 1.3에서 측정기 D2에서 광자가 관측되면 원래의 상태가 $|\psi_1>$이고 측정기 D3에서 관측되면 원래의 상태가 $|\psi_2>$임을 확실히 알게 된다. 이렇게 상태를 분명하게 결정할 수 있는 측정 결과를 확정적(conclusive)이라고 한다.

그러나 광자가 광분할기 BS를 투과하지 않고 반사될 수도 있다는 점을 잊지 말아야 한다. 이렇게 되는 경우는 이 광자는 측정기 D1에서 관측되며 이때에는 광자의 원래 상태가 어느 것이었는지를 구별 못 하는 비확정적(inconclusive)인 경우가 된다. 따라서 두 상태 중 어느 것인지를 항상 구별은 못 하지만, 구별 못 하는 경우에는 구별 못 한다는 것을 알고 구별을 할 수 있는 경우에는 확실히 틀림이 없이 구별할 수가 있게 된다.

1.4.2의 최소 에러 상태 구별(minimum error state discrimination) 방법이 "아마도 $|\psi_1>$"인지 또는 "아마도 $|\psi_2>$"인지의 두 가능성 중 하나의 답을 준다면, 여기서 설명한 방법은 "확실히 $|\psi_1>$"인지 또는 "확실히 $|\psi_2>$"인지 또는 어느 상태인지를 모르는지의

세 가능성 중 하나의 확실한 해답을 준다.

최소 에러 상태 구별: "아마도 $|\psi_1 >$" 또는 "아마도 $|\psi_2 >$"
에러 없는 상태 구별: "확실히 $|\psi_1 >$", "확실히 $|\psi_2 >$" 또는 "모른다."

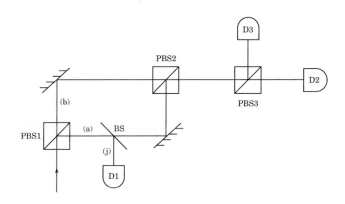

그림 1.3 에러 없는 상태 구별의 실험 구성도.

에러 없는 상태 구별 방법의 핵심은 원래의 계에 보조계 (auxiliary system)를 추가함으로써 더 큰 차원 힐베르트 공간에서 비확정적이란 또 하나의 가능성을 추가할 수 있게 만든 것이다. 앞의 예에서는 보조계는 광분할기에서 반사되는 광자가 존재할 수 있는 빔(j)이다.

이 그림 1.3에서는 보조계를 추가하여 원래의 2차원 힐베르트 공간을 3개의 가능성이 존재하는 3차원 힐베르트 공간으로 높였다. 따라서 에러 없는 상태 구별의 측정 과정은 $|\leftrightarrow > \equiv |\phi_1 >$,

$| \updownarrow > \equiv |\phi_2 >$, 그리고 이들과 직교하는 $|\phi_3 >$의 세 벡터를 기본 벡터로 하는 3차원 힐베르트 공간에서의 유니터리 변환(unitary transformation)으로 기술될 수 있다. 기본 벡터 $|\phi_3 >$는 상태를 구별 못 하는 비확정적인 경우를 나타내는 방향이 된다.

이러한 상황은 그림 1.4의 3차원 힐베르트 공간에 그려져 있다. 여기서 에러 없는 상태 구별을 위해 결정적 역할을 하는 그림 1.3의 광분할기 BS의 역할은 3차원 힐베르트 공간에서 $|\phi_2 >$축을 회전축으로 하는 각도 $-\gamma$의 회전으로 나타내진다. 여기서 γ는

$$\tan \gamma = \frac{\sqrt{\cos \alpha}}{\sin \frac{\alpha}{2}} \tag{1.30}$$

를 만족시키는 각도이다. 이 회전으로 두 상태 $|\psi_1 >$, $|\psi_2 >$는

$$(\cos \frac{\alpha}{2} \ |\phi_1 > \pm \sin \frac{\alpha}{2} \ |\phi_2 >) \tag{1.31}$$
$$\rightarrow \sin \frac{\alpha}{2} \ (|\phi_1 > \pm \ |\phi_2 >) + \sqrt{\cos \alpha} \ |\phi_3 >$$

의 변환을 겪게 된다. 이 식에서 $|\psi_1 >$인지 $|\psi_2 >$인지를 확실히 구별할 성공 확률이

$$P = 2 \sin^2 \frac{\alpha}{2} = 1 - \cos \alpha \tag{1.32}$$

이 됨을 쉽게 알 수 있다.

일반적으로 어느 계가 밀도 연산자 ρ로 기술되는 상태에 준

비되어 있고 보조계는 ρ_{aux}의 상태에 준비되어 있을 때, 계와 보조계의 복합 힐베르트 공간에서 투영 측정 $\mathbb{P}_m$을 수행해 특정한 결과 m을 얻을 확률 P_m는

$$P_m = Tr\{\mathbb{P}_m(\rho \otimes \rho_{aux})\} = \sum_{lr,ns}(\mathbb{P}_m)_{lr,ns}(\rho)_{nl}(\rho_{aux})_{sr} \tag{1.33}$$

이다. 이때 원래의 계만의 힐베르트 공간에 작용하는 연산자 Π_m을

$$(\Pi_m)_{ln} = \sum_{rs}(\mathbb{P}_m)_{lr,ns}(\rho_{aux})_{sr} \tag{1.34}$$

로 정의하면

$$P_m = Tr\{\Pi_m \rho\} \tag{1.35}$$

가 된다. 식 (1.34)의 연산자 Π_m이 에러 없는 상태 구별 방법의 각 측정 결과를 대표해 주는 측정 연산자가 된다.

에러 없는 상태 구별 방법의 수학적 근거는

$$\sum_m \Pi_m = \tilde{1} \tag{1.36}$$

의 식에 있다. 여기서 $\tilde{1}$은 동일 연산자(identity operator)이고 Π_m은 일반적으로 음이 아닌 허미션 연산자(Hermitian operator)를 의미한다. 식 (1.36)을 만족시키는 이 연산자들의 집합을 보통 POVM이라 부른다. 실제로 어떤 임의의 물리적으로 실현 가능한 측정은

모두 POVM으로 기술될 수 있다.

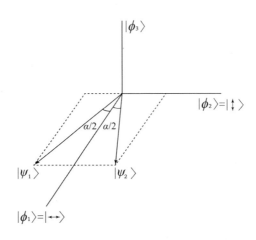

그림 1.4 에러 없는 상태 구별 방법의 3차원 해석.

POVM의 구성 요소인 각 측정 연산자 Π_m은 폰 노이만 측정에서의 투영 연산자 $\mathbb{P}_m = |\psi_m><\psi_m|$의 일반화된 연산자로서, $\mathbb{P}_m$들이 서로 직교하는 것과는 달리($\mathbb{P}_m\mathbb{P}_n = \delta_{mn}$) 서로 직교할 필요가 없고 또한 꼭 어느 상태로의 투영일 필요도 없다.

예를 들어 "어느 상태인지 모른다."에 해당하는 측정 결과에 대응될 수도 있다. 또한 투영 연산자 $\mathbb{P}_m$의 총 수가 고려하고 있는 계의 차원의 수와 같은 반면 Π_m의 수는 그보다 많을 수도 있다. Π_m은 실제로 측정 결과를 대표하므로 음이 아닌(즉 모든 가능한 상태 $|\psi>$에 대하여 Π_m으로 대변되는 측정 결과가 나올 확률 $<\psi|\Pi_m|\psi>$가 0이거나 0보다 커야 한다. 즉 $<\psi|\Pi_m|\psi> \ge 0$이다.) 허미션 연산자이어야 하고, 또한 모든 측정 결과의 확률의 합은 1이어야 하므로 식 (1.36)을 만족시켜야 한다.

식 (1.29)로 주어지는 두 상태의 경우 앞에서 설명한 에러 없는 상태 구별의 방법은 3개의 측정 연산자 $\Pi_m [\Pi_1$ ("확실히 $|\psi_1 >$이다."의 측정 결과를 주는 연산자), Π_2 ("확실히 $|\psi_2 >$이다."의 측정 결과를 주는 연산자), Π_3 ("어느 상태인지 모른다."의 측정 결과를 주는 연산자)]으로 기술되며 각각 다음으로 주어진다.[2][3]

$$\Pi_1 = \frac{1}{2\cos^2\frac{\alpha}{2}} (\sin\frac{\alpha}{2}|0> - \cos\frac{\alpha}{2}|1>)(\sin\frac{\alpha}{2}<0| - \cos\frac{\alpha}{2}<1|)$$

$$= \frac{1}{2\cos^2\frac{\alpha}{2}}|\psi_2^\perp><\psi_2^\perp| \tag{1.37a}$$

$$\Pi_2 = \frac{1}{2\cos^2\frac{\alpha}{2}} (\sin\frac{\alpha}{2}|0> + \cos\frac{\alpha}{2}|1>)(\sin\frac{\alpha}{2}<0| + \cos\frac{\alpha}{2}<1|)$$

$$= \frac{1}{2\cos^2\frac{\alpha}{2}}|\psi_1^\perp><\psi_1^\perp| \tag{1.37b}$$

$$\Pi_3 = (1 - \tan^2\frac{\alpha}{2})|0><0| \tag{1.37c}$$

여기서 $|\psi_1^\perp >$와 $|\psi_2^\perp >$는 각각 $|\psi_1 >$과 $|\psi_2 >$에 직교하는 상태이다. 예를 들어 Π_1의 측정 결과를 얻으면 $|\psi_2 >$가 아닌 것이 확실하므로 "확실히 $|\psi_1 >$이다."라고 말할 수 있는 것이다. POVM에 근거를 둔 측정 방법은 폰 노이만 측정 방법을 일반화한 방법이라 하여 일반화 측정(generalized measurement)이라고도 부른다. POVM 측정 또는 일반화 측정에 대한 더 상세한 내용은 리뷰 논문들을 참조하면 된다.[2][3]

1.5 순수 상태와 혼합 상태

이미 언급했듯이 양자계에 대한 모든 정보는 그 계의 파동
함수에 들어 있다. 어느 양자계의 파동 함수 $|\psi>$를 정확히 알
면 그 양자계가 순수 상태에 있다고 한다. 일반적으로 파동 함
수 $|\psi>$는 직교 규격화된 고유 함수 $|u_i>$들의 선형 중첩

$$|\psi> = \sum_i a_i |u_i>$$ (1.38)

로 표시된다. 순수 상태에 있다는 것은 각 확률 진폭 a_i의 크기
와 위상을 정확히 안다는 의미이다. 이 경우 계의 밀도 연산자
는 $\rho = |\psi><\psi|$로 주어지고 파동 함수 $|\psi>$의 공간으로 투영
(project)해 주는 연산자의 역할을 한다. 따라서 $\rho^2 = \rho$이고

$$Tr\ \rho^2 = Tr\ \rho = \sum_i <u_i|\rho|u_i> = \sum_i p_i = 1$$ (1.39)

이다. 여기서 $p_i = |a_i|^2$으로 고유 함수 u_i가 파동 함수 $|\psi>$에 중
첩된 확률을 나타낸다.

어떤 계의 경우에는 그 파동 함수를 정확히 모르고 단지 각
고유 함수들이 중첩된 확률 p_i만을 아는 경우가 있다. (다른 고유
상태에 있는 다른 개수의 입자 또는 계들을 섞어 놓은 경우를 생각하면 된
다.) 또는 일반적으로 다른 순수 상태들이 중첩된 확률만을 아는
경우도 마찬가지이다. 이같이 순수 상태들의 통계적 혼합으로
구성된 상태를 혼합 상태(mixed state)라 하며 이 상태는 밀도 연
산자

$$\rho = \sum_i p_i \rho_i \qquad (1.40)$$

로 기술된다. 여기서 ρ_i는 중첩된 각각의 순수 상태의 밀도 연산자이다. 이 경우 $\rho^2 \neq \rho$, $Tr\,\rho = 1$이나

$$Tr\,\rho^2 = \sum_i p_i^2 < 1 \qquad (1.41)$$

이다. 식 (1.39)와 식 (1.41)은 어떤 계가 순수 상태에 있는지 혼합 상태에 있는지를 구별해 주는 조건이 된다.

순수 상태	$Tr\,\rho^2 = Tr\,\rho = 1$
혼합 상태	$Tr\,\rho^2 < 1$

혼합 상태의 간단한 예를 보기 위해 우선 $|0>$의 상태에 있는 큐비트와 $|1>$의 상태에 있는 큐비트가 같은 개수 N으로 혼합되어 있는 계를 생각해 보자. 이 계의 밀도 연산자는

$$\rho_{1,\cdots,2N} = \frac{1}{{}_{2N}C_N} \sum_{(j_1,\cdots,j_N)} [(|0>_{j_1} \cdots |0>_{j_N} |1>_{j_{N+1}} \cdots |1>_{j_{2N}})$$
$$\times ({}_{j_1}<0| \cdots {}_{j_N}<0| {}_{j_{N+1}}<1| \cdots {}_{j_{2N}}<1|)] \quad (1.42)$$

이다. 여기서 ${}_{2N}C_N$은 $2N$개의 큐비트에서 N개의 큐비트를 선택하는 가짓수이고$({}_{2N}C_N = \frac{(2N)!}{(N!)^2})$, $(j_1, j_2, \cdots, j_N)$은 선택된 N개의 큐비트

들을 의미한다. 따라서 $\sum$은 모두 $_{2N}C_N$개의 항을 포함한다. (간단히 $N=1$인 경우에 $\rho_{12} = \frac{1}{2}(|0>_1|1>_2 \, _1<0|_2<1|+|1>_1|0>_2 \, _1<1|_2<0|)$이다.) 이 계에 있는 임의의 한 큐비트, 예를 들어 큐비트 1의 환산 밀도 연산자는

$$\rho_1 = Tr_{2,3,\cdots,2N}[\rho_{1,2,\cdots,2N}] = \frac{1}{2}(|0><0|+|1><1|) \tag{1.43}$$

이다. 이 큐비트에 대해서는 $|0>$에 있을 확률이 50퍼센트, $|1>$에 있을 확률이 50퍼센트인 것만 알고 정확한 상태 함수는 정의할 수 없다. 즉 이 큐비트의 상태는 혼합 상태이다. 비슷한 예로 식 (1.4)에서 정의한 $|+>$의 상태에 있는 큐비트와 $|->$의 상태에 있는 큐비트를 같은 개수 N으로 섞은 계를 생각해 보면 이 계의 밀도 연산자는

$$\rho_{1,\cdots,2N} = \frac{1}{_{2N}C_N} \sum_{(j_1,\cdots,j_N)} [(|+>_{j_1} \cdots |+>_{j_N}|->_{j_{N+1}} \cdots |->_{j_{2N}})$$
$$\times (_{j_1}<+| \cdots _{j_N}<+|_{j_{N+1}} <-| \cdots _{j_{2N}} <-|)] \tag{1.44}$$

이다. 이 계에 있는 임의의 한 큐비트, 예를 들어 큐비트 1의 환산 밀도 연산자는

$$\rho_1 = Tr_{2,3,\cdots,2N}[\rho_{1,2,\cdots,2N}] = \frac{1}{2}(|+><+|+|-><-|) \tag{1.45}$$

이다. 이 큐비트 역시 혼합 상태에 있다.

흥미로운 것은 식 (1.43)과 식 (1.45)가 같다는 사실이다. 식

(1.4)를 이용하면 두 식이 같다는 것을 쉽게 알 수 있다. 실제로 식 (1.43) 또는 식 (1.45)의 환산 밀도 연산자는 ($|0>, |1>$)의 기본 벡터 공간에서 대각선 요소가 $\frac{1}{2}$이고 비대각선 요소는 0인 2×2 동일 연산자이다. 이 예가 보여 주는 것은 일반적으로 양자 상태들의 다른 혼합이더라도 계의 통계적 특성을 나타내는 환산 밀도 연산자는 같을 수 있다는 것이다.

좀 더 구체적으로 $|0>$이 수평 편광, $|1>$이 수직 편광의 상태인 광자 큐비트의 경우를 생각하자. 이 경우 $|+>$는 45° 방향의 선 편광 상태, $|->$는 135° 방향의 선 편광 상태를 나타내게 된다. 만일 상자 A에 N개의 수평 편광의 광자와 N개의 수직 편광의 광자를 넣었다면 이 상자 안에 있는 $2N$개 중 임의의 한 광자의 환산 밀도 연산자는

$$\rho = \frac{1}{2}(|\leftrightarrow><\leftrightarrow| + |\updownarrow><\updownarrow|) \tag{1.46}$$

이다. 상자 B에 N개의 45° 편광의 광자와 N개의 135° 편광(-45° 편광)의 광자를 넣었다면 이 상자 안에 있는 $2N$개 중 임의의 한 광자의 환산 밀도 연산자도 앞에서 지적한 바와 같이 역시 식 (1.46)으로 주어진다. 따라서 상자 A와 B에 있는 두 계는 같은 통계적 특성을 보인다.

그런데 두 상자가 구별할 수 없이 똑같이 생긴 상자라고 할 때 어느 것이 어느 것인지를 구별할 수 있는 방법이 있을까? N이 큰 수일수록 더 높은 확률로 구별할 수 있는 방법이 존재한다.

상자안의 $2N$개의 광자에 대해서 하나하나씩 그 편광의 방향이 수평인지 수직인지를 구별하는 측정을 하는 것이다. 상자 A

의 경우는 정확히 N개의 광자가 수평 편광, N개의 광자가 수직
편광으로 나오겠지만, 상자 B의 경우는 대략적으로는 그렇지만
정확하게 N개가 수평 편광, N개가 수직 편광으로 나올 확률은
N이 큰 수인 경우는 매우 낮다. (정확하게는 $_NC_{N/2}(\frac{1}{2})^N = \frac{N!}{(\frac{N}{2}!)(\frac{N}{2}!)}(\frac{1}{2})^N$

이다.)

여기서 높은 확률로 구별이 가능하다는 결론은 물론 $2N$개의
광자를 모두 측정한다는 가정 하에 성립되는 것이다. 실제로 계
A의 밀도 연산자는 식 (1.42)이고 계 B의 밀도 연산자는 식
(1.44)이므로 두 계의 밀도 연산자는 같지 않고 따라서 모든 광
자를 측정할 수 있다면 구별이 가능한 것이다. 만일 N이 엄청
나게 큰 수이고 이보다는 훨씬 작은 수(그러나 동시에 통계가 의미
있을 정도로 큰 수)인 n개의 광자를 각각 두 상자에서 꺼내 볼 경
우는 구별이 불가능하다.

통계 역학의 관점에서 보면 두 상자계의 통계적 특성은 같은
환산 밀도 연산자로 기술되며 통계적 특성이 같으므로 통계적
구별은 불가능하다고 말할 수 있다.

1.6 결잃음

1.6.1 주위 환경의 영향과 결잃음[4]

양자 역학은 자연 법칙을 기술하는 올바른 이론을 제공해 준
다. 그렇게 믿을 수밖에 없다고 말하는 것이 맞을지도 모른다.
지금까지 양자 역학의 예측과 어긋나는 실험 결과가 없기 때문
이다. 그러나 양자 역학의 법칙에 근거해 나오는 여러 현상들은

우리가 거시 세계의 관측에 기반을 두고 구축한 고전 역학적 직관에는 위배되는 경우가 많다. 양자 투과(quantum tunneling)가 그 대표적인 현상일 것이다.

또한 3장에서 기술하는 벨 부등식의 위배도 한 예가 된다. 국소 원리(principle of locality)는 거시계(macroscopic system)에서는 당연히 성립한다. 따라서 직관적으로는 벨 부등식이 성립된다고 믿을 수 있으나, 사실은 그렇지가 않다. 그렇다면 어째서 양자 역학이 기술하는 기묘한 현상들을 거시 세계에서는 관측하기 어려운 것일까? 다시 말하면 양자 역학에서 고전 역학으로의 천이(transition)는 어떻게 일어나는 것인가? 이 물음에 대한 해답이 곧 결잃음이다.

양자 역학에 따르면 우리가 기술하고자 하는 계의 상태의 시간적 변화는 슈뢰딩거 방정식

$$i\hbar\frac{\partial}{\partial t}|\psi> = H|\psi>$$
(1.47)

에 따라 주어진다. 식 (1.47)이 가정하는 것은 기술하는 계가 고립계(isolated system)라는 것이다. 즉 다른 계와의 상호 작용이 없다는 것이다. 그러나 엄밀히 말하면 고립계는 우주 자체 외에는 없다고 말할 수 있다. 일반적으로 우리가 기술하는 계들은 주위의 다른 계들, 즉 주위 환경(environment)과 상호 작용하는 열린계(open system)이며 슈뢰딩거 방정식은 주위 환경의 영향을 무시했을 때라는 이상적인 상황에서 계의 행동을 기술한다고 볼 수 있다.

이러한 관점에서 보면 양자 현상을 관측한 실험들은 최대한으로 주위 환경의 영향을 없애서 그 계만의 특성을 본 정밀 실

험들이라고 볼 수 있다. 우리가 일상 생활에서 보는 거시계의
행동은 주위 환경의 영향이 존재하는 상황에서 관찰하는 행동
이며, 따라서 슈뢰딩거 방정식이 기술하는 고립계 또는 닫힌계
(closed system)의 행동과는 다르게 나타난다.

구체적으로 주위 환경은 계에 어떤 영향을 미치는가? 간단한
예로서 고유 상태들의 선형 중첩으로 준비된 계를 생각하자. 계
가 큐비트인 경우를 생각하면 그 상태는

$$|\psi>_s = a|0>+b|1> \qquad (1.48)$$

이다. 만일 이 큐비트가 주위 환경으로부터 고립되어 있다면 계
속 이 상태에 머물러 있을 것이다. 주위 환경과 상호 작용을 한
다면 일반적으로 큐비트와 주위 환경은 얽힘의 관계를 갖게 된
다. (얽힘에 대해서는 3장에서 상세히 논의한다.) 따라서 계와 주위 환
경의 상태는

$$|\psi>_{se} = a|0>|e_0>+b|1>|e_1> \qquad (1.49)$$

로 나타낼 수 있다.

여기서 $|e_0>$와 $|e_1>$은 주위 환경의 두 상태로서 예를 들어
큐비트와 상호 작용을 하기 전에는 주위 환경이 $|e_0>$의 상태에
있었다고 생각해도 된다. 우리가 계만을 관측한다면 계의 상태
는 주위 환경에 대해 트레이스(trace)를 취한 후 얻게 되는 환산
밀도 연산자

$$\rho_s = Tr_e\{|\psi>_{se\ se}<\psi|\} = |a|^2|0><0|+|b|^2|1><1| \qquad (1.50)$$

로 기술된다. 식 (1.50)의 상태는 순수 상태가 아닌 혼합 상태이
며 이 상태에 대해 우리가 말할 수 있는 것은 $|0>$에 있을 확률
이 $|a|^2$, $|1>$에 있을 확률이 $|b|^2$이라는 것이다.

반면에 식 (1.48)의 상태는 순수 상태로 이 상태를 기술하는
밀도 연산자는

$$\rho = |\psi>_{ss}<\psi| \qquad (1.51)$$

$$= |a|^2|0><0| + |b|^2|1><1| + a^*b|0><1| + ab^*|1><0|$$

이다. 식 (1.51)의 밀도 연산자는 식 (1.50)과 비교하여 마지막
두 항의 비대각 요소(off-diagonal element)를 포함하는 것을 볼 수
있다. 밀도 연산자의 비대각 요소들이 0이 아니라는 것은 계의
상태가 고유 상태들의 결맞은 중첩(coherent superposition)으로 주
어졌다는 의미, 즉 상태의 결맞음성(coherence)을 가지고 있다는
의미가 된다.

이상을 종합해 보면 주위 환경과의 상호 작용은 계의 상태가
결맞는 중첩에서 통계적 혼합(statistical mixture)으로 붕괴하게 만
드는 역할을 한다는 것을 알 수 있다. 즉 주위 환경은 계의 상
태의 결맞음성을 잃게 만드는 역할을 하며 이 이유로 이 현상
을 결잃음이라고 부른다.

결잃음	결맞는 중첩(순수 상태) ⇒ 통계적 혼합(혼합 상태)

물리적으로 보면 결잃음은 크게 소산(dissipation)과 위상 잃음
(dephasing)으로 나눌 수 있다. (소산과 위상 잃음은 각각 T_1 및 T_2 과정

이라고도 불린다.[5]) 소산은 주위 환경과의 상호 작용으로 인해 양
자계의 확률이 작아지는 과정을 의미하고 위상 잃음은 양자 상
태 간의 상대 위상이 무작위적으로 흐트러지는 과정을 의미한
다. 위상 잃음은 밀도 연산자의 비대각선 요소들의 붕괴를 주고
소산은 비대각선 요소들뿐 아니라 대각선 요소들의 붕괴를 초
래한다. 어느 과정이든 비대각선 요소들은 소멸되며 양자계의
결맞음성을 잃게 된다.

1.6.2 결잃음 없는 부분 공간[6]

양자 정보 처리에서의 가장 큰 문제점은 결잃음이다. 양자계
와 주위 환경과의 피할 수 없는 결합으로 인해 발생하는 결잃
음 현상은 양자 정보의 손실과 오류를 유발한다. 이 문제가 해
결되지 않으면 양자 정보 처리 자체가 불가능하다. 결잃음의 문
제를 해결하는 가장 보편적인 방법은 양자 오류 보정(quantum error
correction)인데 이 책에서는 다루지 않으므로 다른 책들을 참고
해야 한다.[5, 7]

결잃음의 문제를 해결하는 또 하나의 방법이 결잃음 없는 부
분 공간(decoherence free subspace), 즉 DFS를 이용하는 방법이다.
DFS란 환경과의 결합이 없는 부분 공간을 의미하는데, 어떤 특
정한 결잃음이 주어지면 이에 대한 DFS가 존재할 수 있으며 따
라서 정보를 DFS에 부호화(encode)하면 그 특정한 결잃음으로부
터 자유로워질 수 있다는 것이 주된 아이디어이다. 양자 오류 보
정이 결잃음을 해결하는 능동적 방법이라면 DFS의 방법은 결잃
음을 피해 가는 피동적 방법이라고 할 수 있다.

DFS를 쉽게 이해하기 위해 간단한 예를 보도록 한다. 큐비트
의 두 기본 상태 $|0>$과 $|1>$ 사이에 무작위적으로 위상차 ϕ를

유발시키는 큐비트-환경의 위상 잃음 상호 작용을 생각해 보자. 큐비트나 주위 환경에 위상차 외에는 다른 변화를 주지 않으면 임의의 상태 $a|0> + b|1>$ 에 있는 큐비트와 $|e_0>$ 의 상태에 있는 주위 환경은 상호 작용으로 인해

$$(a|0>_j + be^{i\phi}|1>_j)|e_0>$$
(1.52)

의 상태로 변환된다. 위상차 ϕ가 무작위적으로 결정되는 조절할 수 없는 양이라면 큐비트는 결잃음을 겪게 된다. 이렇게 간단한 상호 작용의 경우에도 단일 큐비트의 공간에서는 DFS가 존재하지 않는다. 그러나 두 큐비트의 4차원 힐베르트 공간에서는 DFS가 존재할 수 있다.

이것을 보이기 위해 $a|0>_A|1>_B + b|1>_A|0>_B$의 상태에 있는 두 큐비트를 생각하자. 각각의 큐비트와 주위 환경과의 상호 작용이 위상차 ϕ를 유발시키면 상호 작용 후의 두 큐비트와 주위 환경의 상태는

$$e^{i\phi}(a|0>_A|1>_B + b|1>_A|0>_B)|e_0>$$
(1.53)

이 된다. 식 (1.53)에서 전체 위상 $e^{i\phi}$는 상관없으므로 큐비트의 상태가 주위 환경의 영향을 안 받고 그대로 유지되는 것을 볼 수 있다. 따라서 2차원 공간 $|0>_A|1>_B$와 $|1>_A|0>_B$는 앞과 같은 위상 잃음의 결잃음에 대해 DFS를 구성한다. 따라서 이 경우 정보를 부호화하는 논리 큐비트(logical qubit)를

$$|0>_{AB}^L = |0>_A|1>_B, \ |1>_{AB}^L = |1>_A|0>_B$$
(1.54)

로 잡으면 주위 환경의 영향을 받지 않고 정보를 보존할 수 있다.

여기서 유의할 점은 식 (1.53)을 유도하기 위해 두 큐비트 A, B에 유발되는 위상 변화 값이 ϕ로 같다고 가정했다는 점이다. 이같이 모든 큐비트가 같은 영향을 받는 결잃음을 집합적 결잃음(collective decoherence)이라고 한다. 만일 집합적 결잃음이 아니라면 식 (1.53)이 성립하지 않고 따라서 두 큐비트의 공간에서도 DFS가 존재하지 않는다.

또 다른 예로서 모든 큐비트의 $|1>$에 위상 변화 $e^{i\phi_1}$ 또는 $e^{i\phi_2}$를 같은 확률로 주는 집합적 결잃음을 생각해 보자. 이 경우에도 역시 두 큐비트의 힐베르트 공간의 일부에서 DFS를 찾을 수 있다. 단일선 벨 상태(singlet Bell state, 벨 상태에 대해서는 3.1.2 참조)

$$|\Psi>_{AB} = \frac{1}{\sqrt{2}}(|0>_A|1>_B - |1>_A|0>_B)$$

에 있는 두 큐비트 A, B와 $|e_0>$에 있는 주위 환경은 상호 작용의 영향으로

$$\frac{1}{2}[e^{i\phi_1}(|0>_A|1>_B - |1>_A|0>_B)|e_0>$$
$$+ e^{i\phi_2}(|0>_A|1>_B - |1>_A|0>_B)|e_1>] \qquad (1.55)$$
$$= |\Psi>_{AB}\frac{1}{\sqrt{2}}(e^{i\phi_1}|e_o> + e^{i\phi_2}|e_1>)$$

의 상태로 변환한다. (위상 변화 $e^{i\phi_1}$을 겪을 때의 주위 환경의 상태가 위상 변화 $e^{i\phi_2}$를 겪을 때의 주위 환경의 상태와 일반적으로 다르다고 가정한다.) 단일선 상태가 그대로 유지되는 것을 볼 수 있고 따라서

결잃음의 영향을 받지 않는다.

마찬가지로 또 다른 벨 상태

$$|\Psi^+>_{AB} = \frac{1}{\sqrt{2}}(|0>_A|1>_B + |1>_A|0>_B)$$

의 경우에도 같은 결과가 나온다. 따라서 $|\Psi^->$와 $|\Psi^+>$로 구성되는 2차원 공간(또는 $|0>|1>$과 $|1>|0>$로 구성되는 2차원 공간)은 DFS이다.

그런데 $|\Psi^->$와 $|\Psi^+>$는 중요한 차이점이 있다. 결잃음을 야기하는 위상 변화가 ($|0>, |1>$)이 아닌 다른 기저(basis)에 작동하는 위상 변화의 경우일 때 차이가 나타난다.

예를 들어 각 θ만큼 기울어진 기저의 두 기본 상태

$$|\theta> \ = \cos\theta\,|0> + \sin\theta\,|1> \tag{1.56a}$$
$$|-\theta> \ = -\sin\theta\,|0> + \cos\theta\,|1> \tag{1.56b}$$

를 생각하고 상태 $|-\theta>$에 위상 변화 $e^{i\chi_1}$ 또는 $e^{i\chi_2}$를 같은 확률로 주는 집합적 결잃음을 생각해 보자. 간단한 계산으로 단일선 상태 $|\Psi^->_{AB} = \frac{1}{\sqrt{2}}(|0>_A|1>_B - |1>_A|0>_B)$에 있는 두 큐비트와 $|e_0>$에 있는 주위 환경은 이 같은 집합적 결잃음의 영향 하에서도 식 (1.55)의 상태로 변환하는 것을 볼 수 있다. 그러나 $|\Psi^+>_{AB}$는 그렇지 못하다. 다시 말해 $|\Psi^->$는 모든 기저에 대해 결잃음이 없는 반면 $|\Psi^+>$는 ($|0>, |1>$) 기저에 대해서만 결잃음의 영향에서 자유롭다.

앞의 결과는 광섬유를 통한 신호 전달에도 응용될 수 있다.

편광 코딩(polarization coding)을 하는 경우 단일 광자들을 보낼 것이 아니고 두 광자를 쌍으로 $|\Psi^-\rangle$에 준비시켜 보내면 결잃음의 영향에서 벗어나 정확한 신호 전달을 할 수 있다. 이 경우 두 광자는 비교적 가까운 거리를 유지시켜 이들에 대한 위상 변화의 값이 대략 같게, 다시 말하면 집합적 결잃음이 되도록 해야 한다.

물론 $|\Psi^+\rangle$에 준비해도 어느 정도의 효과는 있겠지만 일반적으로 광섬유의 복굴절 축이 장소에 따라 변하므로 $|\Psi^-\rangle$에 준비해야만 큰 효과를 얻을 수 있다. 실제로 실험에서도 이러한 효과를 관측한 보고가 있다.[8] 또한 이같이 두 광자의 단일선 벨 상태가 결잃음에 강하다는 사실을 이용하면 그러한 상태를 신호로 사용하는 좀 더 정확한 양자 암호 전달의 방법을 생각할 수도 있다.

연습 문제

1.1 두 큐비트 A, B에 대한 다음 각각의 상태의 슈미트 분해를 구하시오. 이들 각각의 상태의 슈미트 수는 무엇인가?

(a) $|\psi\rangle_{AB} = \frac{1}{2}(|0\rangle_A|0\rangle_B + |0\rangle_A|1\rangle_B + |1\rangle_A|0\rangle_B - |1\rangle_A|1\rangle_B)$

(b) $|\psi\rangle_{AB} = \frac{1}{2}(|0\rangle_A|0\rangle_B - |0\rangle_A|1\rangle_B - |1\rangle_A|0\rangle_B - |1\rangle_A|1\rangle_B)$

(c) $|\psi\rangle_{AB} = \frac{1}{2}(|0\rangle_A|0\rangle_B - |0\rangle_A|1\rangle_B - |1\rangle_A|0\rangle_B + |1\rangle_A|1\rangle_B)$

1.2 두 큐비트 A, B의 상태

$$|\psi>_{AB} = \frac{(1+\sqrt{2})}{2\sqrt{3}}\,(|0>_A|0>_B + |1>_A|1>_B)$$

$$+ \frac{(1-\sqrt{2})}{2\sqrt{3}}\,(|0>_A|1>_B + |1>_A|0>_B)$$

의 슈미트 분해를 구하시오. 이 상태의 슈미트 수는 무엇인가?

1.3 다음과 같은 세 상자를 생각하자.

상자 A: 수평 편광($|\leftrightarrow>$)의 광자 50개, 수직 편광($|\updownarrow>$)의 광자 50개를 상자에 넣는다.

상자 B: 45° 편광($|\nearrow>$)의 광자 50개, -45° 편광($|\searrow>$)의 광자 50개를 상자에 넣는다.

상자 C: 단일선 벨 상태(벨 상태에 대해서는 3.1.2 참조) $|\psi^->_{CD}$에 있는 한 쌍의 광자를 발생시켜 이들 중 1개의 광자(광자 C라고 부르자.)를 상자에 넣는다. 이러한 작업을 100번 반복한다.

(a) 각 상자의 임의의 한 광자의 환산 밀도 행렬(reduced density matrix)을 구하시오.

(b) 상자 A와 B를 구별하는 방법은 무엇인가? 구별에 성공할 확률은 무엇인가? 상자 A와 C를 구별하는 방법은 무엇인가? 구별에 성공할 확률은 무엇인가? 상자 B와 C를 구별하는 방법은 무엇인가? 구별에 성공할 확률은 무엇인가?

제2장 양자 정보를 위한 양자 광학
(Quantum Optics for Quantum Information)

양자 정보학에서 정보를 소유하고 실어 나르는 역할을 맡고 있는 것은 개개의 입자(큐비트)들이다. 특히 광자(photon)는 속도가 무척 빠르다는 점, 광자들끼리 혹은 다른 입자와의 상호 작용이 약하다는 점, 기존에 발전된 광학 기술에 힘입어 다루기가 비교적 쉽다는 점 등 많은 장점을 가지고 있다. 때문에 광자는 양자 정보 전달을 위해 가장 널리 쓰이는 입자가 될 것이 명백하다. 특히 광자를 쓰지 않는 원거리 양자 통신은 생각할 수 없을 정도로 양자 통신에서의 광자의 역할은 필수적이다.

양자 정보를 광자에 부호화하고 이 광자를 광섬유를 통해 전송하고 또 부호화된 정보를 읽기 위해 광자에 측정을 행하는 모든 행위는 양자 광학 원리의 지배를 받는다. 예를 들어 양자 정보 전달을 위한 양자 텔레포테이션을 실험적으로 구현하려면 필수적으로 광학적 방법이 동원되며 양자 광학적 분석을 통해서 철저한 이해가 필요하다. 따라서 양자 정보학의 기초적인 이해를 위해서는 1차적으로 양자 역학의 지식이 필요하고, 양자

정보 처리의 실질적인 이해를 위해서는 2차적으로 양자 광학의
지식이 필요하다.

　2장에서는 양자 광학에서 중요한 개념들을 간단히 소개한다.
양자 광학의 이론을 처음부터 유도하고 설명하기 보다는 간단
히 이론의 중요한 요점들을 정리하는 방향으로 2장을 준비했다.
양자 광학에 대한 심층적 지식을 원하는 독자는 다른 양자 광
학 책들을 참고해야 할 것이다.

2.1 양자 광학: 빛의 양자화

　양자 광학은 빛의 특성과 상호 작용을 양자 역학적 관점에서
연구하는 학문이다. 빛이 가지고 있는 특성들을 보면 토머스 영
(Thomas Young)의 2중 슬릿 실험에 나타나는 간섭성(글라우버 이론
에서의 1차 간섭성)과 같이 고전적으로도 이해가 가능한 특성이
있는 반면, 응집(bunching, 글라우버 이론의 2차 간섭성), 압축과 같이
양자 이론을 적용해야만 완전한 설명이 가능한 특성들도 있다.[1]
다시 말해 빛에 대한 완전한 이해는 양자 이론이 적용된 양자
광학에 의해서만 가능하다. 이런 의미에서 양자 광학은 "빛은
무엇인가?"라는 질문에 궁극적인 해답을 주는 학문이라고 말할
수 있다.

　빛을 양자 역학적으로 기술하려면 어떻게 해야 하는가? 간단
하게 단일 모드 빛을 생각하자. 주파수 ω인 단일 모드 빛의 양
자 역학적 기술은 해밀토니안

$$H = \hbar\omega\left(a^\dagger a + \frac{1}{2}\right) \tag{2.1}$$

에 근거한다고 볼 수 있다. (해밀토니안이 왜 이렇게 주어지는지에 대해서는 양자 광학 책들을 참고하라.) 여기서 a와 $a^\dagger$는 각각 고려하고 있는 모드의 광자를 소멸시키는 소멸 연산자(annihilation operator)와 생성시키는 생성 연산자(creation operator)로

$$[a, a^\dagger] = 1 \qquad (2.2)$$

의 교환 관계(commutation relation)를 만족시킨다.

식 (2.1)의 해밀토니안의 고유 함수는 연산자 $a^\dagger a$의 고유 함수이고 이 고유 함수를 $|n>$으로 표시하면

$$a^\dagger a|n> = n|n> \qquad (2.3)$$

$$H|n> = \hbar\omega\left(n + \frac{1}{2}\right)|n> \qquad (2.4)$$

으로 쓸 수 있다.

식 (2.3)과 (2.4)를 보면 고유 함수 $|n>$은 광자가 n개 있는 상태, 즉 광자수 상태(photon number state, 포크 상태(Fock state)라고도 부른다.)이며, 상태 $|n>$의 에너지는 n개의 광자의 에너지 $n\hbar\omega$에 영점 에너지(zero-point energy) $\frac{1}{2}\hbar\omega$를 더한 값을 갖는다는 것을 알 수 있다. 또한 연산자 $a^\dagger a$는 광자수 상태를 고유 함수로 갖는 광자수 연산자(photon number operator)임을 알 수 있다.

광자수 상태 $|n>$의 특수한 경우는 $n=0$인 경우, 즉 광자가 없는 진공 상태 $|0>$이다. 진공 상태에 생성 연산자를 가하면 광자 1개가 생겨 $|1>$의 상태가 된다. 즉

$$|1> = a^\dagger|0> \qquad (2.5a)$$

의 관계식이 성립된다. 반대로

$$|0> \; = a|1>$$ (2.5b)

로 쓸 수도 있다. 일반적으로 진공 상태에 생성 연산자를 n번 가하면 광자가 n개 있는 상태가 된다. 수식적으로는

$$|n> \; = \frac{1}{\sqrt{n!}} \left(a^{\dagger}\right)^{n}|0>$$ (2.6)

으로 표시되는데 여기서 $\frac{1}{\sqrt{n!}}$ 은 $<n|n> \; = 1$을 만족시키기 위한 규격화 상수(normalization constant)이다. 식 (2.6)은

$$a^{\dagger}|n> \; = \sqrt{n+1}\,|n+1>$$ (2.7a)

의 관계식으로부터 유도된다. 이 관계식에 $n = 0$을 대입하면 식 (2.5a)가 된다. 또한

$$a|n> \; = \sqrt{n}\,|n-1>$$ (2.7b)

의 관계식도 유용하다. 이 식은 $n = 1$이면 식 (2.5b)가 된다.

일반적인 빛의 양자 상태 $|\psi>$는 해밀토니안의 고유 함수 $|n>$들의 선형 중첩으로 표시될 수 있다. 즉

$$|\psi> \; = \sum_{n} c_{n}|n>$$ (2.8)

이라 쓸 때 계수 c_{n}들이 모두 주어지면 상태 $|\psi>$도 결정된다.

여기서 $|c_n|^2 \equiv P_n$는 고려하고 있는 빛에서 n개의 광자를 발견할 확률이다.

2.2 간섭성 상태

간섭성 상태(coherent state, 결맞음 상태)는 광학에서 중요한 위치를 차지한다. 그 가장 중요한 하나의 이유는 레이저에서 방출되는 빛이 간섭성 상태의 빛으로 근사적으로 기술된다는 데에 있다. 레이저를 사용하는 대부분의 광학 실험의 결과를 올바르게 해석하기 위해서는 간섭성 상태에 대한 이론적 이해가 필수적이라고 말할 수 있다.

단일 모드의 간섭성 상태는 소멸 연산자의 고유 함수로 정의된다.[1] 간섭성 상태를 $|\alpha >$라 할 때

$$a|\alpha > \, = \alpha|\alpha > \tag{2.9}$$

의 관계식으로 간섭성 상태를 정의한다. 여기서 α는 일반적으로 복소수이다. 식 (2.9)에서

$$< \alpha|a^\dagger a|\alpha > \, = |\alpha|^2 \tag{2.10}$$

의 관계식을 얻는데 $a^\dagger a$가 광자수 연산자임을 고려하면 $|\alpha|^2$이 간섭성 상태 $|\alpha >$에 있는 빛에 대한 광자수의 기댓값임을 알 수 있다. 즉

$$< n > \, = |\alpha|^2 \tag{2.11}$$

이다. 간섭성 상태를 광자수 상태의 선형 중첩으로 나타내면

$$|\alpha> \; = e^{-|\alpha|^2/2}\sum_n \frac{\alpha^n}{\sqrt{n!}}|n>$$ (2.12)

으로 표시된다. 간섭성 상태 $|\alpha>$에 있는 빛에서 n개의 광자가
발견될 확률은

$$P_n = |<n|\alpha>|^2 = e^{-|\alpha|^2}\frac{|\alpha|^{2n}}{n!}$$ (2.13)

이다. 이러한 분포를 푸아송 분포(Poissonian distribution)라고 한다.
즉 간섭성 상태의 빛에서는 광자수 분포가 푸아송 분포로 주어
진다. 이것이 간섭성 상태의 한 기본적 특성이다.

이 광자수 분포의 불확정도(uncertainty) Δn을 구해 보면

$$\Delta n = \sqrt{<(n-<n>)^2>} = |\alpha| = \sqrt{<n>}$$ (2.14)

를 구할 수 있다. 요약하면 간섭성 상태 $|\alpha>$는 평균 광자수가
$|\alpha|^2$이고 광자수의 불확정도가 $|\alpha|$인 푸아송 광자수 분포를 갖
는 상태이다.

앞에서 진공 상태 $|0>$은 광자수 상태 $|n>$ 중 $n=0$에 해당하는
특수 상태라고 했는데 그것과 동시에 간섭성 상태 $|\alpha>$ 중 $\alpha=0$
에 해당하는 특수 상태로 볼 수도 있다. 이 경우 물론 $<n>\;=0$,
$\Delta n=0$이다. 반대로 $<n>$이 큰 경우($<n>\gg1$), $\Delta n = \sqrt{<n>}$
이므로 $\Delta n \ll <n>$이다. 이 경우는 광자수 분포가 $<n>$을 중
심으로 아주 좁은 분포를 보인다.

간섭성 상태에 대한 또 하나의 중요한 관계식은 일반적인 간

섭성 상태 $|\alpha>$와 진공 상태 $|0>$와의 관계를 나타내는 식으로서

$$|\alpha> \ = D(\alpha)|0> \tag{2.15}$$

로 표시된다. 여기서 연산자 $D(\alpha)$는

$$D(\alpha) = e^{aa^\dagger - a^* a} \tag{2.16}$$

로 정의되고 변위 연산자(displacement operator)라 부른다.

그림 2.1에서 보는 바와 같이 $(Re(\alpha), Im(\alpha))$ 공간의 원점에서 x축으로 $Re(\alpha)$, y축으로 $Im(\alpha)$만큼 상태를 변위시켜 주는 역할을 한다.

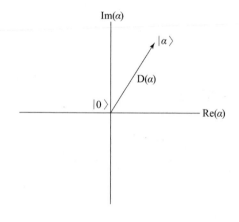

그림 2.1 변위 연산자.

또한

$$e^{aa^\dagger - a^* a} = e^{-|\alpha|^2/2} e^{\alpha a^\dagger} e^{-\alpha^* a} \tag{2.17}$$

이고

$$e^{-\alpha^* a}|0> \ = |0>$$ (2.18)

이므로 식 (2.15)는

$$|\alpha> \ = e^{-|\alpha|^2/2} e^{\alpha a^\dagger}|0>$$ (2.19)

으로 쓸 수도 있다.

간섭성 상태 $a|\alpha> = \alpha|\alpha>$ (광자 소멸 연산자의 고유 상태)

$|\alpha> \ = e^{-|\alpha|^2/2} e^{\alpha a^\dagger}|0>$ (푸아송 광자수 분포)

$|\alpha> \ = D(\alpha)|0>, \ D(\alpha) = e^{\alpha a^\dagger - \alpha^* a}$

2.3 최소 불확정 상태

빛은 수학적인 관점에서 보면 질량이 0인 조화 진동자(harmonic oscillator)와 동일하다. 이것은 소멸 연산자 a와 생성 연산자 $a^\dagger$를

$$a = \frac{1}{\sqrt{2\hbar\omega}}(\omega q + ip)$$ (2.20a)

$$a^\dagger = \frac{1}{\sqrt{2\hbar\omega}}(\omega q - ip)$$ (2.20b)

라 놓고 식 (2.1)의 해밀토니안을 두 연산자 q와 p로 표시하면

명백히 볼 수 있다. 실제로 해밀토니안은

$$H = \frac{1}{2}\left(\omega^2 q^2 + p^2\right) \tag{2.21}$$

이 되며 두 연산자는

$$[q, p] = i\hbar \tag{2.22}$$

의 교환 관계를 만족시킨다.

빛의 간섭성 상태 $|\alpha>$에 대해 두 연산자 q, p의 불확정도를 구하면

$$\Delta q = \sqrt{<\alpha|q^2|\alpha> - <\alpha|q|\alpha>^2} = \sqrt{\frac{\hbar}{2\omega}} \tag{2.23a}$$

$$\Delta p = \sqrt{<\alpha|p^2|\alpha> - <\alpha|p|\alpha>^2} = \sqrt{\frac{\hbar\omega}{2}} \tag{2.23b}$$

를 얻는다. 두 불확정도의 곱은

$$\Delta q \Delta p = \frac{\hbar}{2} \tag{2.24}$$

가 되며 이 값은 베르너 하이젠베르크(Werner Heisenberg)의 불확정성 원리가 허용하는 최솟값이다. (일반적으로 두 연산자 A, B에 대해 $\Delta A \Delta B \geq \frac{1}{2}|[A, B]|$이 성립하며 따라서 $\frac{1}{2}|[A, B]|$는 하이젠베르크의 불확정성 원리가 허용하는 최솟값이다.)

이같이 두 공액 연산자(conjugate operator)의 불확정도의 곱이
최솟값을 갖는 상태를 최소 불확정 상태(minimum uncertainty state)
라 부른다. 다시 말해 빛의 간섭성 상태는 최소 불확정 상태이
고 이것이 간섭성 상태의 중요한 특성 중 하나이다.

2.4 압축

압축이란 어떤 물리량의 불확정도가 간섭성 상태의 불확정도
보다 더 작음을 의미하며, 압축 특성을 보이는 양자 상태를 압축
상태(squeezed state), 압축 상태에 있는 빛을 압축광(squeezed light)이
라 한다. 하이젠베르크의 불확정성 원리에 기반을 두고 있는 압
축의 개념은 고전 이론에서는 존재하지 않으므로 양자 이론을
도입하지 않고서는 이해할 수 없다.

압축광은 그 존재 자체가 양자 물리의 당위성을 증명해 주는
비고전광(nonclassical light)의 한 예로서 기본 물리의 관점에서도
중요하지만, 불확정도가 적은 특성으로 인하여 정밀 실험 등에
서 유용하게 쓰일 수 있으므로 응용의 관점에서도 중요한 위치
를 차지한다.

여기서는 압축 상태에 대한 기본 이론을 설명하고 압축 상태
의 가장 간단한 예인 압축 진공(squeezed vacuum), 그리고 실제로
실험실에서 발생시킨 두 모드 압축(two-mode squeezing)에 대해서
간단히 기술한다.

2.4.1 압축 상태[2]

압축 상태는 압축의 특성을 보이는 양자 상태를 의미한다. 압

축의 특성을 보이는 물리량이 무엇이냐에 따라 여러 다른 압축 상태를 생각할 수 있으나, 여기서는 앞에서 고려했던 두 연산자 q와 p의 불확정도 Δq와 Δp를 생각하겠다.

구체적으로는 논의의 편의를 위해서 Δq와 Δp 대신에

$$X_1 = \sqrt{\frac{\omega}{2\hbar}}\, q = \frac{1}{2}\left(a + a^\dagger\right), \ X_2 = \frac{1}{\sqrt{2\hbar\omega}}\, p = \frac{1}{2i}\left(a - a^\dagger\right) \tag{2.25}$$

로 정의된 두 연산자 X_1, X_2의 불확정도 ΔX_1, ΔX_2를 생각하겠다. 간섭성 상태가 만족하는 식 (2.23)과 식 (2.24)를 ΔX_1과 ΔX_2에 대하여 쓰면

$$\Delta X_1 = \frac{1}{2}, \ \Delta X_2 = \frac{1}{2}, \ \Delta X_1 \Delta X_2 = \frac{1}{4} \tag{2.26}$$

이 된다.

여기서 유의할 점은 하이젠베르크의 불확정성 원리가 두 불확정도의 곱 $\Delta X_1 \Delta X_2$의 값은 제한하나 ΔX_1 또는 ΔX_2 각각의 값에 대해서는 아무런 제한이 없다는 것이다. 즉 ΔX_1 또는 ΔX_2의 값이 간섭성 상태의 값 $\frac{1}{2}$보다 작다고 하더라도 $\Delta X_1 \Delta X_2 \geq \frac{1}{4}$의 부등식이 만족된다면 양자 이론의 원칙과 위배될 것이 없다는 것이다. 이러한 특성, 즉

$$\Delta X_1 < \frac{1}{2} \tag{2.27a}$$

또는

$$\Delta X_2 < \frac{1}{2} \tag{2.27b}$$

의 부등식을 만족시키는 상태가 압축 상태이다.

두 연산자 X_1과 X_2를 쿼드러처 연산자(quadrature operator)라 부르므로 식 (2.27a) 또는 식 (2.27b)를 만족시키는 상태를 정확하게는 쿼드러처 압축 상태(quadrature squeezed state)라 부르나 여기서는 간단히 압축 상태라 부르겠다.

(쿼드러처) 압축 상태

$$\Delta X_1 < \frac{1}{2} \ \text{또는} \ \Delta X_2 < \frac{1}{2}$$

수학적으로 보면 압축은

$$S(r) = \exp\left(\frac{r}{2} a^2 - \frac{r}{2} a^{\dagger 2} \right) \tag{2.28}$$

으로 정의되는 연산자를 통해 수행된다.[2] 연산자 $S(r)$를 압축 연산자(squeeze operator)라고 부른다. 일반적으로 압축 상태는 임의의 빛 상태 $|\psi>$에 압축 연산자를 가해서 얻어지는 상태 $S(r)|\psi>$로 정의할 수 있다. 그 대표적인 예가 압축 간섭성 상태(squeezed coherent state)로서 압축 연산자를 간섭성 상태에 가해서 얻을 수 있는 상태

$$|r, \alpha> \ = S(r)|\alpha> \ = S(r)D(\alpha)|0> \tag{2.29}$$

이다.

지금까지 고려되어 왔던 압축 상태는 대부분 압축 간섭성 상태였고 따라서 이 상태를 단순히 압축 상태라고 불러 왔다. 이 책에서도 특히 다른 언급이 없는 한 식 (2.29)의 상태를 단순히 압축 상태라고 부르겠다.

식 (2.29)의 압축 상태에 대해 불확정도 ΔX_1, ΔX_2를 계산하면

$$\Delta X_1 = \frac{1}{2} e^{-r}, \ \Delta X_2 = \frac{1}{2} e^{r} \tag{2.30}$$

를 얻는다. 즉 압축 연산자 $S(r)$은 ΔX_1을 e^{-r}만큼 감소시키고 대신 ΔX_2를 e^{r}만큼 증가시키는 역할을 한다. 따라서 압축 연산자를 간섭성 상태에 가하면 X_1의 불확정도가 간섭성 상태보다 작은 압축 상태가 된다. ($r > 0$으로 가정한다.)

그러나 X_2는 높여서 두 불확정도의 곱 $\Delta X_1 \Delta X_2$는 간섭성 상태의 값인 $\frac{1}{2}$이 유지된다. 다시 말해 식 (2.29)로 정의되는 압축 상태 $|r, \alpha >$는 $\Delta X_1 \Delta X_2$가 하이젠베르크의 불확정성 원리가 허용하는 최솟값 $\frac{1}{4}$을 갖는 최소 불확정 압축 상태(minimum uncertainty squeezed state)이다.

수학적인 관점에서 보면 압축 상태 $|r, \alpha >$는 식 (2.29)에서 보듯이 진공 $|0 >$에 변위 연산자 $D(\alpha)$를 작용시킨 후 압축 연산자 $S(r)$를 작용시킴으로써 얻어진다. 만일 두 연산자를 작용시키는 순서를 바꾸면

$$|\alpha, r > = D(\alpha) S(r) |0 > \tag{2.31}$$

의 상태를 얻는데 이 상태 역시 X_1, X_2의 불확정도가 식 (2.30)
으로 주어지는 최소 불확정 압축 상태이다. 두 상태 $|r, \alpha>$와
$|\alpha, r>$은

$$|\alpha, r> = |r, (\alpha \cosh r + \alpha^* \sinh r)> \tag{2.32}$$

의 관계가 있다.

압축 상태 $|\alpha, r>$의 평균 광자수는

$$<\alpha, r|a^\dagger a|\alpha, r> = |\alpha|^2 + \sinh^2 r \tag{2.33}$$

로 주어진다. 우변의 첫 번째 항 $|\alpha|^2$이 간섭성 상태의 평균 광
자수이므로 압축의 과정에서 평균 $\sinh^2 r$에 해당하는 개수의 광
자가 생성되는 것을 알 수 있다.

압축 연산자 $S(r) = \exp\left(\dfrac{r}{2}a^2 - \dfrac{r}{2}a^{\dagger 2}\right)$

쿼드러처 압축 상태 $|r, \alpha> = S(r)|\alpha> = S(r)D(\alpha)|0>$

$|\alpha, r> = D(\alpha)S(r)|0>$

$\Delta X_1 = \dfrac{1}{2}e^{-r}$, $\Delta X_2 = \dfrac{1}{2}e^r$

식 (2.28)의 압축 연산자의 일반적 형태는 임의의 복소수
$z = re^{i\theta}$에 대해

$$S(z) = \exp\left(\frac{z^*}{2}a^2 - \frac{z}{2}a^{\dagger 2}\right) \tag{2.34}$$

로 주어진다. 식 (2.34)의 압축 연산자를 간섭성 상태에 가하여
얻어지는 압축 상태

$$|z, \alpha> \ = S(z)|\alpha> \ = S(z)D(\alpha)|0> \qquad (2.35)$$

또는

$$|\alpha, z> \ = D(\alpha)S(z)|0> \qquad (2.36)$$

는 회전된 쿼드러처 연산자

$$Y_1 = \left(\cos\frac{\theta}{2}\right)X_1 + \left(\sin\frac{\theta}{2}\right)X_2, \ \ Y_2 = -\left(\sin\frac{\theta}{2}\right)X_1 + \left(\cos\frac{\theta}{2}\right)X_2 \, (2.37)$$

의 불확정도가

$$\Delta Y_1 = \frac{1}{2}e^{-|z|} = \frac{1}{2}e^{-r}, \ \Delta Y_2 = \frac{1}{2}e^{|z|} = \frac{1}{2}e^{r} \qquad (2.38)$$

이 됨을 만족시키는 최소 불확정 압축 상태이다.

실험적으로 압축은 어떻게 이루어질까? 식 (2.34)의 압축 연산
자가 a^2 또는 $a^{\dagger 2}$을 포함하고 있는 점에서 압축을 이루려면 2개
의 광자를 동시에 발생시키는 두 광자 방출(two-photon emission)의
비선형 광학 과정이 필요하다는 것을 알 수 있다. 실제로 압축
광은 1980년도 후반에 처음 생성되었는데 4파 혼합(four wave
mixing) 또는 매개 하향 변환(parametric downconversion)의 비선형 광
학 과정이 이용되었다.[3][4][5]

2.4.2 압축 진공

식 (2.29)의 압축 상태의 특수한 경우로서 $\alpha = 0$인 경우를 생각하자. 이 경우의 압축 상태는

$$|r, 0> \; = S(r)|0>\tag{2.39}$$

로 정의되는데, 진공을 압축하여 생성되는 상태이므로 압축 진공(squeezed vacuum)이라 부른다. 압축 진공 상태 역시 최소 불확정 압축 상태이므로 식 (2.30) 즉

$$\Delta X_1 = \frac{1}{2}e^{-r}, \; \Delta X_2 = \frac{1}{2}e^r$$

을 만족시킨다.

압축 진공 상태를 광자수 상태의 선형 중첩으로 표시하면 약간의 계산을 거쳐

$$|r, 0> \; = \frac{1}{\sqrt{\cosh r}} \sum_{n=0}^{\infty} \frac{\sqrt{(2n)!}}{2^n n!} (-\tanh r)^n |2n>\tag{2.40}$$

이 됨을 알 수 있다. 압축 진공 상태의 광자 통계 특성은 다음의 식들로 주어진다.

$$<n> \; = \; <r, 0|a^\dagger a|r, 0> \; = \sinh^2 r\tag{2.41}$$

$$P_{2n} = |<2n|r, 0>|^2 = \frac{2n!}{2^{2n}(n!)^2} \frac{(\tanh r)^2}{\cosh r}\tag{2.42a}$$

$$P_{2n+1} = |<2n+1|r,0>|^2 = 0 \tag{2.42b}$$

식 (2.41)~(2.42)에서 볼 수 있듯이 압축 진공 상태는 그 이름에 진공이란 표현이 들어 있지만 광자가 없는 상태는 아니다. 압축의 과정에서는 항상 광자들이 생성되기 때문이다.

식 (2.42a)와 식 (2.42b)는 압축 진공의 중요한 한 특성을 보여 준다. 즉 압축 진공의 빛에서는 홀수의 광자를 발견할 확률이 0이며, 따라서 압축 진공 상태는 짝수 광자수 상태들의 선형 중첩으로 나타낼 수 있다. 이 결과는 압축 진공 상태가 원래 광자가 없었던 진공 상태에 2개의 광자를 동시에 생성시키는 비선형 광학 과정인 압축을 가하여 얻어지는 상태임을 상기하면 이해할 수 있다.

> 압축 진공 $|r,0> = S(r)|0>$
>
> $P_{2n+1} = 0$

2.4.3 두 모드 압축

실제로 압축광을 발생시키는 데 사용된 여러 방법들은 대부분 2개의 다른 주파수 ω_+와 ω_-의 광자쌍을 방출하는 두 광자 방출 과정을 이용했다. 즉 동일한 모드의 두 광자를 동시에 발생시키는 비선형 광학 과정이 아니고 두 다른 모드 ω_+와 ω_-의 광자를 각각 1개씩 동시에 발생시키는 비선형 광학 과정을 통해 생성된 압축 상태이다. 따라서 압축이 두 모드를 대상으로 존재하며 이러한 두 모드 압축은 단일 모드의 압축 연산자[식 (2.28)]를 두 모드로 일반화시킨

$$S_{+-}(r) = \exp(r a_+ a_- - r a_+^\dagger a_-^\dagger) \qquad (2.43)$$

의 두 모드 압축 연산자로 기술된다.

두 다른 모드의 광자를 발생시키는 두 광자 방출 과정으로 생성된 두 광자 압축 상태는 일반적으로

$$|\alpha_+, \alpha_-, r> \; = D_+(\alpha_+) D_-(\alpha_-) S_{+-}(r)|0> \qquad (2.44)$$

의 상태로 정의된다. 여기서 $D_+(\alpha)$와 $D_-(\alpha)$는

$$D_\pm(\alpha) = \exp(\alpha a_\pm^\dagger - \alpha^* a_\pm) \qquad (2.45)$$

로서 각각 모드 ω_+, ω_-에 대한 변위 연산자이다. 약간의 계산을 거치면 식 (2.44)의 두 모드 압축 상태가

$$< \alpha_+, \alpha_-, r | a_\pm^\dagger a_\pm | \alpha_+, \alpha_-, r> \; = |\alpha_\pm|^2 + \sinh^2 r \qquad (2.46)$$

를 만족시킨다는 것을 유도할 수 있다. 즉 각각의 모드 ω_+, ω_-에서 단일 모드 압축 상태의 평균 광자수와 같은 관계가 성립된다.

두 모드 쿼드러처 연산자는 단일 모드 쿼드러처 연산자를 일반화하여

$$X_1 = \frac{1}{2^{3/2}}(a_+ + a_+^\dagger + a_- + a_-^\dagger) = \frac{1}{\sqrt{2}}(X_{1+} + X_{1-}) \qquad (2.47a)$$

$$X_2 = \frac{-i}{2^{3/2}}(a_+ - a_+^\dagger + a_- - a_-^\dagger) = \frac{1}{\sqrt{2}}(X_{2+} + X_{2-}) \qquad (2.47b)$$

로 정의할 수 있다. 여기서 X_{1+}와 X_{2+}는 모드 ω_+에 대한 쿼드러처 연산자, X_{1-}와 X_{2-}는 모드 ω_-에 대한 쿼드러처 연산자이다. 두 모드 압축 상태 $|\alpha_+, \alpha_-, r>$에 대하여 불확정도 ΔX_1, ΔX_2를 계산하면

$$\Delta X_1 = \frac{1}{2}e^{-r}, \ \Delta X_2 = \frac{1}{2}e^r \tag{2.48}$$

이 된다. 따라서 식 (2.44)의 상태 $|\alpha_+, \alpha_-, r>$에 있는 빛은 두 모드 압축의 특성을 보인다.

두 모드 압축 상태

$$|\alpha_+, \alpha_-, r> \ = D_+(\alpha_+)D_-(\alpha_-)S_{+-}(r)|0>$$

$$\Delta X_1 = \frac{1}{2}e^{-r}, \ \Delta X_2 = \frac{1}{2}e^r$$

두 모드 압축 상태의 특수한 경우로서 $\alpha_+ = 0$, $\alpha_- = 0$인 경우를 생각하면

$$|0,0,r> \ = S_{+-}(r)|0> \tag{2.49}$$

로 정의되는 두 모드 압축 진공의 상태가 된다. 약간의 계산을 거치면 이 상태가 각 모드의 광자수 상태의 선형 중첩으로 다음과 같이 표현될 수 있는 것을 알 수 있다.

$$|0,0,r> \ = \frac{1}{\cosh r}\sum_{n=0}^{\infty}(-\tanh r)^n|n,n> \tag{2.50}$$

여기서 $|n,n>$은 ω_+의 모드에 n개의 광자, ω_-의 모드에 n개의 광자가 있는 상태를 의미한다. 두 모드 압축 상태가 두 모드의 광자수가 같은 $|n,n>$의 상태들로만 구성되어 있는 것은 두 모드 ω_+와 ω_-사이에 광자수의 상관 관계가 강하게 있음을 시사한다. 이러한 상태를 얽힘 상태라 하는데 3장에서 상세히 다룬다. 물론 두 모드 압축 진공 상태도 식 (2.48)을 만족시킨다.

두 모드 압축을 조금 더 이해하기 위해서 두 모드 ω_+와 ω_-의 선형 중첩으로 정의되는 두 모드 c와 d의 연산자

$$c = \frac{1}{\sqrt{2}}(a_+ + a_-) \tag{2.51a}$$

$$d = \frac{1}{\sqrt{2}}(a_+ - a_-) \tag{2.51b}$$

를 생각하자. 식 (2.43)의 두 모드 압축 연산자를 c와 d의 함수로 표시하면

$$S_{+-}(r) = e^{\frac{r}{2}(c^2 - c^{\dagger 2})} e^{-\frac{r}{2}(d^2 - d^{\dagger 2})} = S_c(r)S_d(-r) \tag{2.52}$$

이 된다. 즉 식 (2.43)의 두 모드 압축 연산자는 모드 c와 d에 대한 독립적인 두 단일 모드 압축 연산자의 곱으로 표시된다. 따라서 식 (2.49)의 두 모드 압축 진공 상태는

$$|0,0,r> = S_c(r)S_d(-r)|0>_c|0>_d \tag{2.53}$$

이 된다.

모드 c에 대한 쿼드러처 연산자는

$$X_{c1} = \frac{1}{2}(c + c^\dagger) = \frac{1}{2^{3/2}}(a_+ + a_- + a_+^\dagger + a_-^\dagger) \tag{2.54a}$$

$$X_{c2} = \frac{-i}{2}(c - c^\dagger) = \frac{-i}{2^{3/2}}(a_+ + a_- - a_+^\dagger - a_-^\dagger) \tag{2.54b}$$

로 정의되고 유사하게 모드 d에 대한 쿼드러처 연산자는

$$X_{d1} = \frac{1}{2}(d + d^\dagger) = \frac{1}{2^{3/2}}(a_+ - a_- + a_+^\dagger - a_-^\dagger) \tag{2.55a}$$

$$X_{d2} = \frac{-i}{2}(d - d^\dagger) = \frac{-i}{2^{3/2}}(a_+ - a_- - a_+^\dagger + a_-^\dagger) \tag{2.55b}$$

로 정의되며 식 (2.53)으로부터 두 모드 압축 진공이 만족시키는 관계식

$$\Delta X_{c1} = \frac{1}{2}e^{-r}, \ \Delta X_{c2} = \frac{1}{2}e^{r} \tag{2.56a}$$

$$\Delta X_{d1} = \frac{1}{2}e^{r}, \ \Delta X_{d2} = \frac{1}{2}e^{-r} \tag{2.56b}$$

을 유추해 낼 수 있다. 식 (2.47)에 정의된 두 모드 쿼드러처 연산자 X_1과 X_2는 모드 c에 대한 쿼드러처 연산자 X_{c1}과 X_{c2}와 같음을 볼 수 있고 따라서 식 (2.48)은 식 (2.56a)와 일치한다.

2.5 빛의 간섭성에 대한 양자 이론: 글라우버 이론

빛의 간섭성에 대한 양자 이론은 1963년 로이 글라우버(Roy Glauber)가 발표한 2편의 논문에서 비롯된다.[1] 여기서는 이 이론의 핵심만 간단히 소개하도록 한다. 더 자세한 논의는 양자 광학 책들을 참고하면 되겠다. 간섭성은 1차, 2차, …, n차, …의 간섭성으로 분류되는데, 양자 광학의 근간을 이루는 중요한 개념은 특히 1차와 2차 간섭성이다. 여기서는 간단하게 단일 모드의 빛을 주로 고려하겠다.

1차 간섭성(first-order coherence)은 간단히 말해 영의 2중 슬릿 실험에서 간섭 무늬를 형성할 수 있는지 없는지, 다시 말해 빛의 위상의 규칙성을 유지하는지 못 하는지에 관한 특성이다. 통상 말하는 간섭성은 대개 1차 간섭성을 의미한다. 단일 모드의 빛은 그 빛이 어떤 양자 상태에 있는지 상관없이 1차 간섭성을 갖는다. 다시 말해 단일 모드의 빛은 항상 위상의 규칙성을 유지하며 영의 실험에서 항상 간섭 무늬를 형성한다. 1차 간섭성은 고전 이론으로도 설명이 가능한 우리에게 친숙한 개념이므로 더 이상의 논의는 하지 않도록 한다.

2차 간섭성(second-order coherence)은 한마디로 빛을 구성하고 있는 광자들의 응집의 강도를 나타내는 특성이라고 할 수 있다. 1차 간섭성이 하나의 검출기에서 관측되는 두 파의 진폭 간의 상관 관계에 나타나는 빛의 특성이라면 2차 간섭성은 2개의 검출기에서 각각 관측되는 두 파의 밝기 간의 상관 관계에 표출되는 빛의 특성이다. 1차 간섭성이 영의 2중 슬릿 실험에서 측정된다면 2차 간섭성은 로버트 핸버리 브라운(Robert Hanbury Brown)과 리처드 트위스(Richard Twiss)의 실험에서 측정된다.[6]

핸버리 브라운과 트위스의 실험은 그림 2.2에서 보는 바와 같이 다른 곳에 위치한 두 검출기 D1, D2에 기록된 빛의 밝기의 상관 관계를 측정한 실험이다. D1에 측정된 빛의 밝기를 I_1, D2에 시간 τ 후에 측정된 빛의 밝기를 $I_2(\tau)$라 하면 두 밝기의 상관 관계 $< I_1 I_2(\tau) >$를 τ를 변화시키면서 측정하여 시간 지연 τ에 대한 두 검출기의 일치 계측률(coincidence rate)을 측정하는 것이 핸버리 브라운과 트위스의 실험이다. 두 검출기 D1, D2가 광원에서 같은 거리에 있을 때, 즉 $\tau = 0$일 때의 상관 관계 $< I_1 I_2(0) >$는 빛의 응집성이 얼마나 강한가를 보여 주는 척도라 할 수 있다. 좀 더 정확하게는 $< I_1 I_2(0) >$가 $< I_1 I_2(\tau \neq 0) >$ 보다 얼마나 큰지 작은지가 빛의 응집성이 얼마나 강한가를 보여 주는 척도라 할 수 있다.

글라우버의 양자 이론에서 두 밝기의 상관 관계 $< I_1 I_2(\tau) >$에 대응하는 함수는 2차 간섭성 함수(second-order coherence function) $G^{(2)}(\tau)$, 또는 규격화된 2차 간섭성 함수(normalized second-order coherence function) $g^{(2)}(\tau)$ 로서

$$g^{(2)}(\tau) = \frac{< E^{(-)}(t) E^{(-)}(t+\tau) E^{(+)}(t+\tau) E^{(+)}(t) >}{< E^{(-)}(t) E^{(+)}(t) >< E^{(-)}(t+\tau) E^{(+)}(t+\tau) >} \qquad (2.57)$$

의 관계식으로 정의된다. 여기서 $E^{(-)}$와 $E^{(+)}$는 각각 전기장 연산자 $E(\vec{r}, t)$에서 광자의 생성과 소멸에 해당되는 부분이다. 즉 $E(\vec{r}, t) = E^{(+)}(\vec{r}, t) + E^{(-)}(\vec{r}, t)$로 나눌 때 광자의 생성 연산자를 포함하는 부분이 $E^{(-)}(\vec{r}, t)$, 소멸 연산자를 포함하는 부분이 $E^{(+)}(\vec{r}, t)$이다. 단일 모드의 경우에는

$$E^{(+)}(\vec{r}, t) = i \sqrt{\frac{\hbar \omega}{2\varepsilon_0 V}} \, a \, e^{-i\omega t + i \vec{k} \cdot \vec{r}} = E^{(-)*}(\vec{r}, t) \qquad (2.58)$$

이다. 식 (2.57)에서 $E^{(-)}$, $E^{(+)}$가 $\vec{r}$에 의존하지 않고 t에만 의존
하는 것으로 표시한 이유는 핸버리 브라운과 트위스의 실험
(Hanbury Brown-Twiss experiment)에서 두 검출기 D1, D2가 광원에
서 같은 거리에 있다고 가정했기 때문이다. (그림 2.2)

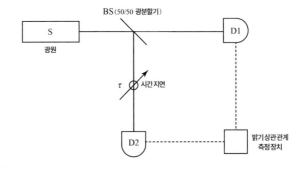

그림 2.2 핸버리 브라운과 트위스의 실험.

규격화된 2차 간섭성 함수 $g^{(2)}(\tau)$는 같은 광원에서 나오는
두 광자가 τ의 시간 지연을 두고 관측될 확률이므로, $g^{(2)}(\tau=0)$
는 두 광자가 뭉쳐 있을 확률이 된다. 따라서 $g^{(2)}(\tau=0)$의 값,
좀 더 정확하게는 $g^{(2)}(\tau=0)$가 $g^{(2)}(\tau\neq0)$보다 얼마나 큰지, 즉
$-\lim\limits_{\tau\to0}\dfrac{dg^{(2)}(\tau)}{d\tau}$가 얼마나 큰지가 광자들의 응집성이 얼마나 큰
가를 보여 주는 척도가 된다.

빛이 간섭성 상태에 있을 때는 $g^{(2)}(\tau)=1$임을 쉽게 계산할
수 있다. 즉 시간 지연 τ에 상관없이 $g^{(2)}$의 값이 1이므로 당연
히 $\lim\limits_{\tau\to0}\dfrac{dg^{(2)}(\tau)}{d\tau}=0$가 된다. 간섭성 상태의 빛보다 더 응집력이

약한 빛을 반응집광(antibunched light)이라 부른다. 즉 반응집광은

$$\lim_{\tau \to 0} \frac{dg^{(2)}(\tau)}{d\tau} > 0 \tag{2.59}$$

의 관계를 만족시키는 빛으로 정의된다. 고전 이론에서는 항상
$g^{(2)}(\tau = 0) \geq g^{(2)}(\tau \neq 0)$의 관계식이 성립하며, 따라서 반응집광은
양자 이론에서만 존재할 수 있는 비고전광이다.

2차 간섭성 함수는 단일 모드의 경우에 비교적 쉽게 계산할
수 있다. 식 (2.58)을 (2.57)에 대입하면

$$g^{(2)}(\tau) = \frac{< a^{\dagger} a^{\dagger} a a >}{< a^{\dagger} a >^2} = 1 + \frac{(\Delta n)^2 - < n >}{< n >^2} \tag{2.60}$$

의 간단한 형태가 된다. 우선 단일 모드의 빛일 때 $g^{(2)}(\tau)$는 τ에
무관한 것을 볼 수 있다. 다시 말해서 단일 모드의 빛이면 어떤
상태에 있는지 상관없이 $\lim_{\tau \to 0} \frac{dg^{(2)}(\tau)}{d\tau} = 0$이다. 즉 단일 모드의
빛은 반응집광이 될 수 없다.

그런데 $g^{(2)}(\tau)$의 값은 빛이 어떤 상태에 있는지에 따라, 구체적
으로 빛의 $< n >$과 $(\Delta n)^2$, 즉 광자 통계에 따라 다른 값을 갖는 것
을 알 수 있다. 예를 들어 단일 모드 간섭성 상태 $|\alpha >$의 빛에 대해
서는 $< n > = (\Delta n)^2 = |\alpha|^2$이므로 $g^{(2)} = 1$이 된다. 반면에 단일
모드 혼돈광(chaotic light)의 경우는 $(\Delta n)^2 = < n > + < n >^2$이고 따
라서 $g^{(2)} = 2$이다.

간섭성 상태의 광자들보다 더 $g^{(2)}$의 값이 작은 빛이 존재할
까? 양자 이론에서는 가능하다. 식 (2.60)을 보면 광자수 분산

$(\Delta n)^2$이 평균 광자수 $<n>$보다 작으면 된다. 빛이 간섭성 상태일 때, 즉 광자수 분포가 푸아송 분포일 때 $(\Delta n)^2$은 $<n>$과 같은데, 광자수 분포가 이보다 더 좁아서 $(\Delta n)^2$이 $<n>$보다 작은 값을 갖지 못할 이유가 양자 이론에서는 존재하지 않는다. $(\Delta n)^2$이 $<n>$보다 작은 분포를 서브 푸아송 분포(sub-Poissonian distribution)라 하며 이러한 분포에 대해서는 $g^{(2)} < 1$이 된다. 이론적으로 볼 때 서브 푸아송 분포를 갖는 가장 간단한 예는 광자수 상태 $|n>$에 있는 단일 모드 빛으로 이 경우 $g^{(2)} = 1 - \dfrac{1}{n}$ 이다.

$$\text{반응집광}\ \lim_{\tau \to 0} \frac{dg^{(2)}(\tau)}{d\tau} > 0$$

$$\text{단일 모드}\ g^{(2)} = \frac{<a^\dagger a^\dagger aa>}{<a^\dagger a>^2} = 1 + \frac{(\Delta n)^2 - <n>}{<n>^2}$$

$$\text{단일 모드 서브 푸아송 광자 분포}\ g^{(2)} < 1$$

2.6 블로흐 구 표현

2준위계의 상태를 시각적으로 표현하는 방법으로 블로흐 구(Bloch sphere)를 이용하는 방법이 있다.[7] 이 방법은 광학에서 2준위 원자의 상태 변화를 기술하는 데 많이 쓰이고 있다. 양자 정보를 전달하는 최소 단위인 큐비트도 역시 2준위계이므로 이 방법을 효과적으로 이용할 수 있다. 여기서는 큐비트의 상태와 그 변화를 어떻게 블로흐 구 방법으로 기술하는지를 간단히 설명하겠다.

하나의 큐비트의 상태는 일반적으로 식 (1.2)로 표시되는데

여기서 두 계수 α와 β는

$$|\alpha|^2 + |\beta|^2 = 1 \qquad (2.61)$$

을 만족시키는 상수이다. 또한 상태의 전체 위상은 관측할 수 없는 양이므로 상수 α는 실수라고 가정해도 무방하다. 그러므로 상수 α와 β를 두 각 θ와 ϕ의 함수로

$$\alpha = \cos\left(\frac{\theta}{2}\right), \ \beta = e^{i\theta}\sin\left(\frac{\theta}{2}\right) \qquad (2.62)$$

로 나타낼 수 있다. 두 각 θ와 ϕ를 반지름이 1인 구 표면에서의 점에 대응시킬 수 있으므로, 큐비트의 임의의 상태는 시작점이 원점이고 끝점이 구 표면의 점인 벡터, 즉 x, y, z성분이 각각 $\sin\theta\cos\phi$, $\sin\theta\sin\phi$, $\cos\theta$인 벡터로서 시각적으로 나타낼 수 있다. 이 벡터를 블로흐 벡터라 부른다. 요약하여 식 (1.2)로 정의되는 큐비트의 상태는 식 (2.62)의 관계를 통하여 블로흐 벡터와 1대1의 대응 관계를 갖는다.

예를 들어 그림 2.3에서 보는 바와 같이 $|0>$의 상태와 $|1>$의 상태는 각각 블로흐 구의 가장 높은 점과 가장 낮은 점을 끝점으로 하는 벡터에 대응되며

$$|+> = \frac{1}{\sqrt{2}}(|0> + |1>),$$

$$|-> = \frac{1}{\sqrt{2}}(|0> - |1>)$$

의 상태는 각각 xy 평면의 대원이 $+x$축, $-x$축과 만나는 점을

끝점으로 하는 벡터에 대응된다.

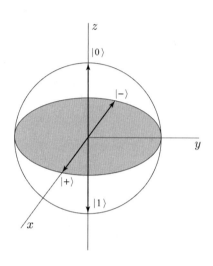

그림 2.3 블로흐 벡터.

큐비트의 상태와 블로흐 벡터가 1대1의 대응 관계를 가지므로 큐비트 상태의 변화는 블로흐 벡터의 변화로 시각적으로 나타낼 수 있다. 큐비트의 상태 변화는 일반적으로 유니터리 2×2 행렬로 나타내진다. (4.2.1 참조) 이에 대응하여 블로흐 구 표현(Bloch sphere representation)에서 큐비트 상태의 변화는 일반적으로 블로흐 벡터의 회전(rotation)으로 나타낼 수 있다.

예를 들어 파울리 스핀 행렬들

$$\sigma_x = \begin{pmatrix} 0 & 1 \\ 1 & 0 \end{pmatrix}, \; \sigma_y = \begin{pmatrix} 0 & -i \\ i & 0 \end{pmatrix}, \; \sigma_z = \begin{pmatrix} 1 & 0 \\ 0 & -1 \end{pmatrix} \tag{2.63}$$

의 기본 유니터리 변환은 블로흐 구 표현에서는 각각 x축, y축,

z축을 축으로 하는 180°의 회전에 해당된다. [식 (4.24), 상태의 전체 위상은 고려하지 않는다.] 또한

$$H = \frac{1}{\sqrt{2}} \begin{pmatrix} 1 & 1 \\ 1 & -1 \end{pmatrix} \tag{2.64}$$

의 아다마르 변환(Hadamard transform)은 그림 2.4에서 보는 바와 같이 y축을 축으로 하는 90°의 회전 후 x축에 대한 180°의 회전에 대응된다. [식 (4.26)]

블로흐 구 표현 $|\psi> = \alpha|0> + \beta|1> = \cos\frac{\theta}{2}|0> + e^{i\phi}\sin\frac{\theta}{2}|1>$

2.7 선형 광학 장치

양자 광학의 많은 기본 실험들은 선형 광학 장치(linear optical device)를 사용하여 수행된다. 선형 광학 장치의 두 대표적인 예는 광분할기와 위상 이동기(phase shifter)이다. 여기서는 이들의 기본 이론을 살펴본다.

2.7.1 광분할기의 기본 이론[8]

광분할기는 가장 기본적이고 동시에 중요한 선형 광학 장치로 광정보 처리에서 필수적으로 요구된다. 예를 들어 큐비트의 상태를 대상으로 하는 아다마르 게이트(Hadamard gate, 4.2.1 참조)

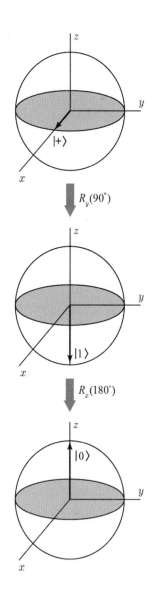

그림 2.4 아다마르 변환.

의 역할은 50/50 광분할기로 실현된다. 여기서는 손실 없는 (lossless) 대칭적(symmetric) 광분할기의 이론을 살펴보도록 한다.

그림 2.5의 광분할기를 생각하자. 두 입력 포트(input port)로 들어가는 빛의 모드를 각각 A, B라 하고 두 출력 포트(output port)로 나가는 빛의 모드를 각각 C, D라 하자. 각 모드 빛의 진폭을 u_A, u_B, u_C, u_D라 하면 이들 간의 관계는

$$\begin{pmatrix} u_D \\ u_C \end{pmatrix} = \begin{pmatrix} t' & r \\ r' & t \end{pmatrix} \begin{pmatrix} u_B \\ u_A \end{pmatrix}$$

(2.65)

로 표시된다. 여기서 r와 t는 빛이 입력 포트 A로 입사할 때의 반사 계수(reflection coefficient)와 투과 계수이고 r'와 t'은 입력 포트 B로 입사할 때의 반사 계수와 투과 계수이다.

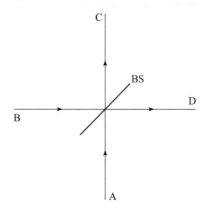

그림 2.5 광분할기.

광분할기에서의 손실이 없다면 행렬 $\begin{pmatrix} t' & r \\ r' & t \end{pmatrix}$는 유니터리이어야 하고 이 조건에서

$$|r|^2 + |t|^2 = |r'|^2 + |t'|^2 = 1 \qquad\qquad (2.66a)$$

$$|r'| = |r|, \ |t'| = |t| \qquad\qquad (2.66b)$$

$$(\phi_r{}' - \phi'{}_t) + (\phi_r - \phi_t) = \pm \pi \qquad\qquad (2.66c)$$

을 얻는다. 여기서

$$r = |r| e^{i\phi_r}, \ t = |t| e^{i\phi_t} \qquad\qquad (2.67a)$$

$$r' = |r'| e^{i\phi_r{}'}, \ t' = |t'| e^{i\phi_t{}'} \qquad\qquad (2.67b)$$

로 놓았다. 식 (2.66a, b, c)가 손실 없는 광분할기를 특징지어
주는 관계식이라고 할 수 있다. 이제 광분할기가 대칭적이라는
조건을 더 부가하면 식 (2.66c)에서

$$\phi_r - \phi_t = \phi_r{}' - \phi_t{}' = \pm \frac{\pi}{2} \qquad\qquad (2.68)$$

의 관계식을 얻는다. 즉 손실 없는 대칭적 광분할기의 경우에는
반사하는 빛과 투과하는 빛 사이에 90°의 위상차가 발생한다.
  손실없는 대칭적 50/50 광분할기인 경우에는

$$|r'| = |t'| = |r| = |t| = \frac{1}{\sqrt{2}} \qquad\qquad (2.69)$$

의 조건이 더 부가된다.
  이상을 종합하면 손실 없는 대칭적 50/50 광분할기는 식 (2.68)
과 식 (2.69)를 만족시키는 r, t, r', t'으로 대표된다. 예를 들어

$$t = t' = \frac{1}{\sqrt{2}}, \ r = r' = \frac{i}{\sqrt{2}} \qquad\qquad (2.70)$$

로 나타낼 수 있다. 이 경우 들어오는 빛과 나가는 빛과의 관계는

$$\begin{pmatrix} u_D \\ u_C \end{pmatrix} = \frac{1}{\sqrt{2}} \begin{pmatrix} 1 & i \\ i & 1 \end{pmatrix} \begin{pmatrix} u_B \\ u_A \end{pmatrix} \tag{2.71}$$

로 주어진다.

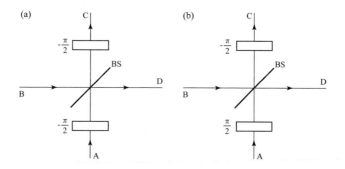

그림 2.6 광분할기 + 위상 이동기.

그림 2.6 (a)와 같이 입력 포트 A와 출력 포트 C에 각각 파의 위상을 −90° 변화시키는 위상 이동기(2.7.3 참조)를 넣었다고 생각하고 이들 위상 이동기를 광분할기의 한 부분이라고 생각하면 입력 모드 빛과 출력 모드 빛의 진폭 간의 관계는

$$\begin{pmatrix} u_D \\ u_C \end{pmatrix} = \frac{1}{\sqrt{2}} \begin{pmatrix} 1 & 1 \\ 1 & -1 \end{pmatrix} \begin{pmatrix} u_B \\ u_A \end{pmatrix} \tag{2.72}$$

라고 쓸 수 있다. 또 다른 예로

$$t' = \frac{1}{\sqrt{2}}, \; r' = \frac{e^{i\pi/2}}{\sqrt{2}} = \frac{i}{\sqrt{2}}, \; t = -\frac{1}{\sqrt{2}}, \; r = \frac{e^{-i\pi/2}}{\sqrt{2}} = \frac{-i}{\sqrt{2}} \tag{2.73}$$

도 식 (2.68)과 식 (2.69)를 만족한다. 이 경우 출력 포트 진폭과
입력 포트 진폭의 관계는

$$\begin{pmatrix} u_D \\ u_C \end{pmatrix} = \frac{1}{\sqrt{2}} \begin{pmatrix} 1 & -i \\ i & -1 \end{pmatrix} \begin{pmatrix} u_B \\ u_A \end{pmatrix} \tag{2.74}$$

가 된다.

그림 2.6 (b)와 같이 입력 포트 A와 출력 포트 C에 각각 파의
위상을 90°와 −90° 변화시키는 위상 이동기를 넣었다고 생각
하고 이들 위상 이동기를 광분할기의 한 부분이라고 생각하면
입력 모드 빛과 출력 모드 빛의 진폭 간의 관계는 역시 식 (2.72)
로 나타낼 수 있다.

식 (2.71) 또는 식 (2.72)가 손실 없는 대칭적 50/50 광분할기
를 정의하는 식이라면 일반적으로 50/50이 아닌 손실없는 대칭
적 광분할기는

$$\begin{pmatrix} u_D \\ u_C \end{pmatrix} = \frac{1}{\sqrt{2}} \begin{pmatrix} t^* & r \\ -r^* & t \end{pmatrix} \begin{pmatrix} u_B \\ u_A \end{pmatrix} \tag{2.75}$$

의 식으로 표시된다. 실제 약간의 계산으로 식 (2.75)의 우변의
2×2 행렬이 식 (2.66)의 유니터리 조건과 식 (2.68)의 대칭 조
건을 만족시킨다는 것을 쉽게 보일 수 있다.

2.7.2 광분할기의 양자 이론[9, 10, 11]

광분할기의 양자 이론은 앞에 기술한 기본 이론에서 각 빛의
전기장(진폭) 간의 관계를 각 모드의 소멸 연산자 간의 관계로

대체함으로써 성취된다. 두 입력 모드의 소멸 연산자를 각각 A, B, 두 출력 모드의 소멸 연산자를 각각 C, D라 하면 식 (2.71)에 대응하여

$$\binom{D}{C} = \frac{1}{\sqrt{2}} \begin{pmatrix} 1 & i \\ i & 1 \end{pmatrix} \binom{B}{A} \tag{2.76}$$

또는 식 (2.72)에 대응하여

$$\binom{D}{C} = \frac{1}{\sqrt{2}} \begin{pmatrix} 1 & 1 \\ 1 & -1 \end{pmatrix} \binom{B}{A} \tag{2.77}$$

의 관계식이 손실 없는 대칭적 50/50 광분할기를 나타내는 식이 된다. 물론 식 (2.76)과 (2.77)은 각각

$$\binom{B}{A} = \frac{1}{\sqrt{2}} \begin{pmatrix} 1 & -i \\ -i & 1 \end{pmatrix} \binom{D}{C} \tag{2.78}$$

$$\binom{B}{A} = \frac{1}{\sqrt{2}} \begin{pmatrix} 1 & 1 \\ 1 & -1 \end{pmatrix} \binom{D}{C} \tag{2.79}$$

와 동일한 식이다. 식 (2.77)과 식 (2.72)[또는 식 (2.76)과 식 (2.71)]은 표면적으로 보면 차이가 없는 듯하다. 그러나 단일 광자 수준에서의 광분할기의 역할은 양자 관계식을 사용해야만 올바르게 기술될 수 있다.

예를 들어 1개의 광자가 입력 포트 B로 입사했다고 하자. 입사한 빛의 상태는 $|1>_B = B^\dagger|0>$이고 식 (2.79)를 사용하면

$$B^\dagger = \frac{1}{\sqrt{2}}(C^\dagger + D^\dagger)$$

이므로 광분할기를 지나면

$$\frac{1}{\sqrt{2}}(C^\dagger + D^\dagger)|0> = \frac{1}{\sqrt{2}}(|1>_C + |1>_D)$$

의 상태가 된다. 즉 이 광자는 50퍼센트의 확률로 출력 포트 C로
나가거나 50퍼센트의 확률로 출력 포트 D로 나가는 것을 알 수
있다. 이 상태는 $\frac{1}{\sqrt{2}}(|1>_C|0>_D + |1>_D|0>_C)$로 쓸 수도 있으며
단일 입자 얽힘 상태(single particle entangled state)라고도 부른다. (6.4.1
참조)

또 다른 예로 입력 포트 A와 B로 각각 1개의 광자가 입사한
다면 입사한 빛의 상태는 $|1>_A|1>_B = A^\dagger B^\dagger|0>$이고 식 (2.79)
와 식 (2.6)을 이용하면 광분할기를 통과한 후의 상태는

$$\frac{1}{\sqrt{2}}(|2>_D - |2>_C)$$

임을 쉽게 알 수 있다. 즉 이 경우 2개의 광자가 모두 출력 포트 C
로 나가거나 D로 나갈 확률이 각각 50퍼센트고 C와 D로 1개씩 나
가는 경우는 없다. 마지막으로 입력 포트 B로 간섭성 상태의 빛
$|\alpha>_B$가 입사한 경우 식 (2.79)와 간섭성 상태의 정의인 식 (2.19)
를 사용하면 광분할기를 통과한 후의 상태는 $|\frac{\alpha}{\sqrt{2}}>_C|\frac{\alpha}{\sqrt{2}}>_D$가
됨을 알 수 있다. 이 경우는 빛이 반반으로 갈라지는 고전 이론

의 결과와 일치한다.

일반적으로 그림 2.5의 손실 없는 광분할기의 역할은

$$U = \exp\left[\theta\left(B^\dagger A e^{i\phi} - BA^\dagger e^{-i\phi}\right)\right] \tag{2.80}$$

의 유니터리 연산자로 나타낼 수 있다. 이 식으로부터 각 모드의 광자 소멸 연산자 A, B, C, D에 관한 관계식

$$C = U^\dagger AU = A\cos\theta - Be^{-i\phi}\sin\theta \tag{2.81a}$$

$$D = U^\dagger BU = B\cos\theta + Ae^{i\phi}\sin\theta \tag{2.81b}$$

를 얻는다. 즉

$$\begin{pmatrix} D \\ C \end{pmatrix} = \begin{pmatrix} \cos\theta & e^{i\phi}\sin\theta \\ -e^{-i\phi}\sin\theta & \cos\theta \end{pmatrix} \begin{pmatrix} B \\ A \end{pmatrix} \tag{2.82}$$

이다. 식 (2.81)을 얻는 데는 두 연산자 P, Q에 대한 관계식

$$e^{\xi P}Qe^{-\xi P} = Q + \xi[P, Q] + \frac{\xi^2}{2!}[P, [P, Q]]$$
$$+ \frac{\xi^3}{3!}[P, [P, [P, Q]]] + \cdots \tag{2.83}$$

을 이용했다. 대칭적 광분할기라면 $\phi = \frac{\pi}{2}$이고 50/50이면 $\theta = \frac{\pi}{4}$이므로

$$\begin{pmatrix} D \\ C \end{pmatrix} = \frac{1}{\sqrt{2}} \begin{pmatrix} 1 & i \\ i & 1 \end{pmatrix} \begin{pmatrix} B \\ A \end{pmatrix} \tag{2.84}$$

가 되어 식 (2.76)과 일치함을 볼 수 있다.

고전 이론에서와 같이 입력 포트 A와 출력 포트 C에 각각 파의 위상을 $-90°$ 변화시키는 위상 이동기를 넣었다고 생각하고 이들 위상 이동기를 광분할기의 한 부분이라고 생각하면 입력 모드 빛과 출력 모드 빛의 진폭 간의 관계는 식 (2.77)로 나타낼 수 있음을 알 수 있다. 50/50이 아닌 대칭적 광분할기라면 식 (2.82)에 $\phi = \dfrac{\pi}{2}$ 를 대입하여

$$\begin{pmatrix} D \\ C \end{pmatrix} = \begin{pmatrix} \cos\theta & i\sin\theta \\ i\sin\theta & \cos\theta \end{pmatrix} \begin{pmatrix} B \\ A \end{pmatrix} \tag{2.85}$$

를 얻는데 $r = i\sin\theta$, $t = \cos\theta$ 로 놓으면 식 (2.75)와 일치함을 볼 수 있다.

손실없는 대칭적 50/50 광분할기 $\begin{pmatrix} D \\ C \end{pmatrix} = \dfrac{1}{\sqrt{2}} \begin{pmatrix} 1 & i \\ i & 1 \end{pmatrix} \begin{pmatrix} B \\ A \end{pmatrix}$

또는 $\begin{pmatrix} D \\ C \end{pmatrix} = \dfrac{1}{\sqrt{2}} \begin{pmatrix} 1 & 1 \\ 1 & -1 \end{pmatrix} \begin{pmatrix} B \\ A \end{pmatrix}$

2.7.3 위상 이동기

선형 광학 장치로서 광분할기와 더불어 기본이 되는 요소는 위상 이동기이다. 위상 이동기는 빛의 전기장의 위상을 어떤 일정한 각 ϕ만큼 변화시켜 주는 역할을 한다. 즉 $E \rightarrow Ee^{i\phi}$의 변환을 야기하는 역할을 한다. 양자적으로 보면 위상 이동기의 역할은 $a^\dagger \rightarrow a^\dagger e^{i\phi}$의 생성 연산자 변환으로 나타낼 수 있다.

예를 들어 위상 이동기에 1개의 광자가 입사한다면 $|1> = a^\dagger|0> \rightarrow a^\dagger e^{i\phi}|0> = e^{i\phi}|1>$의 변환을 겪게 된다. 2개의 광자가 입사한다면 같은 논리로 $|2> \rightarrow e^{2i\phi}|2>$가 된다. 만일 간섭성 상태 $|\alpha>$의 빛이 위상 이동기에 입사한다면

$$|\alpha> = e^{-|\alpha|^2/2} \sum_n \frac{\alpha^n (a^\dagger)^n}{n!}|0>$$

$$\rightarrow e^{-|\alpha|^2/2} \sum_n \frac{\alpha^n (a^\dagger e^{i\phi})^n}{n!}|0> = |\alpha e^{i\phi}>$$

가 되어 $|\alpha e^{i\phi}>$의 간섭성 상태의 빛으로 나온다.

2.8 호모다인 측정

광측정기(photodetector)는 빛의 밝기를 측정한다. 그러나 경우에 따라서는 위상에 민감한(phase sensitive) 측정이 요구될 수 있다. 예를 들어 압축광을 측정하려면 빛의 쿼드러처의 변화도(variance)의 측정이 필요하다. 이같이 위상에 민감한 측정을 수행해 주는 측정 방법이 호모다인 측정이다.

그림 2.7에 호모다인 측정 방법이 그려져 있다. 반사율 (reflectance) R, 투과율(transmittance) T[여기서는 편의상 반사 계수 r, 투과 계수 t 대신 반사율 R, 투과율 T를 사용하여 논의를 전개한다. 빛이 굴절율 n_i 인 물질에서 굴절율 n_t인 물질로 진행할 때 입사각을 θ_i, 굴절각을 θ_t라 하면 반사율, 투과율과 반사 계수, 투과 계수와의 관계는 $R = |r|^2$, $T = (\frac{n_t \cos\theta_t}{n_i \cos\theta_i})|t|^2$ 이다. 광분할기의 경우는 $R = |r|^2$, $T = |t|^2$의 간단한 관계식이 성립하고 또한

$R + T = |r|^2 + |t|^2 = 1$이다.]인 광분할기의 입력 포트 B에 측정하고자 하는 빛을 입사시키고 또 다른 입력 포트 A에 측정하고자 하는 빛과 간섭시킬 또 다른 빛[이를 국소 진동자(local oscillator)라 부른다.]을 입사시킨다.

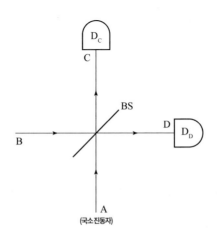

그림 2.7 호모다인 측정.

두 입력 모드의 소멸 연산자를 각각 A, B, 두 출력 모드의 소멸 연산자를 각각 C, D라 하면 이들 사이에는

$$C = \sqrt{T}A + i\sqrt{1-T}B \tag{2.86a}$$
$$D = i\sqrt{1-T}A + \sqrt{T}B \tag{2.86b}$$

의 관계가 성립한다. [식 (2.85) 참조]

식 (2.86a)와 식 (2.86b)의 우변의 i는 반사하는 빔이 투과하는 빔에 비해 갖는 위상차 $\dfrac{\pi}{2}$에 기인한다(식 (2.85) 참조). 광측정

기 D_C 및 D_D에 측정되는 신호는

$$C^\dagger C = T A^\dagger A + (1-T) B^\dagger B + i\sqrt{T(1-T)}\,(A^\dagger B - B^\dagger A) \quad (2.87a)$$

$$D^\dagger D = (1-T) A^\dagger A + T B^\dagger B - i\sqrt{T(1-T)}\,(A^\dagger B - B^\dagger A) \quad (2.87b)$$

에 의해 결정된다.

국소 진동자 모드의 진동수는 측정하고자 하는 빛의 진동수와 같게 선택하고, 또한 큰 진폭의 강한 빛을 사용한다. 따라서 국소 진동자 모드는 고전적으로 다룰 수 있으며 진폭을 $|\alpha|$, 위상을 θ라 할 때

$$<A> = |\alpha|\,e^{i\theta} \qquad (2.88)$$

라고 놓을 수 있다.

보통의 호모다인 측정 방법에서는 투과 계수가 거의 1에 가까운, 즉

$$T \gg R \qquad (2.89)$$

인 광분할기를 사용하고, 광측정기 D_D만 사용한다. 식 (2.89)는 측정하고자 하는 빛을 거의 모두 투과시켜 광측정기 D_D로 오도록 하려는 목적이다. 식 (2.87b)와 식 (2.88)을 사용하면

$$D^\dagger D = <n_D>$$
$$= T B^\dagger B + (1-T)|\alpha|^2 + 2\sqrt{T(1-T)}\,|\alpha|<X_{\theta+\pi/2}> \qquad (2.90)$$

가 된다. 여기서

$$X_\theta = \frac{1}{2}(Be^{-i\theta} + B^\dagger e^{i\theta})$$ (2.91)

로 국소 진동자의 위상으로 결정되는 방향의 측정하고자 하는
빛의 쿼드러처 진폭이다. 국소 진동자의 빛은 충분히 강력한 빛
을 사용하여 식 (2.89)의 조건에도 불구하고

$$(1-T)|\alpha|^2 \gg TB^\dagger B$$ (2.92)

의 조건이 만족하도록 한다. 그러면 광측정기 D_D에 측정되는 빛
의 밝기는

$$<n_D> \cong (1-T)|\alpha|^2 + 2\sqrt{T(1-T)}\,|\alpha| <X_{\theta+\pi/2}>$$ (2.93)

가 된다. 식 (2.93)의 우변의 첫 번째 항은 알고 있는 값이므로
이 값을 빼면 측정하고자 하는 빛의 쿼드러처 진폭에 비례하는
항이 남게 된다.
  압축광을 측정하기 위해서는 빔 B의 쿼드러처의 변화도 ΔX
를 측정해야 한다. 약간의 계산을 거치면

$$(\Delta n_D)^2 = (1-T)|\alpha|^2 + 4T(1-T)|\alpha|^2(\Delta X_{\theta+\pi/2})^2$$ (2.94)

의 관계식을 얻을 수 있다. 식 (2.94)의 우변의 첫 번째 항은 국
소 진동자 노이즈인데 이것은 처음에 빔 B를 차단하고 국소 진
동자의 빛만을 광분할기에 입사시켜 알아낼 수 있으므로 이 값

을 빼면 빔 B의 쿼드러처 노이즈 $(\Delta X)^2$을 알아낼 수 있게 된다. 실제로는 국소 진동자의 위상 θ를 변화시켜 가면서 $(\Delta X_{\theta+\pi/2})^2$을 측정하고 어떤 특정한 위상 θ에서

$$(\Delta X_{\theta+\pi/2})^2 < \frac{1}{4} \tag{2.95}$$

임을 얻으면 빛 B가 압축광임을 관측한 셈이 된다.

앞의 호모다인 측정 방법을 보면 결국 우리가 알고자 하는 쿼드러처에 대한 정보는 식 (2.90)의 우변의 마지막 항인 빔 B 와 국소 진동자의 간섭항에 있다. 다른 항들은 광측정기 D_D에 측정된 양에서 빼서 쿼드러처에 대한 정보를 얻게 된다.

그런데 앞의 방법을 변경하여 50/50 광분할기를 사용하고 두 출력 포트를 모두 광측정기에 연결하여 두 광측정기의 측정량 의 차이를 보는 방법을 사용하면 간섭항만을 직접 측정할 수 있다. 이 방법을 균형 호모다인 측정(balanced homodyne detection)이 라 부른다. 이 방법 역시 그림 2.7로 설명되는데 단지 광분할기 가 50/50이고($R = T = 0.5$) 광측정기 D_D뿐 아니고 D_C까지도 사용 하는 것이 다른 점이다.

식 (2.87a)와 (2.87b)에서 $T = 0.5$를 대입하고 $n_C = C^\dagger C$와 $n_D = D^\dagger D$의 차이를 구하면

$$n_{DC} = n_D - n_C = -i(A^\dagger B - B^\dagger A) \tag{2.96}$$
$$< n_{DC} > = 2|\alpha| < X_{\theta+\pi/2} > \tag{2.97}$$

이고

$$(\Delta n_{DC})^2 = 4|\alpha|^2 (\Delta X_{\theta+\pi/2})^2 \tag{2.98}$$

이 된다. 즉 균형 호모다인 측정의 방법에서는 두 광측정기의 측정치의 차이를 봄으로써 쿼드러처에 대한 정보를 직접 측정하는 것이다.

2.9 빛과 원자의 상호 작용: 제인스-커밍스 모델

빛과 물체, 즉 빛과 원자와의 상호 작용은 광학의 중요한 연구 과제이다. 빛과 원자와의 상호 작용을 이해하려면 우선 제인스-커밍스 모델(Jaynes-Cummings model)[12]을 알아야 한다. 제인스-커밍스 모델은 하나의 2준위 원자와 단일 모드의 빛, 즉 단색광(monochromatic light)과의 상호 작용을 기술하는 모델이다.

원자의 가장 간단한 모델이 2준위 원자이고 빛에서 가장 간단히 취급할 수 있는 것이 단색광이므로 제인스-커밍스 모델은 빛과 물체와의 상호 작용을 다루는 가장 기본적인 모델이라고 할 수 있다. 이 모델을 탄생시킨 논문이 발표되었던 1963년에는 하나의 2준위 원자와 단색광의 상호 작용은 이론에서만 존재하는 이상적 모델이라고 여겨졌지만, 그 후 하나의 원자만을 저장시키고 단일 모드의 빛만이 존재할 수 있는 미소 공동(microcavity)이 개발되면서 실제로 실험실에서도 실현이 가능한 모델로서의 중요성을 띠게 되었다.

빛과 원자의 상호 작용으로 일어나는 세 가지 기본 과정은 흡수(absorption), 자발 방출(spontaneous emission), 그리고 유도 방출(stimulated emission)인데, 여기서는 자발 방출은 무시할 수 있는 상황이라고 가정하고 흡수와 유도 방출에 대한 이론을 다루기로 하겠다.

빛과 원자의 상호 작용을 올바르게 기술하려면 엄밀하게는 빛과 원자를 모두 양자적으로 취급하는 양자 이론을 도입해야 한다. 그러나 원자만을 양자적으로 취급하고 빛은 맥스웰 방정식을 사용해 고전적으로 다루는 준(準)고전 이론(semiclassical theory)을 사용해도 제인스-커밍스 모델의 핵심적인 현상인 라비 진동(Rabi oscillation)이 나타나고 그 주파수도 올바르게 기술되므로 준고전 이론이 널리 이용되어 오고 있다. 여기서도 준고전 이론을 사용하여 원자와 빛의 상호 작용을 설명하기로 한다.

그러나 준고전 이론은 빛까지도 양자적으로 다루는 양자 이론의 근사적 기술이므로 완벽하게 올바른 기술은 하지 못한다는 점을 유의해야 한다. 예를 들어 매우 흥미로운 양자 현상인 라비 진동의 붕괴(collapse)와 재현(revival) 현상[13, 14, 15]은 준고전 이론으로는 설명이 불가능하다. (엄밀히 말하면 붕괴는 준고전 이론으로 설명할 수 있지만 재현은 안 된다.)

준고전 이론에서는 원자는 양자적으로 다루므로 그 준위들은 원자의 해밀토니안 연산자 $H_0 = \dfrac{p^2}{2m} + V$의 고유 상태로 정의된다. 2준위 원자의 경우 아래 준위와 위 준위를 각각 $|1>$, $|2>$로 표시하면

$$H_0|j> \;= E_j|j>, \; j = 1, 2 \tag{2.99}$$

이며 E_1, E_2는 각각 아래 준위와 위 준위의 에너지이다. 이 원자가 고전적으로 취급되는 빛과 상호 작용을 하면 해밀토니안은

$$H = \frac{1}{2m}(\vec{p} - e\vec{A})^2 + V = H_0 + H' \tag{2.100}$$

이 된다. 이 상호 작용으로 인한 원자의 시간적 변화는 슈뢰딩거 방정식(Schrödinger's equation)

$$i\hbar \frac{\partial |\psi(t)>}{\partial t} = H|\psi(t)> = (H_0 + H')|\psi(t)> \tag{2.101}$$

에 의하여 결정된다. 여기서 상호 작용 해밀토니안 H'은 쿨롱 게이지(Coulomb gauge)를 취하면

$$H' = -\frac{e}{m}\vec{p} \cdot \vec{A} + \frac{e}{2m}A^2 \tag{2.102}$$

인데 마지막 항은 전자기장에만 관계하는 항으로 원자의 준위 천이에는 무관하므로 무시하면

$$H' = -\frac{e}{m}\vec{p} \cdot \vec{A} = -\frac{e}{m}\vec{A} \cdot \vec{p} \tag{2.103}$$

이 된다.

$|\psi(t)>$는 시각 t에서 원자의 상태 함수이며, 2준위 원자의 경우에는

$$|\psi(t)> = a_1(t)e^{-iE_1 t/\hbar}|1> + a_2(t)e^{-iE_2 t/\hbar}|2> \tag{2.104}$$

로 표시된다. 이 식을 식 (2.101)에 대입하고 빛의 주파수가 공명 조건 $E_2 - E_1 = \hbar\omega$를 만족시킨다고 가정하고 쌍극자 근사

(dipole approximation)와 회전파 근사(rotating wave approximation)를 취하면(이 상세한 유도 과정은 양자 광학 책들 참조) 두 확률 진폭 $a_1(t)$와 $a_2(t)$에 대한 연립 방정식

$$\frac{da_1(t)}{dt} = -\frac{i}{2\hbar} V_{12} a_2(t) \tag{2.105a}$$

$$\frac{da_2(t)}{dt} = -\frac{i}{2\hbar} V_{21} a_1(t) \tag{2.105b}$$

를 얻는다. 여기서 V_{12}는 원자와 빛의 상호 작용의 강도를 나타내며

$$V_{12} = V_{21}^* = -\overrightarrow{d_{12}} \cdot \hat{\epsilon} E_0 e^{-i\phi} \tag{2.106}$$

로 주어지는데 빛의 전기장은

$$\overrightarrow{E}(\overrightarrow{r}, t) = \hat{\epsilon}(E_0 e^{-i\omega t + i\overrightarrow{k} \cdot \overrightarrow{r}} + E_0^* e^{i\omega t - i\overrightarrow{k} \cdot \overrightarrow{r}}) \tag{2.107a}$$

$$E_0 = |E_0| e^{i\phi} \tag{2.107b}$$

로 표시했고, $\hat{\epsilon}$는 전기장과 같은 방향의 단위 벡터, $\overrightarrow{d}_{12}$는 쌍극자 모멘트(dipole moment)로

$$\overrightarrow{d}_{12} = <1|e\overrightarrow{r}|2> \tag{2.108}$$

이다.

　원자가 초기 시각 $t=0$에 아래 준위 $|1>$에 있다는 가정 하에 식 (2.105a)와 (2.105b)를 풀면

$$a_1(t) = \cos(\Omega_0 t) \tag{2.109a}$$

$$a_2(t) = -i\frac{V_{21}}{|V_{21}|}\sin(\Omega_0 t) \tag{2.109b}$$

의 해를 얻는다. 여기서

$$\Omega_0 = \frac{|V_{12}|}{\hbar} = \frac{|\vec{d}_{12} \cdot \hat{\epsilon}E_0|}{\hbar} \tag{2.110}$$

이다. 앞의 해에서 시각 t에 원자가 각각 준위 $|1>$과 $|2>$에 있을 확률을 구해 보면

$$P_1(t) = |a_1(t)|^2 = \cos^2(\Omega_0 t) \tag{2.111a}$$

$$P_2(t) = |a_2(t)|^2 = \sin^2(\Omega_0 t) \tag{2.111b}$$

를 얻는다. 원자가 두 준위 사이에서 진동하는 것을 알 수 있으며 이를 라비 진동이라 한다. 라비 진동의 주파수 Ω_0를 라비 주파수(Rabi frequency)라 부른다.

식 (2.109a)와 식 (2.109b)로 주어지는 해는 $E_2 - E_1 = \hbar\omega$의 공명 조건에서 구해진 해라는 것을 잊지 말아야 한다. 공명 조건이 만족되지 않더라도 두 준위 사이의 라비 진동은 존재하지만 그 해는 식 (2.109a), 식 (2.109b)와 같은 간단한 형태로는 주어지지 않으며 라비 주파수도 식 (2.110)의 Ω_0보다 작은 값으로 주어진다.

또한 이미 언급했지만 식 (2.109a)와 식 (2.109b)의 해는 원자는 양자적으로 취급하지만 빛은 고전적으로 취급하는 준고전 이론의 해라는 점을 유의해야 한다. 빛까지 양자적으로 취급하

는 양자 이론을 사용하면 준고전 이론의 해에서는 나타나지 않는 라비 진동의 붕괴와 재현 현상이 일어난다. 이에 대한 상세한 논의는 양자 광학의 책들에서 찾아볼 수 있다.

라비 진동의 물리적 해석은 어렵지 않게 찾을 수 있다. 2준위 원자가 빛과 상호 작용을 할 때 원자가 아래 준위에 있을 확률이 더 클 때는 흡수가 더 강하게 일어나고 위 준위에 있을 확률이 더 클 때는 유도 방출이 더 강하게 일어나, 상호 작용이 지속되는 한 계속 두 준위 사이에서 진동의 양상을 보이는 것이다.

라비 진동의 주파수는 공명 조건이 만족되는 경우 식 (2.110)으로 주어지는데 전기장 진폭 E_0와 쌍극자 모멘트 d_{12}가 클수록 진동이 빠르다. E_0와 d_{12}가 클수록 상호 작용이 크므로 원자의 한 준위에서 다른 준위로의 천이가 빠르게 일어나는 것이다.

두 준위 원자와 단일 모드 빛과의 상호 작용 → 라비 진동

$$a_1(t) = \cos(\Omega_0 t)$$

$$a_2(t) = -i \frac{V_{21}}{|V_{21}|} \sin(\Omega_0 t)$$

$$\Omega_0 = \frac{|V_{12}|}{\hbar} = \frac{|\vec{d}_{12} \cdot \hat{\epsilon} E_0|}{\hbar} \quad : \text{라비 주파수}$$

연습 문제

2.1 두 다른 간섭성 상태 $|\alpha>$, $|\beta>$는 서로 직교하는가? 아니면 $<\alpha|\beta>$와 $|<\alpha|\beta>|^2$을 구하시오.

2.2 반응집의 특성을 나타내는 다중 모드 빛의 광자들이 서브

푸아송이 아닌 광자수 분포를 가질 수 있는가? 서브 푸아송의 광자수 분포를 갖는 다중 모드 빛이 반응집이 아닌 특성을 보일 수 있는가?

2.3 하나의 큐비트가 모르는 상태 $|\psi_1>$에 있다.

(a) 무작위로 추측하여 이 상태가 $|\psi_2>$라고 한다면 이 추측의 평균 충실도는 얼마인가? 단 충실도는 $F=|<\psi_1|\psi_2>|^2$으로 정의된다.

(b) 임의의 두 기저-예를 들어 $|0>$와 $|1>$의 두 상태-에 투영시키는 폰 노이만 측정을 수행하고 그 결과가 그 상태라고 결론짓는다면 이때의 평균 충실도는 얼마인가?

2.4 그림 2.5의 손실 없는 대칭적 50/50 광분할기를 생각하자.

(a) 입력 포트 B로 간섭성 상태 $|\alpha>_B$의 빛이 들어갔을 때 출력 포트로 나오는 빛의 상태는 $|\frac{\alpha}{\sqrt{2}}>_C|\frac{\alpha}{\sqrt{2}}>_D$임을 보이시오.

(b) 입력 포트 A로 간섭성 상태 $|\alpha>_A$의 빛, 또 다른 입력 포트 B로 같은 간섭성 상태 $|\alpha>_B$의 빛이 입사한다면 출력 포트로 나오는 빛의 상태는 무엇인가? 이 경우에는 입사한 빛에 어떤 일이 일어난 것인가?

제3장 양자 얽힘
(Quantum Entanglement)

양자 얽힘(또는 간단히 얽힘)은 양자 정보학에서 핵심이 되는 개념이다. 그러나 양자 얽힘이 무엇이라고 간단히 말로 설명하기는 어렵다. 둘 또는 그 이상의 수의 계에 존재하는 일종의 상관 관계(correlation)인데 우리가 머릿속으로 생각할 수 있는 고전 상관 관계(예를 들어 시소를 타는 두 어린애 A, B를 생각하면 A가 올라가면 B는 내려오고 A가 내려오면 B는 올라간다. A와 B는 고전 상관 관계를 갖는다.)보다는 훨씬 더 강력한, 양자 세계에서만 존재하는 상관 관계라고 말할 수 있을 뿐이다. 그 이상의 정확한 기술은 뒷부분의 논의로 미루겠다.

양자 정보학이 대두되기 전에도 얽힘은 물리학자들의 관심의 대상이었다. 이때의 관심은 양자 역학에 대한 코펜하겐 해석 등과 관련하여 철학적 이론적 논쟁의 성격이 강했고 물리학의 실질적 응용과는 관련이 거의 없었다. 그러나 양자 정보학의 발전과 더불어 양자 정보의 자원(resource)으로서의 양자 얽힘의 중요한 역할이 인식되기 시작하면서 양자 얽힘이 실질적으로 양자

정보 전달에 매우 유용하게 이용될 수 있다는 것이 널리 알려
지게 되었다.

양자 얽힘은 양자 세계에만 존재할 수 있는 개념으로 고전적
으로는 완전한 설명이 불가능하며 따라서 고전 물리에 기반을
둔 상식으로는 이해하기 어려운 매우 흥미로운 현상들을 유발
한다. 특히 양자 정보 처리에서의 양자 얽힘의 중요성은 매우
높다. 양자 텔레포테이션을 수행하기 위해서는 반드시 양자 얽
힘이 필요하다. (6.3 참조)

양자 얽힘은 양자 암호 전달에서는 필수적이지는 않지만 중요
한 역할을 할 수도 있다. (5.4.3 참조) 양자 컴퓨팅에서도 수행에
핵심이 되는 2큐비트 조정 연산(two-qubit controlled operation)은 양
자 얽힘을 발생시킨다. (4.2.2 참조) 또한 최근에 많은 관심을 받고
있는 클러스터 상태(cluster state) 양자 컴퓨팅에서는 양자 얽힘
이 핵심적 역할을 한다. (4.9 참조) 다시 말해 양자 얽힘은 양자
정보학의 거의 전 분야에 걸쳐 핵심적 역할을 하는 개념으로,
양자 정보학 연구를 위해서는 꼭 이해가 필요한 중요성을 갖고
있다.

그런데 이렇게 높은 중요성에도 불구하고, 또 그동안의 많은
좋은 연구에도 불구하고, 아직도 우리는 양자 얽힘에 대한 완전
한 이해를 가지고 있다고 말할 수는 없다. 예를 들어 다입자계
의 양자 얽힘에 대한 연구는 지금도 계속 진행되고 있으며, 특
히 다입자계 양자 얽힘의 정량적인 척도에 대해서는 아직도 모
든 사람이 인정하는 정의가 존재하지 않는 실정이다. 여기서는
주로 양자 얽힘의 기본 이론—정의, 벨 상태, EPR 논쟁과 벨 부
등식, 혼합 얽힘 상태, 얽힘의 정도—을 다루기로 한다.

3.1 기초 이론

3.1.1 정의

양자 얽힘의 개념은 에르빈 슈뢰딩거가 1926년 최초로 인지했다고 알려져 있으며, 실제로 얽힘이란 단어는 그가 1935년 EPR 논문[1](3.2에서 상세히 다룰 것이다.)을 토의하면서 처음 사용했다. 이때 이미 그는 얽힘을 양자 역학의 특성을 나타내 주는 대표적 현상으로 지목했다. 그의 말을 옮기면 다음과 같다.

I would not call **that** one but the characteristic trait of quantum mechanics.[2]

두 입자(일반적으로 두 계)가 얽힘의 관계에 있다는 것은 두 입자의 어떤 특성에 특정한 상관 관계가 있다는 것을 뜻한다. 강조 표시한 that은 entanglement, 즉 얽힘을 가리킨다. 가장 간단한 경우로서 각각 2개의 독립된 기본 상태를 갖는 두 입자, 즉 두 큐비트의 경우를 예를 들어 설명하도록 하자.

큐비트의 대표적인 예는 서로 수직인 두 편광 상태를 기본 상태로 갖는 광자이다. 이 같은 두 광자 A, B가 항상 서로 수직인 편광 상태에 있다는 상관 관계를 가지고 있으면 이 두 광자의 편광 상태는

$$|\psi>_{AB} = \alpha|\leftrightarrow>_A|\updownarrow>_B + \beta|\updownarrow>_A|\leftrightarrow>_B \tag{3.1}$$

로 표현된다. ($|\alpha|^2 + |\beta|^2 = 1$.)

식 (3.1)의 상태에 있는 두 광자는 만일 광자 A가 수평 편광

이면 광자 B는 반드시 수직 편광이고 광자 A가 수직 편광이면
광자 B는 반드시 수평 편광이지만, 한 광자, 예를 들어 광자 A
가 수평 편광으로 측정될지 수직 편광으로 측정될지는 알 수
없으며 확률은 각각 $|\alpha|^2$, $|\beta|^2$이다.

   얽힘의 개념은 물론 광자의 편광 상태에만 적용되는 것이 아
니고 두 핵의 스핀, 두 원자의 상태 등에도 똑같이 적용된다. 일
반적으로 큐비트의 두 기본 상태를 $|0>$, $|1>$로 표시하면 두 큐
비트 A, B의 대표적인 얽힘 상태는

$$|\Psi>_{AB} = \alpha|0>_A|1>_B + \beta|1>_A|0>_B \qquad (3.2)$$

또는

$$|\Phi>_{AB} = \alpha|0>_A|0>_B + \beta|1>_A|1>_B \qquad (3.3)$$

로 나타낼 수 있다.

   여기서 두 상태 $|0>$과 $|1>$은 어느 두 큐비트의 어떤 물리량
이 얽힘의 관계에 있느냐에 따라 정해지는 두 독립된 상태이다.
두 광자의 편광 상태가 얽힘의 관계에 있으면 식 (3.1)에서와
같이 수평 편광과 수직 편광 상태, 즉 $|\leftrightarrow>$, $|\updownarrow>$이 되며, 경우
에 따라서 스핀의 방향을 나타내는 상태($|\uparrow>$, $|\downarrow>$)일수도 있고
또는 2준위 원자의 두 상태($|e>$, $|g>$)일 수도 있다. 또 식 (3.2)의
얽힘 상태 $|\Psi>$는 두 큐비트의 물리량이 반상관 관계(anticorrelation)
에 있음을 의미하고 식 (3.3)의 얽힘 상태 $|\Phi>$는 상관 관계에
있음을 의미하는데 두 경우 모두 얽힘의 관계에 있다고 한다.

   일반적으로 두 입자 A, B가 서로 아무런 상관 관계가 없이
독립적으로 만들어졌고 독립적으로 행동한다면 두 입자 A, B의

파동 함수는 입자 A의 파동 함수와 입자 B의 파동 함수의 곱으로 주어진다. 이러한 상태를 분리 가능 상태(separable state) 또는 곱 상태(product state)라고 부른다. 그러나 식 (3.2) 또는 식 (3.3)의 얽힘 상태는 분리 가능 상태가 아님을 알 수 있다. 따라서 얽힘은 다음과 같이 정의할 수 있다.

얽힘의 정의 1:

두 입자 A, B의 파동 함수 $|\psi>_{AB}$가 단일 입자 A 및 B의

어떠한 파동 함수 $|\psi>_A$, $|\psi>_B$에 대해서도

$|\psi>_{AB} = |\psi>_A + |\psi>_B$로 표시될 수 없을 때 두 입자 A와 B는

얽힘의 관계에 있다.

이제 얽힘의 정의를 좀 더 상세히 살펴보도록 하자. 두 계 A, B로 구성된 복합계 AB의 순수 상태는 일반적으로 식 (1.9)로 주어진다. 이때 복소수 계수 c_{ij}가 모든 i와 j에 대해서 $c_{ij} = a_i b_j$를 만족시킨다면 식 (1.9)는

$$|\psi>_{AB} = \sum_i a_i |i>_A \sum_j b_j |j>_B = |\psi>_A |\psi>_B \qquad (3.4)$$

로 되어 $|\psi>_{AB}$가 분리 가능 상태임을 알 수 있다. 그러나 이것은 특수한 경우이고 식 (3.4)와 같이 쓸 수 없는 모든 다른 상태들은 얽힘 상태가 된다.

얽힘은 1.3에서 기술한 슈미트 분해를 이용해서도 쉽게 정의할 수 있다. 슈미트 수가 1이면 분리 가능 상태임이 명백한 반면, 슈미트 수가 2 이상이면 분리 가능 상태일 수 없음이 명백하다. 따라서 두 계의 얽힘 상태는 슈미트 수가 2 이상인 상태

로 정의할 수 있다. 두 큐비트의 경우에는 슈미트 수가 1인지 2인지에 따라 분리 가능 상태인지 얽힘 상태인지가 결정된다.

어떤 임의의 두 큐비트 상태가 얽힘 상태인지 아닌지를 알려면 그 상태의 환산 밀도 연산자 ρ_A 또는 ρ_B를 구하고 그 고윳값을 계산하면 된다. 두 고윳값이 모두 0이 아니면 얽힘 상태이고 그중 하나가 0이면 얽힘이 아니다.

얽힘의 정의 2:
두 계 A, B의 상태의 슈미트 수가 2 또는 그 이상이면 두 계는 얽힘의 상태에 있다.

수학적으로만 보더라도 두 큐비트의 상태 중 분리 가능 상태가 아닌 상태가 존재할 수 있는 것은 명백하다. 분리 가능한 두 큐비트의 상태 $|\psi>_{AB} = |\psi>_A |\psi>_B$는 4개의 상수로 결정된다. 각 큐비트의 상태가 $\alpha|0> + \beta|1>$의 형태로 표시되므로 α와 β의 2개의 복소수 상수, 즉 4개의 실수 상수로 결정되는데, 의미가 없는 전체 위상을 주는 상수를 제외하고 규격화 조건을 고려하면 2개의 실수인 상수로 결정된다. 따라서 두 큐비트의 상태는 $2 \times 2 = 4$, 즉 4개의 실수 상수로 결정된다.

그러나 일반적인 두 큐비트의 상태는

$$|\psi>_{AB} = \alpha|0>_A|0>_B + \beta|0>_A|1>_B$$
$$+ \gamma|1>_A|0>_B + \delta|1>_A|1>_B \tag{3.5}$$

로 표시되므로 전체 위상과 규격화 조건을 고려하면 일반적으로 6개의 실수 상수에 의해 결정된다. 더 나아가서 n 큐비트의 경우를 생각하면 분리 가능 상태는 $2n$개의 실수 상수만 있으면 결정되는 반면 일반적인 n 큐비트의 상태는 $2(2^n - 1)$개의 실수 상수로 결정된다.

두 계의 상태가 주어졌을 때 이것이 분리 가능 상태인지 얽힘 상태인지를 알 수 있는 방법은 무엇인가? 물론 눈으로 상태의 식만 보고도 알 수 있는 간단한 경우도 있다. 식 (3.2)와 식 (3.3)의 상태는 명백히 얽힘 상태이다. 두 큐비트가 순수 상태에 있고 그 상태가 식 (3.5)로 주어졌다면 간단한 계산으로 알아낼 수 있다. 만일 두 큐비트의 상태가 분리 가능 상태라면

$$
\begin{aligned}
|\psi>_{AB} &= (a|0>_A + b|1>_A)(c|0>_B + d|1>_B) \\
&= ac|0>_A|0>_B + ad|0>_A|1>_B \\
&\quad + bc|1>_A|0>_B + bd|1>_A|1>_B
\end{aligned}
\tag{3.6}
$$

가 되므로 식 (3.5)의 계수들이

$$
\alpha\delta = \beta\gamma \tag{3.7}
$$

를 만족시키면 분리 가능 상태이고 그렇지 않으면 얽힘 상태이다.

또 한 가지 방법은 환산 밀도 연산자 ρ_A(또는 ρ_B)를 구해 보는 방법이다. 분리 가능 상태인 경우는 $|\psi>_{AB} = |\psi>_A|\psi>_B$이므로 $\rho_A = Tr_B\{\rho_{AB}\} = |\psi>_{AA}<\psi|$이 투영 연산자가 되어 $\rho_A^2 = \rho_A$의 등식이 성립한다. 반대로 $\rho_A^2 = \rho_A$이면 $|\psi>_{AB} = |\psi>_A|\psi>_B$이 되는 것도 증명할 수 있다. 즉 $\rho_A^2 = \rho_A$의 조건은 분리 가능 상태이기 위한 필요 충분 조건이 된다. 따라서 ρ_A와 ρ_A^2(또는 ρ_B와 ρ_B^2)를 구해서 그것들이 같으면 분리 가능 상태이고 다르면 얽힘 상태이다.

3.1.2 최대 얽힘 상태: 벨 상태

식 (3.2)와 (3.3)의 두 큐비트의 얽힘 상태는 그 얽힘의 정도
가 α와 β의 값에 따라 다르다. 극단적으로 $|\alpha|=1$, $\beta=0$이거나
$\alpha=0$, $|\beta|=1$이면 분리 가능 상태가 되어 얽힘의 정도가 0이
되고, 반대로 $|\alpha|=|\beta|=\dfrac{1}{\sqrt{2}}$인 경우, 즉

$$|\Psi>_{AB} = \frac{1}{\sqrt{2}}\left(|0>_A|1>_B + e^{i\phi}|1>_A|0>_B\right) \tag{3.8}$$

$$|\Phi>_{AB} = \frac{1}{\sqrt{2}}\left(|0>_A|0>_B + e^{i\phi}|1>_A|1>_B\right) \tag{3.9}$$

로 표시되는 상태들은 얽힘의 정도가 최대가 된다. (ϕ는 임의의
상수이다.) 이 상태들을 최대 얽힘 상태(maximally entangled state)라
고 부른다.

특히 $\phi=0$ 또는 $\phi=\pi$일 때의 최대 얽힘 상태는

$$|\Psi^{\pm}>_{AB} = \frac{1}{\sqrt{2}}\left(|0>_A|1>_B \pm |1>_A|0>_B\right) \tag{3.10}$$

$$|\Phi^{\pm}>_{AB} = \frac{1}{\sqrt{2}}\left(|0>_A|0>_B \pm |1>_A|1>_B\right) \tag{3.11}$$

로 주어지는데 이 네 상태($\Psi^+, \Psi^-, \Phi^+, \Phi^-$)를 벨 상태라고 부르며
양자 정보 이론에서 중요한 역할을 한다.

벨 상태

$$|\Psi^\pm>_{AB} = \frac{1}{\sqrt{2}}(|0>_A|1>_B \pm |1>_A|0>_B)$$

$$|\Phi^\pm>_{AB} = \frac{1}{\sqrt{2}}(|0>_A|0>_B \pm |1>_A|1>_B)$$

네 가지 벨 상태는 모두 규격화되어 있으며 또한 서로 직교하므로 두 큐비트 A, B로 이루어진 계의 상태를 기술하는 힐베르트 공간 H_{AB}에서 완전한 기본 벡터의 조합을 이룬다.

두 큐비트의 임의의 상태 $|\psi>_{AB}$는 일반적으로 식 (3.5)로 나타낼 수 있다. 여기서 $|\alpha|^2 + |\beta|^2 + |\gamma|^2 + |\delta|^2 = 1$이고 $|\alpha|^2$, $|\beta|^2$, $|\gamma|^2$, $|\delta|^2$은 두 큐비트의 상태가 각각 $|0>_A|0>_B$, $|0>_A|1>_B$, $|1>_A|0>_B$, $|1>_A|1>_B$로 측정될 확률이다. 그러나 $|\psi>_{AB}$를 반드시 식 (3.5)의 방식으로 표시할 필요는 없으며 직교 규격화된 선형 독립(linearly independent)인 다른 네 기본 상태의 선형 중첩으로 표시하더라도 아무 잘못이 없다. 예를 들어 식 (3.10)과 식 (3.11)의 네 벨 상태의 선형 중첩으로 표시하면

$$|\psi>_{AB} = A|\Psi^+>_{AB} + B|\Psi^->_{AB} + C|\Phi^+>_{AB} + D|\Phi^->_{AB} \quad (3.12)$$

이 된다. 식 (3.5)와 식 (3.12)를 비교하면 두 쌍의 네 상수들이

$$A = \frac{\beta+\gamma}{\sqrt{2}}, \ B = \frac{\beta-\gamma}{\sqrt{2}}, \ C = \frac{\alpha+\delta}{\sqrt{2}}, \ D = \frac{\alpha-\delta}{\sqrt{2}} \quad (3.13)$$

의 관계가 있는 것을 알 수 있다.

여기서 강조할 점은 식 (3.12)에도 1.1에서 설명한 양자 물리

의 기본 원리가 그대로 적용된다는 점이다. 즉 두 큐비트의 상
태를 측정할 때 그 상태가 네 벨 상태 중의 어느 것인지를 알아
내는 측정을 수행한다면 $|\Psi^+ >_{AB}$, $|\Psi^- >_{AB}$, $|\Phi^+ >_{AB}$, $|\Phi^- >_{AB}$로
측정될 확률이 각각 $|A|^2$, $|B|^2$, $|C|^2$, $|D|^2$이며, 측정 결과가
나오면 그 결과에 대응하는 벨 상태로 붕괴한다는 점이다. 이렇
게 벨 상태를 구별하는 측정을 벨 상태 측정이라 하는데 6.1에
서 자세히 기술하도록 한다.

3.1.3 얽힘 입자쌍의 발생

역사적으로 보면 얽힘을 처음 생성해 낸 실험은 우젠슝(Wu
Chien-Shiung)과 어빙 샤크노브(Irving Shaknov)의 1949년 실험[3]으로
알려져 있다. 이 실험에서는 전자(electron)와 반전자(positron)가
충돌하여 포지트로니움(positronium)을 형성하는데, 이것이 사다
리식 붕괴(cascade decay)를 하면서 방출되는 두 감마선 광자의 편
광이 서로 수직임이 관측되었다.

아마도 얽힘을 생성시키는 가장 보편적인 방법은 비선형 광학
과정인 자발 매개 하향 변환(spontaneous parametric downconversion, SPDC)
을 이용하는 방법일 것이다. 이것은 1개의 광자를 비선형 매질
에 입사시켜 2개의 광자를 발생시키는 과정으로 제2유형의 위
상 정합(type-II phase matching)방법을 쓰면 발생되는 두 광자의 편
광이 항상 수직의 관계에 있는 얽힘이 생성된다. (그림 3.1)

위상 지연기(phase retarder)나 위상 이동기를 적절히 사용하면
4개의 편광 벨 상태 어느 것이라도 비교적 용이하게 생성해 낼
수 있다. 이 방법은 지금까지 얽힘을 필요로 하는 양자 정보 실
험에서 대부분 사용되었던 방법이다. 두 광자 대신 두 원자의
얽힘을 생성해 낼 수도 있다. 이것은 6.6.2에 상세히 기술했다.

또한 진공 상태와 단일 광자 상태와의 얽힘인 단일 광자 얽힘
도 생성할 수 있는데 이에 대해서는 6.4.1에 기술했다.

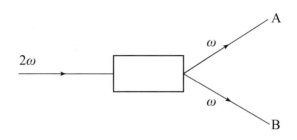

그림 3.1 자발 매개 하향 변환.

3.1.4 양자 얽힘의 특성

양자 얽힘의 특성을 설명할 때는 흔히 다음과 같은 말을 자
주 한다.

양자 얽힘의 특성
양자 얽힘은 어떤 고전 상관 관계(classical correlation)보다도
더 강력한 상관 관계이다.

이 절에서는 앞의 말이 정확히 무엇을 의미하는지 상세한 설
명을 하겠다. 우선 고전 세계에서 존재하는 고전 상관 관계를
생각해 보도록 하자.

예를 들어 두 카드 A, B가 있는데 그중 한 카드에는 숫자 0이
써져 있고 다른 카드에는 숫자 1이 써져 있다고 하자. 그러나

어느 카드에 어느 숫자가 써져 있는지는 모르고 또 숫자가 써
져 있는 면은 볼 수 없는 상황에서 갑돌이가 카드 하나를 집어
들고 화성으로 가고 을순이는 남은 카드를 가지고 지구에 남아
있다고 하자. 갑돌이가 이제 자기가 가지고 있는 카드에 무슨
숫자가 써져 있는지를 알기 위해 카드를 펴본다고 할 때 그 숫
자가 무엇일지는 미리 알 수 없다. 50퍼센트의 확률로 0이고 50
퍼센트의 확률로 1이기 때문이다.

　그러나 확실한 것은 갑돌이가 그의 카드에 0이 써져 있는 것
을 본다면 을순이의 카드에는 보지 않아도 1이 써져 있을 것이
고, 갑돌이가 그의 카드에 1이 써져 있는 것을 본다면 을순이의
카드에는 보지 않아도 0이 써져 있을 것이라는 점이다. 이것이
두 카드 A, B의 고전적 상관 관계이다.

　이와 유사한 양자 얽힘 관계의 예로 $|\Psi>_{AB}$의 벨 상태에 있
는 두 입자 A, B가 있다. 갑돌이가 A, B 두 입자 중 입자 A를 집
어 들고 화성으로 가고 을순이는 남은 입자 B를 가지고 지구에
남아 있다고 하자. 갑돌이가 이제 자기가 가지고 있는 입자 A의
상태가 $|0>$인지 $|1>$인지를 알기 위해 측정을 수행한다면 $|0>$
으로 관측될 확률과 $|1>$로 관측될 확률이 각각 50퍼센트이고
어느 결과가 나올지는 측정 전에는 알 수 없다.

　그러나 카드의 경우와 마찬가지로 갑돌이의 측정 결과가 그
의 입자 A가 $|0>$의 상태에 있다고 나오면 을순이의 입자 B의
상태는 관측하지 않아도 $|1>$의 상태에 있는 것이 확실하고, 입
자 A가 $|1>$의 상태에 있다는 측정 결과가 나오면 을순이의 입
자 B는 관측하지 않아도 $|0>$의 상태에 있는 것이 확실하다.

　그러나 고전적 상관 관계와 양자 얽힘 사이에는 확실한 차이
점이 존재한다. 카드의 경우 만일 갑돌이가 자기의 카드에 0이
써져 있다고 관측을 했다면 그것은 두 카드 중 숫자 0이 적혀

있는 카드를 갑돌이가 집었기 때문이고 따라서 카드를 집는 순간부터 갑돌이는 0의 숫자가 적혀 있는 카드를 갖고 있었던 것이다.

그러나 양자 물리가 지배하는 두 입자의 세계의 경우 갑돌이의 입자 A에 대한 측정 결과가 $|0>$의 상태가 나왔다면 그것은 측정이 수행되는 순간 입자 A의 상태가 B와의 얽힘 관계를 갖는 상태에서(얽힘의 관계에 있을 때는 입자 A만의 상태는 정의될 수가 없고 단지 두 입자 A, B가 얽힘 상태 $|\Psi>_{AB}$에 있다고밖에 말할 수 없다.) $|0>_A$로 붕괴했기 때문이며, 갑돌이가 입자 A를 집는 순간에 결정된 사항은 아니다. 측정이 수행되기 전까지는 두 입자가 화성과 지구에 떨어져 있다 하더라도 그 상태는 계속 $|\Psi>_{AB}$로 기술된다.

고전적 상관 관계와 양자 얽힘의 차이점을 더욱 부각시키기 위하여 갑돌이가 측정을 할 때 입자 A의 상태가 $|0>$인지 $|1>$인지를 구별하는 측정을 하는 대신

$$|+> = \frac{1}{\sqrt{2}}(|0>+|1>), \ |->\ = \frac{1}{\sqrt{2}}(|0>-|1>) \qquad (3.14)$$

로 정의된 두 상태 중 어느 것인지를 구별하는 측정을 한다고 하자. 입자가 광자이고 $|0>$과 $|1>$이 수평 편광 $|\leftrightarrow>$과 수직 편광 $|\updownarrow>$의 상태를 나타낸다면 $|+>$와 $|->$는 $45°$와 $135°$의 직교하는 두 대각선 방향의 선 편광 상태를 나타낸다. 이 경우 $|+>$와 $|->$를 구별하는 측정을 하려면 편광 분할기의 투과축을 $45°$ 방향으로 회전시켜 $|+>$는 반사시키고 $|->$는 투과시키도록 하면 된다. 식 (3.14)에서

$$|0> = \frac{1}{\sqrt{2}}(|+>+|->), \quad |1> = \frac{1}{\sqrt{2}}(|+>-|->) \qquad (3.15)$$

이므로 식 (3.15)를 식 (3.10)에 대입하면

$$|\Psi>_{AB} = \frac{1}{\sqrt{2}}(-|+>_A|->_B+|->_A|+>_B) \qquad (3.16)$$

이 된다.

식 (3.16)을 보면 벨 상태 $|\Psi>_{AB}$가 주는 반상관 관계가 $|+>$ 와 $|->$의 관계에도 그대로 적용되는 것을 알 수 있다. 즉 갑돌이가 $|+>$인지 $|->$인지를 구별하는 측정을 할 때 어느 상태가 측정될지는 역시 각각 50퍼센트의 확률이므로 측정 전에 알 수는 없지만, 갑돌이의 측정 결과가 $|+>$이면 을순이의 입자 B는 $|->$의 상태에 있게 되고 측정 결과가 $|->$이면 을순이의 입자 B는 $|+>$의 상태에 있게 되는 것이 확실하다. 이렇게 두 큐비트의 상관 관계가 $|0>$와 $|1>$뿐 아니고 $|+>$와 $|->$에도 그대로 적용되는 것은 고전적 상관 관계에서는 볼 수 없는 양자 얽힘의 특성이라 할 수 있다. 양자 얽힘이 고전적 상관 관계보다도 더 강력한 상관 관계를 준다고 말하는 이유가 여기에 있다.

이제 양자 얽힘의 특성을 수학적으로 살펴보도록 하자. 두 큐비트 A, B의 상태 $|\psi>_{AB}$가 네 가지 벨 상태 중 하나일 때 환산 밀도 연산자를 구해 보면

$$\begin{aligned}\rho_A &= Tr_B\{|\psi>_{AB}\,_{AB}<\psi|\}\\ &= \frac{1}{2}(|0>_{AA}<0|+|1>_{AA}<1|) = \frac{1}{2}\tilde{1}\end{aligned} \qquad (3.17)$$

이 되며, $\rho_B = Tr_A\{|\psi>_{AB\ AB}<\psi|\}$도 같은 결과를 얻는다. 여기서 $\tilde{1}$은 모든 대각선 행렬 요소는 1이고 나머지는 0의 값을 갖는 동일 행렬(identity matrix)이다.

식 (3.17)의 의미는 두 큐비트 A, B가 벨 상태의 얽힘에 있을 때 큐비트 A 또는 B의 입장에서 보면 $|0>$과 $|1>$의 상태에서 발견될 확률이 각각 50퍼센트인 혼합 상태에 있다고 볼 수 있다는 뜻이다. 벨 상태의 특성을 더 살펴보기 위하여 각각의 벨 상태를 식 (3.14)의 두 상태 $|+>$와 $|->$의 함수로 표시해 보면

$$\frac{1}{\sqrt{2}}(|0>_A|1>_B+|1>_A|0>_B)$$
$$=\frac{1}{\sqrt{2}}(|+>_A|+>_B-|->_A|->_B) \tag{3.18}$$

$$\frac{1}{\sqrt{2}}(|0>_A|1>_B-|1>_A|0>_B)$$
$$=\frac{1}{\sqrt{2}}(-|+>_A|->_B+|->_A|+>_B) \tag{3.19}$$

$$\frac{1}{\sqrt{2}}(|0>_A|0>_B+|1>_A|1>_B)$$
$$=\frac{1}{\sqrt{2}}(|+>_A|+>_B+|->_A|->_B) \tag{3.20}$$

$$\frac{1}{\sqrt{2}}(|0>_A|0>_B-|1>_A|1>_B)$$
$$=\frac{1}{\sqrt{2}}(|+>_A|->_B+|->_A|+>_B) \tag{3.21}$$

이 된다. 즉 $|0>$과 $|1>$의 기저 벡터(basis vector)에서 $|+>$와 $|->$의 기저 벡터로 변환시킬 때 $|\Psi^+>\rightarrow|\Phi^->$, $|\Psi^->\rightarrow-|\Psi^->$, $|\Phi^+>\rightarrow|\Phi^+>$, $|\Phi^->\rightarrow|\Psi^+>$의 변환이 됨을 알 수 있다.

식 (3.18)부터 식 (3.21)까지를 살펴보면 식 (3.18)이나 식 (3.21)의 경우와 같이 상관 관계가 반상관 관계로 나타나고 반상

관 관계가 상관 관계로 나타나기도 하지만 100퍼센트의 상관도
는 항상 유지된다는 것을 볼 수 있다. 특히 식 (3.19)를 보면 $|\Psi^->$
의 반상관 관계는 그대로 유지되는 것을 볼 수 있는데, 이것은 4
개의 벨 상태 중 유일하게 $|\Psi^->$만이 A와 B를 바꾸는 연산 하에
서 부호가 바뀌는 단일선(singlet) 상태의 특성($|\Psi^->_{AB} = -|\Psi^->_{BA}$)
을 가지고 있는 점을 유의하면 이해할 수 있다. 이 특성은 기저
벡터가 다르더라도 유지되어야 하기 때문이다.

   앞에서 언급했듯이 벨 상태에 있는 두 큐비트는 $|0>$과 $|1>$
을 기저 벡터로 선택하든 $|+>$와 $|->$를 기저 벡터로 선택하든
100퍼센트의 상관도를 유지한다. 이러한 특성은 고전적 상관
관계에서는 생각할 수 없으며(숫자 0 또는 1이 써져 있는 두 카드의
경우 0과 1의 선형 중첩인 +와 −의 개념은 존재하지도 않는다.) 이러한
이유로 양자 얽힘이 고전적 상관 관계보다 더 강력한 상관 관
계를 준다고 말하는 것이다.

   그뿐 아니라 양자 얽힘은 두 큐비트사이의 상관 관계를 주는
다른 어떤 양자 상태보다도 더 강력한 상관 관계를 준다. 예를
들어 $|0>_A|1>_B$의 상태에 있는 두 큐비트를 생각하면

$$|0>_A|1>_B = \frac{1}{2}(|+>_A|+>_B - |->_A|->_B$$
$$-|+>_A|->_B + |->_A|+>_B)$$

(3.22)

이므로, $|0>$과 $|1>$을 구별하는 측정에서 A와 B 사이에 존재하
는 100퍼센트의 반상관 관계는 $|+>$와 $|->$를 구별하는 측정
에서는 50퍼센트의 상관 관계와 50퍼센트의 반상관 관계로 나
타난다. 즉 A가 $|+>$상태에 있을 때 B가 $|+>$상태인지 $|->$상
태인지 전혀 알 수가 없다.

　다시 말해 $|+>$와 $|->$를 구별하는 측정에서는 상관 관계가 사라졌다고 볼 수 있고, 따라서 얽힘의 상관 관계보다는 훨씬 더 약한 상관 관계라고 말할 수 있다. 양자 얽힘이 주는 강력한 상관 관계는 고전 세계에서는 존재하지 않는 이해하기 힘든 여러 흥미로운 양자 현상을 유발한다. 그 대표적인 예가 EPR 논쟁 및 벨 부등식과 관련된 현상으로 뒤에 이어질 3.2에서 상세히 다루도록 한다.

3.1.5 다큐비트 얽힘

　지금까지는 두 큐비트의 얽힘에 대해서 이야기했지만 물론 셋 또는 그 이상의 큐비트의 얽힘도 존재한다. 여기서는 세 큐비트의 얽힘을 중심으로 다(多)큐비트 얽힘(multipartite entanglement) 상태에 대해 간단히 알아보도록 한다.

　세 큐비트 얽힘 상태 중 가장 간단한 형태는

$$|\psi>_{ABC} = \frac{1}{\sqrt{2}} (|0>_A|0>_B|0>_C + |1>_A|1>_B|1>_C) \qquad (3.23)$$

의 상태일 것이다. 이 상태는 3.2.4에서 자세히 다룰 "부등식 없는 벨 정리"와 관련하여 중요성을 갖는다. 이 상태를 이용해서 국소 원리와 양자 이론이 서로 모순됨을 부등 관계 없이 증명할 수 있다는 사실을 처음 보인 대니얼 그린버거(Daniel Greenberger), 마이클 혼(Michael Horne), 그리고 안톤 차일링거(Anton Zeilinger) 세 사람의 이름 첫 글자를 따서 GHZ 상태(GHZ state)라고 부른다.[4] 또 다른 형태의 간단한 세 큐비트 얽힘 상태는

$$|\psi>_{ABC} = \frac{1}{\sqrt{3}}(|0>_A|0>_B|1>_C$$

$$+|0>_A|1>_B|0>_C+|1>_A|0>_B|0>_C) \tag{3.24}$$

로서 W 상태라고 부른다.[5] 세 큐비트의 얽힘 상태는 국소 연산
과 고전 통신(LOCC) 하에서 GHZ 상태와 W 상태(W state)의 두 종
류로 구분되고 이 두 종류만 존재한다는 것이 알려져 있다.[5]

GHZ 상태

$$|\psi>_{ABC} = \frac{1}{\sqrt{2}}(|0>_A|0>_B|0>_C+|1>_A|1>_B|1>_C)$$

W 상태

$$|\psi>_{ABC} = \frac{1}{\sqrt{3}}(|0>_A|0>_B|1>_C$$

$$+|0>_A|1>_B|0>_C+|1>_A|0>_B|0>_C)$$

W 상태는 GHZ 상태에 비해 "얽힘의 존속도(persistency)가 더
크다." 또는 "얽힘이 더 견고(robust)하다."라고 말할 수 있다. (얽
힘의 존속도에 대해서는 클러스터 상태와 관련하여 4.9.3에서 더 자세히 논의
할 것이다.) 식 (3.23)의 GHZ 상태에 있는 세 큐비트 중 하나, 예
를 들어 큐비트 A에 대해 그 상태가 $|0>$인지 $|1>$인지를 구별하
는 측정을 수행한다고 하자. 그 결과는 50퍼센트의 확률로 $|0>_A$
이고 50퍼센트의 확률로 $|1>_A$일 것이다. $|0>_A$의 결과가 나오
면 나머지 두 큐비트 B, C의 상태는 $|0>_B|0>_C$가 되고 $|1>_A$의
결과가 나오면 $|1>_B|1>_C$가 된다. 어떤 결과가 나오든지 남은

두 큐비트의 상태는 분리 가능 상태이고 얽힘은 사라진다.

그러나 W 상태의 경우 큐비트 A에 대한 측정을 수행하면 3분의 2의 확률로 $|0>_A$의 결과가 나오고 1/3의 확률로 $|1>_A$의 결과가 나오는데, 후자의 경우는 남은 두 큐비트 B, C의 상태가 $|0>_B|0>_C$가 되지만 전자의 경우는

$$\frac{1}{\sqrt{2}}(|0>_B|1>_C+|1>_B|0>_C)$$

의 얽힘 상태가 된다. 즉 3분의 2의 확률로 남은 두 큐비트의 얽힘이 유지된다. [앞의 얽힘의 존속도에 대한 논의는 측정을 $(|0>, |1>)$ 기저에서 하는 경우에 성립된다. 다른 기저에서 측정을 하면 일반적으로 다른 결과가 나온다. 예를 들어 식 (3.23)의 GHZ 상태의 경우 큐비트 A에 대해 $(|+>, |->)$ 기저에서 측정을 하면 두 큐비트 B, C는 벨 상태, 즉 최대 얽힘 상태에 남게 된다.] 식 (3.23)과 식 (3.24)는 쉽게 N 큐비트의 경우로 일반화된다. 즉 N 큐비트 GHZ 상태는

$$|\psi>_{12\cdots N}=\frac{1}{\sqrt{2}}(|0>_1|0>_2\cdots|0>_N$$
$$+|1>_1|1>_2\cdots|1>_N)$$

(3.25)

로 정의되고, N 큐비트 W 상태는 다음과 같이 정의된다.

$$|\psi>_{12\cdots N}=\frac{1}{\sqrt{N}}(|0>_1|0>_2\cdots|0>_{N-1}|1>_N$$
$$+|0>_1|0>_2\cdots|0>_{N-2}|1>_{N-1}|0>_N$$
$$+\cdots+|1>_1|0>_2\cdots|0>_N)$$

(3.26)

3.2 EPR 논쟁과 벨 부등 관계

3.2.1 EPR 논쟁

양자 얽힘은 고전적 상관 관계보다 더 강력한 상관 관계를 주므로, 고전적 세계에 익숙해 있는 우리의 사고 체계를 넘어서는 양자 현상을 유발하는데, 그 좋은 예가 EPR 논쟁과 관련된 현상이다.

EPR는 아인슈타인, 포돌스키, 로젠 세 사람 이름의 첫 글자를 모은 것으로 이들이 1935년 발표한 논문[1]에 기인한다. 이 논문에서 이들은 양자 이론이 불완전하다는 것을 보이기 위한 논리를 전개하기 위해 양자 얽힘의 관계에 있는 두 입자를 고려했다. 원래 이들은 위치 및 운동량이 얽힘 관계에 있는 두 전자를 고려했지만, 여기서는 그 후에 제시된 데이비드 봄(David Bohm)의 논리를 따라 스핀이 $\frac{1}{2}$ 이고 서로 얽힘 관계에 있는 두 입자를 생각하기로 한다. (또는 편광 얽힘 관계에 있는 두 광자를 생각해도 마찬가지이다.)

스핀이 $\frac{1}{2}$ 인 두 입자 A, B가

$$|\varPsi>_{AB} = \frac{1}{\sqrt{2}}(|\uparrow>_A|\downarrow>_B - |\downarrow>_A|\uparrow>_B) \qquad (3.27)$$

의 단일선 벨 상태에 있다고 하자. 여기서 $|\uparrow>$ 는 $+z$ 방향의 스핀 상태, $|\downarrow>$ 는 $-z$ 방향의 스핀 상태를 의미한다. EPR의 논리는 대략 다음과 같다. 그들은 우선 "물리적 실재의 요소(element of physical reality)"를 다음과 같이 정의한다.

만일 어떤 계를 교란(disturb)시키지 않고 그 계의 어떤 물리량

을 정확히 예측할 수 있다면, 그 물리량에 대응하는 물리적 실재의 요소가 존재한다. 식 (3.27)의 상태에 있는 두 입자의 경우 만일 입자 A의 스핀의 z 방향의 성분을 측정해서 $+\frac{1}{2}$를 얻었다면 입자 B의 스핀의 z 방향의 성분은 확실히 $-\frac{1}{2}$이다. 측정은 입자 A에 행해졌으므로 국소 원리를 적용하면 입자 B는 교란되지 않았음에도 불구하고 스핀의 z 방향의 성분을 정확히 예측할 수 있으므로 입자 B의 z 방향의 성분은 물리적 실재의 요소를 갖는다.

그런데 입자 A의 스핀의 z 방향 대신 x 방향의 성분을 측정할 수도 있다. 이 경우 같은 논리로[앞의 3.1.4에서 설명했듯이 식 (3.27)의 벨 상태에 존재하는 반상관 관계는 다른 임의의 기저에서도 유지된다.] 입자 B의 스핀의 x 방향의 성분은 물리적 실재의 요소를 갖고, 또 같은 논리로 입자 B의 스핀의 y 방향의 성분도 물리적 실재의 요소를 갖는다. 그러나 양자 역학은 한 입자의 스핀의 두 다른 방향의 성분을 동시에 확실히 아는 것을 허용하지 않는다. 따라서 양자 역학은 불완전한 이론이다. 나아가서 EPR는 더 완전한 기술을 위해 숨은 변수 이론(hidden variable theory)을 주창했다.

우리는 여기서 EPR의 이론을 상세히 따라가기 보다는 그들이 예로서 잡은 얽힘 상태에 있는 두 입자의 강력한 상관 관계에 주목하고자 한다. 특히 양자 역학의 관점에서 얽힘 상태에 있는 두 입자에도 1.1에서 기술한 양자 물리의 기본 원리가 똑같이 적용된다는 점을 강조하고자 한다. 식 (3.27)의 얽힘 상태에 있는 두 입자의 스핀이 각각 $+z$ 방향인지 $-z$ 방향인지를 알아내기 위해 측정을 한다고 하자.

이 측정은 예를 들어 슈테른-게를라흐(Stern-Gerlach) 장치를

이용하여 수행할 수 있다. 측정 결과는 둘 중의 하나이다. 입자 A의 스핀은 $+z$ 방향, 입자 B의 스핀은 $-z$ 방향으로 나오거나 (확률=$\frac{1}{2}$), 입자 A의 스핀은 $-z$ 방향, 입자 B의 스핀은 $+z$ 방향으로 나올 수 있다(확률=$\frac{1}{2}$). 둘 중의 어느 것이 나오건 그 결과가 나온 순간 두 입자의 상태 함수는 식 (3.27)의 상태에서 $|\uparrow>_A|\downarrow>_B$ 또는 $|\downarrow>_A|\uparrow>_B$로 붕괴하게 된다.

여기서 흥미로운 것은 얽힘 상태의 특성으로 인해 사실은 두 입자의 스핀 방향을 모두 측정할 필요가 없다는 사실이다. 입자 A의 스핀 방향만을 측정해도 특정한 상관 관계로 인해 입자 B의 스핀 방향은 자연적으로 결정이 된다. 예를 들어 입자 A의 스핀 방향을 측정해서 $+z$ 방향의 결과가 나왔다고 하자. 그러면 입자 B의 스핀 방향은 측정하지 않아도 $-z$ 방향이 분명하고 따라서 입자 A만의 측정 결과가 나오는 순간 두 입자의 상태 함수는 $|\uparrow>_A|\downarrow>_B$로 붕괴하게 되는 것이다.

이것은 두 입자 A, B가 아무리 멀리 떨어져 있어도 사실이며, 즉 갑돌이가 입자 A를 집어들고 화성으로 갔고 을순이는 입자 B를 가지고 지구에 있다 하더라도 사실이다. 바로 이 점이 아인슈타인 등이 EPR 논문에서 제기한 문제의 발단이 되는 것은 잘 알려진 사실이다.

아인슈타인이 제기한 의문의 요지는 어떻게 한 장소에서 행한 측정이 멀리 떨어진 다른 장소에 위치한 다른 입자의 상태에 즉각적인 영향을 미칠 수가 있는가였다. 아인슈타인은 이를 "유령의 세계에나 있을 수 있는 (믿기 어려운) 원거리 작용(spooky action at a distance)"이라고 불렀고 이를 발단으로 양자 역학의 해석에 대한 많은 물리학적, 철학적 논쟁이 뒤따랐다.

EPR 이론의 중요성을 역사적으로 보면 양자 이론을 실재론과 국소 원리에 기반을 둔 국소 실재론(local realism, local realistic model)과 대립시켰다는 점이고, 이로 인해 벨로 하여금 벨 정리[6]로 대변되는 큰 발견을 유도했다는 점이다. 실재론이란 물리적 실재가 측정에는 독립적으로 존재한다는 것이다. 즉 어떤 물리량의 측정 결과는 측정 대상의 계에 고유한 특성에 의해 완전히 결정된다는 것이다.

국소 원리(locality principle)란 한 장소에서의 어떤 물리량에 대한 측정 행위가 "공간적으로 떨어져 있는(spatially separated)" 다른 장소의 측정 결과에 아무런 영향을 미치지 않는다는 것이다. 여기서 공간적으로 떨어져 있다는 말은 두 장소에서 측정을 수행한 시간차가 빛이 두 장소 사이를 움직이는 데 걸리는 시간보다 짧다는 뜻이다. 즉 한 장소에서의 측정 방법과 결과에 관한 정보가 다른 장소로 전해질 수 있기 전에 다른 장소에서 이미 측정을 수행한다는 뜻이다.

벨의 큰 발견은 국소 실재론이 부등식으로 나타내지는 "상관 관계에 대한 한계"를 주며 이것은 양자 역학의 예측과는 다르다는 것, 그리고 이 부등식은 실제로 검증이 가능하다는 것을 알아낸 것이다. 매우 합리적으로 여겨지는 국소 실재론이 현대 물리의 기반이 되는 양자 역학과 다른 결과를 주며 또 두 결과 중 어느 것이 옳은지를 검증할 수 있다는 사실은 많은 실험과 논란을 유발했으며, 수행된 모든 실험 결과가 양자 물리의 예측과 일치하면서 양자 물리의 당위성을 더욱 공고히 해 주었다 하겠다.

3.2.2 벨 부등 관계: 개념적 설명[6, 7, 8, 9]

여기서는 우선 국소 실재론이 어떤 결과를 주는지에 대한 벨의 논리를 개념적으로 간단히 설명하도록 하겠다.

식 (3.27)의 벨 상태에 있는 스핀 $\frac{1}{2}$인 많은 수(N)의 입자쌍들 $[(A_1, B_1), (A_2, B_2), \cdots, (A_N, B_N)]$을 생성시켜 $(A_1, A_2, \cdots, A_N)$은 갑돌이가 $(B_1, B_2, \cdots, B_N)$은 을순이가 가졌다고 해 보자. 갑돌이와 을순이는 각각 자기가 가진 입자들의 스핀 방향을 측정한다.

갑돌이와 을순이는 충분히 멀리 떨어져 있어 그들이 입자쌍 (A_j, B_j)를 대상으로 수행하는 측정은 공간적으로 떨어져 있다고 가정한다. 만일 갑돌이와 을순이가 같은 방향, 예를 들어 z 방향으로 측정을 수행한다면 각각의 입자쌍에 대한 그들의 결과는 완전한 반상관 관계를 보일 것이다. 즉 A_j가 $+z$ 방향이면 B_j는 $-z$ 방향이고 A_j가 $-z$ 방향이면 B_j는 $+z$ 방향이며 이러한 관계는 모든 쌍 (A_j, B_j)가 만족시킨다.

갑돌이와 을순이가 각각 $+z$ 방향이면 $+1$을, $-z$ 방향이면 -1을 기록한다면, 그들의 데이터를 비교할 때 각 쌍에 대해 완전히 반대의 부호의 반상관 관계를 보일 것이다. 완전한 반상관 관계는 꼭 z 방향이 아니더라도 두 사람이 같은 방향으로 (즉 같은 기저 벡터로) 측정하는 한 유지된다. 이것은 단일선 벨 상태 ψ^-의 특성이다.

만일 을순이는 z 방향으로 측정을 수행하는데 갑돌이는 z 방향에서 각도 $\theta(\theta \leq 45°)$만큼 회전된 방향으로 측정을 하면 [즉 갑돌이는 스테른-게를라흐 장치의 자기장 변화(field gradient)의 방향을 z방향에서 θ만큼 회전된 방향으로 잡으면] 어떤 결과가 나올까? 이때 갑돌이는 $+z$ 방향에서 θ만큼 회전된 방향을 $+$로 잡고 이 방향에서 입자가 측정되면 +1을 기록하고 반대 방향에서 측정된다면 −1을 기록한다고 하자. 이 경우에는 두 사람의 측정 방향이 같지 않으므로 두 사람의 데이터는 완전한 반상관 관계를 보이지는 못할 것이고 약간의 같은 부호도 나올 것이다. 같은 부호가 나오는 비율을 $d(\theta)$로 표시한다. 그러면 두 사람이 같은 방향으로 측정할 때와 비교한다면 누구의 데이터가 달라져서 완전한 반상관 관계가 깨지는 것인가?

이 문제에 국소 원리를 적용하도록 하자. 국소 원리에 따르면 갑돌이가 측정 방향을 $d(\theta)$만큼 회전한 행동이 을순이의 측정 결과에 영향을 미치지 않는다. 이것은 두 사람의 측정이 공간적으로 떨어져 있기 때문에 매우 일리가 있다고 생각할 수 있다. 이 원리를 적용하면 갑돌이가 측정 방향을 θ만큼 돌렸을 때 완전한 반상관 관계가 깨지는 것은 갑돌이의 일부 측정 결과가 달라지기 때문이다.

예를 들어 $d(\theta)$가 0.1인 경우 두 사람이 같은 방향일 때와 비교하여 평균 10번에 1번은 갑돌이의 데이터 부호가 바뀌기 때문에 완전한 반상관 관계가 깨지는 것이다. 구체적으로 100쌍에 대한 측정을 할 때 예를 들어 갑돌이의 3, 12, 19, 35, 42, 56, 64, 79, 81, 95번째의 측정 결과가 달라져서 $d(\theta)$가 0.1이 될 수가 있다.

그러면 이번에는 갑돌이는 z 방향에서 θ만큼 회전된 방향으로 측정하고 을순이는 z 방향에서 $-\theta$만큼 회전된 방향, 즉 갑돌이와는 반대 방향으로 같은 각도만큼 회전된 방향으로 측정할 때를 생각하자. 이때 두 사람의 측정 방향은 2θ의 각도차를 이루며 완전한 반상관 관계는 더 심하게 깨질 것이다. 이때 같은 부호가 나오는 비율 $d(2\theta)$는 갑돌이만 측정 방향을 회전시킨 경우의 $d(\theta)$와 어떤 관계가 있을까? 이 물음에 국소 원리를 적

용시켜 나온 대답이 벨의 논리 핵심이다. 그 논리는 다음과 같
다.

갑돌이가 θ만큼 측정 방향을 회전시키면 $d(\theta)$의 비율로 갑돌
이의 데이터가 달라진다. 마찬가지로 을순이가 $-\theta$만큼 측정 방
향을 회전시키면 $d(-\theta)=d(\theta)$의 비율로 을순이의 데이터가 달
라진다. 따라서 $d(2\theta)$는 갑돌이와 을순이의 달라진 데이터를 합
하여 $d(\theta)$의 2배가 될 것으로 생각할 수 있다. 그러나 잘 생각
해 보면 꼭 2배는 아닐 수도 있다. 왜냐하면 갑돌이와 을순이의
데이터가 달라지는 것이 같은 쌍에서 일어나면 부호가 다시 반
대가 되기 때문이다.

예를 들어 100쌍에 대한 측정을 다시 생각하고 $d(\theta)$가 0.1인
경우 을순이의 5, 18, 24, 28, 47, 52, 64, 77, 86, 89번째의 측정
결과가 달라졌다면, 앞의 갑돌이의 달라진 측정 번호와 비교하
여 64번째는 공통으로 부호가 달라졌으므로 다시 다른 부호가
되고 같은 부호는 18번 나타나게 되어 $d(2\theta)=0.18$이 된다. 즉
부호가 달라지는 측정 번호가 일치하는 일이 생기면 $d(2\theta)$는
$d(\theta)$의 2배보다 작을 수 있고, 물론 겹치는 일이 없다면
$d(2\theta)=2d(\theta)$가 될 것이다. 결론적으로 $d(2\theta)$와 $d(\theta)$의 관계는
부등식

$$d(2\theta) \leq 2d(\theta) \tag{3.28}$$

으로 요약된다. 식 (3.28)이 벨 부등 관계를 설명해 주는 핵심
부등식이다.

식 (3.28)의 부등식은 국소 실재론의 가정 하에 기초적인 논
리만을 사용하여 유도되었다. 그런데 벨이 발견했듯이 놀랍게
도 이 부등식이 양자 역학의 예측과는 위배된다. 양자 역학에

따르면 두 입자 A, B가 식 (3.27)의 상태에 있을 때 A의 스핀을 z 방향으로 B의 스핀을 z축에서 θ만큼 회전된 방향으로 측정하면 측정 결과의 상관도는

$$C(\theta) = {}_{AB} < \Psi|(\sigma_z)_A (\vec{\sigma} \cdot \hat{a})_B|\Psi >_{AB} \qquad (3.29)$$

로 주어진다. 여기서 $\hat{a}$는 B의 스핀의 측정 방향의 단위 벡터이며 따라서 $\vec{\sigma} \cdot \hat{a} = \sigma_z \cos\theta + \sigma_x \sin\theta$로 쓸 수 있다. 식 (3.29)를 계산하면

$$C(\theta) = -\cos\theta \qquad (3.30)$$

를 얻는다. 각 θ가 $0°$ 일 때 $C = -1$, $d(0°) = 0$이고 θ가 $90°$ 일 때 $C = 0$, $d(90°) = 0.5$이므로

$$d(\theta) = \frac{1 + C(\theta)}{2} = \frac{1 - \cos\theta}{2} \qquad (3.31)$$

이 된다.

일반적으로 양자 역학의 결과인 식 (3.31)은 국소 실재 이론의 결과인 식 (3.28)과 위배된다. 예를 들어 $\theta \ll 1$인 경우 식 (3.31)은 $d(\theta) \simeq \frac{\theta^2}{4}$이 되고 식 (3.28)을 만족하지 않음을 쉽게 알 수 있다. 또 다른 간단한 예로 $d(30°) \simeq 0.067$, $d(60°) \simeq 0.25$으로 식 (3.28)이 만족되지 않는다.

3.2.3 벨 부등식

이제 벨의 논문을 따라 벨 부등식을 유도해 보도록 하겠다. 단일선 벨 상태 ψ^-에 준비되어 있는 두 입자 A와 B의 어떤 물리량에 대한 각각의 측정 결과를 $A(\hat{a}, \lambda)$, $B(\hat{b}, \lambda)$라 하자. 측정 결과의 가능한 값은 +1 또는 −1이라고 하겠다. 즉

$$A(\hat{a}, \lambda) = \pm 1, \quad B(\hat{b}, \lambda) = \pm 1 \tag{3.32}$$

이라고 하자. 예를 들어 물리량이 스핀이면 그 방향이 +(spin up)인지 −(spin down)인지에 따라 측정값이 +1 또는 −1이라고 생각하면 된다.

두 벡터 $\hat{a}$와 $\hat{b}$는 A와 B에 대한 측정의 방향을 결정해 주는 단위 벡터로 스핀의 경우는 +와 −의 방향을 정의해 준다고 생각하면 된다. λ는 $\hat{a}$또는 $\hat{b}$외에 측정 결과에 영향을 줄 수 있는, 그러나 측정하는 사람이 조정할 수는 없는(unconrollable) 다른 모든 가능한 변수로 EPR 이론에서의 숨은 변수라고 생각하면 된다. 일반적으로 여러 개의 변수일 수 있으나 집합적으로 단순히 λ라고 부르겠다. 변수 λ의 값은 확률 분포 $\rho(\lambda)$에 따라 주어진다고 하면

$$\int \rho(\lambda) d\lambda = 1 \tag{3.33}$$

이다. 입자 A, B에 대해서 각각 $\hat{a}$, $\hat{b}$의 방향으로 측정을 할 때 그 상관도는

$$C(\hat{a}, \hat{b}) = \int A(\hat{a}, \lambda) B(\hat{b}, \lambda) \rho(\lambda) d\lambda \tag{3.34}$$

로 정의할 수 있다. 이것은 $A(\hat{a}, \lambda) B(\hat{b}, \lambda)$의 기댓값이다. 두 입자 A, B가 Ψ^-에 준비되어 있으므로

$$C(\hat{a}, \hat{a}) = -1 \tag{3.35}$$

이 되어야 한다. 따라서

$$A(\hat{a}, \lambda) = -B(\hat{a}, \lambda) \tag{3.36}$$

이다. 따라서 식 (3.34)의 상관도는

$$C(\hat{a}, \hat{b}) = -\int A(\hat{a}, \lambda) A(\hat{b}, \lambda) \rho(\lambda) d\lambda \tag{3.37}$$

으로 쓸 수 있다. 이제 입자 B에 대한 측정 방향을 결정해 주는 또 다른 단위 벡터를 $\hat{c}$라 할 때

$$
\begin{aligned}
&C(\hat{a}, \hat{b}) - C(\hat{a}, \hat{c}) \\
&= -\int \left[A(\hat{a}, \lambda) A(\hat{b}, \lambda) - A(\hat{a}, \lambda) A(\hat{c}, \lambda) \right] \rho(\lambda) d\lambda \\
&= \int A(\hat{a}, \lambda) A(\hat{b}, \lambda) \left[A(\hat{a}, \lambda) A(\hat{c}, \lambda) - 1 \right] \rho(\lambda) d\lambda
\end{aligned} \tag{3.38}
$$

이다. 식 (3.38)에 식 (3.32)를 사용하면

$$|C(\hat{a},\hat{b}) - C(\hat{a},\hat{c})| \leq \int \left[1 - A(\hat{b},\lambda)A(\hat{c},\lambda)\right]\rho(\lambda)d\lambda \qquad (3.39)$$

이고, 식 (3.39)의 우변이 $1 + C(\hat{b},\hat{c})$이므로 식 (3.39)는

$$|C(\hat{a},\hat{b}) - C(\hat{a},\hat{c})| - C(\hat{b},\hat{c}) \leq 1 \qquad (3.40)$$

이 된다.

식 (3.40)이 바로 벨 부등식 또는 벨 부등 관계이다. 벨이 이 부등식을 유도한 이후 이와 동등한 또는 이를 일반화한 부등식들이 유도되었는데, 이들을 집합적으로 벨 부등식들이라고도 부르며 식 (3.40)은 첫 번째 벨 부등식이라고도 부른다. 여기서는 유도 과정은 생략하고 대표적인 다른 벨 부등식들만을 소개하겠다.

$$|C(\hat{a},\hat{b}) + C(\hat{a},\hat{b'}) + C(\hat{a'},\hat{b}) - C(\hat{a'},\hat{b'})| \leq 2 \qquad (3.41)$$

$$C(\hat{a},\hat{b}) + C(\hat{a},\hat{b'}) + |C(\hat{a'},\hat{b}) - C(\hat{a'},\hat{b'})| \leq 2 \qquad (3.42)$$

$$|C(\hat{a},\hat{b}) + C(\hat{a},\hat{b'})| + |C(\hat{a'},\hat{b}) - C(\hat{a'},\hat{b'})| \leq 2 \qquad (3.43)$$

$$-1 \leq p_{12}(\hat{a},\hat{b}) + p_{12}(\hat{a},\hat{b'}) + p_{12}(\hat{a'},\hat{b})$$
$$- p_{12}(\hat{a'},\hat{b'}) - p_{1}(\hat{a}) - p_{2}(\hat{b}) \leq 0 \qquad (3.44)$$

식 (3.41) 또는 이 식의 약간 다른 형태인 식 (3.42), (3.43)은 이 식을 유도한 사람 이름(John Clauser, Michael Horne, Abner Shimony, Richard Holt)의 영문 첫 글자를 따서 CHSH 부등식(CHSH inequality)이라 한다.[10] 또 식 (3.44)는 이 식을 유도한 사람 이름(John Clauser, Michael Horne)의 영문 첫 글자를 따서 CH 부등식(CH inequality)이라 한다.[11] 식 (3.41)부터 식 (3.44)까지에서 $\hat{a}$와 $\hat{a'}$는 입자 A에 대

한 두 다른 측정 방향을 나타내는 단위 벡터이고 $\hat{b}$와 $\hat{b}'$는 입자 B에 대한 두 다른 측정 방향을 나타내는 단위 벡터이다.

식 (3.44)에서 $p_1(\hat{a})$는 입자 A를 $\hat{a}$의 방향으로 측정할 때 +에서 측정될 확률, $p_2(\hat{b})$는 입자 B를 $\hat{b}$의 방향으로 측정할 때 +에서 측정될 확률, $p_{12}(\hat{a}, \hat{b})$는 입자 A를 $\hat{a}$의 방향, 입자 B를 $\hat{b}$의 방향으로 측정할 때 두 입자가 모두 +의 방향에서 측정될 확률이다.

확률 p_{12}와 상관도 C는

$$C(\hat{a}, \hat{b}) = p_{12}^{++}(\hat{a}, \hat{b}) - p_{12}^{+-}(\hat{a}, \hat{b}) - p_{12}^{-+}(\hat{a}, \hat{b}) + p_{12}^{--}(\hat{a}, \hat{b}) \qquad (3.45)$$

의 관계가 있다. 여기서 $p_{12}^{++}(\hat{a}, \hat{b})$는 앞의 식 (3.44)의 $p_{12}(\hat{a}, \hat{b})$와 같고, $p_{12}^{+-}(\hat{a}, \hat{b})$는 입자 A를 $\hat{a}$의 방향, 입자 B를 $\hat{b}$의 방향으로 측정할 때 입자 A는 +의 방향, 입자 B는 −의 방향에서 측정될 확률이며, $p_{12}^{-+}(\hat{a}, \hat{b})$와 $p_{12}^{--}(\hat{a}, \hat{b})$도 같은 방식으로 정의된다.

벨 부등식

$$|C(\hat{a}, \hat{b}) - C(\hat{a}, \hat{c})| - C(\hat{b}, \hat{c}) \le 1$$

CHSH 부등식

$$|C(\hat{a}, \hat{b}) + C(\hat{a}, \hat{b}') + C(\hat{a}', \hat{b}) - C(\hat{a}', \hat{b}')| \le 2$$

벨 부등식들, 즉 식 (3.40)부터 식 (3.44)까지는 국소 실재론의 가정 하에서 유도된 식으로 단위 벡터들이 이루는 각도들의 비교적 넓은 범위 내에서 양자 역학의 예측과 위배되는 결과를 준다. 양자 역학에 따르면 두 스핀이 식 (3.27)의 단일선 상태에

있을 때 식 (3.30)에 의해서 상관도가 $-\cos\theta$인데 계의 회전 대칭성(rotational symmetry)이 있으므로 일반적으로

$$C(\hat{a}, \hat{b}) = -\cos\theta_{ab} \qquad (3.46)$$

이 된다. 여기서 θ_{ab}는 두 단위 벡터 $\hat{a}$와 $\hat{b}$가 이루는 각이다.

식 (3.46)을 이용하여 특별한 단위 벡터 방향들에 대해 양자 역학의 예측이 벨 부등식들을 만족시키지 않는 것을 보이는 것은 매우 쉽다. 식 (3.40)은 그림 3.2의 (a)와 같은 단위 벡터들의 경우에 가장 심하게 위배되는데 이때 양자 역학에 따르면 식 (3.40)의 좌변이 $\frac{3}{2}$이 됨을 쉽게 계산할 수 있다.

비슷하게 식(3.41)과 식 (3.43)의 좌변은 그림 3.2(b)의 경우 $2\sqrt{2}$, 식 (3.42) 및 식 (3.43)의 좌변은 그림 3.2(c)의 경우 $2\sqrt{2}$가 된다. 벨의 이론이 발표된 이후 여러 실험들이 수행되었는데 모든 실험의 결과가 모두 양자 역학의 예측과 일치되고 벨 부등 관계가 위배될 수 있다는 징후(indication)를 보여 주었다.[12]

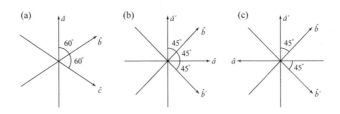

그림 3.2 벨 부등식이 위배되는 단위 벡터 방향들

이러한 결과를 요약하면 다음의 벨 정리로 결론지을 수 있다.

실재론과 국소 원리는 동시에 공존할 수 없다.

다시 말해

국소 실재론이 (실험으로 옳다고 증명되었다고 말할 수는 없지만 옳다
는 징후를 보인) 양자 역학의 모든 현상을 다 올바르게 설명할 수는
없다.

이제 앞의 절에서 유도한 식 (3.28)과 벨 부등식인 식 (3.40)
이 같음을 보이겠다. 그림 3.2(a)와 같이 단위 벡터 $\hat{a}$, $\hat{b}$, $\hat{c}$가
같은 평면에 있고 $\hat{a}$와 $\hat{b}$가 θ, $\hat{b}$와 $\hat{c}$가 θ, $\hat{a}$와 $\hat{c}$가 2θ의 각을
이룰 때 식 (3.40)은

$$| C(\theta)-C(2\theta) |-C(\theta)= C(2\theta)-2C(\theta)\le 1 \tag{3.47}$$

이 된다. 식 (3.31)을 이용하여 식 (3.47)을 $d(\theta)$에 관한 식으로
바꿔 쓰면 식 (3.28)을 얻는다.

3.2.4 부등식 없는 벨 정리: GHZ 상태

벨 부등 관계는 얽힘의 관계에 있는 두 입자를 고려하여 유
도되었다. 그런데 세 입자가 얽힘의 관계에 있을 때는 국소 실
재론과 양자 이론이 서로 모순되는 결과를 준다는 사실을 부등
관계 없이 더 명확히 보일 수 있다. 이러한 사실을 처음 보인
사람은 그린버거, 혼, 그리고 차일링거 세 사람이다.[4]

스핀이 $\frac{1}{2}$인 세 입자 A, B, C가

$$|\psi>_{ABC} = \frac{1}{\sqrt{2}} (|\uparrow>_A|\uparrow>_B|\uparrow>_C$$

$$+|\downarrow>_A|\downarrow>_B|\downarrow>_C)$$

(3.48)

의 상태에 있는 경우를 생각하자. 식 (3.48)의 세 입자 얽힘 상
태는 식 (3.23)의 GHZ 상태이다. 갑돌이, 을순이, 병호는 각각
입자 A, B, C의 스핀 상태를 측정한다. 이들은 σ_x와 σ_y 중 하나
를 무작위적으로 선택하여 측정하고 그 결과가 +(spin up)인지
-(spin down)인지에 따라 +1 또는 -1의 값을 기록한다. 이 측정
결과로 기록된 값을 s_x 또는 s_y로 표시하자.

특별히 세 사람 중 두 사람이 σ_y를 측정하고 한 사람이 σ_x를
측정한 경우를 생각하자. 세 사람이 측정한 이 값들은 서로 어
떠한 관계를 만족시키는가? 이에 대한 답은 세 입자가 식
(3.48)의 GHZ 상태에 있을 때

$$\sigma_y^A \sigma_y^B \sigma_x^C |\psi>_{ABC} = \sigma_y^A \sigma_x^B \sigma_y^C |\psi>_{ABC}$$

(3.49)

$$= \sigma_x^A \sigma_y^B \sigma_y^C |\psi>_{ABC} = -|\psi>_{ABC}$$

의 식이 만족된다는 사실로부터 알아낼 수 있다.

식 (3.49)는 식 (2.63)의 파울리 스핀 행렬을 식 (3.48)에 적용
시켜 쉽게 증명할 수 있다. [식 (3.49)에서 σ_y^A는 입자 A의 스핀의 y 성
분을 측정한다는 의미이고 다른 기호도 마찬가지로 해석하면 된다. 이 경우
입자 A는 갑돌이가 가지고 있으므로 측정을 수행하는 사람은 갑돌이이다.]
따라서 세 사람의 측정값들은 갑돌이와 을순이가 σ_y를 측정하
고 병호가 σ_x를 측정한 경우는

$$s_y^A s_y^B s_x^C = -1,$$

(3.50)

갑돌이와 병호가 σ_y를 측정하고 을순이가 σ_x를 측정한 경우는

$$s_y^A s_x^B s_y^C = -1, \tag{3.51}$$

을순이와 병호가 σ_y를 측정하고 갑돌이가 σ_x를 측정한 경우는

$$s_x^A s_y^B s_y^C = -1 \tag{3.52}$$

을 만족시킨다. 식 (3.50), (3.51), (3.52)를 곱하면

$$(s_y^A)^2 (s_y^B)^2 (s_y^C)^2 s_x^A s_x^B s_x^C = -1 \tag{3.53}$$

이 되는데, 각 s의 값은 +1 또는 -1이므로 식 (3.53)은

$$s_x^A s_x^B s_x^C = -1 \tag{3.54}$$

이 된다.

이제 갑돌이, 을순이, 병호가 서로에게서 멀리 떨어져 있어 그들의 측정이 공간적으로 떨어져 있다고 하자. 국소 원리를 적용하면 각자의 측정 결과는 다른 사람의 측정 행위에 영향을 미칠 수가 없고, 따라서 s값들은 물리적 실재의 요소를 갖는다. 즉 식 (3.54)는 국소 실재론이 맞다면 항상 만족되는 식이다. 한편 식 (3.48)의 GHZ 상태는

$$\sigma_x^A \sigma_x^B \sigma_x^C |\psi>_{ABC} = |\psi>_{ABC} \tag{3.55}$$

를 만족시킴을 쉽게 증명할 수 있다. 따라서 세 사람 모두 σ_x를

측정한 경우에는 그들의 측정값들은

$$s_x^A s_x^B s_x^C = 1 \tag{3.56}$$

을 만족시켜야 한다. 이것은 양자 역학을 적용해서 나온 결과이
다. 식 (3.56)과 식 (3.54)는 명백히 서로 위배되므로 국소 실재
론의 결과와 양자 역학의 결과는 서로 모순된다.

세 입자 얽힘의 경우는 이러한 모순이 부등식으로 나타나지
않고 명백히 구별되는 두 다른 값으로 나타날 수 있다는 점이
흥미롭다 하겠다.

3.2.5 벨 정리와 초광속 통신

벨 부등 관계가 위배된다는 징후를 실험적으로 보았다는 사
실(그러나 아직 실험적으로 완전히 증명했다고는 할 수 없다. 아직도 광검
출기 등의 실험 장비가 완전하지 못하고 이에 따라 빠져나갈 구멍(loophole)이
아직 존재하기 때문이다.)은 공간적으로 떨어져 있는 두 지점에도
국소 원리를 적용할 수 없다는 것을 강력히 시사해 준다. 이것
은 상대성 이론에 어긋나는 것이 아닌가? 비국소성은 두 지점
간에 빛의 속도보다도 더 빠른 영향이 존재한다는 것을 의미하
므로 그렇다면 정보를 빛보다 더 빠르게 전달하는 것도 가능하
지 않을까? 많은 사람들이 이러한 의문들을 제기하고 연구했으
나 지금까지의 연구 결과로는 이런 질문들에 대한 대답은 모두
"아니다."이다.

얽힘이라는 강력한 양자 상관 관계는 분명히 존재한다. 그러
나 이것을 이용하여 메시지를 빛보다 빠른 속도로 전달할 수는
없다는 것이 지금까지의 연구 결과이다.

6장에서 상세히 다룰 양자 텔레포테이션의 예에서 보듯 양자 얽힘을 이용해 정보를 즉각적으로 한 장소 A에서 다른 장소 B로 보내고자 할 때 B에 전달되는 메시지는 완전히 무작위적(random) 이고 해독할 수 없는 메시지일 뿐이다. 보내고자 하는 메시지를 전달하려면 반드시 고전 방식의 메시지 전달이 적어도 보조 수단 으로 필요하다. 따라서 인과응보의 법칙이 위반될 수는 없다.

3.2.6 결잃음과 벨 부등식

결잃음(1.6 참조)은 얽힘 광자의 상태에도 중요한 영향을 미친 다. 특히 벨 부등식을 위배하는 얽힘 상태에 있던 광자쌍이 결 잃음을 겪으면 벨 부등식이 위배되지 않는 고전 상태로 천이된 다. 이것을 보이기 위해 편광 얽힘의 관계에 있는 두 광자 A, B 를 생각하자. 두 광자를 단일선 벨 상태

$$|\Psi^- >_{AB} = \frac{1}{\sqrt{2}}(|\leftrightarrow>_A|\updownarrow>_B - |\updownarrow>_A|\leftrightarrow>_B) \qquad (3.57)$$

에 준비시켰다면 이미 설명한 바와 같이 벨 부등식이 위배되는 현상이 나온다. 여기서는 우선 두 광자가 식 (3.57)의 상태에 있 을 때 식 (3.40)의 벨 부등식이 위배되는 것을 보이고, 그러나 결잃음의 영향으로 혼합 상태가 되면 벨 부등식이 위배되지 않 게 되는 것을 보이고자 한다.

식 (3.57)에 있는 두 광자 A, B의 편광을 앨리스와 밥이 각각 편광기를 사용하여 측정한다고 하자. 일반적인 경우를 생각하 기 위해 그림 3.3에서 보는 바와 같이 앨리스의 편광기의 투과 축이 수직에서 θ_A의 각을 이루고 밥의 투과축은 θ_B의 각을 이 루는 경우를 생각하기로 한다.

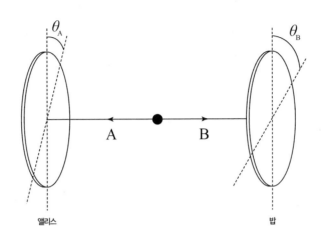

그림 3.3 편광 얽힘 상태에 있는 두 광자 A, B의 편광 측정.

그림 3.4와 같이 투과축에 평행한 방향의 편광 상태를 $|p>_A$, $|p>_B$, 그리고 이와 수직인 방향의 편광 상태를 $|o>_A$, $|o>_B$로 표시하면

$$|\updownarrow>_J = \cos\theta_J|p>_J - \sin\theta_J|o>_J, \qquad (3.58a)$$

$$|\leftrightarrow>_J = \sin\theta_J|p>_J + \cos\theta_J|o>_J \, ; \; J = A \text{ or } B \qquad (3.58b)$$

의 관계가 성립한다.

식 (3.58a), (3.58b)를 식 (3.57)에 대입하면

$$|\Psi^-\!>_{AB} = \frac{1}{\sqrt{2}}\left[-\left\{\sin(\theta_A-\theta_B)\right\}(|p>_A|p>_B + |o>_A|o>_B)\right.$$

$$\left. + \left\{\cos(\theta_A-\theta_B)\right\}(|p>_A|o>_B + |o>_A|p>_B)\right] \qquad (3.59)$$

이 된다. 이때 앨리스와 밥의 측정 결과의 상관도는 식 (3.45)에
의해

$$C(\theta_A, \theta_B) = \sin^2(\theta_A - \theta_B) - \cos^2(\theta_A - \theta_B) = -\cos[2(\theta_A - \theta_B)] \quad (3.60)$$

이며, 식 (3.46)과 일치한다. (단 스핀이 아니고 편광을 고려하므로 스
핀의 경우의 각 θ 대신 2θ를 대입하여야 한다.)

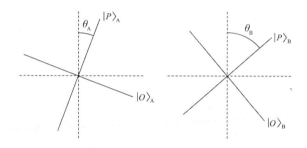

그림 3.4 투과축에 평행한 방향의 편광 상태 $|P>$와 이에 수직인 방향의
편광 상태 $|O>$.

이제 벨 부등식 식 (3.40)을 고려하기 위해 그림 3.5와 같이
세 방향 $\hat{a}$, $\hat{b}$, $\hat{c}$를 잡고

$$| C(\hat{a}, \hat{b}) - C(\hat{a}, \hat{c}) | - C(\hat{b}, \hat{c})$$
$$= | C(-\theta_a, 0) - C(-\theta_a, \theta_b) | - C(0, \theta_b) \quad (3.61)$$

를 계산하면 식 (3.60)에 의해

$$| C(-\theta_a, 0) - C(-\theta_a, \theta_b) | - C(0, \theta_b)$$
$$= |-\cos 2\theta_a + \cos 2(\theta_a + \theta_b)| + \cos 2\theta_b \qquad (3.62)$$

이 된다. 예를 들어 $\theta_a = 30°$, $\theta_b = 30°$로 잡고 식 (3.62)를 계산하면 $\frac{3}{2}$이 되어 벨 부등식에 위배된다.

이제 단일선 벨 상태 즉 식 (3.57)에 준비했던 광자쌍이 결잃음을 겪는 경우를 생각하자. 이 경우 광자쌍의 상태는 밀도 연산자

$$\rho = \frac{1}{2}(|\leftrightarrow>_A|\updownarrow>_{B\,B}<\updownarrow|_A<\leftrightarrow|$$
$$+|\updownarrow>_A|\leftrightarrow>_{B\,B}<\leftrightarrow|_A<\updownarrow|) \qquad (3.63)$$

로 기술된다. 즉 광자쌍의 상태는 $\frac{1}{2}$의 확률로 $|\leftrightarrow>_A|\updownarrow>_B$ 또는 $\frac{1}{2}$의 확률로 $|\updownarrow>_A|\leftrightarrow>_B$이다. 후자의 경우는 식 (3.58a), (3.58b)에 의하여

$$|\updownarrow>_A|\leftrightarrow>_B = \cos\theta_A \sin\theta_B|p>_A|p>_B$$
$$-\sin\theta_A \cos\theta_B|o>_A|o>_B$$
$$+\cos\theta_A \cos\theta_B|p>_A|o>_B$$
$$-\sin\theta_A \sin\theta_B|o>_A|p>_B \qquad (3.64)$$

이므로 상관도는

$$C(\theta_A, \theta_B) = \cos^2\theta_A \sin^2\theta_B + \sin^2\theta_A \cos^2\theta_B$$
$$- \cos^2\theta_A \cos^2\theta_B - \sin^2\theta_A \sin^2\theta_B \qquad (3.65)$$

이 된다.

전자의 경우도 비슷한 계산을 통해 상관도가 같은 식으로 주어지는 것을 쉽게 알 수 있다. 따라서 밀도 연산자 (3.63)으로 기술되는 상태의 광자쌍의 경우 상관도는 식 (3.65)로 주어진다.

이제 벨 부등식을 계산하기 위해 세 방향 $\hat{a}$, $\hat{b}$, $\hat{c}$를 역시 그림 3.5와 같이 잡고 식 (3.65)를 식 (3.61)에 대입하면

$$|C(-\theta_a, 0) - C(-\theta_a, \theta_b)| - C(0, \theta_b) \le 1$$

이 성립됨을 쉽게 보일 수 있다. 즉 주위 환경의 영향을 받는 경우 벨 부등식이 만족된다.

앞의 광자쌍이 결잃음을 겪는 경우의 계산은 다음과 같이 할 수도 있다. 일반적인 얽힘 광자쌍 상태

$$|\Psi^\phi>_{AB} = \frac{1}{\sqrt{2}}\left(|\leftrightarrow>_A|\updownarrow>_B - e^{i\phi}|\updownarrow>_A|\leftrightarrow>_B\right) \qquad (3.66)$$

에 대해서 상관도를 계산하면 다음과 같다.

$$C^\phi(\theta_A, \theta_B) = \cos^2\theta_A \sin^2\theta_B + \sin^2\theta_A \cos^2\theta_B$$
$$- \cos^2\theta_A \cos^2\theta_B - \sin^2\theta_A \sin^2\theta_B$$
$$- 4\cos\phi \sin\theta_A \cos\theta_A \sin\theta_B \cos\theta_B \qquad (3.67)$$

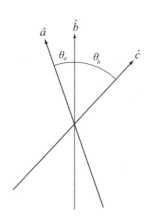

그림 3.5 세 측정 방향.

식 (3.67)에 $\phi = 0$를 대입하면 물론 식 (3.60)과 일치하는 결과를 얻는다. 그런데 광자쌍이 주위 환경의 영향으로 결잃음을 겪으면 결맞는 중첩이 깨지고 통계적 혼합 상태가 된다. 이것은 각 ϕ가 일정한 값이 아니고 무작위적으로 변화하는 경우와 동등하다. 따라서 결잃음을 겪은 경우의 상관도는 식 (3.67)을 각 ϕ에 대해 평균한 상관도

$$\overline{C}(\theta_A, \theta_B) = \frac{1}{\pi} \int_0^\pi C^\phi(\theta_A, \theta_B) d\phi \tag{3.68}$$

에 의해 결정된다.

식 (3.67)을 식 (3.68)에 대입하여 계산하면 이 경우의 평균 상관도 $\overline{C}(\theta_A, \theta_B)$는 식 (3.65)와 같음을 쉽게 알 수 있다. 따라서 식 (3.66)의 상태에서 시작하여 각 ϕ를 무작위로 변화시켜 수행한 계산도 역시 벨 부등식을 만족시키는 결과를 준다.

3.3 혼합 얽힘 상태, 얽힘 정화 및 얽힘 응축

3.3.1 혼합 얽힘 상태

이미 언급한 바와 같이 양자 얽힘은 어떤 고전적 상관 관계 보다도 더 강력한 상관 관계를 주며 이것은 6장에서 논의할 양자 텔레포테이션과 같은 양자 통신의 자원이 된다. 지금까지 우리는 양자 얽힘이 순수 상태로 존재하는 경우를 고려했다.

그런데 양자 얽힘이 혼합 상태로 존재하는 경우에도 양자 통신의 자원이 될 수 있을까? 양자 통신의 자원으로서의 양자 얽힘은 순수 상태로 존재할 때, 적어도 순수 상태의 비율인 순도 (purity)가 높을 때 가장 효율적으로 이용될 수 있다. 그러나 순수 얽힘 상태는 이상적 경우에나 존재하고 실제로는 주위 환경과의 피할 수 없는 상호 작용에 의해 혼합 얽힘 상태로 변질이 된다.

예를 들면 순수 얽힘 상태의 입자쌍을 생성했어도 앨리스나 밥에게 보내는 과정에서 양자 채널에 잡음(noise)이 있어 혼합 얽힘 상태로 바뀔 수 있다. 따라서 혼합 상태 얽힘이 양자 통신의 자원이 될 수 있는지의 문제는 현실적으로 중요한 문제이다.

다행스럽게도 혼합 얽힘 상태에 있는 n개의 얽힘쌍에서 m개 $(m < n)$의 순도가 더 높은 혼합 얽힘 상태의 얽힘쌍을 추출해 내고 궁극적으로는 순수 얽힘 상태의 얽힘쌍을 추출해 내는 얽힘 정화(entanglement purification) 또는 얽힘 증류(entanglement distillation)의 방법이 발견되어[13, 14] 혼합 얽힘 상태도 양자 통신의 자원으로서의 역할을 할 수 있는 것이 알려져 있다. 이 방법을 설명하기 전에 우선 혼합 얽힘 상태의 개념부터 명확히 이해하도록 하자.

순수 상태의 경우 두 계가 얽힘의 관계에 있는지의 여부는 두 계의 상태 함수가 각각의 계의 상태의 곱으로 표현될 수 있는지에 따라 결정된다. 곱 상태, 즉 분리 가능 상태이면 얽힘이 아니고 분리 가능 상태로 표현될 수 없으면 얽힘이다. 비슷하게 혼합 상태의 경우에는 그 상태가 순수 분리 가능 상태들의 통계적 혼합으로 표현될 수 있는지의 여부에 따라 얽힘의 여부가 결정된다.

이미 1.5에서 설명했듯이 두 계 A, B가 혼합 상태에 있을 때 그 밀도 연산자는

$$\rho_{AB} = \sum_i p_i \rho_i \tag{3.69}$$

로 표시된다. [식 (1.40)]

이때 각각의 ρ_i가 순수 분리 가능 상태의 밀도 연산자, 즉

$$\rho_i = \rho_i^A \rho_i^B \tag{3.70}$$

이면

$$\rho_{AB} = \sum_i p_i \rho_i^A \rho_i^B \tag{3.71}$$

이 된다. 즉 두 계 A, B의 밀도 연산자가 순수 분리 가능 상태들의 통계적 혼합으로 표시된다. 이런 경우는 두 계 A, B가 혼합되어 있지만 얽힘의 관계는 아니다. 혼합 분리 가능 상태(mixed separable state), 또는 혼합 곱 상태(mixed product state)에 있다. 반면에 두 계 A, B가 혼합 얽힘 상태에 있으면 그 밀도 연산자는 곱 상태들의 통계적 혼합으로 표시될 수 없다.

혼합 얽힘 상태	밀도 연산자가 순수 분리 가능 상태들의 통계적 혼합으로 표시될 수 없다.

두 계 A, B가 혼합 상태에 있고 그 밀도 연산자 ρ_{AB}가 주어졌을 때 이들이 얽힘의 관계에 있는지의 여부를 밝혀내는 일은 일반적으로 간단하지 않다. 그 이유는 같은 밀도 연산자라도 여러 다른 형태로 표현이 가능하기 때문이다. 여기서는 간단한 예들을 살펴보기로 한다.

혼합 분리 가능 상태의 가장 확실한 예는 두 큐비트 각각의 가능한 두 상태를 같은 비율로 섞어서 만든 혼합 상태이다. 다시 말해서 큐비트 A의 두 상태 $|0>_A$와 $|1>_A$, 그리고 큐비트 B의 두 상태 $|0>_B$와 $|1>_B$를 모두 같은 비율로 혼합해서 만든 계의 상태이다. 이 경우 계에 속해 있는 임의의 큐비트쌍 AB의 환산 밀도 연산자는

$$\rho_{AB} = \frac{1}{2}\tilde{I}_A \frac{1}{2}\tilde{I}_B = \frac{1}{4}\tilde{I}_{AB} \tag{3.72}$$

가 된다. 여기서 $\tilde{I}_A$(또는 $\tilde{I}_B$)는 2×2 동일 연산자, 즉

$$\tilde{I}_A = \frac{1}{2}(|0>_{AA}<0| + |1>_{AA}<1|) \tag{3.73}$$

이고 $\tilde{I}_{AB}$는 4×4 동일 연산자이다. ($\tilde{I}_{AB} = \tilde{I}_A \tilde{I}_B$.) 이 혼합 상태를 완전 혼합 상태(fully mixed state)라 부르는데 두 계의 밀도 연산자 ρ_{AB}가 각 계의 밀도 연산자의 곱으로 되는, 즉 $\rho_{AB} = \rho_A \rho_B$

가 되는 특수한 혼합 분리 가능 상태이다.

혼합 분리 가능 상태의 또 하나의 간단한 예는 순수 상태 $|0>_A|1>_B = |01>_{AB}$에 있는 입자쌍들과 $|1>_A|0>_B = |10>_{AB}$에 있는 입자쌍들을 F와 $1-F$의 비율로 혼합시킬 때의 상태이다. 이 경우 입자쌍 A, B의 환산 밀도 연산자는

$$\rho_{AB} = F|01>_{AB\ AB}<01| + (1-F)|10>_{AB\ AB}<10| \qquad (3.74)$$

가 되며 F가 0 또는 1이 아닌 이상 명백히 식 (3.71)의 형태를 갖는 혼합 분리 가능 상태이다. ($\rho_{AB} = F|0>_{A\ A}<0|\otimes|1>_{B\ B}<1| + (1-F)|1>_{A\ A}<1|\otimes|0>_{B\ B}<0|$.)

이번에는 벨 상태 $|\Psi^+>_{AB}$와 $|\Psi^->_{AB}$에 있는 입자쌍들을 같은 수로 혼합시킨 경우를 생각해 보자. 이 경우의 환산 밀도 연산자는

$$\rho_{AB} = \frac{1}{2}(|\Psi^+>_{AB\ AB}<\Psi^+| + |\Psi^->_{AB\ AB}<\Psi^-|) \qquad (3.75)$$

이다. 식 (3.75)를 보면 이 혼합 상태가 얽힘의 관계에 있는 듯 보이지만 간단한 계산으로 식 (3.75)가 $F = \frac{1}{2}$일 때의 식 (3.74)와 같음을 알 수 있고, 따라서 식 (3.75)의 밀도 연산자로 주어지는 상태도 혼합 분리 가능 상태이다. 일반적으로 벨 상태 $|\Psi^+>_{AB}$와 $|\Psi^->_{AB}$에 있는 입자쌍들을 각각 F와 $1-F$의 비율로 혼합시키면

$$\rho_{AB} = F|\Psi^+>_{AB\ AB}<\Psi^+| + (1-F)|\Psi^->_{AB\ AB}<\Psi^-| \qquad (3.76)$$

의 상태가 되는데 $F \neq \frac{1}{2}$ 이면 혼합 얽힘 상태이지만 $F = \frac{1}{2}$ 이면 혼합 분리 가능 상태이다. 비슷한 예로서 벨 상태 $|\Psi^-\!>_{AB}$와 $|\Phi^-\!>_{AB}$에 있는 입자쌍들을 같은 수로 혼합시킨 경우도

$$\rho_{AB} = \frac{1}{2}(|\Psi^-\!>_{AB\,AB}\!<\Psi^-| + |\Phi^-\!>_{AB\,AB}\!<\Phi^-|)$$

$$= \frac{1}{2}(|+-\!>_{AB\,AB}\!<+-| + |-+\!>_{AB\,AB}\!<-+|)$$

(3.77)

이 되어 혼합 분리 가능 상태가 된다. 일반적으로 두 다른 벨 상태에 있는 입자쌍들을 같은 수로 혼합시키면 혼합 분리 가능 상태를 이룬다. 세 다른 벨 상태에 있는 입자쌍들을 같은 수로 혼합시켜도 혼합 분리 가능 상태가 된다. 특히 세 3중선 상태 (triplet state)인 $|\Psi^+\!>_{AB}$, $|\Phi^+\!>_{AB}$, $|\Phi^-\!>_{AB}$에 있는 입자쌍들을 같은 수로 혼합시키면

$$\rho_{AB} = \frac{1}{6}(|00\!>_{AB\,AB}\!<00| + |11\!>_{AB\,AB}\!<11|)$$

$$+ \frac{1}{6}(|++\!>_{AB\,AB}\!<++| + |--\!>_{AB\,AB}\!<--|)$$

$$+ \frac{1}{6}(|+_i +_i\!>_{AB\,AB}\!<+_i +_i| + |-_i -_i\!>_{AB\,AB}\!<-_i -_i|)$$

(3.78)

의 혼합 분리 가능 상태가 된다. ($|+_i\!>$와 $|-_i\!>$는 연습 문제 3.1에 정의되어 있다.)

좀 더 복잡한 예로서 밀도 연산자

$$\rho_{Werner} = F |\Psi^-\rangle_{AB\ AB}\langle\Psi^-|$$

$$+ \frac{1-F}{3}\{|\Psi^+\rangle_{AB\ AB}\langle\Psi^+| + |\Phi^-\rangle_{AB\ AB}\langle\Phi^-| + |\Phi^+\rangle_{AB\ AB}\langle\Phi^+|\}$$

$$(3.79)$$

로 정의되는 상태를 생각하자. 이 상태는 베르너 상태(Werner state)[15] 라고 불린다. 이때 단일선 얽힘 상태인 $|\Psi^-\rangle$의 비율, 다시 말해 $\langle\Psi^-|\rho_{Werner}|\Psi^-\rangle$이 $F[F$를 순도 또는 충실도(fidelity)라고 부른다.]이고 나머지 세 3중선 벨 상태(triplet Bell state)가 $\frac{1-F}{3}$의 비율로 혼합된 혼합 상태이다. 식 (3.79)는

$$\rho_{Werner} = \frac{4F-1}{3} |\Psi^-\rangle_{AB\ AB}\langle\Psi^-| + \frac{1-F}{3}\tilde{I}_{AB} \qquad (3.80)$$

로 쓸 수도 있다.

식 (3.80)에서 볼 수 있듯이 순도 F의 베르너 상태는 단일선 얽힘 상태와 완전 혼합 상태를 각각 $\frac{4F-1}{3}$ 과 $\frac{4(1-F)}{3}$ 의 비율로 혼합하여 만들 수 있다. 베르너 상태는 식 (3.79)의 밀도 연산자를 보면 $F>0$인 이상 혼합 얽힘 상태인 듯 보이지만 실제로 주의 깊은 분석을 해보면 $F>\frac{1}{2}$이면 혼합 얽힘 상태이고 $F\leq\frac{1}{2}$이면 혼합 분리 가능 상태인 것을 알 수 있다.

3.3.2 얽힘 정화

　이제 임의의 혼합 얽힘 상태에 있는 입자쌍들에서 더 높은 충실도(순도)의 혼합 얽힘 상태 입자쌍들을 추출해 내는 (궁극적으로는 충실도가 1인 순수 얽힘 상태의 입자쌍들을 추출해 내는) 얽힘 정화(얽힘 증류)[13, 14]의 방법을 설명하도록 한다.

　얽힘 정화를 수행하는 앨리스(Alice)와 밥(Bob)에게 허용된 것은 국소 유니터리 연산(local unitary operation)과 고전 통신(classical communication)이라고 가정한다. 목표로 하는 순수 얽힘 상태는 단일선 상태 $|\Psi^-\rangle$로 잡는다. 최초의 혼합 얽힘 상태는 밀도 연산자 ρ_M으로 기술되며 단일선 상태가 비교적 높은 비율로 포함되어 있다고 가정하고 그 비율을 더 높이는 것이 얽힘 정화의 목표이다. 단일선 상태 $|\Psi^-\rangle$에 대한 충실도는

$$F = \langle \Psi^- | \rho_M | \Psi^- \rangle \tag{3.81}$$

이 된다. 뒤에서 설명하는 방법은 $F > \dfrac{1}{2}$인 조건하에 성립된다. 얽힘 정화는 다음의 수순을 거쳐 진행된다. 편의상 큐비트는 스핀으로 생각하기로 한다.

(1) 앨리스와 밥은 공유하고 있는 모든 얽힘쌍에 대해 무작위적인 쌍방 회전(bilateral rotation)을 수행한다. 쌍방 회전은 앨리스와 밥이 같은 축을 중심으로 같은 각도를 회전시키는 작업을 의미한다.

(2) 앨리스와 밥은 공유하고 있는 얽힘쌍들 중에서 두 쌍씩을 선택하여 다음의 (2a)~(2d)의 작업을 수행한다. 선택한 두 쌍을 (A, B), (C, D)라 하자. A와 C는 앨리스가, B와 D는 밥이 소유하고 있다.

(2a) 각각의 쌍에 대해 단독 σ_y회전(unilateral σ_y rotation)을 수행한다.

단독 회전은 두 사람 중 한사람만이 회전을 수행한다는 의미이
고 σ_y회전은 y축에 대한 $\pi(180°)$ 회전을 의미한다. 예를 들어
앨리스가 A와 C에 대해 각각 σ_y회전을 수행하고 밥은 아무것도
하지 않는다고 생각하면 된다.

(2b) A와 B를 원천 큐비트(source qubit)[또는 조정 큐비트(control qubit)라고
도 한다.]로, C와 D를 목표 큐비트(target qubit)로 잡고 쌍방
XOR(bilateral XOR)을 수행한다. XOR은 원천 큐비트가 $|\uparrow>$이면
목표 큐비트를 뒤집고(즉 $|\uparrow>$은 $|\downarrow>$으로 $|\downarrow>$은 $|\uparrow>$으로 바꾸고)
원천 큐비트가 $|\downarrow>$이면 목표 큐비트를 그대로 놔두는 연산이
며, 쌍방 XOR은 앨리스와 밥이 각각 A, C 및 B, D를 대상으로
동시에 XOR을 수행한다는 의미이다.

(2c) 앨리스와 밥은 각각 목표 큐비트 C, D를 z방향으로 측정한다.
두 사람의 결과가 같게 나오면 C, D는 버리고 A, B는 보관한다.
두 사람의 결과가 다르게 나오면 A, B, C, D를 모두 버린다.

(2d) A, B를 보관한 경우 이 쌍에 대해 단독 σ_y회전을 수행한다.

(3) 앞의 (2) 과정을 공유하고 있는 모든 얽힘쌍들을 대상으로 수행
하면 최초의 혼합 얽힘 상태의 충실도가 $F > \dfrac{1}{2}$이라면 처음보
다는 높은 충실도의 (즉 더 높은 비율로 단일선 상태 $|\Psi>$를 포함하고
있는) 혼합 얽힘 상태의 입자쌍들을 갖게 된다. 앞의 (1), (2) 과
정을 반복하여 원하는 높은 충실도의 얽힘쌍을 얻을 수 있다.

앞에서 (1)의 과정은 충실도 F인 임의의 혼합 얽힘 상태를
식 (3.79)로 정의된 같은 충실도의 베르너 상태로 변환시켜 준
다. 네 벨 상태 중 단일선 상태는 쌍방 회전에 불변이므로 충실
도는 같은 값으로 유지된다. (2a)의 단독 σ_y회전은 표3.1에서 보
는 바와 같이 벨 상태 간의 변환을 준다.

얽힘쌍 A, B 중 앨리스가 A에게 이 회전을 수행했다고 하면 단일선 상태 $|\Psi^-\rangle_{AB}$는 $|\Phi^+\rangle_{AB}$로 변환된다. 만일 모든 얽힘쌍에 대해 (2a)의 과정을 수행하면 $|\Psi^-\rangle$의 충실도가 F인 베르너 상태는 $|\Phi^+\rangle$의 충실도가 F인 베르너 상태로 변환된다.

표 3.1 큐비트 A에 대한 σ_y 회전의 결과

회전 전	$|\Psi^-\rangle_{AB}$	$|\Psi^+\rangle_{AB}$	$|\Phi^+\rangle_{AB}$	$|\Phi^-\rangle_{AB}$
회전 후	$i|\Phi^+\rangle_{AB}$	$-i|\Phi^-\rangle_{AB}$	$-i|\Psi^-\rangle_{AB}$	$i|\Psi^+\rangle_{AB}$

얽힘 정화의 가장 핵심이 되면서 또한 가장 복잡한 과정은 (2b)의 쌍방 XOR이다. 쌍방 XOR이 수행하는 역할은 표3.2에 요약되어 있다. 실제로 어렵지 않은 계산으로 이 표가 맞는다는 것을 증명할 수 있다.

표 3.2 쌍방 XOR의 결과. 앨리스와 밥이 각각 A, C 및 B, D를 대상으로 XOR을 수행한다. A와 B는 원천 큐비트, C와 D는 목표 큐비트이다.

쌍방 XOR 전	AB	$\Phi^\pm$	$\Phi^\pm$	$\Phi^\pm$	$\Phi^\pm$	$\Psi^\pm$	$\Psi^\pm$	$\Psi^\pm$	$\Psi^\pm$
	CD	Φ^+	Φ^-	Ψ^+	Ψ^-	Φ^+	Φ^-	Ψ^+	Ψ^-
쌍방 XOR 후	AB	$\Phi^\pm$	$\Phi^\mp$	$\Phi^\pm$	Φ^+	$\Psi^\pm$	$\Psi^\mp$	$\Psi^\pm$	$\Psi^\mp$
	CD	Φ^+	Φ^-	Ψ^+	Ψ^-	Ψ^+	Ψ^-	Φ^+	Φ^-

(2b)와 (2c)의 과정이 목표하는 것은 $|\Phi^+\rangle$의 충실도를 높이

는 것이다. (2c)의 측정에서 앨리스와 밥의 결과가 같게 나오는 경우는 표3.2의 맨 아랫줄이 $|\Phi^+>$ 또는 $|\Phi^->$인 경우이다. 이 중 보관하게 되는 큐비트쌍 A, B가 원하는 대로 $|\Phi^+>$에 있게 되는 경우는 쌍방 XOR을 수행하기 전의 A, B의 상태가 $|\Phi^+>$, C, D의 상태가 역시 $|\Phi^+>$이었던 경우와 A, B의 상태가 $|\Phi^->$, C, D의 상태가 역시 $|\Phi^->$이었던 경우의 두 경우이다. 이 두 경우의 확률은 $F^2 + \dfrac{(1-F)^2}{9}$ 이다.

반면에 보관하는 큐비트쌍 A, B의 상태가 $|\Phi^+>$가 아닌 경우는 모두 여섯 가지 있는데 표 3.2에서 이 경우들이 어떤 것인지 쉽게 알 수 있고 이 경우들의 총 확률이 $\dfrac{2F(1-F)}{3} + \dfrac{4(1-F)^2}{9}$ 이 됨을 쉽게 계산할 수 있다. 따라서 (2b)와 (2c)의 과정을 한 번 지난 후 보관된 큐비트쌍의 충실도는

$$F' = \frac{F^2 + \dfrac{(1-F)^2}{9}}{F^2 + \dfrac{2F(1-F)}{3} + \dfrac{5(1-F)^2}{9}} \tag{3.82}$$

이 되며, $F > \dfrac{1}{2}$이면 $F' > F$임을 알 수 있다. (2d)의 과정은 보관된 쌍 A, B를 대상으로 다시 한 번 표 3.1의 변환을 수행하는 것이다. 특히 $|\Phi^+>_{AB}$가 $|\Psi^->_{AB}$로 변환되므로 $|\Phi^+>_{AB}$의 충실도가 F'인 베르너 상태는 $|\Psi^->_{AB}$의 충실도가 F'인 베르너 상태로 변환된다.

요약하면 앞 (1)~(3)의 과정을 거치면 $F > \dfrac{1}{2}$인 혼합 얽힘 상태의 입자쌍들로부터 식 (3.82)로 주어지는 더 높은 충실도 F의

혼합 얽힘 상태의 입자쌍들을 추출해 낼 수 있다. 또한 이 과정을 반복하면 더욱더 높은 충실도를 얻어 낼 수 있고 궁극적으로는 충실도가 1에 가까운 순수 얽힘 상태에 도달할 수 있다. 이것이 얽힘 정화의 기본 원리이다.

물론 높은 충실도가 거저 얻어지는 것은 아니고 (2c)의 측정 과정을 통과하는 경우라도 두 쌍 중 한 쌍을 버리므로 얽힘쌍의 수는 반으로 줄게 된다. 또한 두 쌍에 대한 개개의 얽힘 정화 과정을 살펴보면 (2c)의 측정에서 앨리스와 밥의 결과가 다르게 나와 두 쌍을 모두 버리게 되는 확률이 $\frac{1}{2}$이고 또한 결과가 같게 나오더라도 보관하는 큐비트쌍 A, B가 원하는 상태인 $|\Phi^+>$에 있게 될 확률이 $\frac{1}{2}$이므로 성공 확률은 $\frac{1}{4}$이다.

얽힘 정화 (얽힘 증류)	혼합 얽힘 상태의 충실도(순도)를 높이는 과정

3.3.3 얽힘 응축

양자 통신의 자원으로서의 양자 얽힘은 순수 얽힘이며 또한 최대 얽힘일 때 가장 효율적으로 이용된다. 앞의 얽힘 정화는 혼합 얽힘 상태일 때 순수 얽힘 상태에 가깝도록 얽힘의 순도를 높여 주는 방법이다.

그런데 얽힘이 순수 상태에 가깝게 주어졌다 해도 최대 얽힘이 아닐 수가 있다. 이것은 얽힘을 생성할 때나 분배할 때 광분할기가 정확히 50/50 분할기가 아니든가 양자 채널의 손실이 균일하지 않은 이유 등으로 발생할 수 있다. 이런 경우 국소 유니터리 연산(그리고 고전 통신)만을 이용하여 비최대 얽힘 상태(nonmaximally entangled state)의 입자쌍에서 최대 얽힘 상태의 입자쌍을 추출해낼 수 있을까? 다행스럽게도 그런 방법이 존재하는데 이를 얽힘 응축(entanglement concentration)이라 한다.[16]

　얽힘 응축의 원리는 대략 다음과 같다. 앨리스와 밥이 n개의 비최대 얽힘 상태의 얽힘쌍을 공유하고 있다고 하자. 앨리스가 자신이 가지고 있는 n개의 입자 중 일부 또는 전부를 대상으로 측정을 수행하면 밥이 가지고 있는 그에 대응되는 입자들은 측정 결과에 따라 결정되는 어떤 상태로 붕괴한다. 그런데 측정 대상과 방법을 알맞게 선택하면 측정 결과에 따라 확률적으로 붕괴한 상태가 최대 얽힘 상태가 되게 할 수 있으며, 따라서 최대 얽힘 상태의 입자쌍들을 얻게 된다.

　물론 비최대 얽힘에서 최대 얽힘을 얻은 대신 최종 최대 얽힘 상태의 입자쌍 수는 최초의 비최대 얽힘 상태의 입자쌍 수 n보다는 작게 된다. 얽힘 응축이 원하는 대로 수행되려면 주어진 조건에 따라 알맞은 측정을 선택하는 것이 중요하다. 이것은 경우에 따라 폰 노이만 측정이 될 수도 있고 또는 POVM이 될 수도 있다.

　두 입자 A, B의 비최대 얽힘 상태는 일반적으로

$$|\psi>_{AB} = \cos\theta|0>_A|1>_B - \sin\theta|1>_A|0>_B \qquad (3.83)$$

로 표현될 수 있다. 여기서 θ가 $\frac{\pi}{4}$이면 최대 얽힘 상태가 되고 θ가 0 또는 $\frac{\pi}{2}$에 가까울수록 얽힘의 정도(얽힘의 정도에 대해서는 3.5에서 상세히 다룬다.)가 작아진다. 편광 얽힘의 두 광자 A, B를

생각하면 비최대 얽힘 상태는

$$|\psi>_{AB} = \cos\theta|\leftrightarrow>_A|\updownarrow>_B - \sin\theta|\updownarrow>_A|\leftrightarrow>_B \tag{3.84}$$

로 표현된다.

이와 같은 비최대 얽힘 상태에 있는 여러 개의 얽힘쌍들이 있을 때 구체적으로 어떤 방법을 이용하여 최대 얽힘 상태의 얽힘쌍들을 얻어낼 수 있을까? 간단하게 2개의 얽힘 광자쌍이 식 (3.84)의 상태에 있을 때 벨 상태 측정을 이용하여 최대 얽힘 상태의 1개의 광자쌍을 얻어내는 얽힘 응축의 방법을 뒤에서 설명하도록 한다.

2개의 얽힘 광자쌍을 각각 (A, B)와 (C, D)라 하자. A와 C는 앨리스가, B와 D는 밥이 소유하고 있다. 두 광자쌍의 상태는

$$\begin{aligned}|\psi>_{ABCD} = &(\cos\theta|\leftrightarrow>_A|\updownarrow>_B - \sin\theta|\updownarrow>_A|\leftrightarrow>_B)\\ &\times(\cos\theta|\leftrightarrow>_C|\updownarrow>_D - \sin\theta|\updownarrow>_C|\leftrightarrow>_D)\end{aligned} \tag{3.85}$$

이다. 약간의 계산 과정을 거치면 이 상태는

$$\begin{aligned}|\psi>_{ABCD} = &\frac{1}{\sqrt{2}}|\Phi^+>_{AC}\left(\cos^2\theta|\updownarrow>_B|\updownarrow>_D + \sin^2\theta|\leftrightarrow>_B|\leftrightarrow>_D\right)\\ &+\frac{1}{\sqrt{2}}|\Phi^->_{AC}\left(\cos^2\theta|\updownarrow>_B|\updownarrow>_D - \sin^2\theta|\leftrightarrow>_B|\leftrightarrow>_D\right)\\ &-\frac{\cos\theta\sin\theta}{\sqrt{2}}|\Psi^+>_{AC}\left(|\leftrightarrow>_B|\updownarrow>_D + |\updownarrow>_B|\leftrightarrow>_D\right)\\ &+\frac{\cos\theta\sin\theta}{\sqrt{2}}|\Psi^->_{AC}\left(|\leftrightarrow>_B|\updownarrow>_D - |\updownarrow>_B|\leftrightarrow>_D\right)\end{aligned}$$

$$\tag{3.86}$$

로 표현할 수도 있음을 알 수 있다. 여기서 벨 상태들은

$$|\Phi^+>_{AC} = \frac{1}{\sqrt{2}}\left(|\leftrightarrow>_A|\leftrightarrow>_C + |\updownarrow>_A|\updownarrow>_C\right) \tag{3.87a}$$

$$|\Phi^->_{AC} = \frac{1}{\sqrt{2}}\left(|\leftrightarrow>_A|\leftrightarrow>_C - |\updownarrow>_A|\updownarrow>_C\right) \tag{3.87b}$$

$$|\Psi^+>_{AC} = \frac{1}{\sqrt{2}}\left(|\leftrightarrow>_A|\updownarrow>_C + |\updownarrow>_A|\leftrightarrow>_C\right) \tag{3.87c}$$

$$|\Psi^->_{AC} = \frac{1}{\sqrt{2}}\left(|\leftrightarrow>_A|\updownarrow>_C - |\updownarrow>_A|\leftrightarrow>_C\right) \tag{3.87d}$$

로 정의된다. [식 (3.10), (3.11)]

이제 앨리스가 자신이 가지고 있는 광자 A와 C를 대상으로 벨 상태 측정을 수행한다고 하자. 식 (3.86)에서 볼 수 있듯이 측정 결과가 $|\Psi^+>_{AC}$이면 밥의 두 광자 B, D는 최대 얽힘 상태인 $|\Psi^+>_{BD}$로 붕괴되고, 측정 결과가 $|\Psi^->_{AC}$이면 또 다른 최대 얽힘 상태인 $|\Psi^->_{BD}$로 붕괴된다. 두 경우 모두 최대 얽힘 상태를 성공적으로 얻는 경우이다. 그러나 앨리스의 벨 상태 측정 결과가 $|\Phi^+>_{AC}$이거나 $|\Phi^->_{AC}$이면 얽힘 응축에 실패하게 된다. 식 (3.86)에서 얽힘 응축의 성공 확률이 $2\cos^2\theta\sin^2\theta$임을 알 수 있다.

6장에서 상세히 이야기하겠지만 두 벨 상태 $|\Psi^+>$와 $|\Psi^->$는 선형 광학적 방법으로 다른 두 벨 상태 $|\Phi^\pm>$로부터 비교적 쉽게 구별할 수 있으므로 이 얽힘 응축 방법을 실제로 구현하는 데에도 큰 어려움은 없을 것으로 보인다. 단 이 경우 최대 얽힘 상태의 광자쌍은 모두 밥이 가지고 있게 되므로 앨리스와 공유하려면 둘 중의 한 광자를 앨리스에게 보내야 한다.

앞에서 설명한 얽힘 응축의 방법은 얽힘쌍이 둘일 때, 또 이

방법을 연장시키면 세 쌍 또는 그 이상일 때에 적용할 수 있다.
만일 비최대 얽힘 상태에 있는 입자들이 단지 한 쌍이 있다면
여기서도 최대 얽힘 상태의 입자쌍을 얻어내는 방법이 있을까?
절단 방법(procrustean method)이라고 불리는 방법을 사용하면 확
률적으로 가능하다. 이를 설명하기 위해 식 (3.84)의 상태에 있
는 두 광자 A, B를 생각하고, $\theta < \dfrac{\pi}{4}$를 가정하자.

그림 3.6이 절단 방법을 수행하는 설계도이다. 실제로 이 방법
은 POVM 측정을 이용하는 방법으로 그림 3.6은 사실상 POVM을
수행하는 그림 1.3과 같음을 알 수 있다. $\theta < \dfrac{\pi}{4}$이므로 광자 A
는 수평 편광 $|\leftrightarrow>$일 확률이 수직 편광 $|\updownarrow>$일 확률보다 높다.

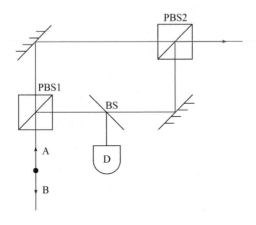

그림 3.6 얽힘 응축 절단 방법.

그림 3.6의 PBS1을 이용하여 광자 A의 수평 편광과 수직 편
광을 분리시킨 후 수평 편광 부분은 투과 계수가 $\tan\theta$인 광분
할기를 사용하여 필요한 만큼 절단시켜 PBS2에서 수직 편광 부

분과 합치면 PBS2의 출력 포트로 나오는 광자와 광자 B는 최대
얽힘의 관계를 갖게 된다. 단 광자 A가 광분할기에서 반사하여
측정기 D에서 측정이 되면 얽힘 응축은 실패하게 된다. 이 절단
방법은 얽힘쌍의 수가 둘 또는 그 이상인 경우에도 쉽게 연장
시켜 적용시킬 수 있다.

얽힘 응축	비최대 순수 얽힘에서 최대 순수 얽힘을 추출해 내는 과정

3.4 얽힘 구분 기준

일반적으로 주어진 상태가 얽힘 상태인지 아닌지를 확실히 구
분하는 일은, 특히 다체계 혼합 상태의 경우는 쉬운 일이 아니다.
지금까지 많은 구분 방법들이 제안되었지만 모든 경우에 대해 얽
힘의 필요 충분 조건을 주는 기준은 존재하지 않는 상황이다.

벨 부등식을 위배하는지의 여부가 한 가지 구분 방법이라고
생각할 수 있으나, 3.4.2에 기술하는 PPT 얽힘 상태(PPT entangled
state)는 벨 부등식을 위배하지 않는다는 것이 알려져 있다.[17] 여
기서는 애써 페레스(Asher Peres)가 제안한 PPT 기준(PPT criterion,
Positive Partial Transpose criterion)을 소개한다.[18]

페레스-호로데키 기준(Peres - Horodecki criterion)[18, 19]이라고도 불
리는 이 기준은 2개의 큐비트의 경우($2 \otimes 2$) 및 1개 큐비트와 1
개 큐트리트(qutrit)의 경우($2 \otimes 3$)에는 얽힘에 대한 필요 충분 조
건을 주는 것으로 증명되어 있다.[20] PPT 기준 외에도 얽힘의 충

분 조건 또는 필요 조건을 만족시키는 여러 기준들이 제안되었는데 이들에 대해서는 최근 리뷰 논문에 기술되어 있다.[21]

3.4.1 PPT 기준

우선 PPT 기준을 쓰면 다음과 같다.

밀도 연산자 ρ_{AB}로 나타내지는 두 계 A, B의 상태가 분리 가능이면 이 밀도 연산자의 부분 전치(partial transposition)로 얻어지는 행렬(계 B 또는 A에 대한 전치 행렬, 즉 계 B 또는 A에 대해서 열과 행을 바꾼 행렬) $\rho_{AB}^{T_B}$ (또는 $\rho_{AB}^{T_A}$)의 고윳값은 모두 0보다 크거나 같다.

역으로 다음과 같이 말할 수도 있다.

두 계의 어떤 양자 상태의 밀도 연산자의 부분 전치 행렬이 음수의 고윳값을 가지면 그 상태는 얽힘 상태이다.

PPT 기준을 이해하기 위해서 우선 일반적으로 어떤 한 계의 밀도 연산자에 대한 전치(transposition)가 복소수 공액 변환과 같다는 점부터 출발하도록 하자. 즉

$$\rho = \begin{pmatrix} \rho_{11} & \rho_{12} \\ \rho_{21} & \rho_{22} \end{pmatrix} = \begin{pmatrix} \rho_{11} & \rho_{12} \\ \rho_{12}^* & \rho_{22} \end{pmatrix} \tag{3.88}$$

이므로

$$\rho^T = \begin{pmatrix} \rho_{11} & \rho_{12}^* \\ \rho_{12} & \rho_{22} \end{pmatrix} = \rho^* \tag{3.89}$$

이 된다. 그런데 밀도 연산자 ρ의 고윳값은 모두 0보다 크거나 같으므로 ρ^T의 고윳값 역시 0보다 크거나 같다. 이제 두 계 A, B가 분리 가능한 상태에 있을 때의 밀도 연산자 ρ_{AB}를 생각하자. 분리 가능이므로

$$\rho_{AB} = \sum_i p_i \rho_{Ai} \otimes \rho_{Bi} \tag{3.90}$$

로 쓸 수 있는데 계 B에 대해서만 부분 전치를 취하면

$$\rho_{AB}^{T_B} = \sum_i p_i \rho_{Ai} \otimes \rho_{Bi}^T = \sum_i p_i \rho_{Ai} \otimes \rho_{Bi}^* \tag{3.91}$$

이 되어 $\rho_{AB}^{T_B}$의 고윳값들도 0보다 크거나 작게 된다. 즉 분리가능한 상태의 부분 전치 행렬은 0보다 크거나 같은 고윳값을 가지며 이것이 PPT 기준이다.

간단한 예를 가지고 PPT 기준을 살펴보도록 하자. 벨 상태 $|\Phi^+>_{AB} = \frac{1}{\sqrt{2}}(|00>+|11>)$에 대한 밀도 연산자는

$$\rho_{AB} = \begin{pmatrix} \frac{1}{2} & 0 & 0 & \frac{1}{2} \\ 0 & 0 & 0 & 0 \\ 0 & 0 & 0 & 0 \\ \frac{1}{2} & 0 & 0 & \frac{1}{2} \end{pmatrix} \tag{3.92}$$

이므로

$$\rho_{AB}^{T_B} = \begin{pmatrix} \frac{1}{2} & 0 & 0 & 0 \\ 0 & 0 & \frac{1}{2} & 0 \\ 0 & \frac{1}{2} & 0 & 0 \\ 0 & 0 & 0 & \frac{1}{2} \end{pmatrix} \tag{3.93}$$

이 되는데 $\rho_{AB}^{T_B}$의 고윳값을 구해 보면 $-\frac{1}{2}$, $\frac{1}{2}$, $\frac{1}{2}$, $\frac{1}{2}$ 이다. 음수의 고윳값이 하나 나오므로 PPT 기준에 의해 $|\Phi^+>_{AB}$는 얽힘 상태임을 알 수 있다. 또 다른 예로서 베르너 상태를 생각하자. 이 상태의 밀도 연산자는

$$\rho_{AB} = p|\Phi^+><\Phi^+| + \frac{(1-p)}{4}\tilde{I}$$

$$= \begin{pmatrix} \frac{(1+p)}{4} & 0 & 0 & \frac{p}{2} \\ 0 & \frac{(1-p)}{4} & 0 & 0 \\ 0 & 0 & \frac{(1-p)}{4} & 0 \\ \frac{p}{2} & 0 & 0 & \frac{(1+p)}{4} \end{pmatrix} \tag{3.94}$$

이다. ($0 \le p \le 1$.) 따라서 부분 전치 행렬은

$$\rho_{AB}^{T_B} = \begin{pmatrix} \frac{(1+p)}{4} & 0 & 0 & 0 \\ 0 & \frac{(1-p)}{4} & \frac{p}{2} & 0 \\ 0 & \frac{p}{2} & \frac{(1-p)}{4} & 0 \\ 0 & 0 & 0 & \frac{(1+p)}{4} \end{pmatrix} \tag{3.95}$$

이 되는데 이 행렬의 고윳값은 $\frac{1}{4} - \frac{3}{4}p$, $\frac{1}{4} + \frac{1}{4}p$, $\frac{1}{4} + \frac{1}{4}p$, $\frac{1}{4} + \frac{1}{4}p$

이다. 음수의 고윳값이 나오는 경우는 $\frac{1}{4} - \frac{3}{4}p < 0$, 즉 $p > \frac{1}{3}$이

다. 다시 말해 PPT 기준에 따르면 $1 \geq p > \frac{1}{3}$일 때 식 (3.94)의

베르너 상태는 얽힘 상태이다. [일반적으로 베르너 상태는 하나의 벨
상태와 완전 혼합 상태를 혼합하여 이루어지는 상태이다. 식 (3.80)의 베르
너 상태는 단일선 벨 상태 $|\Psi^-\rangle$와 완전 혼합 상태의 혼합으로 만들어지는
상태($|\Psi^-\rangle$의 비율$= \frac{4F-1}{3}$)이고 식 (3.94)의 베르너 상태는 벨 상태 $|\Phi^+\rangle$
와 완전 혼합 상태의 혼합($|\Phi^+\rangle$의 비율$=p$)으로 만들어지는 상태이다.]

PPT 기준

분리 가능 상태 → PPT(Positive Partial Transpose)

NPT(Negative Partial Transpose) → 얽힘 상태

3.4.2 PPT 얽힘 상태와 구속된 얽힘 상태

이미 언급했듯이 PPT 기준은 일반적으로 얽힘에 대한 필요
충분 조건을 제공해 주지는 못한다. PPT 기준에 의하면 NPT->
얽힘 상태이다. 즉 부분 전치 행렬이 음수의 고윳값을 가지면
그 상태는 얽힘 상태이다. 그러나 이것은 두 계의 가능한 모든
얽힘 상태가 음수의 고윳값을 갖는다는 것은 아니다. 즉 얽힘
상태인데도 부분 전치 행렬의 고윳값이 모두 0보다 크거나 같
을 수가 있다는 것이다. 이러한 얽힘 상태를 PPT 얽힘 상태라
고 부른다.

PPT 기준은 $2 \otimes 2$(qubit-qubit)의 경우와 $2 \otimes 3$(qubit-qutrit)의 경

우는 필요 충분 조건이 되므로 PPT 얽힘 상태의 가장 간단한 예는 $3 \otimes 3$(qutrit-qutrit)이나 $2 \otimes 4$의 경우에서 찾을 수 있다. 실제로 참고문헌[19]에 이런 예들이 주어져 있다.

PPT 얽힘 상태는 증류할 수 없다는 것이 증명되어 있다.[22] 증류할 수 없는 얽힘 상태는 구속된 얽힘 상태라 부른다. 즉 PPT 얽힘 상태는 구속된 얽힘 상태이다. 그러나 아직 이의 역, 즉 NPT 얽힘 상태 중에서 구속된 얽힘 상태가 있는지의 여부는 증명되어 있지 않다. 단 $2 \otimes 2$의 경우는 모든 얽힘 상태가 다 증류 가능하다는 것이 증명되어 있다.[23] 즉 이 경우는 구속된 얽힘 상태가 존재하지 않는다.

3.4.3 얽힘 증거[20, 24, 25, 26, 27, 28]

PPT 기준이 큐비트-큐비트의 경우와 큐비트-큐트리트의 경우에 얽힘에 대한 필요 충분 조건을 준다는 것을 이미 언급했는데, 그 외의 경우에는 필요 충분 조건이 되지 못한다. 또한 PPT 기준을 적용하려면 행렬의 부분 전치, 즉 복소수 공액 변환을 해야 되는데 이것이 단순히 수학적 연산이지 실제로 실험실에서 수행할 수 있는 물리적 연산이 아닌 난점이 있다.

실제로 실험실에서 얽힘의 여부를 가려내기 위해서는 얽힘 상태와 분리 가능 상태를 구별해 주는 측정 가능한 물리량에 대응하는 허미션 연산자를 찾아내는 것이 의미 있는 일일 것이다. 이러한 연산자를 얽힘 증거 연산자(entanglement witness operator)라고 부른다.

적어도 원리적으로 일반적인 상태 ρ에 대해서 얽힘을 확인할 수 있는 조건은 얽힘 증거 허미션 연산자 W를 이용해서 다음과 같이 표시할 수 있다. 모든 분리 가능 상태에 대해서 음이 아닌 기댓값을 갖는, 즉 $Tr[W\rho_{sep}] \geq 0$을 만족시키는 허미션 연산자 W가 있을 때, 상태 ρ에 대해서 음의 기댓값을 가지면, 즉 $Tr[W\rho] < 0$이면 상태 ρ는 얽힘 상태이다.

얽힘 증거의 방법이 효과적으로 쓰이려면 주어진 상태에 대해 얽힘 증거를 찾는 방법이 있어야 한다. 그러나 현재까지는 두 큐비트(또는 두 큐디트)의 경우에만 얽힘 증거를 비교적 쉽게 찾는 방법이 알려져 있을 뿐이다.[26, 27] 두 큐비트의 경우 얽힘 증거의 가장 간단한 예로 허미션 SWAP 연산자

$$W = \sum_{i,j=0}^{1} |i>_{AA} <j| \otimes |j>_{BB} <i| \tag{3.96}$$

가 있다. 이 연산자는 임의의 곱 상태 $|\psi>_A|\phi>_B$에 대해서 $_A<\psi|_B<\phi|W|\psi>_A|\phi>_B = |_A<\psi|\phi>_B|^2 \geq 0$을 만족시킨다. 그런데 얽힘 상태 $|\psi>_{AB} = a|0>_A|1>_B + b|1>_A|0>_B$에 대해서는 $_{AB}<\psi|W|\psi>_{AB} = a^*b + ab^*$가 되어 예를 들어 단일선 벨 상태의 경우 0보다 작은 값인 -1을 갖는다.

3.5 얽힘의 정도[29]

3.5.1 서론

식 (3.83)의 얽힘 상태는 θ의 값에 따라 얽힘의 정도가 다르다. $\theta = \frac{\pi}{4}$이면 최대 얽힘 상태가 되지만 $\theta = 0$ 또는 $\theta = \frac{\pi}{2}$이면 얽힘이 없는 분리 가능 상태(곱 상태)가 된다. 그 사이의 각들에

서는 얽힘은 있으나 최대 얽힘보다는 그 정도가 약한 상태가
된다. 그러면 일반적으로 얽힘의 정도(degree of entanglement)를 정
량적으로 나타내 주는 척도를 정의할 수 있을까? 그 척도는 어
떤 기준에 의해 정의되어야 할까?

얽힘의 정도의 타당한 기준은 양자 통신의 자원으로서의 유
용도일 것이다. 두 입자의 최대 얽힘 상태인 벨 상태는 6장에서
논의할 양자 텔레포테이션의 중요한 자원이다. 우리는 우선 벨
상태(네 벨 상태 중 어느 상태이건 상관없지만, 예를 들어 단일선 상태
$|\varPsi^-\rangle$를 생각하면 편리하다.)의 얽힘을 1이비트(ebit)의 양자 통신의
자원으로 정의한다. 다른 얽힘 상태의 얽힘의 정도는 그 상태와
벨 상태(단일선 벨 상태)의 양자 통신에서의 자원으로서의 유용도
를 비교하여 정의한다.

예를 들어 어떤 얽힘 상태 $|\psi\rangle$(또는 혼합 얽힘 상태 ρ)의 얽힘의
정도를 알고 싶다고 하자. 그러면 그 얽힘 상태에 있는 입자쌍
1개가 단일선 벨 상태의 입자쌍 몇 개와 동등한 역할을 할 수
있는지를 알아내면 된다.

다시 말해 얽힘 상태 $|\psi\rangle$(또는 혼합 얽힘 상태 ρ)에 있는 입자쌍
1개를 만들기 위해 단일선 벨 상태의 입자쌍 몇 개가 소요되는
지를 알면 된다. 또는 반대 방향의 과정을 생각해서 얽힘 상태
$|\psi\rangle$(또는 혼합 얽힘 상태 ρ)에 있는 입자쌍 1개를 소모하여 단일선
벨 상태의 입자쌍 몇 개를 만들어 낼 수 있는지를 알면 된다.

만일 얽힘 상태 $|\psi\rangle$(또는 혼합 얽힘 상태 ρ)의 입자쌍 n개를 만들
어 내기 위해 단일선 벨 상태의 입자쌍 m개가 소요된다면 얽힘
상태 $|\psi\rangle$(또는 혼합 얽힘 상태 ρ)의 얽힘의 정도는 $E_f(\psi)=\lim\limits_{n\to\infty}\dfrac{m}{n}$
(ebit)로 정의할 수 있다. 또는 단일선 벨 상태 입자쌍 m'개를 만
들기 위해 얽힘 상태 $|\psi\rangle$(또는 혼합 얽힘 상태 ρ)의 입자쌍 n'개가

소요된다면 상태 $|\psi>$(또는 혼합 얽힘 상태 ρ)의 얽힘의 정도는 $E_d(\psi) = \lim_{n' \to \infty} \frac{m'}{n'}$ (ebit)로 정의할 수 있다.

순수 상태의 경우는 $E_f(\psi) = E_d(\psi)$이 성립하고 이에 근거해 얽힘의 정도의 척도를 정의할 수 있다. 이것이 뒤에 자세히 설명하는 폰 노이만 엔트로피(von Neumann entropy)이다. 혼합 상태의 경우는 $E_f(\rho)$와 $E_d(\rho)$가 일반적으로 다르게 되어(서로 다를 뿐 아니라 각각의 값이 유일하게 정의되지도 않아서 상황이 간단하지 않다. 이에 대해서는 뒤에서 설명한다.) 다른 두 가지 척도가 나오는데 각각 형성의 얽힘(entanglement of formation), 증류의 얽힘(entanglement of distillation)이라 부른다. 이들에 대해서도 뒤에 설명하도록 한다.

3.5.2 순수 상태의 얽힘의 정도: 폰 노이만 엔트로피

두 입자의 순수 얽힘 상태의 경우에는 모든 사람들이 인정하는 얽힘의 정도의 척도가 존재한다. 두 입자의 얽힘 상태를 $|\psi>_{AB}$라 할 때 이 상태의 얽힘의 정도 $E(\psi)$는

$$E(\psi) = S(\rho_A) = S(\rho_B) \tag{3.97}$$

로 정의된다. 여기서 S는 폰 노이만 엔트로피로서

$$S(\rho) = -Tr\{\rho \log_2 \rho\} \tag{3.98}$$

이고 ρ_A와 ρ_B는 환산 밀도 연산자로

$$\rho_A = Tr_B\{|\psi><\psi|\}, \quad \rho_B = Tr_A\{|\psi><\psi|\} \tag{3.99}$$

이다.

식 (3.97)의 의미는 두 입자 A, B의 순수 얽힘 상태의 얽힘의
정도는 A 또는 B의 폰 노이만 엔트로피로 정의된다는 것이다.
얽힘 상태 $|\psi>_{AB}$를 슈미트 분해를 이용하여

$$|\psi>_{AB} = \sum_{i=1}^{d} \lambda_i |\tilde{i}>_A |\tilde{i}>_B \qquad (3.100)$$

으로 표시하면(d는 입자의 힐베르트 공간의 차원으로 큐비트의 경우 2이다.)

$$\rho_A = \sum_{i=1}^{d} \lambda_i^2 |\tilde{i}>_{AA} <\tilde{i}| \qquad (3.101)$$

이 되고

$$E(\psi) = -Tr\{\rho_A \log_2 \rho_A\} = -Tr\{\rho_B \log_2 \rho_B\} = -\sum_{i=1}^{d} \lambda_i^2 \log_2 \lambda_i^2 \qquad (3.102)$$

이 된다.

이와 같이 얽힘쌍을 이루는 두 입자 중 한 입자의 폰 노이만 엔
트로피로 정의된 얽힘의 정도 E는 간단한 경우에는 쉽게 계산된다.
곱 상태이면 $E=0$이고 벨 상태의 경우에는 $E(\Psi^{\pm})=E(\Phi^{\pm})=1$이
된다. (일반적으로 차원 d의 경우 두 입자의 최대 얽힘 상태의 얽힘의 정도
는 $E=\log_2 d$이다.) 또한 이렇게 정의된 얽힘의 정도는 양자 통신의
자원의 측면에서 본 견해와도 일치한다.

실제로 얽힘 응축을 통해 얽힘의 정도가 $E(\psi)$인 얽힘 상태
$|\psi>$에 있는 n개의 입자쌍으로부터 단일선 벨 상태에 있는

$nE(\psi)$개의 입자쌍을 추출해 낼 수 있음을 보일 수 있다.[16] 즉 순수 얽힘 상태의 경우 식 (3.97)로 정의된 얽힘의 정도 $E(\psi)$는 형성의 얽힘 $E_f(\rho)$ 및 증류의 얽힘 $E_d(\rho)$와 일치한다.

순수 상태의 얽힘의 정도

$$E(\psi) = -Tr\{\rho_A \log_2 \rho_A\} = -Tr\{\rho_B \log_2 \rho_B\} = -\sum_{i=1}^{d} \lambda_i^2 \log_2 \lambda_i^2 = E_f(\psi) = E_d(\psi)$$

3.5.3 혼합 상태의 얽힘의 정도: 형성의 얽힘

혼합 상태의 경우는 불행하게도 부분계의 폰 노이만 엔트로피가 얽힘의 정도의 좋은 척도가 되지 못한다. 왜냐하면 얽힘이 없는 혼합 상태의 경우에도 부분계의 엔트로피가 일반적으로 0이 아니기 때문이다. 혼합 상태의 경우의 얽힘의 정도는 간단한 문제가 아니고 그 척도로서 여러 제안들이 나왔다. 여기서는 지금까지 나온 여러 제안 중 가장 많은 주목을 받고 있는 형성의 얽힘에 대해 이야기해 보고자 한다.

두 입자의 혼합 상태를 고려하기로 하고, 얽힘의 정도를 논의하고자 하는 혼합 상태의 밀도 연산자를 ρ라고 표시하자. 일반적으로 혼합 상태의 밀도 연산자는 두 입자의 순수 상태 $|\psi_j>$들의 구성 조합으로 표현할 수 있다. 따라서 주어진 밀도 연산자 ρ도

$$\rho = \sum_{j}^{d} p_i |\psi_j> < \psi_j| \tag{3.103}$$

로 표시될 수 있다. 여기서 p_j는 고려하고 있는 혼합 상태에 순수 상태 $|\psi_j>$가 차지하는 비율이다. 두 입자 순수 상태 $|\psi_j>$의 입자쌍을 n개 만들기 위해 단일선 벨 상태의 입자쌍이 $nE(\psi)$개 소요되는 것을 상기하면, 식 (3.103)의 혼합 상태의 입자쌍을 n개 만들기 위해서는 단일선 벨 상태의 입자쌍이 $n\sum_j p_j E(\psi_j)$개가 소요된다고 생각할 수 있고 따라서 $\sum_j p_j E(\psi_j)$을 혼합 상태의 얽힘의 정도로 정의하는 것이 타당할 것으로 보인다.

그런데 여기에 문제가 있다. 일반적으로 밀도 연산자 ρ가 주어졌을 때 이에 대한 식 (3.103)의 표현이 유일하지 않고 또한 각각의 다른 표현에 대한 $n\sum_j p_j E(\psi_j)$의 값이 같지 않다는 점이다. 아주 간단한 예로서

$$\rho = \frac{1}{2}\left(|00><00|+|11><11|\right) \tag{3.104}$$

로 기술되는 두 입자의 혼합 상태를 고려해 보자. 식 (3.104)의 밀도 연산자는

$$\rho = \frac{1}{2}\left(|\Phi^+><\Phi^+|+|\Phi^-><\Phi^-|\right) \tag{3.105}$$

로도 표현할 수 있다. 여기서

$$|\Phi^\pm> \ = \frac{1}{\sqrt{2}}\left(|00>\pm|11>\right)$$

이다. 식 (3.104)의 구성에 기본을 두고 혼합 상태의 n쌍을 만들려면 단일선 벨 상태의 입자들이 필요가 없으므로 고려하고

있는 혼합 상태의 얽힘의 정도는 0이라고 보는 것이 타당하다.

그러나 식 (3.105)의 구성에 기본을 둔다면 혼합 상태 n쌍을 만들기 위해서 단일선 벨 상태도 역시 n쌍이 필요하고 따라서 얽힘의 정도가 1이라고 말할 수 있을 것이다.

이와 같은 문제점을 감안하여 형성의 얽힘을

$$E_f(\rho) = \min\left\{\sum_j p_j E(\psi_j)\right\}$$
$$= \min\left\{\sum_j p_j S(\rho_j^A)\right\} = \min\left\{\sum_j p_j S(\rho_j^B)\right\} \tag{3.106}$$

로 정의하고 이를 혼합 상태의 얽힘의 정도의 척도로 쓴다. 즉 형성의 얽힘 $E_f(\rho)$은 주어진 혼합 상태를 형성하기 위해 소요되는 단일선 벨 상태의 입자쌍 수의 최솟값으로 정의한다.

식 (3.106)에서 ρ_j^A와 ρ_j^B는 환산 밀도 연산자로

$$\rho_j^A = Tr_B\{|\psi_j><\psi_j|\}, \ \rho_j^B = Tr_A\{|\psi_j><\psi_j|\} \tag{3.107}$$

이고, $\min\{\ \}$은 밀도 연산자 ρ의 모든 가능한 순수 상태의 구성에 대해 계산한 값 중 최솟값을 택한다는 의미이다.

형성의 얽힘

$$E_f(\rho) = \min\left\{\sum_j p_j E(\psi_j)\right\} = \min\left\{\sum_j p_j S(\rho_j^A)\right\} = \min\left\{\sum_j p_j S(\rho_j^B)\right\}$$

3.5.4 혼합 상태의 얽힘의 정도: 증류의 얽힘과 구속된 얽힘

증류의 얽힘은 증류 가능 얽힘(distillable entanglement)이라고도 부른다. 이것은 앞에서 소개한 형성의 얽힘을 정의하기 위해 생각한 과정의 반대 방향의 과정을 생각할 때 정의되는 양이다. 다시 말해 형성의 얽힘이 최대 얽힘의 벨 상태에서 시작해 주어진 혼합 상태 $|\psi>$를 만드는 과정, 즉 얽힘 희석(entanglement dilution)의 과정에서 정의된 양이라면, 증류의 얽힘은 혼합 상태 $|\psi>$에서 시작해서 단일선 벨 상태의 입자쌍을 만드는 얽힘 정화 또는 얽힘 증류의 과정을 생각할 때 정의되는 양이다.

증류의 얽힘이 형성의 얽힘과 별개로 또 정의될 수 있는 이유는 어떤 주어진 혼합 상태를 형성하는 과정에 필요한 얽힘의 양이 일반적으로 그 혼합 상태를 증류하는 과정에서 빼내는 얽힘의 양과 같지 않기 때문이다. 증류의 얽힘 $E_d(\rho)$은 주어진 혼합 상태의 얽힘쌍 1개로부터 증류해 낼 수 있는 벨 상태 얽힘쌍의 최대수로 정의하며 일반적으로 형성의 얽힘과 다른 값을 갖는다.

이미 언급한 바와 같이 혼합 상태의 경우에는 얽힘 응축(얽힘 증류)과 얽힘 희석의 과정이 대칭의 관계를 이루지 않는다. 그 한 예로 형성의 얽힘 $E_f(\rho) \neq 0$인데도 증류의 얽힘 $E_d(\rho) = 0$일수가 있다. 형성의 얽힘이 0이 아니라는 것은 고려 대상의 혼합 상태가 곱 상태들의 통계적 혼합으로 나타낼 수 없다는 의미이고 형성의 과정에 얽힘이 소요된다는 이야기가 된다.

그러나 증류의 얽힘이 0이므로 형성의 과정에 소요된 이 얽힘은 벨 상태로 추출해 낼 수 없는 "쓸모없는" 얽힘이라고 할 수 있으며, 이를 구속된 얽힘이라 부른다. (구속된 얽힘은 3.4.2에서 간단히 논의했다.) 반면에 증류해서 빼낼 수 있는 얽힘은 자유로운 얽힘(free entanglement)이라고 부른다.

두 큐비트의 혼합 얽힘 상태가 갖고 있는 얽힘은 항상 증류 가능한 얽힘이라는 것, 즉 구속된 얽힘이 아니고 자유로운 얽힘 이라는 것이 알려져 있다.[23] 그러나 다른 경우 예를 들어 두 큐 트리트의 혼합 얽힘은 구속된 얽힘일 수 있으며 참고 문헌에 그 예가 나와 있다.[19]

3.5.5 순수 상태의 얽힘의 정도: 일치도

두 큐비트 A, B의 순수 상태 $|\psi>_{AB}$의 일치도(concurrence) $C(\psi)$는

$$C(\psi) = |_{AB}<\psi|(\sigma_y)_A(\sigma_y)_B|\psi^*>_{AB}| \tag{3.108}$$

로 정의되는 양이다. 여기서 $|\psi^*>$는 $|\psi>$의 복소수 공액을 의 미한다. 만일 $|\psi>$가 곱 상태이면 $C(\psi)=0$이고 벨 상태이면 $C(\psi)=1$인 것을 쉽게 알 수 있다. 또한

$$|\psi>_{AB} = a|0>_A|0>_B + b|0>_A|1> \tag{3.109}$$
$$+ c|1>_A|0>_B + d|1>_A|1>_B$$

일 때

$$C(\psi) = 2|ad - bc| \tag{3.110}$$

가 되는 것도 쉽게 계산할 수 있다. 일반적으로 일치도 $C(\psi)$는 식 (3.97)로 주어지는 순수 상태의 얽힘의 정도 $C(\psi)$와

$$E(\psi) = \epsilon(C(\psi)) \tag{3.111}$$

의 관계가 있다. 식 (3.111)에서 함수 ϵ는

$$\epsilon(C) = h\left(\frac{1 + \sqrt{1 - C^2}}{2}\right) \tag{3.112}$$

$$h(x) = -x\log_2 x - (1-x)\log_2(1-x) \tag{3.113}$$

로 정의된다. 이 함수 $\epsilon(C)$는 $0 \le C \le 1$의 범위에서 C가 증가함에 따라 증가하는 함수이므로, 일치도 $C(\psi)$는 $E(\psi)$와 마찬가지로 순수 상태의 얽힘의 척도로 사용될 수 있다. 그러나 $E(\psi)$와는 달리 $C(\psi)$는 양자 통신의 자원과 직접 연관이 없으므로 얽힘의 척도로 사용될 물리적 근거는 약한 셈이다.

일치도 $C(\psi)$의 중요성은 두 큐비트의 혼합 상태의 경우 형성의 얽힘을 쉽게 계산하게 해 주는 역할을 한다는 데에 있다고도 할 수 있다. 이에 대해서는 뒤에서 설명할 것이다.

순수 상태의 일치도

$$C(\psi) = \left|_{AB}\langle\psi|(\sigma_y)_A(\sigma_y)_B|\psi^*\rangle_{AB}\right|$$

$$C(\psi) = 2|ad - bc|$$

3.5.6 혼합 상태의 얽힘의 정도: 형성의 얽힘과 일치도

형성의 얽힘은 식 (3.106)으로 정의되는데 순수 상태들의 모든 가능한 구성 조합을 고려하고 각각에 대한 형성의 얽힘값 중 최솟값을 구해야 되는 부담이 있다. 형성의 얽힘을 보다 간

단하게 계산할 수 있는 공식은 없을까? 두 큐비트의 혼합 상태
의 경우 그런 공식이 존재한다는 것이 발견되었는데[30, 31] 여기에
증명 없이 간단히 소개하도록 한다.

주어진 혼합 상태의 밀도 연산자를 $\rho = \sum_j p_j |\psi_j > < \psi_j|$로 표시
할 때 이 혼합 상태에 대한 일치도는

$$C(\rho) = \min\left\{\sum_j p_j C(\psi_j)\right\} \tag{3.114}$$

로 정의할 수 있다. 두 큐비트의 경우 이렇게 정의된 일치도는

$$C(\rho) = \max\{0, \lambda_1 - \lambda_2 - \lambda_3 - \lambda_4\} \tag{3.115}$$

로 되며 형성의 얽힘은

$$E_f(\rho) = \epsilon(C(\rho)) = \epsilon(\max\{0, \lambda_1 - \lambda_2 - \lambda_3 - \lambda_4\}) \tag{3.116}$$

로 주어진다.

여기서 λ_i는 $\rho\tilde{\rho}$의 고윳값의 제곱근으로 $\lambda_1 \geq \lambda_2 \geq \lambda_3 \geq \lambda_4$이고

$$\tilde{\rho} = (\sigma_y)_A (\sigma_y)_B \rho^*(\sigma_y)_A(\sigma_y)_B \tag{3.117}$$

이며 ρ^*는 밀도 연산자 ρ의 복소수 공액이다. 또한 $\max\{u, v\}$는
u, v의 두 수 중 큰 수를 선택한다는 의미이다. 식 (3.116)이 두
큐비트 혼합 상태의 경우 형성의 얽힘을 비교적 간단히 계산하
게 해 주는 공식이다.

혼합 상태의 일치도

$$C(\rho) = \min\left\{\sum_j p_j C(\psi_j)\right\} = \max\left\{0, \lambda_1 - \lambda_2 - \lambda_3 - \lambda_4\right\}$$

3.6 양자 얽힘 재고

이제 마지막으로 양자 얽힘을 기초 이론 관점에서 재정리해 보자. 가장 간단하고 이론도 정립되어 있는 두 큐비트 얽힘을 생각해 보도록 하겠다. 벨 상태, 예를 들어

$$|\Phi^+>_{AB} = \frac{1}{\sqrt{2}}(|00>_{AB} + |11>_{AB})$$

는 최대 얽힘 상태이다. 큐비트 A가 $|0>_A$의 상태에 있으면 큐비트 B는 반드시 $|0>_B$의 상태에 있고 큐비트 A가 $|1>_A$의 상태에 있으면 큐비트 B는 반드시 $|1>_B$의 상태에 있으므로 두 큐비트가 완전한 상관 관계에 있다. 또 이 완전한 상관 관계는 $|+>$와 $|->$의 기저 벡터를 선택해도 그대로 유지됨은 이미 언급한 바 있다. 또한 식 (3.110)에 따르면 이 벨 상태의 일치도 $C(\psi)$는 1이므로 정량적으로도 최대 얽힘임이 뒷받침된다.

다음으로 상태

$$|\psi_1>_{AB} = \frac{1}{2}(|00>_{AB} + |01>_{AB} + |10>_{AB} + |11>_{AB}) \qquad (3.118)$$

를 생각해 보자. 이 상태의 경우 큐비트 A가 $|0>_A$의 상태에 있

으면 큐비트 B는 각각 50퍼센트의 확률로 $|0>_B$에 있거나 $|1>_B$
에 있고 또 큐비트 A가 $|1>_A$에 있을 때도 마찬가지이므로 얽힘
이 없다고 추측할 수 있다. 또한 일치도를 계산해도 0이 나오므
로 이 추측이 맞는 것을 뒷받침해 준다.

그러면 식 (3.118)의 $|\psi_1>_{AB}$과 비슷한 또 다른 상태

$$|\psi_2>_{AB} = \frac{1}{2}(|00>_{AB} + |01>_{AB} + |10>_{AB} - |11>_{AB}) \qquad (3.119)$$

를 생각해 보자. 이 상태의 경우도 큐비트 A가 $|0>_A$의 상태에
있으면 큐비트 B는 각각 50퍼센트의 확률로 $|0>_B$에 있거나
$|1>_B$에 있고 또 큐비트 A가 $|1>_A$에 있을 때도 마찬가지이므
로 얽힘이 없다고 생각할 수 있다. 그러나 이 상태의 일치도를
계산하면 1이 되어 얽힘이 없는 것이 아니고 오히려 얽힘이 최
대임을 알 수 있다.

이것은 어떻게 설명해야 할까? 주의해야 할 점은 상관 관계
를 따질 때 꼭 $|0>$와 $|1>$의 기저 벡터에서 따질 이유가 없다는
것이다. 실제로 식 (3.119)의 상태는

$$|\psi_2>_{AB} = \frac{1}{\sqrt{2}}(|0>_A|+>_B + |1>_A|->_B) \qquad (3.120)$$

와 같음을 쉽게 보일 수 있고, 따라서 큐비트 A를 $|0>$와 $|1>$의
기저 벡터에서, 큐비트 B를 $|+>$와 $|->$의 기저 벡터에서 보면
완전한 얽힘 관계임을 알 수 있다.

반면에 식 (3.118)의 상태는

$$|\psi_1>_{AB} = |+>_A|+>_B \qquad (3.121)$$

로 쓸 수 있음을 쉽게 알 수 있고 따라서 분리 가능 상태임이
명백하다.

얽힘이 있는지 없는지의 여부, 또는 얽힘의 정도를 따질 때는
국소 연산(local operations, 국소 유니터리 연산과 국소 측정), 조금 더
정확하게는 LOCC(local operations and classical communications, 국소 연
산과 고전 통신)의 개념을 도입하여 논의하는 것이 편리하다.

고전 상관 관계는 LOCC를 통해 생성시킬 수 있으나 양자.얽
힘은 LOCC로는 생성이 안 되고 두 큐비트(또는 둘 이상의 큐비트)
에 동시에 작용하는 전체적 연산(global operation)에 의해서 생성
된다. [전체적 연산의 예는 4.2.2에서 자세히 논의할 두 큐비트 조정 연산이
다.] 즉 LOCC에 의해서는 얽힘의 정도가 변화될 수 없으며 따라
서 LOCC의 변환으로 연결되는 두 상태의 얽힘의 정도는 같다.

그 예로서 다시 식 (3.120)의 $|\psi_2>_{AB}$를 생각하자. 이 상태에
$|+>_B \rightarrow |0>_B$, $|->_B \rightarrow |1>_B$의 변환을 주는 큐비트 B에 대한
아다마르 변환을 수행하면[아다마르 변환은 식 (4.15)로 정의되며 4.2.1
에 설명되어 있다.] $|\Phi^+>_{AB}$의 벨 상태를 얻으므로 $|\psi_2>_{AB}$는 벨
상태와 마찬가지로 최대 얽힘을 갖는 것을 알 수 있다. 두 계의
상태의 경우에는 벨 상태와 LOCC에 의해서 연결된 모든 상태
는 최대 얽힘을 갖는다.

일반적으로 LOCC는 얽힘 상태를 특징짓고 구분 짓는 판별기
준이 될 수 있다. 만일 한 얽힘 상태에서 또 다른 얽힘 상태로
의 변환이 LOCC를 통해서 성취될 수 있다면 두 얽힘 상태는 같
은 종류의 얽힘 상태라고 말할 수 있다. 이 기준을 두 입자의
상태에 적용하면 두 입자 얽힘은 모두 벨 상태로 기술될 수 있
다는 결론을 얻지만, 세 입자의 상태에 적용하면 세 입자의 얽
힘에는 두 다른 종류의 얽힘이 존재한다는 결론을 얻는다.[5]

이들 두 종류는 각각 GHZ 상태와 W 상태로 대표된다. 즉 세

큐비트의 얽힘 상태에는 GHZ 클래스와 W 클래스의 두 종류가 존재한다. 큐비트의 수가 3보다 커지면 상황은 더욱 복잡해지고 일반적으로 많은 종류의 얽힘 상태가 존재한다.

예를 들어 4개의 큐비트의 경우 4.9.2에서 상세히 설명할 클러스터 상태는 그 모양에 따라 다른 클래스의 얽힘 상태에 속하게 된다. 별모양의 네 큐비트 클러스터 상태는 네 큐비트 GHZ 클래스에 속하지만 일직선상의 네 큐비트 클러스터 상태는 GHZ 클래스도 아니고 W 클래스도 아닌 또 다른 클래스에 속하는 얽힘 상태가 된다.

연습 문제

3.1 식 (3.10)과 (3.11)로 정의된 네 벨 상태를

$$|+_i> = \frac{1}{\sqrt{2}}(|0>+i|1>), \ |-_i> = \frac{1}{\sqrt{2}}(|0>-i|1>)$$

로 정의된 두 기저 벡터의 함수로 표시하시오. 상관 관계(또는 반 상관 관계)가 $|+_i>$와 $|-_i>$의 기저 벡터 공간에서도 그대로 유지되는가? 참고로 $|0>$과 $|1>$이 수평 편광 $|\leftrightarrow>$과 수직 편광 $|\updownarrow>$의 상태를 나타낸다면 $|+_i>$와 $|-_i>$는 우원 편광과 좌원 편광의 상태를 나타낸다.

3.2 두 기저 벡터 $|0>$과 $|1>$을 임의의 각도 $\frac{\theta}{2}$만큼 회전시켜 나오는 두 벡터

$$|\bar{0}> \ = \cos\frac{\theta}{2}|0> \ + \sin\frac{\theta}{2}|1>, \ \ |\bar{1}> \ = \ -\sin\frac{\theta}{2}|0> + \cos\frac{\theta}{2}|1>$$

를 생각하자. ($\theta = 90^o$ 일 때 $|\bar{0}> \ = \ |+>$, $|\bar{1}> \ =-|->$이다.) 네 벨 상태 중 어느 상태가 $|\bar{0}>$과 $|\bar{1}>$의 기저 벡터 공간에서도 상관 관계(또는 반상관 관계)를 유지하는가? 이러한 결과가 나오는 물리적 이유는 무엇인가?

3.3 큐비트 공간에서 x, y, z축에 대한 임의의 각도 ϕ의 회전은 각각 2×2 행렬(회전 연산자)

$$R_x(\phi) = \begin{pmatrix} \cos\dfrac{\phi}{2} & -i\sin\dfrac{\phi}{2} \\ -i\sin\dfrac{\phi}{2} & \cos\dfrac{\phi}{2} \end{pmatrix}$$

$$R_y(\phi) = \begin{pmatrix} \cos\dfrac{\phi}{2} & -\sin\dfrac{\phi}{2} \\ \sin\dfrac{\phi}{2} & \cos\dfrac{\phi}{2} \end{pmatrix}$$

$$R_z(\phi) = \begin{pmatrix} e^{-i\phi/2} & 0 \\ 0 & e^{i\phi/2} \end{pmatrix}$$

로 수행된다. 네 벨 상태 중 $|\Phi^+>$는 y축에 대한 회전에 불변임을 보이시오. 또한 $|\Phi^->$와 $|\Psi^+>$는 각각 x축과 z축에 대한 회전에 불변임을 보이시오. 단일선 벨 상태 $|\Psi>$는 x축, y축, z축 모두의 축에 대한 회전에 불변임을 보이시오.

3.4 상태 $|\psi>_{AB}$에 있는 두 스핀 A, B의 상관도 함수는

$$C(\hat{a}, \hat{b}) = {}_{AB}<\psi|(\vec{\sigma} \cdot \hat{a})_A (\vec{\sigma} \cdot \hat{a})_B|\psi>_{AB}$$

로 정의된다. 단 $\vec{\sigma} \cdot \hat{a} = \sigma_z \cos\theta_a + \sigma_x \sin\theta_a$ 이다.

(a) 두 스핀 큐비트가 단일선 벨 상태에 있을 때, 다시 말해 $|\psi>_{AB} = |\Psi^->_{AB}$ 일 때, $C(\hat{a}, \hat{b}) = -\cos(\theta_a - \theta_b)$ 임을 보이시오.

(b) 두 스핀의 상태가 벨 상태 $|\Psi^+>_{AB}$, $|\Phi^+>_{AB}$, $|\Phi^->_{AB}$ 인 각각의 경우 및 분리 가능 상태 $|\uparrow>_A|\downarrow>_B$ 인 경우에 대해 $C(\hat{a}, \hat{b})$ 를 구하시오.

(c) 앞의 (b)에서 고려한 각각의 경우에 대해 (a)의 경우와 비교할 때 식 (3.42)의 CHSH 부등식의 위배가 그대로 적용되는가? 아니면 어떻게 달라지는가?

3.5 세 입자 A, B, C가 식 (3.48)이 아니고 이와 비슷한

$$|\psi>_{ABC} = \frac{1}{\sqrt{2}}(|\uparrow>_A|\uparrow>_B|\uparrow>_C - |\downarrow>_A|\downarrow>_B|\downarrow>_C)$$

의 상태(이 상태도 GHZ 상태라고 부를 수 있다.)에 있는 경우에는 3.2.4의 논리가 어떻게 달라지는가?

3.6 두 벨 상태 $|\Psi^->_{AB}$ 와 $|\Phi^+>_{AB}$ 에 있는 입자쌍들을 같은 수로 혼합시킨 계에 속해 있는 임의의 입자쌍의 상태는 혼합 분리 가능 상태임을 증명하라. (힌트: $|+_i -_i>$ 와 $|-_i +_i>$ 의 혼합 상태로 표시해 보면 된다.)

3.7 세 3중선 상태 $|\Psi^+>_{AB}$, $|\Phi^+>_{AB}$, $|\Phi^->_{AB}$ 에 있는 입자쌍

들을 같은 수로 혼합시킨 계에 속해 있는 임의의 입자쌍의 상태는 혼합 분리 가능 상태임을 증명하라. (힌트: 이 경우는 $|\Psi^+>_{AB}$ 와 $|\Phi^+>_{AB}$의 혼합, $|\Psi^->_{AB}$와 $|\Phi^->_{AB}$의 혼합, $|\Phi^+>_{AB}$와 $|\Phi^->_{AB}$의 혼합을 각각 같은 비율로 혼합한 것과 같다.)

3.8 식 (3.79)로 주어지는 베르너 상태에서 $F>\dfrac{1}{2}$이면 혼합 얽힘 상태이고 $F\leq\dfrac{1}{2}$이면 혼합 분리 가능 상태임을 증명하라.

(힌트: $F=\dfrac{1}{2}$일 때의 베르너 상태는 $|\Psi^->_{AB}$와 $|\Psi^+>_{AB}$의 혼합, $|\Psi^->_{AB}$ 와 $|\Phi^->_{AB}$의 혼합, $|\Psi^->_{AB}$와 $|\Phi^+>_{AB}$의 혼합을 각각 같은 비율로 혼합한 상태와 같다. 또한 $F=\dfrac{1}{4}$일 때의 베르너 상태는 네 벨 상태를 각각 같은 비율 $\dfrac{1}{4}$로 혼합한 상태와 같으며 이 상태는 완전 혼합 상태이다. 또한 $F=0$일 때의 베르너 상태는 세 3중선 벨 상태를 같은 비율 $\dfrac{1}{3}$로 혼합한 상태와 같다.)

제4장 양자 전산
(Quantum Computation)

양자 정보학 연구가 추구하는 궁극적 목표물은 양자 컴퓨터 (quantum computer)일 것이다. 양자 컴퓨터는 양자계(큐비트들)가 가지고 있는 양자 정보를 조작, 처리하여 계산을 수행하는 장치라고 할 수 있다. 양자 컴퓨터의 아이디어는 1980년도 초반부터 미국 아르곤 국립 연구소(Argonne National Laboratory)의 폴 베니오프(Paul Benioff), 미국 캘리포니아 공과 대학의 리처드 파인만 (Richard Feynman), 영국 옥스퍼드 대학교의 데이비드 도이치(David Deutsch), 미국 IBM의 찰스 베넷(Charles Bennett) 등에 의해 추구되었다.

양자 컴퓨터가 실제로 만들어질 수 있다면 적어도 어떤 특정한 종류의 계산들(예를 들어 소인수 분해나 데이터 검색)은 현재 우리가 가지고 있는 고전 컴퓨터(classical computer, 통상 컴퓨터라고 부르는 현재의 컴퓨터), 그중에서도 가장 빠른 슈퍼 컴퓨터와도 비교가 안 될 만큼 빠른 속도로 계산을 수행할 수 있을 것으로 전망되고 있다.

실제로 복잡한 계산을 수행하는 실용적 양자 컴퓨터가 언제 등장할지는 아무도 확실히 알 수 없다. 여러 해 전에 액체 상태의 NMR(nuclear magnetic resonance) 계를 이용한 7큐비트 양자 컴퓨터로 4.8에서 설명한 쇼어 알고리듬을 사용하여 15의 소인수 분해를 수행한 이래[1] 세계 각국의 연구진들이 실용적 양자 컴퓨터 개발을 목표로 꾸준한 노력을 기울이고 있다. 특히 최근에는 구글(Google) 등 대기업들의 야심찬 투자에 힘입어 수십 큐비트의 양자 컴퓨터가 가까운 장래에 개발될 것으로 전망되는 등 실용적 양자 컴퓨터의 등장이 요원한 일만은 아닐 것이라는 낙관적 전망이 고개를 들기 시작했다.

양자 컴퓨터가 고전 컴퓨터보다 훨씬 더 성능이 높을 수 있는 근본적 이유는 무엇인가? 그 답은 양자 병렬성(quantum parallelism)에 있다. 고전 컴퓨터가 비트의 조작 및 처리로 계산을 수행한다면 양자 컴퓨터는 큐비트들이 가지고 있는 양자 정보를 조작, 처리하여 계산을 수행한다.

좀 더 구체적으로는 양자 컴퓨터에서의 계산은 큐비트들에 대한 다음과 같은 세 단계의 과정으로 수행된다.

(1) 초기 상태의 준비
(2) 유니터리 변환
(3) 출력 상태의 측정

n개의 큐비트로 구성된 양자 컴퓨터를 생각해 보자. 어떤 특정한 계산은 n개의 큐비트를 그 계산에 알맞은 초기 상태 $|\psi> = |i_{n-1}, \cdots, i_1, i_0>$ ($i_j = 0$ 또는 1.)에 준비시키고 그 계산에 대응하는 상태의 유니터리 변환을 수행한 후 마지막 상태를 측정함으로써 완료된다.

그런데 n개의 큐비트의 상태는 n차원 힐베르트 공간에 존재
하고 일반적으로는 2^n개 상태의 중첩인

$$|\psi> = \sum_{i_{n-1}=0}^{1} \cdots \sum_{i_1=0}^{1} \sum_{i_0=0}^{1} c_{i_{n-1}\cdots i_1 i_0} |i_{n-1},\cdots,i_1,i_0> \tag{4.1}$$

로 주어진다. 따라서 n개의 큐비트를 식(4.1)의 중첩 상태에 준
비시키고 그 상태의 변화를 따라간다면, 중첩된 2^n개 상태의 각
각 하나하나의 상태 변화가 하나의 계산에 해당되므로, 2^n개의
계산을 한 번에 수행하는 셈이 된다. 이것이 바로 양자 병렬성
이며, 양자 컴퓨터의 성능을 고전 컴퓨터가 도저히 따라오지 못
하는 근본 원인이 된다.

이 양자 병렬성을 효과적으로 이용할 수 있는 양자 전산의
방법들, 즉 양자 알고리듬(quantum algorithm)들이 개발되고 또한
이런 양자 알고리듬들을 실제로 수행할 수 있는 양자 컴퓨터가
개발되면, 우리의 사회 전반에 걸쳐 커다란 혁신을 가져올 것은
자명한 사실이다.

이 장에서는 양자 전산의 기본적 방법을 기술한다. 양자 전산
을 이해하기 위해서는 우선 현재 우리가 사용하고 있는 고전
전산의 방법을 이해해야 하므로 우선 고전 전산의 방법을 설명
하고 이어서 양자 전산을 수행하는 (즉 큐비트 상태들의 유니터리 변
환을 수행하는) 양자 게이트들을 설명한 후 지금까지 개발된 대표
적 양자 알고리듬들을 논의한다. 마지막으로 양자 전산을 수행
하는 새로운 방법으로 최근 많은 관심의 대상이 되고 있는 단
방향 양자 전산 또는 클러스터 상태 양자 전산을 논의한다.

4.1 고전 전산

고전 컴퓨터의 회로는 전선(wire)과 논리 게이트(logic gate)로 구성되어 있다. 전선은 회로 상에서 정보를 이동시키는 역할을 하고 논리 게이트는 정보를 조정, 처리하여 계산을 위한 기본 작업을 수행해 준다. 논리 게이트에서 수행하는 작업은 일반적으로 n비트의 입력 정보를 l비트의 출력 정보로 전환해 주는 함수 $f: \{0,1\}^n \rightarrow \{0,1\}^l$로 나타낼 수 있다. 컴퓨터의 계산 과정을 이해하려면 우선 간단한 논리 게이트들($n, l = 1$ 또는 2.)의 작동 원리를 알아야 되므로 뒤에서 가장 기본적인 논리 게이트들에 대해 기술하기로 한다.

4.1.1 논리 게이트

입력 정보와 출력 정보가 모두 1비트($n = l = 1$.)인 논리 게이트로는 동일 게이트(identity gate)와 NOT 게이트(NOT gate)가 있다. 동일 게이트는 입력 비트를 그대로 출력하는 게이트로서 사실상 아무 일도 안 해 주므로 게이트라고 할 수도 없다. NOT 게이트는 입력 비트와 다른 비트를 출력시키는 게이트이다. 즉 입력 비트가 0이면 1, 1이면 0을 출력시키는 게이트로서, 그림 4.1의 회로 표현(circuit representation)으로 나타내며, 표 4.1의 진실표(truth table)로 정의된다. NOT 게이트의 입력 비트를 a라고 하면 NOT 게이트를 거친 후의 출력 비트는

$$NOT\,a = a \oplus 1 \tag{4.2}$$

로 쓸 수 있다. 여기서 $\oplus$는 2진법 덧셈을 의미한다. 즉

$$a \oplus b = a + b (\mathrm{mod}2) \tag{4.3}$$

이다. 입력이 2비트, 출력이 1비트($n=2$, $l=1$.)인 논리 게이트에는 AND, OR, XOR(Exclusive OR), NAND(NOT AND), NOR(NOT OR) 등의 게이트가 있다. 이들의 회로 표현은 그림 4.2~4.6에 그려져 있고 이들의 진실표는 표 4.2~4.6에 있다.

AND 게이트의 논리는 두 입력 비트가 모두 1일 때에만 출력 비트가 1이 된다는 논리이고, OR 게이트는 두 입력 비트 중 적어도 하나가 1이면 출력 비트가 1, XOR 게이트(XOR gate)는 두 입력 비트 중 하나만 1일 때 출력 비트가 1이라는 논리이다.

이 중 XOR 게이트는 두 입력 비트에 대한 2진법 덧셈을 한 결과와 같다. NAND와 NOR는 각각 AND와 OR에 NOT을 가한 연산에 해당한다. 이 게이트들의 연산을 수학적으로 표시하면

$$a\,ANDb = ab \tag{4.4a}$$
$$a\,ORb = a \oplus b \oplus ab \tag{4.4b}$$
$$a\,XORb = a \oplus b \tag{4.4c}$$
$$a\,NANDb = ab \oplus 1 \tag{4.4d}$$
$$a\,NORb = a \oplus b \oplus ab \oplus 1 \tag{4.4e}$$

로 나타낼 수 있다.

앞의 게이트들 외 기본 게이트로는 $n=1$, $l=2$인 FANOUT 게이트(FANOUT gate, 또는 COPY 게이트(COPY gate)), $n=2$, $l=2$인 SWAP 게이트(SWAP gate, 또는 EXCHANGE 게이트(EXCHANGE gate))가 있다. 이들의 회로 표현과 진실표는 그림 4.7과 4.8 및 표 4.7과 4.8에 있다. FANOUT 게이트의 역할은 복사이고 SWAP 게이트는 두 비트의 위치를 교환하는 역할을 하는 것을 알 수 있다.

표 4.1 NOT 게이트의 진실표.

a	NOT a
0	1
1	0

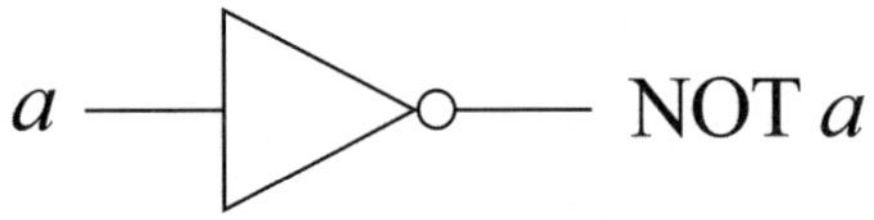

a —▷∘— NOT a

그림 4.1 NOT 게이트.

표 4.2 AND 게이트의 진실표.

a	b	a AND b
0	0	0
0	1	0
1	0	0
1	1	1

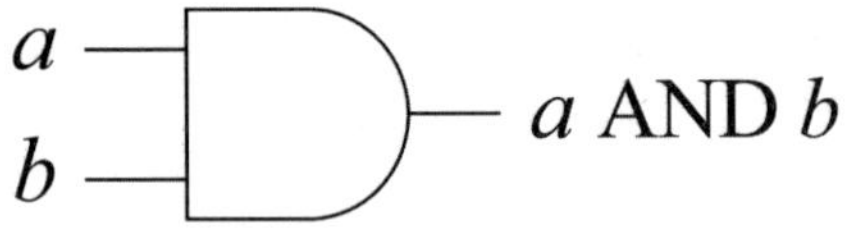

a —
b — a AND b

그림 4.2 AND 게이트.

표 4.3 OR 게이트의 진실표.

a	b	a OR b
0	0	0
0	1	1
1	0	1
1	1	1

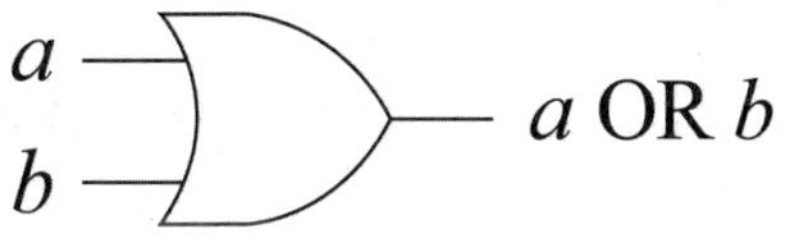

a ── ⟩ ── a OR b
b ──

그림 4.3 OR 게이트.

표 4.4 XOR 게이트의 진실표.

a	b	a XOR b
0	0	0
0	1	1
1	0	1
1	1	0

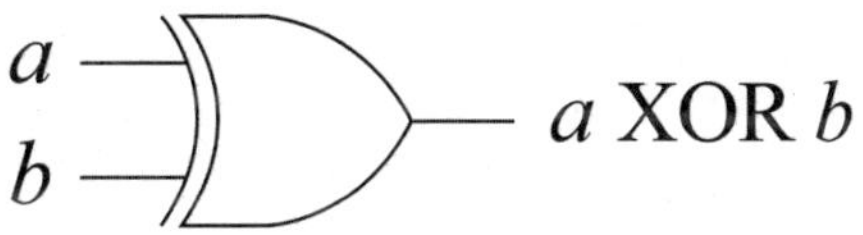

a ── ⟩) ── a XOR b
b ──

그림 4.4 XOR 게이트.

표 4.5 NAND 게이트의 진실표.

a	b	a NAND b
0	0	1
0	1	1
1	0	1
1	1	0

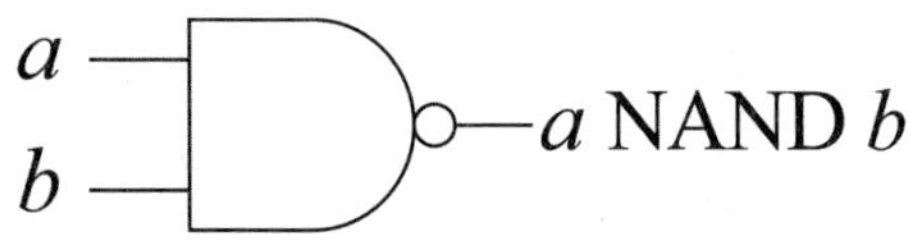

그림 4.5 NAND 게이트.

표 4.6 NOR 게이트의 진실표.

a	b	a NOR b
0	0	1
0	1	0
1	0	0
1	1	0

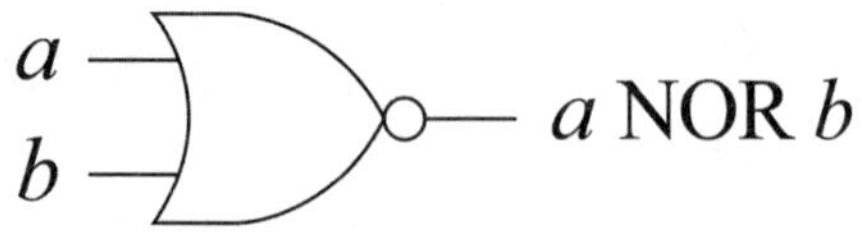

그림 4.6 NOR 게이트.

표 4.7 FANOUT 게이트의 진실표.

a	FANOUT a	
0	0	0
1	1	1

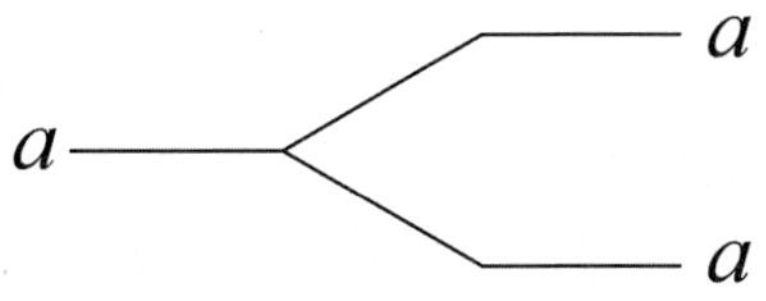

그림 4.7 FANOUT 게이트.

표 4.8 SWAP 게이트의 진실표.

a	b	a SWAP b	
0	0	0	0
0	1	1	0
1	0	0	1
1	1	1	1

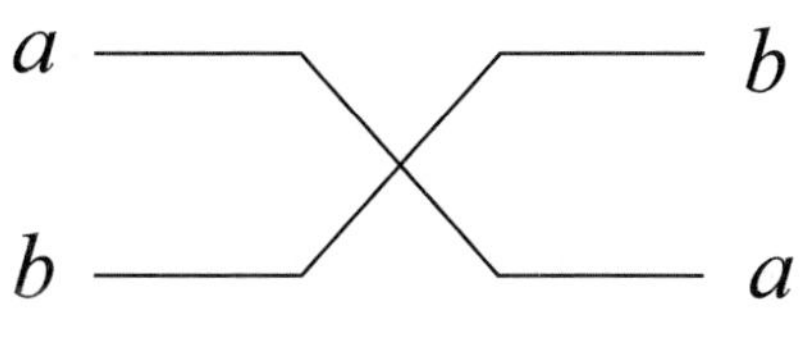

그림 4.8 SWAP 게이트.

4.1.2 보편적 게이트

앞의 4.1.1에서 고려했던 게이트들의 중요성은 어떤 임의의 복잡한 계산이라도 이 게이트들의 적당한 조합을 사용하여 수행할 수 있다는 데에 있다. 어떻게 생각하면 AND나 OR 등의 논리와 수학적 계산은 서로 다른 종류의 정보 처리라고 생각할지 몰라도, 실제로는 같은 정보를 문자로 표현할 수도 있고 숫자로 표현할 수도 있는 것과 같이 수학적 연산도 근본적으로는 논리적 처리 방식과 다를 것이 없다.

XOR의 논리가 2진법 덧셈이 되는 것이 좋은 예이다. 실제로 일반적인 n비트의 두 수의 덧셈은 AND, OR, XOR와 FANOUT 게이트들만으로 구성된 조합을 사용하여 수행할 수 있다는 것을 보일 수 있다.

그렇다면 임의의 계산을 수행하기 위해서 필요한 최소한의 게이트들은 무엇일까? 그러한 게이트들이 존재는 하는가? 이 물음에 답하기 위해서는 우선 앞에서 고려했던 게이트들이 모두 서로 독립적이지는 않다는 사실을 아는 것이 중요하다.

예를 들어

$$NOT(a\,AND\,b) = (NOT\,a)\,OR\,(NOT\,b) \tag{4.5a}$$

$$NOT(a\,OR\,b) = (NOT\,a)\,AND\,(NOT\,b) \tag{4.5b}$$

$$a\,XOR\,b = (a\,OR\,b)\,AND\,((NOT\,a)\,OR\,(NOT\,b)) \tag{4.5c}$$

의 관계식이 성립한다. 즉 AND 게이트는 NOT과 OR 게이트를 조합하여 구성할 수 있고, OR 게이트는 NOT과 AND로 구성할 수 있으며, XOR 게이트는 AND, OR, NOT으로 구성할 수 있다.

여기서는 앞의 물음에 대한 상세한 증명 과정은 생략하고 답만을 주기로 하겠다. 앞의 물음에 대한 첫 번째 답으로 우선 AND, OR, NOT과 FANOUT의 네 종류의 게이트들만 있으면 함수 $f: \{0,1\}^n \rightarrow \{0,1\}^l$를 수행할 수 있으며 따라서 어떤 임의의 고전 계산도 모두 수행할 수 있음을 증명할 수 있다. 이와 같이 임의의 계산을 수행할 수 있는 논리 게이트의 조합을 보편적 게이트(universal gate)라고 부른다. 즉 AND, OR, NOT과 FANOUT 은 보편적 게이트의 조합을 이룬다.

그러면 이 조합에 포함되는 게이트들의 수를 더 줄일 수가 있을까? 보편적 게이트의 최소 수는 무엇인가? 이미 언급한 바와 같이 OR는 NOT과 AND로 구성할 수 있으며, 또한 NOT은 NAND 와 FANOUT으로 구성할 수 있는 것을 보일 수 있으므로, NAND 와 FANOUT의 두 게이트만 있으면 임의의 계산이 가능하게 된다. 즉 고전 계산을 수행하기 위한 최소의 보편적 게이트의 조합 은 NAND와 FANOUT이 된다.

고전 계산의 보편적 게이트	NAND, FANOUT

4.1.3 가역 게이트

앞의 4.1.1에서 고려했던 대부분의 게이트들은 비가역 게이트(irreversible gate)이다. 다시 말하면 출력 비트를 알 때 입력 비트를 확실히 알 수가 없다. 비가역 게이트의 문제점은 란다우어의 원리(Landauer's principle)에 따라서 에너지를 방출한다는 것이다. 란다우어의 원리는 다음과 같다.

1비트의 정보가 지워질 때마다 최소한 $kT\ln 2$만큼의 에너지가 주

변으로 방출된다. (k는 볼츠만 상수, T는 주변의 온도) 즉 주변의 에너지
가 적어도 $kT\ln 2$만큼 상승한다.

즉 $n=2$, $l=1$의 게이트들은 한 번 수행될 때마다 적어도
$kT\ln 2$의 에너지를 방출한다. 이러한 문제점을 인식하면 자연히
"에너지의 소모가 없는 가역 게이트(reversible gate)를 구성하여
계산을 수행할 수 있을까?"의 질문이 나온다.

우리가 생각할 수 있는 가장 간단한 가역 게이트는 $n=1$,
$l=1$의 가역 단일 비트 게이트(single bit gate)로서 이미 고려했던
동일 게이트와 NOT 게이트가 바로 그러한 가역 게이트이다. 실
상 동일 게이트는 게이트라고 할 수도 없으므로 NOT 게이트가
유일한 가역 단일 비트 게이트이다.

다음에 생각할 수 있는 것이 $n=2$, $l=2$인 가역 2비트 게이
트인데 매우 중요한 CNOT 게이트(controlled NOT gate, CNOT gate)
가 여기에 속한다. CNOT 게이트는 가역 XOR 게이트라고 말할
수 있는데 조정 비트(control bit)라고 부르는 첫 번째 입력 비트의
값이 0인지 1인지에 따라 목표 비트(target bit)라고 부르는 두 번
째 입력 비트의 값을 그대로 놓아두든지 또는 바꾸든지를 결정
하여 출력시키는 게이트이다.

조정 비트를 c, 목표 비트를 t라고 하면 CNOT 게이트의 역할은

$$CNOT(c,t) = (c, c \oplus t) \tag{4.6}$$

로 나타낼 수 있다. CNOT 게이트의 회로 표현과 진실표는 각각
그림 4.9와 표 4.9에 있다. CNOT 게이트를 두 번 연속 적용하면
$(c,t) \rightarrow (c, c\oplus t) \rightarrow (c, c\oplus c\oplus t) = (c,t)$ 가 되어 동일 게이트가 된다.
즉 $CNOT^2 = 1$ 또는 $CNOT^{-1} = CNOT$이라고 쓸 수 있다.

표 **4.9** CNOT 게이트의 진실표.

c	t	$c'=c$	$t'=c \oplus t$
0	0	0	0
0	1	0	1
1	0	1	1
1	1	1	0

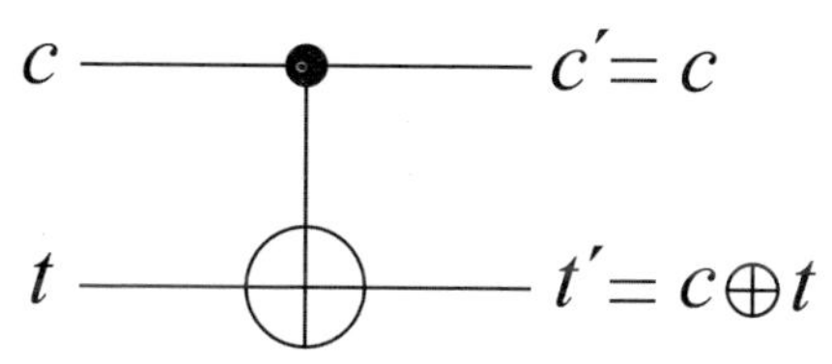

$$c \longrightarrow \bullet \longrightarrow c' = c$$

$$t \longrightarrow \oplus \longrightarrow t' = c \oplus t$$

그림 4.9 CNOT 게이트.

가역 게이트를 이용하는 고전 계산에서는 3비트 게이트가 중요하다. 왜냐하면 단일 비트와 2비트의 가역 게이트들만으로는 고전 계산을 위한 보편적 게이트를 구성할 수 없는 반면 3비트 게이트인 토폴리 게이트(Toffoli gate)는 보편적이라는 것을 증명할 수 있기 때문이다.

토폴리 게이트는 CCNOT 게이트(controlled controlled NOT gate, CCNOT gate, C^2-NOT gate)라고도 하는데 2개의 조정 비트 c_1, c_2와 1개의 목표 비트 t에 대해서 작업을 수행하는 게이트로서 두 조정 비트의 값이 모두 1일 때에만 목표 비트의 값을 바꾸는(즉 NOT을 가하는) 역할을 한다. 즉

$$\text{Toffoli}(c_1, c_2, t) = CCNOT(c_1, c_2, t) = (c_1, c_2, c_1 c_2 \oplus t) \tag{4.7}$$

이다.

토폴리 게이트의 회로 표현과 진실표는 그림 4.10과 표 4.10
에 있다. 토폴리 게이트의 특수 경우로서 목표 비트가 1이면($t = 1$)
게이트를 통과한 후의 값은 $c_1 c_2 \oplus 1$이 되어($t' = c_1 c_2 \oplus 1$) NAND 게
이트(NAND gate)가 된다. (그림 4.11)

표 4.10 토폴리 게이트의 진실표.

c_1	c_2	t	$c_1' = c_1$	$c_2' = c_2$	$t' = c_1 c_2 \oplus t$
0	0	0	0	0	0
0	0	1	0	0	1
0	1	0	0	1	0
0	1	1	0	1	1
1	0	0	1	0	0
1	0	1	1	0	1
1	1	0	1	1	1
1	1	1	1	1	0

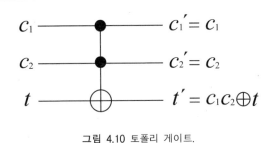

그림 4.10 토폴리 게이트.

첫 번째 조정 비트가 1이고 목표 비트가 0이면($c_1 = 1$, $t = 0$) 게이
트를 통과한 후의 목표 비트 값은 c_2가 되어($t' = c_2$) 두 번째 조정
비트 값이 목표 비트에 복사된 FANOUT 게이트가 된다. (그림 4.12)

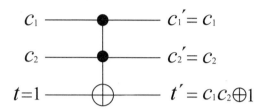

그림 4.11 토폴리 게이트를 이용한 NAND 게이트의 구현.

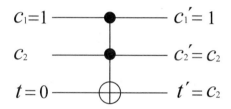

그림 4.12 토폴리 게이트를 이용한 FANOUT 게이트의 구현.

다시 말해 토폴리 게이트는 NAND와 FANOUT을 그 속에 포함하고 있다고 볼 수 있다. NAND와 FANOUT은 보편적 게이트의 조합이므로 토폴리 게이트는 그것만으로 고전 계산을 위한 보편적 게이트가 된다.

또 다른 3비트 보편적 게이트로 프레드킨 게이트(Fredkin gate)가 있다. 프레드킨 게이트는 C-EXCHANGE 게이트(controlled EXCHANGE gate, C-EXCHANGE gate) 또는 C-SWAP 게이트(controlled SWAP gate, C-SWAP gate)라고도 한다. 1개의 조정 비트 c와 2개의 목표 비트 t_1, t_2를 대상으로 작업을 수행하는 게이트로서 조정 비트의 값이 1일 때 두 목표 비트 값을 교환하는(즉 SWAP 또는 EXCHANGE를 수행하는) 역할을 한다. 프레드킨 게이트의 회로 표현과 진실표는 그림 4.13과 표 4.11에 있다.

표 4.11 프레드킨 게이트의 진실표.

c	t_1	t_2	c'	t_1'	t_2'
0	0	0	0	0	0
0	0	1	0	0	1
0	1	0	0	1	0
0	1	1	0	1	1
1	0	0	1	0	0
1	0	1	1	1	0
1	1	0	1	0	1
1	1	1	1	1	1

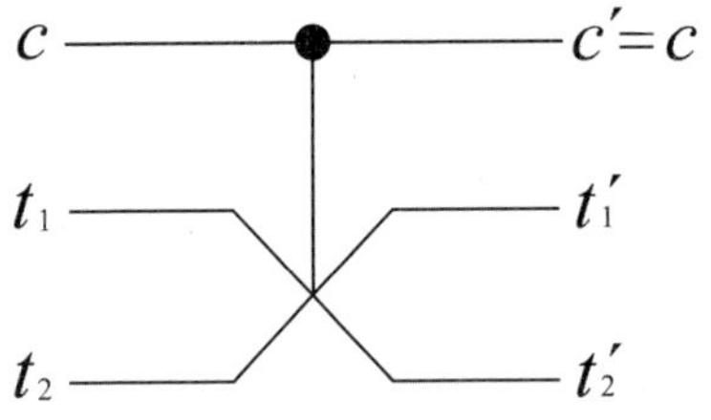

그림 4.13 프레드킨 게이트.

고전 계산의 보편적 가역 게이트	토폴리 게이트 또는 프레드킨 게이트

4.2 양자 전산 I: 양자 회로와 양자 게이트

고전 계산을 회로로 표현하는 것이 편리했던 것과 같이 양자
계산도 역시 양자 회로(quantum circuit)를 사용하여 기술하는 것이

편리하다. 양자 회로도 역시 양자 정보를 이동시켜 주는 전선과
양자 정보를 조작, 처리하는 양자 게이트(quantum gate)로 구성된
다. 전선이 고전 컴퓨터의 경우 전류가 흐르는 구리선이라면 양
자 컴퓨터의 경우에는 큐비트가 원자, 이온인지 광자인지에 따
라 자유 공간일 수도 있고 공동의 공간일 수도 있고 광섬유일
수도 있을 것이다.

　양자 게이트는 큐비트의 양자 상태를 원하는 대로 변화시켜
주기 위한 장치, 즉 원하는 유니터리 변환을 수행하기 위한 장치
로서 경우에 따라 빛의 편광을 변화시키는 편광기(polarizer, wave
plate)일 수도 있고 원자 또는 스핀의 상태를 변화시켜 주는 레
이저 펄스일 수도 있을 것이다.

　양자 컴퓨터의 작동을 이해하기 위해서는 우선 기본적인 양
자 게이트의 작동 원리를 알아야 한다. 따라서 뒤에서 기본 양
자 논리 게이트들을 살펴보기로 한다.

4.2.1 단일 큐비트 양자 게이트

　단일 큐비트 양자 게이트(single-qubit quantum gates)는 하나의 큐
비트의 양자 상태의 변환을 수행해 준다. 다시 말하면

$$\alpha|0> + \beta|1> \to \alpha'|0> + \beta'|1> \tag{4.8a}$$

의 변환, 행렬식으로 쓰면

$$\begin{pmatrix} \alpha \\ \beta \end{pmatrix} \to \begin{pmatrix} \alpha' \\ \beta' \end{pmatrix} \tag{4.8b}$$

의 변환을 수행해 준다. 따라서 단일 큐비트 양자 게이트는 일 반적으로 2×2 행렬 U로 나타낼 수 있다.

변환 전과 후의 상태는 규격화 조건을 만족하므로 행렬 U는 유니터리 행렬이어야 한다. 즉 단일 큐비트 양자 게이트는 2×2 유니터리 행렬로 나타내지며, 단일 비트 가역 고전 게이트가 NOT 게이트 하나밖에 없는 데 반하여 단일 큐비트 양자 게이트는 무한히 많은 수가 존재한다.

단일 큐비트 게이트의 간단한 예를 보도록 하자. 2×2 동일 행렬

$$I = \begin{pmatrix} 1 & 0 \\ 0 & 1 \end{pmatrix} \tag{4.9}$$

은 큐비트의 상태를 변화시키지 않는다. 이것은 고전 게이트의 동일 게이트와 유사하며 게이트라고 할 수도 없다. 1/2 스핀의 상태를 기술할 때 많이 쓰이는 파울리 스핀 행렬

$$\sigma_x = \begin{pmatrix} 0 & 1 \\ 1 & 0 \end{pmatrix}, \quad \sigma_y = \begin{pmatrix} 0 & -i \\ i & 0 \end{pmatrix}, \quad \sigma_z = \begin{pmatrix} 1 & 0 \\ 0 & -1 \end{pmatrix} \tag{4.10}$$

들은 모두 유니터리이며 양자 게이트가 될 수 있다.

이 중 σ_x 게이트는 상태 $|0>$을 $|1>$로, $|1>$을 $|0>$으로 바꾸는 비트 변환, 더 일반적으로는

$$\alpha|0> + \beta|1> \rightarrow \alpha|1> + \beta|0> \tag{4.11}$$

의 상태 변환을 주는 게이트로 양자 NOT 게이트(quantum NOT gate) 라고도 부른다. σ_z 게이트는 $|0> \rightarrow |0>$, $|1> \rightarrow -|1>$, 일반적으로

$$\alpha|0> + \beta|1> \to \alpha|0> - \beta|1> \tag{4.12}$$

의 변환을 준다. 즉 상태 $|1>$에 대해서 $180\,^\circ$ 의 위상 이동을 주는 게이트이다. σ_y 게이트는 $|0> \to i|1>$, $|1> \to -i|0>$, 일반적으로

$$\alpha|0> + \beta|1> \to i(\alpha|1> - \beta|0>) \tag{4.13}$$

의 변환을 준다. 즉 상태의 비트 변환뿐 아니라 상태 $|1>$에 대해서는 위상 이동까지 주는 게이트이다. (전체 위상은 의미 없으므로 무시한다.) 수학적으로 보면 이것은

$$\sigma_y = i\sigma_x\sigma_z = -i\sigma_z\sigma_x \tag{4.14}$$

의 관계식에서 기인한다.

파울리 스핀 행렬 $\sigma_x = \begin{pmatrix} 0 & 1 \\ 1 & 0 \end{pmatrix}$, $\sigma_y = \begin{pmatrix} 0 & -i \\ i & 0 \end{pmatrix}$, $\sigma_z = \begin{pmatrix} 1 & 0 \\ 0 & -1 \end{pmatrix}$

아다마르 게이트 $H = \dfrac{1}{\sqrt{2}}\begin{pmatrix} 1 & 1 \\ 1 & -1 \end{pmatrix}$

위상 이동 게이트 $S(\delta) = \begin{pmatrix} 1 & 0 \\ 0 & e^{i\delta} \end{pmatrix}$

양자 전산에서 가장 중요한 두 단일 큐비트 게이트는 아다마르 게이트 H와 위상 이동 게이트(phase shift gate) $S(\delta)$ 이다. 아다마르 게이트는

$$H = \frac{1}{\sqrt{2}} \begin{pmatrix} 1 & 1 \\ 1 & -1 \end{pmatrix} \tag{4.15}$$

로 정의된다.

$$H|0> = \frac{1}{\sqrt{2}} (|0>+|1>) \equiv |+> \tag{4.16a}$$

$$H|1> = \frac{1}{\sqrt{2}} (|0>-|1>) \equiv |-> \tag{4.16b}$$

이고, $H^2 = 1$, 즉 $H^{-1} = H$임을 알 수 있다. 따라서 $H|+> = |0>$, $H|-> = |1>$이다.

위상 이동 게이트는

$$S(\delta) = \begin{pmatrix} 1 & 0 \\ 0 & e^{i\delta} \end{pmatrix} \tag{4.17}$$

로 정의된다. $S(\delta)|0> = |0>$, $S(\delta)|1> = e^{i\delta}|1>$이므로 상태 $|1>$의 위상을 δ만큼 이동시키는 역할을 한다. 특히 $\delta = \pi$이면 σ_z 게이트가 된다. 즉

$$S(\pi) = \sigma_z \tag{4.18}$$

이다.

단일 큐비트의 일반적인 상태는 블로흐 구에서의 한 벡터에 대응된다. (2.6 참조) 따라서 이러한 상태의 변화를 야기하는 단일 큐비트 게이트는 일반적으로 블로흐 벡터(Bloch vector)의 회전에 대응된다. 따라서 임의의 단일 큐비트 게이트는 블로흐 벡터

의 회전을 나타내는 회전 연산자(rotation operator) $R_{\hat{n}}(\theta)$로 나타낼 수 있다. 즉 임의의 단일 큐비트 유니터리 연산자를 2×2 행렬 U라고 하면

$$U = e^{i\alpha} R_{\hat{n}}(\theta) \tag{4.19}$$

의 형태로 항상 표현할 수 있다. 여기서 단위 벡터 $\hat{n}$의 방향이 회전축의 방향이고 각 θ는 회전각을 의미한다.

회전 연산자에 대한 일반적인 표현은

$$R_{\hat{n}}(\theta) = \exp\{-i\theta\hat{n} \cdot \vec{\sigma}/2\} \tag{4.20}$$

이다. 여기서 $\vec{\sigma} = \sigma_x \hat{i} + \sigma_y \hat{j} + \sigma_z \hat{k}$이다. $A^2 = I$인 임의의 연산자에 대해

$$e^{iAx} = (\cos x)I + i(\sin x)A \tag{4.21}$$

의 관계가 성립함(x는 실수)을 이용하면 식 (4.20)은

$$R_{\hat{n}}(\theta) = \left(\cos\frac{\theta}{2}\right)I - i\left(\sin\frac{\theta}{2}\right)(n_x\sigma_x + n_y\sigma_y + n_z\sigma_z) \tag{4.22}$$

이 된다.

특히 회전축을 x, y, z축으로 잡는 경우

$$R_x(\theta) = e^{-i\theta\sigma_x/2} = \left(\cos\frac{\theta}{2}\right)I - i\left(\sin\frac{\theta}{2}\right)\sigma_x = \begin{pmatrix} \cos\dfrac{\theta}{2} & -i\sin\dfrac{\theta}{2} \\ i\sin\dfrac{\theta}{2} & \cos\dfrac{\theta}{2} \end{pmatrix} \tag{4.23a}$$

$$R_y(\theta)= e^{-i\theta\sigma_y/2} = \left(\cos\frac{\theta}{2}\right)I - i\left(\sin\frac{\theta}{2}\right)\sigma_y = \begin{pmatrix} \cos\dfrac{\theta}{2} & -\sin\dfrac{\theta}{2} \\ \sin\dfrac{\theta}{2} & \cos\dfrac{\theta}{2} \end{pmatrix} \qquad (4.23b)$$

$$R_x(\theta)= e^{-i\theta\sigma_z/2} = \left(\cos\frac{\theta}{2}\right)I - i\left(\sin\frac{\theta}{2}\right)\sigma_z = \begin{pmatrix} e^{-i\frac{\theta}{2}} & 0 \\ 0 & e^{i\frac{\theta}{2}} \end{pmatrix} \qquad (4.23c)$$

의 비교적 익숙한 관계식을 얻는다. 이 회전 연산자들은 회전각
이 π일 때 파울리 스핀 행렬이 된다. 즉

$$R_x(\pi)=-i\sigma_x, \ \ R_y(\pi)=-i\sigma_y, \ \ R_z(\pi)=-i\sigma_z \qquad (4.24)$$

이다. 또한 회전각이 $\dfrac{\pi}{2}$일 때

$$R_y\left(\frac{\pi}{2}\right)|0> \ = \frac{1}{\sqrt{2}}(|0>+|1>)=|+>,$$

$$R_y\left(\frac{\pi}{2}\right)|1> \ =-\frac{1}{\sqrt{2}}(|0>-|1>)=-|->,$$

$$R_x\left(\frac{\pi}{2}\right)|0> \ = \frac{1}{\sqrt{2}}(|0>-i|1>),$$

$$R_x\left(\frac{\pi}{2}\right)|1> \ = \frac{-i}{\sqrt{2}}(|0>+i|1>) \qquad (4.25)$$

이 되어 아다마르 연산자와 비슷한 결과를 주나 동일하지는 않
은 것을 볼 수 있다.

예를 들어 $|0>$의 상태에 아다마르 연산을 두 번 가하면 원래
의 상태 $|0>$으로 돌아오지만($H^2 = I$.) $R_y\left(\dfrac{\pi}{2}\right)$의 회전을 두 번 가

하면 $|1>$의 상태가 된다. ($\left[R_y\left(\dfrac{\pi}{2}\right)\right]^2 = R_y(\pi)$.) 실제로 아다마르 연산자는

$$H = \frac{1}{\sqrt{2}}(\sigma_x + \sigma_z) = e^{i\pi} R_x(\pi) R_y\left(\frac{\pi}{2}\right) \tag{4.26}$$

의 관계가 성립함을 쉽게 보일 수 있다. 즉 아다마르 연산은 의미 없는 전체 위상을 무시하면 y축에 대한 $90°$의 회전을 수행한 후 x축에 대한 $180°$의 회전을 수행하는 두 회전의 연속적인 연산과 같다.

이 두 연속적인 회전은 식 (4.19)와 같이 단일 회전으로 표시할 수 있으며, 실제로

$$H = e^{i\pi/2} R_{\hat{n}}(\pi), \quad \hat{n} = \left(\frac{1}{\sqrt{2}}, 0, \frac{1}{\sqrt{2}}\right) \tag{4.27}$$

이 된다. 아다마르 게이트가 x축, y축에 대한 회전과 밀접한 연관이 있다면 위상 이동 게이트는 z축에 대한 회전과 밀접한 연관이 있다. 실제로

$$R_z(\theta) = e^{-i\theta/2} S(\theta) \tag{4.28}$$

임을 쉽게 알 수 있다.

식 (4.19)는 임의의 단일 큐비트 유니터리 연산을 블로흐 구상에서의 하나의 회전으로 나타낼 수 있음을 말해 준다. 많은 경우에 상태의 변화를 임의의 방향에 대한 회전보다는 x, y 또는 z축에 대한 회전으로 나타내는 것이 편리한데, 이와 같은 표

현도 가능하다. 임의의 단일 큐비트 유니터리 연산을

$$U = e^{i\alpha} R_z(\beta) R_y(\gamma) R_z(\delta) \tag{4.29}$$

의 형태로 나타낼 수 있기 때문이다. 물론 각 α, β, γ, δ는 어떤 회전인지가 주어지면 정해진다. 3개의 유니터리 연산 A, B, C를

$$A = R_z(\beta) R_y\left(\frac{\gamma}{2}\right),$$

$$B = R_y\left(-\frac{\gamma}{2}\right) R_z\left(-\frac{\delta+\beta}{2}\right), \tag{4.30}$$

$$C = R_z\left(\frac{\delta-\beta}{2}\right)$$

라 하면

$$A\sigma_x B\sigma_x C = R_z(\beta) R_y(\gamma) R_z(\delta) \tag{4.31}$$

이므로 임의의 단일 큐비트 유니터리 연산은

$$U = e^{i\alpha} A\sigma_x B\sigma_x C \tag{4.32}$$

의 형태로 표시할 수도 있다. 여기서

$$ABC = I \tag{4.33}$$

가 됨을 쉽게 알 수 있다. 식 (4.31)은

$$\sigma_x^2 = I, \ \sigma_x R_y(\xi)\sigma_x = R_y(-\xi), \ \sigma_x R_z(\xi)\sigma_x = R_z(-\xi) \tag{4.34}$$

를 이용하여 쉽게 증명할 수 있다.

회전 연산자

$$R_x(\theta) = \begin{pmatrix} \cos\dfrac{\theta}{2} & -i\sin\dfrac{\theta}{2} \\ i\sin\dfrac{\theta}{2} & \cos\dfrac{\theta}{2} \end{pmatrix}, \ R_y(\theta) = \begin{pmatrix} \cos\dfrac{\theta}{2} & -\sin\dfrac{\theta}{2} \\ \sin\dfrac{\theta}{2} & \cos\dfrac{\theta}{2} \end{pmatrix},$$

$$R_z(\theta) = \begin{pmatrix} e^{-i\frac{\theta}{2}} & 0 \\ 0 & e^{i\frac{\theta}{2}} \end{pmatrix}$$

$$R_x(\pi) = -i\sigma_x, \ R_y(\pi) = -i\sigma_y, \ R_z(\pi) = -i\sigma_z$$

4.2.2 두 큐비트 양자 게이트: 조정 연산

4.2.2.1 CNOT 게이트

두 큐비트 양자 게이트(two-qubit quantum gates)란 한 큐비트의 상태 변화가 다른 큐비트의 상태에 따라 달라지는 변환을 주는 게이트로서, 양자 전산에서 매우 중요하다. 대표적인 두 큐비트 양자 게이트는 양자 조정 NOT 게이트, 즉 양자 CNOT 게이트로 고전 가역 CNOT 게이트와 매우 유사하다.

양자 CNOT 게이트(또는 간단히 CNOT 게이트라고도 부르겠다.)가 하는 역할은 첫 번째 큐비트, 즉 조정 큐비트(control qubit)의 상태가 $|0>$인지 $|1>$인지에 따라 두 번째 큐비트, 즉 목표 큐비트(target qubit)의 상태를 그대로 놓아두거나, σ_x를 가하여 바꾸는 것이다. 조정 큐비트의 상태를 $|c>$, 목표 큐비트의 상태를 $|t>$

라고 하면 양자 CNOT 게이트의 역할은

$$CNOT(|c>,|t>)=(|c>,|c\oplus t>) \qquad (4.35)$$

로 쓸 수 있다. 양자 CNOT 게이트의 역할은

$$|0>|0> \rightarrow |0>|0>, \ |0>|1> \rightarrow |0>|1>,$$
$$|1>|0> \rightarrow |1>|1>, \ |1>|1> \rightarrow |1>|0> \qquad (4.36)$$

의 변환으로 요약할 수 있다. 그림 4.14가 양자 CNOT 게이트의
회로 표현이다. NOT 연산은 양자 상태에 대한 σ_x 연산이므로
CNOT은 조정 σ_x 와 같다. 따라서 그림 4.14의 CNOT 게이트는 그
림 4.15의 조정 σ_x 게이트로도 나타낼 수 있다. 그림 4.14는 고전
가역 CNOT 게이트를 나타내는 그림 4.9와 마찬가지이긴 하지만
입력과 출력이 비트 값 대신 양자 상태로 주어지는 점이 다르다.

그림 4.14 (양자) CNOT 게이트.   **그림 4.15** 조정 σ_x 게이트.

또 하나 매우 중요한 다른 점은 양자 게이트이므로 일반적으로
두 상태 $|0>$ 과 $|1>$ 의 선형 중첩으로 주어지는 상태에도 적용될
수 있다는 점이다. 예를 들어

$$CNOT(a|0> + b|1>, |0>) = a|0>|0> + b|1>|1> \qquad (4.37)$$

의 관계식이 성립한다. 식 (4.37)은 CNOT 게이트가 얽힘 상태를 생성시킨다는 중요한 사실을 보여 준다. 또한 CNOT을 두 번 연속적으로 작동시키면 원래의 상태로 돌아가므로

$$CNOT^2 = 1 \qquad (4.38)$$

이라고 쓸 수 있으며, 이 관계를 회로로 나타내면 그림 4.16이 된다. 두 큐비트의 상태는 4차원 힐베르트 공간에 존재하므로 각 기본 상태들을 4열 벡터로 표시하면

$$|0>|0> = \begin{pmatrix} 1 \\ 0 \\ 0 \\ 0 \end{pmatrix}, \ |0>|1> = \begin{pmatrix} 0 \\ 1 \\ 0 \\ 0 \end{pmatrix},$$

$$\qquad (4.39)$$

$$|1>|0> = \begin{pmatrix} 0 \\ 0 \\ 1 \\ 0 \end{pmatrix}, \ |1>|1> = \begin{pmatrix} 0 \\ 0 \\ 0 \\ 1 \end{pmatrix}$$

으로 나타낼 수 있고 두 큐비트 게이트는 일반적으로 4×4 행렬로 표시된다. CNOT 게이트는

$$\begin{pmatrix} 1 & 0 & 0 & 0 \\ 0 & 1 & 0 & 0 \\ 0 & 0 & 0 & 1 \\ 0 & 0 & 1 & 0 \end{pmatrix} \qquad (4.40)$$

로 표시된다.

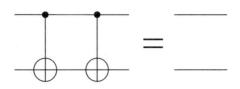

그림 4.16 $CNOT^2 = I.$

CNOT 게이트	$CNOT(|c>,|t>) = (|c>,|c \oplus t >)$

4.2.2.2 조정 위상 이동 게이트

두 큐비트 양자 게이트의 또 하나의 중요한 예가 조정 위상 이동 게이트(controlled phase-shift gate)이다. 이 게이트의 역할은 조정 큐비트의 상태가 $|0>$인지 $|1>$인지에 따라 목표 큐비트의 상태를 그대로 놓아두거나, 목표 큐비트의 상태에 위상 이동 게이트 $S(\delta)$를 가하는 것이다.

조정 위상 게이트의 역할은

$$|0>|0> \to |0>|0>, \quad |0>|1> \to |0>|1>,$$
$$|1>|0> \to |1>|0>, \quad |1>|1> \to e^{i\delta}|1>|1> \tag{4.41a}$$

또는 하나의 수식으로

$$|c>|t> \to (e^{i\delta})^{ct}|c>|t> \tag{4.41b}$$

의 변환으로 요약할 수 있다.

조정 위상 이동 게이트의 회로 표현은 그림 4.17에서 볼 수 있다. 4차원 힐베르트 공간에서는

$$\begin{pmatrix} 1 & 0 & 0 & 0 \\ 0 & 1 & 0 & 0 \\ 0 & 0 & 1 & 0 \\ 0 & 0 & 0 & e^{i\delta} \end{pmatrix} \tag{4.41c}$$

로 표시된다.

조정 위상 이동 게이트에 의한 변환은 조정 큐비트와 목표 큐비트에 대해 대칭이므로 두 큐비트 중 어느 큐비트를 조정 큐비트로 잡느냐에 상관이 없으며 따라서 그림 4.18의 회로 등식이 성립하고 이 그림의 가장 오른쪽 그래프와 같이도 표시한다.

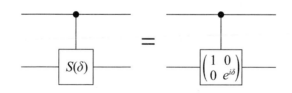

그림 4.17 조정 위상 이동 게이트.

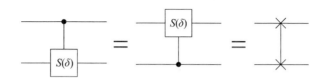

그림 4.18 조정 위상 이동 게이트 회로 등식.

조정 위상 이동 게이트	$\lvert c > \lvert t > \; \rightarrow (e^{i\delta})^{ct}\lvert c > \lvert t >$

조정 위상 이동 게이트에서 $\delta = \pi$이면 그림 4.19의 조정 σ_z 게이트(controlled σ_z 게이트)가 된다. 즉 조정 σ_z 게이트는 조정 위상 이동 게이트의 특수 경우에 해당하며

$$|0> |0> \to |0> |0>, \quad |0> |1> \to |0> |1>,$$
$$|1> |0> \to |1> |0>, \quad |1> |1> \to -|1> |1> \tag{4.42a}$$

또는 하나의 수식으로

$$|c> |t> \to (-1)^{ct} |c> |t> \tag{4.42b}$$

로 표시된다.

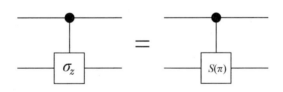

그림 4.19 조정 σ_z 게이트.

4.2.2.3 조정 U 게이트

두 큐비트 조정 게이트는 일반적으로 그림 4.20의 조정 U 게이트(controlled U 게이트)로 나타낼 수 있다. 조정 U 게이트는 조정 큐비트의 상태가 $|0>$인지 $|1>$인지에 따라 목표 큐비트에 동일 연산 I, 또는 연산 U를 가한다. 조정 U 게이트는 수식으로

$$|c> |t> \rightarrow |c> U^q|t> \tag{4.43}$$

로 표현할 수 있다.

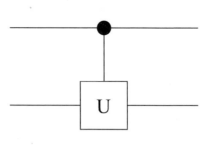

그림 4.20 조정 U 게이트.

물론 $U=\sigma_x$이면 CNOT 게이트가 되고 $U=S(\delta)$이면 조정 위상 이동 게이트가 된다.

4.3 양자 전산 II: 회로 등식과 보편적 양자 게이트

4.3.1 회로 등식 I

그림 4.16과 4.18은 회로 등식(circuit identities)의 예로서 이러한 회로 등식은 양자 게이트를 이해하는 데 많은 도움이 된다. 여기서는 대표적인 회로 등식들을 몇 개 더 소개한다.

그림 4.21은 두 번째 큐비트를 조정 큐비트로 잡았을 때의 CNOT 연산이 첫 번째 큐비트를 조정 큐비트로 선택하는 보통의 CNOT과 어떤 관계가 있는지를 보여 준다. 회로 등식의 우변에 $|0> |0>$의 상태를 입력하면

$$|0> |0> \to \frac{1}{2}(|0>+|1>)(|0>+|1>)$$

$$\to \frac{1}{2}(|0> |0>+|0> |1>+|1> |1>+|1> |0>)$$

$$= \frac{1}{2}(|0>+|1>)(|0>+|1>) \to |0> |0> \qquad (4.44)$$

가 되어 좌변에 $|0> |0>$의 상태를 입력한 결과와 같게 된다. 같은 방법으로 $|0> |1>$, $|1> |0>$, $|1> |1>$의 상태를 입력한 경우에도 각각 같은 결과가 나오는 것을 보이면 이 회로 등식이 증명된다.

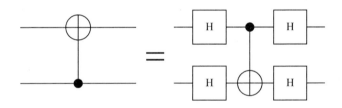

그림 4.21 CNOT 회로 등식.

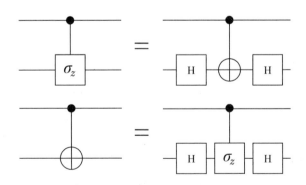

그림 4.22 CONT 게이트와 조정 σ_z 게이트의 관계.

그림 4.22는 CNOT과 조정 σ_z게이트와의 관계를 보여 준다. 이 경우도 그림 4.21의 증명과 같은 방식으로 증명할 수 있다.

그림 4.23의 좌변은 CNOT 게이트를 연속 3번 가하는데 두 번째 CNOT 게이트에서는 조정 게이트를 두 번째 큐비트로 선택하는 연산이고, 우변은 첫 번째 큐비트(조정 큐비트)와 두 번째 큐비트(목표 큐비트)의 양자 상태를 바꾸는 SWAP 게이트이다.

그림 4.23은 이 두 연산이 같다는 것을 말해 준다. 좌변의 입력 상태를 $|c> |t>$라 하고 그 변환 과정을 보면

$$|c> |t> \to |c> |c\oplus t> \to |c\oplus c\oplus t> |c\oplus t>$$

$$= |t> |c\oplus t> \to |t> |t\oplus c\oplus t> \ = |t> |c> \tag{4.45}$$

가 되어 결과가 SWAP 게이트의 변환 결과와 같음을 알 수 있다.

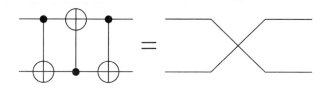

그림 4.23 CNOT 게이트와 SWAP 게이트의 관계.

그림 4.24의 좌변은

$$|0> |0> \to |0> |1>, \ |0> |1> \to |0> |0>,$$

$$|1> |0> \to |1> |0>, \ |1> |1> \to |1> |1> \tag{4.46}$$

의 변환을 준다. 즉 조정 큐비트의 상태가 $|1>$일 때는 목표 큐비트의 상태를 그대로 놔두고 조정 큐비트의 상태가 $|0>$일 때

에는 목표 큐비트의 상태를 바꾸는 변환을 준다. 이것은 CNOT 의 변형된 연산인데 그림 4.24의 우변과 같이 조정 큐비트에 속이 빈 원으로 조정 연산을 표시해 준다.

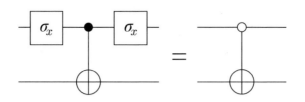

그림 4.24 회로 등식.

그림 4.25는 조정 위상 이동 게이트를 CNOT 게이트와 단일 큐비트 위상 이동 게이트들의 조합으로 구성할 수 있음을 보여 준다. 이 회로 등식도 입력 상태가 각각 $|0>|0>$, $|0>|1>$, $|1>|0>$, $|1>|1>$일 때에 성립함을 보임으로써 증명할 수 있다.

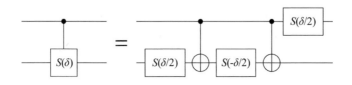

그림 4.25 조정 위상 이동 게이트 회로 등식.

CNOT 게이트가 얽힘 상태를 생성시킨다는 사실은 이미 언급했는데, 그림 4.26의 아다마르 게이트와 CNOT 게이트의 결합은

$$|0>|0> \rightarrow |\Phi^+>, \quad |0>|1> \rightarrow |\Psi^+>,$$
$$|1>|0> \rightarrow |\Phi^->, \quad |1>|1> \rightarrow |\Psi^-> \tag{4.47}$$

의 변환을 주는 것을 쉽게 알 수 있다. 즉 그림 4.26의 회로는
벨 상태를 생성시키는 회로이다.

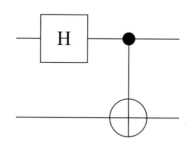

그림 4.26 벨 상태 생성 회로.

4.3.2 다수 큐비트 양자 게이트

뒤에 이야기하겠지만 양자 전산에서는 단일 큐비트 게이트들
과 두 큐비트 CNOT 게이트만으로 모든 유니터리 연산이 가능하
다. 이것은 단일 큐비트 게이트들과 CNOT 게이트만 있으면 임의
의 어떤 다수 큐비트 양자 게이트(multiple-qubit quantum gates)를 구
성할 수 있다는 의미가 된다. 따라서 다수 큐비트 양자 게이트는
그 자체의 독립적 중요성은 없다고 볼 수 있다. 여기서는 간단히
다수 큐비트 양자 게이트들의 몇 개의 예를 보도록 한다.

세 큐비트 양자 게이트의 가장 대표적인 예는 토폴리 게이트
로 고전 전산에서의 토폴리 게이트와 매우 유사하다. CCNOT 게
이트, 즉 $C^2 - \text{NOT}$ 게이트, 또는 $C^2 - \sigma_x$게이트라고도 부를 수 있
는데 첫 번째와 두 번째 큐비트의 상태가 모두 $|1>$인 경우에만
세 번째 큐비트의 상태를 바꾸는 연산을 수행하는 게이트이다.
토폴리 게이트는 그림 4.27의 회로로 표시한다.

토폴리 게이트를 NOT 대신 일반적인 연산 U의 경우로 일반화시키면 그림 4.28의 C^2-U 게이트가 되고 이를 n개의 조정 큐비트에 대한 게이트로 일반화시키면 C^n-U 게이트가 된다. n개의 조정 큐비트 중 일부는 그 상태가 $|0>$인 조건하에서 목표 큐비트의 상태를 바꾸게 할 수도 있다.

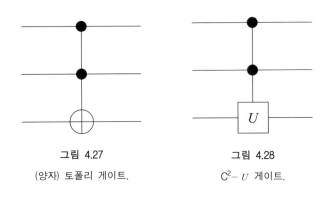

그림 4.27
(양자) 토폴리 게이트.

그림 4.28
C^2-U 게이트.

예를 들어 조정 큐비트가 3개인 그림 4.29의 게이트는 첫 번째 큐비트의 상태가 $|0>$, 두 번째 큐비트의 상태가 $|1>$, 세 번째 큐비트의 상태가 $|0>$인 경우에만 목표 큐비트의 상태에 연산 U를 수행한다.

토폴리 게이트는 CNOT 게이트에 조정 게이트를 하나 더 추가한 것인데 대신 목표게이트를 하나 더 추가하면 그림 4.30의 게이트가 된다. 이 경우는 조정 큐비트의 상태가 $|1>$일 때 두 목표 큐비트의 상태를 모두 바꾸어 주는 연산을 하게 된다.

가장 일반적으로는 조정 큐비트가 n개, 목표 큐비트가 k개인 그림 4.31의 C^n-U 게이트를 생각할 수 있는데 n개의 조정 큐비트의 상태가 모두 $|1>$일 때 k개의 목표 큐비트를 대상으로 U의 연산을 수행하는 게이트이다. 이 게이트는

$$|c_1> \cdots |c_n> |t_1> \cdots |t_k> \rightarrow |c_1> \cdots |c_n> U^{c_1 c_2 \cdots c_n}|t_1> \cdots |t_k> \quad (4.48)$$

로 나타낼 수 있다.

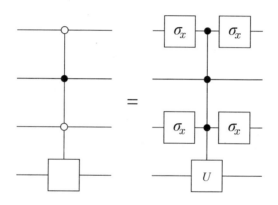

그림 4.29 변형된 $C^2 - U$ 게이트.

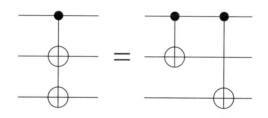

그림 4.30 목표 게이트가 2개인 CNOT 게이트.

4.3.3 회로 등식 II

여기서는 회로 등식들을 더 소개하도록 한다. 이 회로 등식들은 추후에 보편적 양자 게이트(universal quantum gates) 논의에 많은 도움을 준다. 많은 경우에 회로 등식들을 증명 없이 소개하는데 이들은 약간의 계산을 거치면 큰 어려움 없이 증명된다.

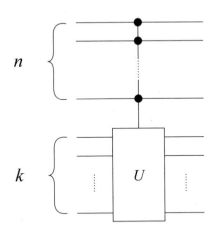

그림 4.31 조정 큐비트가 *n*개이고 목표 큐비트가 *k*개인
$C^n - U$ 게이트.

그림 4.32의 회로 등식은 임의의 단일 큐비트 연산 U에 대한
조정 U 게이트가 단일 큐비트 게이트들과 CNOT 게이트들만으
로 구성될 수 있음을 보여 준다. 여기서 A, B, C는 각각 식
(4.30)에 정의된 것과 같이 각 β, γ, δ에 의해 결정되는 단일 큐
비트 게이트로 $ABC = I$를 만족시키며 각 α, β, γ, δ는 U가 정
해지면 결정되는 각들이다.

그림 4.33은 세 큐비트 게이트인 $C^2 - U$ 게이트가 CNOT을 포
함한 두 큐비트 조정 게이트들의 조합으로 구성될 수 있다는
것을 보여 준다. 여기서 V는 $V^2 = U$를 만족시키는 유니터리
연산이다.

그런데 그림 4.32에 따라 두 큐비트 조정 V 게이트는 단일
큐비트 게이트들과 CNOT 게이트들만으로 구성될 수 있으므로
$C^2 - U$ 게이트도 단일 큐비트 게이트들과 CNOT 게이트들만으
로 구성될 수 있다는 중요한 결론을 얻는다.

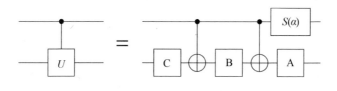

그림 4.32 조정 U 게이트.

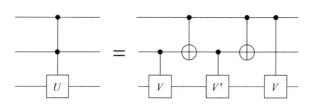

그림 4.33 $C^2 - U$ 게이트.

그림 4.33의 특수 경우로서 U가 NOT인 경우, 즉 $U = \sigma_x$인 경우에는 $C^2 - U$ 게이트는 C^2-NOT 게이트, 즉 토폴리 게이트가 되고, 이때 $V = (1-i)(I+i\sigma_x)/2 = HS(-\frac{\pi}{2})H$가 됨을 쉽게 계산할 수 있다. 따라서 토폴리 게이트에 대해서는 그림 4.34가 성립한다. $C^2 - U$ 게이트의 특수 경우이므로 당연히 토폴리 게이트도 단일 큐비트 게이트들과 CNOT 게이트들만으로 구성할 수 있다. 이것은 고전 계산의 경우와 확연히 다른 흥미 있는 결과이다.

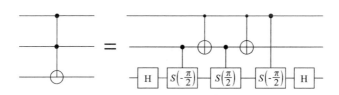

그림 4.34 토폴리 게이트.

고전 계산의 경우에는 단일 비트 고전 가역 게이트들과 두
비트 고전 가역 게이트들만으로는 토폴리 게이트를 구성할 수
없다는 것이 알려져 있다. 이미 언급한 대로 고전 가역 계산에
서는 토폴리 게이트는 보편적 게이트이나 단일 비트 게이트들
과 두 비트 게이트들로서는 보편적 게이트를 구성할 수 없다.
그런데 양자 계산에서는 토폴리 게이트를 단일 비트 게이트들
과 두 비트 게이트들로 구성할 수 있으며, 나중에 보이겠지만
이 게이트들로 보편적 게이트를 구성할 수 있게 된다.

그림 4.35는 $C^5 - U$ 게이트를 4개의 보조 큐비트(ancilla qubit)의
도움을 받아 토폴리 게이트와 조정 U 게이트로 구성할 수 있음
을 보여 준다. 토폴리 게이트는 단일 큐비트 게이트들과 두 큐
비트 게이트들로 구성할 수 있으므로 $C^5 - U$ 게이트 역시 마찬
가지이다. 꼭 보조 큐비트가 없어도 일반적으로 $C^n - U$ 게이트를
단일 큐비트 게이트들과 두 큐비트 게이트들로 구성할 수 있음
을 보일 수 있다.

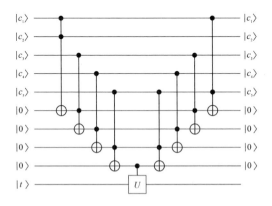

그림 4.35 $C^5 - U$ 게이트.

4.3.4 보편적 양자 게이트

고전 계산에서는 NAND와 FANOUT이 보편적 게이트를 구성하며, 가역 게이트로서는 토폴리 게이트가 보편적 게이트가 된다.

그러면 양자 계산에서의 보편적 게이트는 어떻게 구성되는가? 이 물음에 대한 답은 앞에서 논의한 회로 등식들을 바탕으로 다음과 같은 단계의 논리를 거쳐 알아낼 수 있다.

(1) 그림 4.32에서 보듯이 임의의 두 큐비트 조정 U 연산은 단일 큐비트 게이트들과 CNOT 게이트들로 수행될 수 있다.

(2) 그림 4.34에서 보듯이 토폴리 게이트는 단일 큐비트 게이트, CNOT 게이트와 조정 U 게이트들로 구성할 수 있다.

(3) 그림 4.35에서 보듯이 $C^n - U$ 게이트($n > 2$)는 토폴리 게이트와 조정 U 게이트로 구성할 수 있다.

(4) n개의 큐비트의 2^n차원 힐베르트 공간에 작용하는 임의의 유니터리 연산자 $U^{(n)}$은 $C^n - U$ 게이트들로 구성할 수 있다.

(1)~(4)의 논리 단계를 거치면 임의의 연산자 $U^{(n)}$을 단일 큐비트 게이트들과 CNOT 게이트들로 구성할 수 있다는 결론을 얻게 된다. 따라서 보편적 양자 게이트를 단일 큐비트 게이트들과 CNOT 게이트로 구성할 수 있다고 말할 수 있다.

하지만 문제는 연속적인 게이트들의 조합이라는 점이다. 수행하고자 하는 계산에 따라 다른 값의 회전각을 갖는 회전 연산자들이 필요할 것이기 때문이다. 그러면 진정한 의미에서의 보편적 양자 게이트, 다시 말하면 유한한 수의 게이트들로 구성된 보편적 양자 게이트의 조합이 존재하는가? 이 물음에 대한 답은 근사적으로는 그러한 조합이 존재한다는 것이다. 이를 엄

밀히 증명하기보다 그럴 수 있다는 힌트를 주는 간단한 예를
살펴보기로 한다.

위상 이동 게이트 $S(\frac{\pi}{4}) = e^{i\frac{\pi}{8}} R_z(\frac{\pi}{4})$는 z축에 대한 $\frac{\pi}{4}$의 회전
을 준다. 그런데

$$HS(\frac{\pi}{4})H = e^{i\frac{\pi}{8}} \begin{pmatrix} \cos\frac{\pi}{8} & -i\sin\frac{\pi}{8} \\ -i\sin\frac{\pi}{8} & \cos\frac{\pi}{8} \end{pmatrix} \tag{4.49}$$

의 연산은 x축에 대한 $\frac{\pi}{4}$의 회전을 준다. 다시 말하면 주어진
회전 연산자에 아다마르 연산을 결합시키면 회전축을 바꿀 수
있다. 더 나아가서

$$S(\frac{\pi}{4})HS(\frac{\pi}{4})H$$
$$= e^{i\frac{\pi}{4}}(\cos^2\frac{\pi}{8}\ I - i[\cos\frac{\pi}{8}\ (\sigma_x + \sigma_z) + \sin\frac{\pi}{8}\ \sigma_y]\sin\frac{\pi}{8}) \tag{4.50}$$

의 연산은 $\hat{n} = (\cos\frac{\pi}{8}, \sin\frac{\pi}{8}, \cos\frac{\pi}{8})$ 방향의 축에 대해 각 θ만큼의
회전을 준다. 여기서 각 θ는 $\cos\frac{\theta}{2} = \cos^2\frac{\pi}{8}$ 을 만족시키는 각으
로 대략 6.28°가 된다.

여기서 보면 회전 연산자와 아다마르 연산을 여러 개씩 결합
하면 임의의 방향의 축에 대한 임의의 각도의 회전이 적어도
근사적으로는 가능할 것이란 추측을 할 수 있다. 실제로 임의의

축에 대한 임의의 각도의 회전은 위상 이동 게이트 $S(\frac{\pi}{4})$와 아다마르 게이트의 조합을 사용하여 임의의 정확도를 가지고 수행할 수 있다는 것을 증명할 수 있다.

그런데 식 (4.19)에서 보듯이 단일 큐비트 연산은 사실상 회전이므로 모든 임의의 단일 큐비트 연산을 원하는 정확도 안에서 $S(\frac{\pi}{4})$와 아다마르 게이트의 조합으로 수행할 수 있다는 것을 알 수 있다. 이제 보편적 양자 게이트를 어떻게 구성할 수 있는지를 논의할 수 있는 단계에 도달했다. 앞에서 보편적 양자 게이트는 단일 큐비트 양자 게이트와 CNOT의 조합들로 구성될 수 있음을 알았다. 그런데 임의의 단일 큐비트 양자 게이트는 근사적으로 위상 이동 게이트 $S(\frac{\pi}{4})$와 아다마르 게이트의 조합으로 구성할 수 있으므로, 결론적으로 보편적 양자 게이트는 CNOT, $S(\frac{\pi}{4})$, 아다마르 게이트로 구성될 수 있다. 이 세 종류의 게이트들만 있으면 임의의 양자 연산을 원하는 정확도 안에서 수행할 수 있다.

보편적 양자 게이트: CNOT, $S(\frac{\pi}{4})$, 아다마르 게이트

4.3.5 양자 덧셈

양자 회로를 사용하여 어떻게 덧셈을 수행할 수 있을까? 양자 덧셈(quantum adder)은 3개의 레지스터를 사용하여 $|a, b, 0>$

$\rightarrow |a, b, a+b>$의 방법으로 수행할 수도 있지만 두 레지스터를 사용하는 $|a, b> \rightarrow |a, a+b>$의 방법이 더 수월하다. 이 방법도 가역적이므로 양자 회로로 구현이 가능하다. 더하고자 하는 두 수 a, b가 모두 n비트 정수라 하자. 즉

$$a = a_{n-1}2^{n-1} + a_{n-2}2^{n-2} + \cdots + a_1 2 + a_0 = a_{n-1}a_{n-2} \cdots a_1 a_0 \quad (4.51a)$$

$$b = b_{n-1}2^{n-1} + b_{n-2}2^{n-2} + \cdots + b_1 2 + b_0 = b_{n-1}b_{n-2} \cdots b_1 b_0 \quad (4.51b)$$

우리가 보통 덧셈을 하는 방식대로 낮은 자릿수부터 시작하여 차례로 덧셈을 해 나가려면, i번째 자릿수의 덧셈은 a_i와 b_i, 그리고 그보다 낮은 자릿수의 덧셈에서 올라온 올림수(carry) c_i를 더하는 작업을 수행하여 덧셈의 결과로 나온 숫자의 i번째 자릿수의 숫자 s_i와 $(i+1)$번째 자릿수의 덧셈으로 올라갈 올림수 c_{i+1}을 출력 비트로 내주어야 한다. 여기서

$$s_i = a_i \oplus b_i \oplus c_i \quad (4.52)$$

이며

$$c_{i+1} = (a_i \wedge b_i) \vee (c_i \wedge a_i) \vee (c_i \wedge b_i) \quad (4.53)$$

이 된다. 여기서 $\vee$와 $\wedge$은 각각 AND와 OR를 의미한다. (c_{i+1}은 a_i, b_i, c_i 중 하나 또는 셋이 1일 때 1의 값을 갖는다.) 따라서 s_i는 그림 4.36의 회로로 계산될 수 있다.

그리고 c_{i+1}은 보조 큐비트를 하나 더 사용하여 그림 4.37과 같이 계산할 수 있다. 모든 자릿수에 대한 덧셈을 완수하려면 물론 각각의 자릿수에 대한 이 회로들을 알맞게 결합해야 한다.

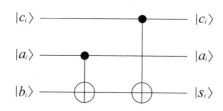

그림 4.36 $s_i = a_i \oplus b_i \oplus c_i$의 덧셈 계산 회로.

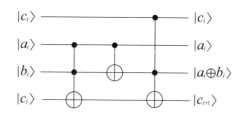

그림 4.37 올림수 c_{i+1}을 출력 비트로 주는 회로.

4.4 양자 전산 III: 함수 계산

4.4.1 양자 알고리듬

n비트 고전 컴퓨터의 핵심 구성 요소는 $f: \{0,1\}^m \rightarrow \{0,1\}^l$ $(m, l \leq n)$의 작업을 수행해 주는 논리 게이트이다. 임의의 계산은 n비트의 상태를 계산의 초기 조건에 맞게 준비시키는 데에서 출발하여 그 계산에 맞는 변환을 논리 게이트들이 수행하게 한 후 n비트의 마지막 상태를 측정함으로써 완수된다.

n개의 비트의 임의의 상태는

$$(i_{n-1}, \cdots, i_1, i_0) = i_{n-1}2^{n-1} + \cdots + i_1 2 + i_0 \quad (i_j = 0 \text{ or } 1) \tag{4.54}$$

로 표시된다. 즉 2^n개의 가능한 상태 중 어느 한 상태를 준비하고 그중의 어느 한 상태가 결과로 나오는지를 보는 것이 계산의 시작과 끝이다.

n큐비트 양자 컴퓨터의 경우에는 초기 상태의 준비, 논리 게이트의 작동, 마지막 상태의 측정으로 구성되는 계산 과정을 큐비트와 양자 논리 게이트를 이용하여 수행한다. n개의 큐비트의 임의의 상태는 이미 4장의 처음 부분에서 말했듯이 식 (4.1)로 주어지며 2^n차원 힐베르트 공간에 존재한다. 임의의 상태가 식 (4.1)과 같이 선형 중첩으로 표시된다는 양자 물리학의 기본 원리가 양자 컴퓨터에는 매우 중요한 의미가 있다. 각각의 고유 상태 $|i_{n-1}, \cdots, i_1, i_0>$가 하나의 계산의 초기 조건에 해당한다면 식 (4.1)의 선형 중첩의 상태는 2^n개의 초기 조건의 선형 중첩이 되기 때문이다. 따라서 n개의 큐비트를 식 (4.1)의 상태에 준비하고 이 상태의 변화를 따라간다는 것은 2^n개의 계산을 한꺼번에 한다는 의미가 된다.

이 양자 병렬성은 이미 4장의 처음 부분에서 언급한 바 있다. 고전 컴퓨터를 사용한다면 각각의 초기 조건을 n비트로 준비하여 2^n번의 계산을 따로 수행해야 되는데 양자 컴퓨터에서는 한 번의 준비로 수행할 수 있다는 의미가 된다. 이 양자 병렬성이 바로 양자 컴퓨터가 고전 컴퓨터와는 비할 수 없이 큰 계산 속도를 보여 주는 가능성을 갖게 해 주는 원인이 된다.

그러나 여기에 문제가 있다. 계산이 끝난 후의 n큐비트의 상태도 식 (4.1)과 같은 중첩 상태로 주어질 것인데 이 상태에 대한 측정을 수행하면 중첩을 이루는 상태들 중 하나만을 보게 된다는 것이다. 다시 말해서 n큐비트의 양자 컴퓨터는 2^n개의 계산을 한꺼번에 수행하지만 마지막 단계에서의 측정은 그중 1개의 계산에 해당하는 답만을 준다는 것이다. 따라서 양자 컴퓨터의 양자 병렬성을 이용하여 엄청나게 큰 계산 속도를 끌어내자면 마지막 중첩 상태에 담겨 있는 정보를 제대로 뽑아내는 효율적인 방법을 고안해 내야 한다. 여기에 양자 알고리듬의 중요성이 있다.

양자 알고리듬의 두 대표적인 예인 그로버 알고리듬[2]과 쇼어 알고리듬[3] [4]은 각각 자료 검색(data search)과 소인수 분해의 문제에서 양자 병렬성을 효과적으로 이용하는 방법을 찾아낸 예가 된다. 이 두 알고리듬에 대해서는 이 장의 뒷부분(4.6, 4.8)에서 설명하기로 한다. 아마도 양자 병렬성을 성공적으로 이용하는 알고리듬의 가장 간단한 예는 도이치 알고리듬[5]일 것이다. 실용적인 가치는 적지만 양자 알고리듬을 이해하는 데 가장 좋은 예가 된다. 이에 대해서는 4.5에서 설명할 것이다.

4.4.2 함수 계산

여기서는 함수 $f: \{0,1\}^n \to \{0,1\}$을 계산하는 양자 회로 구성에 대해 알아보기로 한다. 이러한 2진 함수(binary function)는 함수 계산의 기본이 되는데, 어떤 임의의 함수도 이 2진 함수들로 구성할 수 있기 때문이다.

가장 간단한 경우, 즉 $n=1$인 경우는 표 4.12에서 보는 바와 같이 4개의 함수가 존재한다. 이 함수들을 계산해 주는 회로는 그림 4.38과 같이 두 전선으로 구성할 수 있다. 첫 번째 큐비트에 $f(x)$의 x값($x=0$ 또는 1)에 해당하는 상태 $|x>$가 입력되고 두 번째 큐비트에 $|0>$이 입력될 때 두 번째 큐비트의 출력 상태가 $|f(x)>$가 됨을 쉽게 알 수 있다.

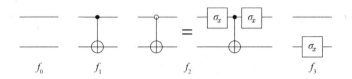

그림 4.38 함수 $f_n : \{0,1\} \to \{0,1\}$ 을 계산하는 회로.

즉 그림 4.38의 회로는

$$|x> |y> \to |x> |f(x) \oplus y> \qquad (4.55)$$

를 수행해 주는 회로로 $y = 0$일 때 두 번째 큐비트의 출력 상태를 측정하여 $f(x)$를 알 수 있다.

표 4.12 함수 $f(x) : \{0,1\} \to \{0,1\}$.

x	f_0	f_1	f_2	f_3
0	0	0	1	1
1	0	1	0	1

$n = 2$인 경우는 $2^4 = 16$개의 가능한 함수가 있다. 이 함수들 $f(x_1, x_0)$은 표 4.13에 열거되어 있고 각각의 함수들을 계산해 주는 회로는 쉽게 구성할 수 있다. (그림 4.39에 몇 개의 함수에 대한 회로의 예가 있다.) 이 회로들은

$$|x_1> |x_0> |y> \to |x_1> |x_0> |f(x_1, x_0) \oplus y> \qquad (4.56)$$

의 변환을 수행해 주며 $y=0$일 때 세 번째 큐비트의 출력 상태를 측정하여 $f(x_1, x_0)$를 알 수 있게 된다.

표 4.13 함수 $f(x) : \{0,1\}^2 \to \{0,1\}$.

x_1	x_0	f_0	f_1	f_2	f_3	f_4	f_5	f_6	f_7	f_8	f_9	f_{10}	f_{11}	f_{12}	f_{13}	f_{14}	f_{15}
0	0	0	0	0	0	0	0	0	0	1	1	1	1	1	1	1	1
0	1	0	0	0	0	1	1	1	1	0	0	0	0	1	1	1	1
1	0	0	0	1	1	0	0	1	1	0	0	1	1	0	0	1	1
1	1	0	1	0	1	0	1	0	1	0	1	0	1	0	1	0	1

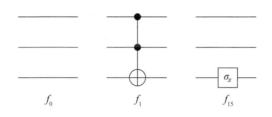

$$f_0 \qquad f_1 \qquad f_{15}$$

그림 4.39 함수 $f_n : \{0,1\}^2 \to \{0,1\}$ 중 f_0, f_1, f_2를 계산하는 회로.

이제 $n=1$인 경우로 다시 돌아가서 그림 4.40의 회로 표현을 소개하도록 하자. 그림 4.40에서 U_f로 표시한 상자는 식 (4.55)를 수행해 주는 회로를 나타내는 것으로 앞에서 설명한 바와 같이 $f(x)$에 따라 그림 4.38 중의 한 회로가 된다.

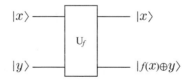

$$|x\rangle \longrightarrow \boxed{U_f} \longrightarrow |x\rangle$$
$$|y\rangle \longrightarrow \phantom{\boxed{U_f}} \longrightarrow |f(x) \oplus y\rangle$$

그림 4.40 함수 $f : \{0,1\} \to \{0,1\}$을 계산하는 회로.

여기서는 정확한 회로를 명시하지 않고 일반적으로 입력 상태와 출력 상태를 연결해 주는 회로라는 의미로 상자로 나타내고 블랙박스(black box) 또는 오라클(oracle)이라고 부른다.

수식적으로는

$$U_f |x> |y> \rightarrow |x> |f(x) \oplus y> \tag{4.57}$$

로 표현할 수 있다. 여기서 U_f를 가하기 전에 첫 번째 큐비트에 아다마르 게이트를 작동시키는 그림 4.41의 회로를 생각하자.

입력 큐비트 상태가 $|0> |0>$이라면

$$|0> |0> \rightarrow \frac{1}{\sqrt{2}} (|0> |0> + |1> |0>) \tag{4.58}$$

$$\rightarrow \frac{1}{\sqrt{2}} (|0> |f(0)> + |1> |f(1)>)$$

의 변환을 겪는 것을 쉽게 알 수 있다. 이 간단한 예에서 이미 양자 병렬성이 나타남을 볼 수 있다. 하나의 회로인데 그 출력 상태를 보면 $f(0)$과 $f(1)$이 모두 포함되어 있기 때문이다. 다시 말해서 하나의 $f(x)$회로를 사용했는데 두 x값 0과 1에 대한 f의 값을 동시에 계산한 결과를 얻기 때문이다.

여기서 물론 아다마르 게이트의 역할은 블랙박스에 입력하는 상태를 중첩 상태로 만들어서 양자 병렬성을 이용하게 만들어준 것이다. 이러한 양자 병렬성은 앞의 그림 4.41을 일반화시켜 $f(x) : \{0,1\}^n \rightarrow \{0,1\}$의 회로인 그림 4.42를 고려하면 더욱 강력한 효과를 나타내게 된다.

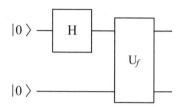

그림 4.41 초기 중첩 상태에 대해 함수 $f : \{0,1\} \to \{0,1\}$ 을 계산하는 회로.

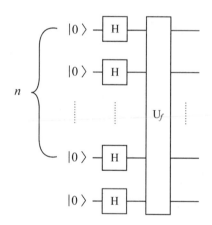

그림 4.42 초기 중첩 상태에 대해 함수 $f : \{0,1\}^n \to \{0,1\}$ 을 계산하는 회로.

그림 4.42에서 U_f의 역할은

$$
U_f |x_{n-1} > \cdots |x_1 > |x_0 > |y >
$$
$$
\to |x_{n-1} > \cdots |x_1 > |x_2 > |f(x_{n-1}, \cdots, x_1, x_0) \oplus y > \tag{4.59}
$$

이다. 즉 마지막 큐비트의 상태에 함수 f값에 대한 정보가 있다. 그림 4.42와 같이 마지막 큐비트를 제외한 n개의 큐비트에 아다마르 연산을 가하고 U_f를 적용하는 경우 입력 상태가 모두 $|0>$이라면

$$|0>^n|0> \rightarrow \left(\frac{|0>+|1>}{\sqrt{2}}\right)^n|0>$$

$$= 2^{-n/2} \sum_{x_{n-1}=0}^{1} \cdots \sum_{x_1=0}^{1}\sum_{x_0=0}^{1} |x_{n-1}>\cdots|x_1>|x_0>|0>$$

$$\rightarrow 2^{-n/2} \sum_{x_{n-1}=0}^{1} \cdots \sum_{x_1=0}^{1}\sum_{x_0=0}^{1} |x_{n-1}>\cdots|x_1>|x_0>|f(x_{n-1}\cdots x_1 x_0)>$$

$$(4.60)$$

의 변환을 겪게 된다. 마지막 큐비트의 출력 상태에 2^n개의 모든 다른 x값에 대한 함수 f의 값이 모두 포함되어 있음을 볼 수 있다. 강력한 양자 전산의 힘을 보여 주는 좋은 예이다.

그러나 이미 언급했듯이 단순히 마지막 큐비트의 상태를 측정한다면 이 상태가 가지고 있는 모든 정보를 끄집어낼 수가 없다는 점이 문제이다. 뒤에서 이러한 문제점을 해결한 몇 개의 양자 알고리듬을 소개하도록 한다.

4.5 도이치 알고리듬[5]

4.5.1 도이치 알고리듬

함수 $f_n : \{0,1\} \rightarrow \{0,1\}$은 표 4.12에서 보는 바와 같이 4개의 함수를 포함한다. 이중 f_0와 f_3는 x의 값에 상관없이 같은 함수

값을 갖는 특성이 있으므로 상수 함수(constant function)라 하고 f_1
과 f_2는 x의 값에 따라 함수 값이 0과 1 하나씩을 균형 맞춰 갖
는다고 하여 균형 함수(balanced function)라 한다.

　이제 다음과 같은 상황을 생각하자. 표 4.12의 네 함수 중 어
느 하나의 함수를 가지고 있는데 어느 함수인지는 모른다고 하
고 이 함수가 상수 함수인지 균형 함수인지를 알아내야 한다고
하자. 어떻게 해야 할까?

　고전적으로는 x에 0을 넣고 그 함수 값을 계산하고 다음에 x
가 1일 때의 함수 값을 계산한 후 두 함수 값이 같은지 다른지
를 봐야 한다. 즉 고전 컴퓨터를 쓴다면 두 번의 함수 계산(즉 두
번의 회로 계산)을 거쳐야 답을 확실히 알 수 있다. 그런데 양자
컴퓨터로는 단 한 번의 회로 계산으로 답을 알 수 있다. 이것을
가능하게 해 주는 것이 도이치 알고리듬이다.

　도이치 알고리듬을 수행하기 위해서는 그림 4.43의 양자 회
로를 구성해야 한다. 입력 큐비트의 상태가 $|0>|1>$일 때의 변
환을 계산해 보면

$$|0>|1> \to \left(\frac{|0>+|1>}{\sqrt{2}}\right)\left(\frac{|0>-|1>}{\sqrt{2}}\right)$$

$$\to \frac{1}{2}\left[(-1)^{f(0)}|0>+(-1)^{f(1)}|1>\right](|0>-|1>)$$

$$\to \frac{1}{2\sqrt{2}}[\{(-1)^{f(0)}+(-1)^{f(1)}\}|0>$$

$$+\{(-1)^{f(0)}-(-1)^{f(1)}\}|1>](|0>-|1>)$$

$$=\begin{cases} \pm|0>\dfrac{1}{\sqrt{2}}(|0>-|1>) \ \text{if} \, f \, is \, constant. \\ \pm|1>\dfrac{1}{\sqrt{2}}(|0>-|1>) \ \text{if} \, f \, is \, balanced. \end{cases} \qquad (4.61)$$

이 된다. 이 식을 계산할 때

$$U_f|x> \frac{1}{\sqrt{2}}(|0>-|1>)=(-1)^{f(x)}|x> \frac{1}{\sqrt{2}}(|0>-|1>) \qquad (4.62)$$

의 관계식을 이용했다.

식 (4.61)을 보면 함수가 상수 함수인지 균형 함수인지에 따라 첫 번째 큐비트의 상태가 |0 > 또는 |1 >이 된다. 따라서 그림 4.43의 양자 회로를 사용하고 첫 번째 큐비트의 상태를 측정하면 단 한 번의 회로 사용으로 주어진 함수가 상수 함수인지 균형 함수인지를 알 수 있게 된다. 양자 컴퓨터의 능력을 교묘하게 이용한 결과라고 이해할 수 있다.

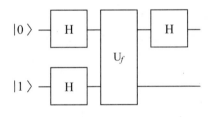

그림 4.43 도이치 알고리듬.

물론 양자 컴퓨터의 놀라운 능력이지만, 한 번의 회로 계산으로 상수 함수인지 균형 함수인지만 알아낸 것이지, 어떤 상수 함수인지(즉 f_0인지 f_3인지) 또는 어떤 균형 함수인지(즉 f_1인지 f_2인지)를 알아내지는 못한다는 점은 짚고 넘어갈 필요가 있다. 반면에 고전 컴퓨터는 두 번의 함수 계산으로 (즉 회로를 두 번 사용하여 계산해서) 주어진 함수가 상수 함수인지 균형 함수인지만 알아내는 것이 아니고 그 함수가 어느 것인지 까지도 알아낸다.

4.5.2 도이치-조사 알고리듬[6]

도이치-조사 알고리듬(Deutsch-Jozsa algorithm)은 도이치 알고리듬을 일반화한 것으로 $f: \{0,1\}^n \to \{0,1\}$ $(n \geq 2)$의 함수가 상수 함수인지 또는 균형 함수인지를 구별하게 해 주는 양자 알고리듬이다. $f: \{0,1\}^n \to \{0,1\}$의 경우 모두 2^n개의 입력값 x가 존재하는데 이 모든 입력값에 대해 같은 함수 값을 가지면 상수 함수이고 2^{n-1}개의 입력 값에 대해서 0의 함수 값, 나머지 2^{n-1}개의 입력 값에 대해서 1의 함수 값을 가지면 균형 함수이다.

물론 $n \geq 2$의 경우는 상수 함수도 아니고 균형 함수도 아닌 f도 많이 있다. 도이치-조사 알고리듬에서 제기하는 문제는 어떤 함수 $f: \{0,1\}^n \to \{0,1\}$가 주어졌는데 이 함수가 상수 함수나 균형 함수 중 하나인 것은 아는데 어느 것인지는 모르는 상황일 때 몇 번의 회로 계산으로 어느 것인지를 알 수 있느냐의 문제이다. 고전적으로는 최악의 경우 $(\frac{2^n}{2}+1)$번의 함수 계산을 필요로 한다. 그런데 도이치-조사 알고리듬으로는 단 한 번의 회로 계산으로 답을 알 수 있다.

도이치-조사 알고리듬을 실현하기 위해서는 그림 4.44의 양자 회로가 필요하다. 이 회로에서의 상태 변환을 계산해 보도록 하자. 입력 상태는 처음 n개의 큐비트는 $|0\rangle$, 마지막 큐비트는 $|1\rangle$인데 이들이 모두 아다마르 게이트를 지나면

$$|0\rangle^n|1\rangle \to \frac{1}{2^{n/2}} \sum_{x_{n-1}=0}^{1} \cdots \sum_{x_1=0}^{1} \sum_{x_0=0}^{1} |x_{n-1}, \cdots, x_1, x_0\rangle \frac{(|0\rangle - |1\rangle)}{2}$$

$$= \sum_{x=0}^{2^n-1} \frac{|x\rangle}{\sqrt{2^n}} \frac{(|0\rangle - |1\rangle)}{\sqrt{2}} \tag{4.63}$$

의 변환을 겪는다. 다음 U_f의 블랙박스를 지나면

$$\sum_{x=0}^{2^n-1} \frac{(-1)^{f(x)}|x>}{\sqrt{2^n}} \frac{(|0>-|1>)}{\sqrt{2}} \tag{4.64}$$

가 되며 다음 n개의 큐비트가 아다마르 게이트를 거치면 약간
의 계산을 거쳐

$$\sum_{z=0}^{2^n-1}\sum_{x=0}^{2^n-1} \frac{(-1)^{xz+f(x)}|z>}{2^n} \frac{(|0>-|1>)}{\sqrt{2}} \tag{4.65}$$

가 된다. 식 (4.65)를 보면 마지막 큐비트를 제외한 n개 큐비트
의 최종 상태가 $|z=0> = |0>^{\otimes n}$이 될 확률 진폭은

$$\frac{1}{2^n}\sum_{x=0}^{2^n-1}(-1)^{f(x)}$$

이 됨을 알 수 있다.

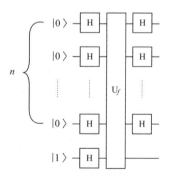

그림 4.44 도이치-조사 알고리듬.

만일 함수 f가 상수 함수이면 이 확률 진폭의 값은 +1 또는 −1이고 균형 함수이면 0이다. 이것은 n개의 큐비트의 최종 상태가 상수 함수인 경우는 100퍼센트의 확률로 모두 $|0>$이고 균형 함수인 경우는 모두 $|0>$일 확률은 0이라는 의미이다.

따라서 그림 4.41의 회로를 지난 후 n개의 큐비트의 최종 상태를 측정하여 모두 $|0>$이면 f가 상수 함수이고 $|0>$이 아닌 큐비트가 하나라도 있으면 균형 함수라고 확실히 말할 수 있다. 결론적으로 그림 4.41의 회로를 단 한번만 사용하여 함수 f가 상수 함수인지 균형 함수인지를 알 수 있게 된다.

4.6 그로버 알고리듬: 양자 검색[2]

4.6.1 서론

그로버 알고리듬은 많은 수의 항목 중에서 원하는 항목을 찾아내는 문제를 풀기 위한 양자 알고리듬이다. 전화 번호부에서 원하는 전화 번호를 찾는 문제가 전형적인 예가 된다. 이러한 검색 문제(search problem)는 오라클 문제로 표현할 수 있다. 오라클이 n비트 2진 함수 $f : \{0,1\}^n \rightarrow \{0,1\}$을 계산한다고 하고 이 함수 $f(x)$는 $x = x_0$일 때만 1의 값을 갖고 x가 x_0가 아닌 다른 값일 때는 0의 값을 갖는다고 할 때 x_0를 찾아내는 문제를 생각하자.

가능한 x의 값이 모두 $2^n \equiv N$개가 있으므로 고전 알고리듬을 사용하면 대략 N번(평균 $N/2$번)의 함수 계산(또는 회로 계산)을 거쳐야 x_0를 찾아낼 수 있다. 그런데 그로버의 양자 알고리듬은 대략 $\sqrt{N}$번의 회로 계산으로 답을 구할 수 있게 해 준다.

4.6.2 $n=2$의 경우

그로버 알고리듬을 설명하기 위해 우선 $n=2$의 간단한 경우, 즉 함수 $f:\{0,1\}^2 \to \{0,1\}$을 생각하자. x값이 4개가 있고 그중 하나가 x_0인 경우이다. 고전 알고리듬으로 x_0를 찾아내기 위해 서는 최악의 경우 3번의 함수 계산을 해야 한다. (조금 더 정확히 이야기하자면 고전 컴퓨터를 사용할 경우 평균 2.25번의 함수 계산을 해야 한다. 한 번의 함수 계산으로 x_0를 알아낼 확률이 0.25, 두 번의 함수 계산으로 알아낼 확률이 0.25, 그리고 세 번의 함수 계산으로 알아낼 확률이 0.5이 므로 $0.25 \times 1 + 0.25 \times 2 + 0.5 \times 3 = 2.25$가 된다.)

그로버 알고리듬은 그림 4.45의 회로에서 시작된다. 여기서 3 번째 큐비트는 보조 큐비트로 $|1>$의 상태에 준비시킨다. 큰 상 자 O는 오라클로서

$$|x>|y> \to |x>|y \oplus f(x)> \tag{4.66}$$

의 변환을 수행하는 회로를 의미한다. $n=2$의 경우이므로 $|x>$ 는 $|0>$, $|1>$, $|2>$, 또는 $|3>$의 상태 중 하나이고, 이것은 그림 4.45에서 앞의 두 큐비트의 상태가 오라클로 들어오기 전에 $|0>|0>$, $|0>|1>$, $|1>|0>$, $|1>|1>$인 경우에 대응된다. $|y>$는 오라클로 들어오기 전의 보조 큐비트의 상태이다.

그림 4.45에 나타나 있듯이 세 큐비트가 $|0>|0>|1>$의 초기 상태로 출발했을 때 각각의 큐비트가 아다마르 게이트를 거치면

$$|0>|0>|1>$$
$$\to \frac{1}{2}(|00>+|01>+|10>+|11>)\frac{1}{\sqrt{2}}(|0>-|1>) \tag{4.67}$$

의 변환을 겪게 되는데, 여기서 보조 큐비트가 $\frac{1}{\sqrt{2}}(|0>-|1>)$

의 상태에 있으면 식 (4.62)에 의해 오라클을 거칠 때

$$|x>\frac{1}{\sqrt{2}}(|0>-|1>)\to\pm|x>\frac{1}{\sqrt{2}}(|0>-|1>) \qquad (4.68)$$

의 관계식이 성립함을 주목하자. 식 (4.68)의 우변의 $\pm$ 부호는 $f(x)=0$일 때는 $+$, $f(x)=1$일 때는 $-$가 적용됨을 의미한다. 즉 오라클을 거치고 나면 우리가 원하는 x값인 x_0인 경우에만 다른 경우와 달리 $-$의 부호를 갖게 되는 것을 알 수 있다.

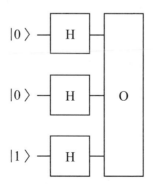

그림 4.45 $n=2$인 경우 원하는 상태에만 위상차를 주는 회로.

구체적으로 $x_0=2=10$(ten이 아니고 one-zero이다.)인 경우를 생각해 보자. 오라클을 거친 후 식 (4.67)의 우변의 상태는

$$\frac{1}{2}(|00>+|01>-|10>+|11>)\frac{1}{\sqrt{2}}(|0>-|1>) \qquad (4.69)$$

이 된다. 우리가 찾고자 하는 x_0의 값에 해당하는 상태만 위상차(phase difference)를 갖는 것을 볼 수 있다. 다시 말해서 그림 4.45의 회로가 하는 일은 우리가 찾고자 하는 x_0에 해당하는 상태인 $|x_0\rangle$만이 위상차 π를 갖도록 하는 것이다. 그로버 알고리듬의 다음 과정은 이 위상차를 갖는 상태를 측정하는 방법을 찾아내는 것이다. 다시 말하면 위상차를 진폭차(amplitude difference)로 변환시켜 측정을 가능하게 만드는 것이다. 이 과정이 그로버 알고리즘의 핵심이라고 할 수 있다.

수학적으로 보면 위상차로부터 진폭차로의 변환은

$$D = \frac{1}{2} \begin{pmatrix} -1 & 1 & 1 & 1 \\ 1 & -1 & 1 & 1 \\ 1 & 1 & -1 & 1 \\ 1 & 1 & 1 & -1 \end{pmatrix} \tag{4.70}$$

의 행렬로 나타내지는 유니터리 변환으로 성취된다. $x_0 = 2 = 10$인 경우에 간단한 계산으로

$$D \frac{1}{2}(|00\rangle + |01\rangle - |10\rangle + |11\rangle) = \begin{pmatrix} 0 \\ 0 \\ 1 \\ 1 \end{pmatrix} = |10\rangle \tag{4.71}$$

이 되어 진폭차로의 변환이 완수됨을 알 수 있다. 따라서 앞의 두 큐비트의 상태를 측정하면 분명히 $|1\rangle|0\rangle$의 상태가 측정될 것이고 $x_0 = 10 = 2$임을 알 수 있게 된다.

그러면 D는 어떤 회로로 실현시킬 수 있을까? 우선

$$D = H^{\otimes 2}(2|0\rangle\langle 0| - I)H^{\otimes 2} = -H^{\otimes 2}D'H^{\otimes 2} \tag{4.72}$$

의 관계식이 성립함에 유의하자. 단

$$D' = \begin{pmatrix} -1 & 0 & 0 & 0 \\ 0 & 1 & 0 & 0 \\ 0 & 0 & 1 & 0 \\ 0 & 0 & 0 & 1 \end{pmatrix}$$

(4.73)

이며 D' 의 역할은 $|01>$, $|10>$, $|11>$ 의 상태는 그대로 놓아두고 $|00>$ 의 상태는 π 의 위상을 주어 $-|00>$ 의 변환을 주는 것이다. 이 변환은 조정 σ_z 연산의 양쪽에 $\sigma_x^{\otimes 2}$ 를 적용하는 그림 4.46의 회로로 성취시킬 수 있음을 쉽게 알 수 있다.

  종합하여 그로버 알고리듬은 원하는 x_0 에 대응되는 상태 $|x_0>$ 에 위상차를 주는 그림 4.45의 회로와 이 위상차를 진폭 차로 바꾸어 주는 그림 4.46의 회로를 연결함으로써 구현된다. 그로버 알고리듬을 구현하는 이러한 회로는 그림 4.47에 그려져 있다. 이 회로에서 앞의 두 큐비트의 최종 상태는 100퍼센트의 확률로 $|x_0>$ 가 되고 따라서 두 큐비트의 최종 상태를 측정함으로써 찾고자 하는 값 x_0 를 알아낼 수 있게 된다.

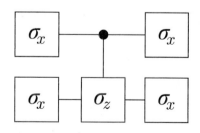

그림 4.46 $n = 2$인 경우 위상차를 진폭차로 바꾸어 주는 회로.

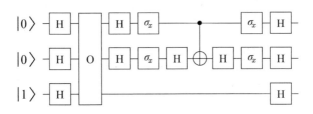

그림 4.47 $n = 2$인 경우 그로버 알고리듬을 구현하는 양자 회로.

즉 $f : \{0,1\}^2 \to \{0,1\}$의 경우 그로버 알고리듬을 이용하면 그림 4.45의 회로를 한 번 사용함으로써 x_0의 값을 찾아낼 수 있다. 반면에 고전 컴퓨터를 사용하면 최악의 경우는 3회, 평균 2.25회의 함수 계산(회로 계산)을 거쳐야 한다.

4.6.3 일반적인 경우

이제 일반적으로 n비트 2진 함수 $f : \{0,1\}^n \to \{0,1\}$에서 x_0를 찾는 문제를 생각하자. 함수 $f(x)$는 $x = x_0$일 때만 1의 값을 갖고 모든 다른 x에서는 0의 값을 갖는다. 앞에서와 마찬가지로 그로버 알고리듬은 두 단계로 나뉜다. 첫 번째 단계는 위상차를 발생시키는 단계로 그림 4.48의 회로로 구현된다. 이것은 그림 4.45의 n큐비트로의 연장이다.

오라클이 하는 역할은 여전히 식 (4.66)으로 표시되는데, 단 여기서는 x가 n개의 비트로 구성된 숫자이다. 주 레지스터에 n개의 큐비트들을 각각 $|0>$의 상태에 준비하고 또 보조 레지스터에 1개의 보조 큐비트를 $|1>$의 상태에 준비한다. n개의 큐비트와 보조 큐비트의 초기 상태 $|0>|0>\cdots|0>|1>$은 주 레지스터의 상태와 보조 레지스터의 상태의 곱 $|x=0>|1>$로 표시할 수

있고 아다마르 게이트들을 거치면

$$\frac{1}{\sqrt{2^n}}\sum_{x=0}^{2^n-1}|x> \frac{1}{\sqrt{2}}(|0>-|1>) \tag{4.74}$$

의 상태가 된다. 다음에 오라클을 거치면

$$\frac{1}{\sqrt{2^n}}\sum_{x=0}^{2^n-1}(-1)^{f(x)}|x> \frac{1}{\sqrt{2}}(|0>-|1>) \tag{4.75}$$

이 된다. 즉 $f(x)=1$인 경우, 다시 말해서 $x=x_0$인 경우에만 π의 위상을 갖게 된다.

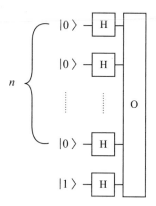

그림 4.48 원하는 상태에만 위상차를 주는 회로.

이제 이 위상차를 진폭차로 변환시키면 원하는 x_0를 알아낼 수 있다. 이것이 두 번째 단계이다. $n=2$의 경우를 생각하면 주 레지스터의 n개의 큐비트에

$$D = H^{\otimes n}(2|0><0|-I)H^{\otimes n} \tag{4.76}$$

의 연산을 가함으로써 이 변환이 수행될 것으로 희망할 수 있다. 그러나 n이 2보다 크면 진폭차로의 변환이 완전하지 못한 난점이 있다. $n=2$의 경우에는 D의 연산이 원하는 상태의 진폭만을 1로 만들지만 n이 2보다 크면 원하는 상태의 진폭을 다른 상태의 진폭보다 더 크게는 만들지만 1로 만들지는 못하기 때문이다. 그러나 또다시 오라클 O를 가하고 이어서 D를 가하면 원하는 상태의 진폭은 1에 더 가까워진다. 연산 DO를 충분히 많은 수를 가하면 우리가 원하는 상태의 진폭을 1에 아주 가깝게 만들 수 있다. 연산 DO를 G로 표시하며, 즉

$$G = DO \tag{4.77}$$

라고 쓰며, G를 그로버 연산(Grover operator)이라 한다. 따라서 일반적으로 n이 2보다 큰 경우 그로버 알고리듬을 사용하여 원하는 x_0를 찾기 위해서는 $|0>|0>\cdots|0>|1> = |x=0>|1>$의 상태에서 시작해서 아다마르 게이트들을 거치게 한 후 그로버 연산 $G=DO$를 반복적으로 적용시키면 된다. 이 회로는 그림 4.49에 그려져 있다.

4.6.4 그로버 연산

여기서 잠시 그로버 연산 $G=DO$를 살펴보도록 하자. 이미 설명했듯이 오라클 연산 O는 우리가 찾는 해에 해당하는 상태 $|x_0>$에만 선별적으로 위상차 π를 주는 역할을 한다. 연산자 D는 위상차로부터 진폭차로의 변환을 성취시켜 준다.

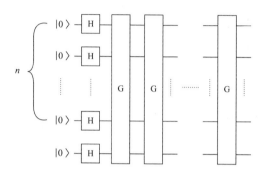

그림 **4.49** 그로버 알고리듬을 구현하는 양자 회로.

이 변환이 어떻게 이루어지는지를 조금 더 상세히 보도록 하자. 우선

$$H^{\otimes n}|x=0> \ = \frac{1}{\sqrt{2^n}}\sum_{x=0}^{2^n-1}|x> \equiv |\psi>$$ (4.78)

라고 놓을 때

$$D = H^{\otimes n}(2|0><0|-I)H^{\otimes n} = 2|\psi><\psi|-I$$ (4.79)

이다. 임의의 상태 $\sum_{x=0}^{N-1}\alpha_x|x>$ (단 $N=2^n$)에 연산자 D를 가하면

$$D\sum_{x=0}^{N-1}\alpha_x|x> \ = \sum_{x=0}^{N-1}\alpha_x(2|\psi><\psi|-I)|x>$$ (4.80)

$$= \sum_{x=0}^{N-1}(2<\alpha>-\alpha_x)|x>$$

가 된다. 여기서 $<\alpha>$는 α_x들의 평균값으로

$$<\alpha> = \sum_{x=0}^{N-1} \frac{\alpha_x}{N} \tag{4.81}$$

이다. 식 (4.80)을 보면 연산자 D에 의해 각 상태 $|x>$의 계수가 $\alpha_x \rightarrow (2<\alpha>-\alpha_x)$의 변환을 겪는 것을 알 수 있다.

이 변환이 어떤 것인지를 간단한 예를 들어 살펴보자. α_x가 3 이고 $<\alpha>$가 1이면 3→ -1의 변환이 된다. 잘 생각해 보면 이 변환은 평균 $<\alpha>$에 대한 뒤집음(inversion)임을 쉽게 알 수 있다. 즉 연산자 D가 하는 역할은 평균에 대한 뒤집음이고, 따라서 오라클 연산 O에 의해 다른 위상을 갖게 된 상태의 진폭을 상대적으로 크게 변화시키는 역할을 하여 위상차를 진폭차로 변환시키는 것을 알 수 있다. 요약하여

$$G = DO = (2|\psi><\psi|-I)O \tag{4.82}$$

의 그로버 연산은 우리가 찾는 상태에만 선별적으로 위상차를 주는 오라클 연산 O와 평균에 대한 뒤집음을 수행하여 위상차를 진폭차로 변환시키는 역할을 하는 연산 D로 구성되어 있다.

앞에서 설명한 그로버 연산 G의 역할은 기하적으로 가시화 시킬 수 있다. n비트 2진 함수의 경우 x값이 모두 $N=2^n$개가 존재하는데 이중 M개($M<N$)의 x값이 원하는 해라고 하자. 해가 아닌 x값에 해당하는 $(N-M)$개의 상태들의 합을 $|\alpha>$, 해가 되는 x값에 해당하는 M개의 상태들의 합을 $|\beta>$라고 하자. 즉

$$|\alpha> = \frac{1}{\sqrt{N-M}} \sum_x{}'' |x> \qquad (4.83a)$$

$$|\beta> = \frac{1}{\sqrt{M}} \sum_x{}' |x> \qquad (4.83b)$$

라고 하자. 여기서 $\sum{}''$은 해가 아닌 $(N-M)$개의 상태들의 합, $\sum{}'$은 해가 되는 M개의 상태들의 합을 의미한다. 식 (4.78)에 정의된 상태 $|\psi>$를 $|\alpha>$와 $|\beta>$로 표시하면

$$|\psi> = \frac{1}{\sqrt{N}} \sum |x> = \sqrt{\frac{N-M}{N}} |\alpha> + \sqrt{\frac{M}{N}} |\beta> \qquad (4.84)$$

가 된다. 이 식을 $|\alpha>$와 $|\beta>$를 기본 벡터로 하는 2차원 공간에서 표시하면 그림 4.50과 같이 된다. 보통의 경우 $M << N$이므로 상태 $|\psi>$는 $|\alpha>$에 가까운 벡터로 표시된다.

그러면 이 상태 $|\psi>$에 그로버 연산 G를 가하면 어떤 상태로 가는가? 우선 오라클 O는

$$O(a|\alpha> + b|\beta>) = a|\alpha> - b|\beta> \qquad (4.85)$$

의 변환을 주므로 그림 4.50에서 보듯이 상태 $|\psi>$를 $|\alpha>$축에 대해 반사시키는 역할을 한다.

다음 연산 $D = 2|\psi><\psi| - I$ 는 상태 $O|\psi>$를 $|\psi>$축에 대해 반사시키는 역할을 한다. 그림 4.50에서 보듯이

$$|\psi> = \cos\frac{\theta}{2} |\alpha> + \sin\frac{\theta}{2} |\beta>; \qquad (4.86)$$

$$\cos\frac{\theta}{2}=\sqrt{\frac{N-M}{N}} \; , \; \sin\frac{\theta}{2}=\sqrt{\frac{M}{N}}$$

이라 할 때 $G=DO$의 연산은 벡터 $|\psi>$를 각 θ만큼 $|\beta>$ 쪽으로 회전시키는 역할을 하는 것을 알 수 있다. 즉

$$G|\psi> \; =\cos\frac{3\theta}{2}|\alpha>+\sin\frac{3\theta}{2}|\beta> \tag{4.87}$$

가 되어 $|\psi>$보다 $GA|\psi>$가 해가 되는 상태 $|\beta>$에 좀 더 가까이 다가간다. 일반적으로 그로버 연산 G를 k번 적용하면

$$G^k|\psi> \; =\cos(\frac{2k+1}{2}\theta)|\alpha>+\sin(\frac{2k+1}{2}\theta)|\beta> \tag{4.88}$$

가 된다. 연산 G를 계속 반복하면 상태가 점점 해가 되는 상태 $|\beta>$에 가까워지는 것이다.

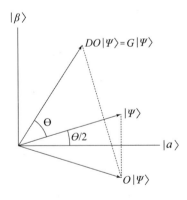

그림 4.50 그로버 연산 G의 역할을 기하학적
으로 표현했다.

그러면 그로버 연산을 대략 몇 번이나 가해야 상태 $|\psi>$가 원하는 상태 $|\beta>$에 충분히 가까이 가는가, 즉 연산 G를 몇 번 반복해야 원하는 상태 $|\beta>$에 있을 확률이 최댓값을 갖는가 살펴보자. 식 (4.88)에서 원하는 횟수 $k \equiv k_{max}$는

$$|\sin(\frac{2k_{max}+1}{2}\theta)| \cong 1 \tag{4.89}$$

즉

$$\frac{2k_{max}+1}{2}\theta \cong \frac{\pi}{2} \tag{4.90}$$

다시 말해서

$$k_{max} \cong \frac{\pi}{2\theta} - \frac{1}{2} \tag{4.91}$$

를 만족시킨다.
간단히 $M=1$인 경우를 생각하면

$$\sin\frac{\theta}{2} = \frac{1}{\sqrt{N}} \tag{4.92}$$

이고, $N \gg 1$을 가정하면

$$\frac{\theta}{2} \cong \frac{1}{\sqrt{N}} \tag{4.93}$$

이므로 이 식을 식 (4.91)에 대입하면

$$k_{\max} \cong \frac{\pi\sqrt{N}}{4} - \frac{1}{2} \cong \frac{\pi\sqrt{N}}{4} \qquad\qquad (4.94)$$

가 된다. 즉 대략 $\sqrt{N}$번의 그로버 연산으로 원하는 답을 찾을 수가 있다.

반면에 고전 알고리듬으로는 대략 N번의 함수 계산을 해야 하므로 그로버 알고리듬의 양자 검색이 훨씬 더 효과적일 수 있다. 그로버 알고리듬은 검색 문제의 2차 속도 증가[quadratic speedup, 또는 제곱근 속도 증가(square root speedup)라고도 한다.]를 준다.

그로버 알고리듬: 그로버 연산 $G = DO$의 반복적 적용

O: 원하는 상태에 선별적으로 위상차를 준다.

D: 평균에 대한 뒤집음을 수행하여 위상차를 진폭차로 변환시킨다.

$k_{\max} \cong \dfrac{\pi}{4}\sqrt{N}$: 2차 속도 증가

4.7 양자 푸리에 변환

양자 푸리에 변환(Quantum Fourier Transform)은 고전 변환 중 불연속 푸리에 변환(discrete Fourier transform)의 양자적 대응으로 볼 수 있으며, 다음에 설명할 쇼어 알고리듬의 핵심이 된다. 불연속 푸리에 변환은 N차원 벡터

$$\vec{x} = \sum_{j=0}^{N-1} x_j \hat{j} \tag{4.95}$$

로부터 또 다른 N차원 벡터

$$\vec{y} = \sum_{k=0}^{N-1} y_k \hat{k} \tag{4.96}$$

로의 변환, 즉

$$\vec{x} = \sum_{j=0}^{N-1} x_j \hat{j} \rightarrow \vec{y} = \sum_{k=0}^{N-1} y_k \hat{k} \tag{4.97}$$

또는

$$(x_0, x_1, \cdots, x_{N-1}) \rightarrow (y_0, y_1, \cdots, y_{N-1})$$
$$\tag{4.98}$$

의 변환인데, 계수들 x_j와 y_k가(x_j, y_k는 일반적으로 복소수이다.)

$$y_k = \frac{1}{\sqrt{N}} \sum_{j=0}^{N-1} e^{2\pi i \frac{jk}{N}} x_j \tag{4.99}$$

의 관계식을 만족시키는 변환으로 정의된다. 역변환은

$$x_j = \frac{1}{\sqrt{N}} \sum_{k=0}^{N-1} e^{-2\pi i \frac{jk}{N}} y_k \tag{4.100}$$

로 주어진다.

양자 푸리에 변환은 사실상 불연속 푸리에 변환과 동일한데 단지 양자 역학의 상태 벡터에 대한 변환이란 관점이 다르다. 즉 양자 푸리에 변환은 N차원 상태 벡터

$$|\psi> = \sum_{j=0}^{N-1} x_j |j> \tag{4.101}$$

에서 또 다른 N차원 상태 벡터

$$|\tilde{\psi}> = \sum_{k=0}^{N-1} y_k |k> \tag{4.102}$$

로의 변환, 즉

$$|\psi> = \sum_{j=0}^{N-1} x_j |j> \to |\tilde{\psi}> = \sum_{k=0}^{N-1} y_k |k> \tag{4.103}$$

인데 계수들 x_j와 y_k가 역시 식 (4.99)의 관계식을 만족시키는 변환이다. 여기서 식 (4.103)의 양자 상태 변환은 식 (4.99)의 계수들의 변환으로 볼 수도 있지만

$$|j> \to \frac{1}{\sqrt{N}} \sum_{k=0}^{N-1} e^{2\pi i \frac{jk}{N}} |k> \tag{4.104}$$

의 기본 상태 벡터들의 변환으로도 볼 수 있다는 점에 주의하자. 식 (4.104)를 식 (4.101)에 대입해 보면 식 (4.99)의 계수 변환

이 되는 것을 쉽게 증명할 수 있다. 따라서 양자 푸리에 변환은
식 (4.104)의 상태 변환을 주는 양자 회로를 구성함으로써 수행
될 수 있다.

이러한 양자 푸리에 변환을 수행하려면 n개($2^n \geq N$)의 큐비트
가 필요하다. 여기서는 N에 대해 $2^n = N$을 만족시키는 정수 n
이 존재한다고 가정하고 양자 푸리에 변환을 수행하는 양자 회
로를 구해 보기로 하겠다.

$|j>$는 n개의 큐비트의 상태로 표시하면
$|j_{n-1}, j_{n-2}, \cdots, j_1, j_0>$가 되고 여기서 각각의 j_i는 0 또는 1의
값을 가지므로 모두 $2^n = N$개의 기본 상태가 있게 된다.

특정한 기본 상태 $|j>$는 $j = j_{n-1}2^{n-1} + j_{n-2}2^{n-2} + \cdots + j_0 2^0$의
관계식에 의해 특정한 기본 상태 $|j_{n-1}, j_{n-2}, \cdots, j_1, j_0>$와 동일
한 상태로 표시된다. 또한 기본 상태 $|k>$ 역시

$$k = k_{n-1}2^{n-1} + k_{n-2}2^{n-2} + \cdots + k_0 2^0 \tag{4.105}$$

의 관계에 의해 기본 상태 $|k_{n-1}, k_{n-2}, \cdots, k_1, k_0>$로 표시될 수
있다. 식 (4.105)를 식 (4.104)에 대입하면

$$|j> \rightarrow \frac{1}{\sqrt{2^n}} \sum_{k=0}^{2^n-1} e^{2\pi i \frac{jk}{2^n}} |k>$$

$$= \frac{1}{\sqrt{2^n}} \sum_{k_{n-1}=0} \sum_{k_{n-2}=0}^{1} \cdots \sum_{k_0=0}^{1} \exp(2\pi i j \sum_{l=1}^{n} \frac{k_{n-l}}{2^l}) |k_{n-1}, k_{n-2}, \cdots, k_0>$$

$$\tag{4.106}$$

가 된다. 약간의 계산을 거치면 식 (4.106)은

$$|j> \rightarrow \frac{1}{\sqrt{2^n}} \prod_{l=1}^{n} (|0> + e^{2\pi i \frac{j}{2^l}} |1>)$$

$$= \frac{1}{\sqrt{2^n}} (|0> + e^{2\pi i (0.j_0)} |1>)(|0> + e^{2\pi i (0.j_1 j_0)} |1>)$$

$$\cdots (|0> + e^{2\pi i (0.j_{n-1} j_{n-2} \cdots j_0)} |1>) \tag{4.107}$$

가 된다. 여기서 모든 숫자들이 2진법으로 표시되는 것을 고려
하면[식 (4.51a), (4.51b) 참조] 소수점 아래 숫자들은

$$0.j_{n-1} j_{n-2} \cdots j_0 = \frac{1}{2} j_{n-1} + \frac{1}{4} j_{n-2} + \cdots + \frac{1}{2^n} j_0$$

로 주어짐에 주의하자.

식 (4.107)을 보면 양자 푸리에 변환은 각각의 큐비트에 대
한 독립적인 단일 큐비트 연산으로 구성될 수 있는 것을 알 수
있다. 이 식을 이용하면 양자 푸리에 변환을 수행하는 양자 회
로를 어떻게 구성해야 될지도 쉽게 알 수 있다. 이를 보기 위해
조정 위상 이동 연산자(controlled phase shift operator) S_k를

$$S_k = S(\frac{2\pi}{2^k}) = \begin{pmatrix} 1 & 0 \\ 0 & e^{(2\pi i/2^k)} \end{pmatrix} \tag{4.108}$$

로 정의하고 그림 4.51의 회로를 생각하자.

초기 상태 $|j_{n-1}, j_{n-2}, \cdots, j_1, j_0>$에서 출발하는 경우 우선 첫 번
째 큐비트(그림 4.51의 첫 번째 큐비트)가 아다마르 게이트를 거치면

$$|j_{n-1}, j_{n-2}, \cdots, j_1, j_0 > \tag{4.109}$$

$$\to \frac{1}{\sqrt{2}} (|0> + (-1)^{j_{n-1}}|1>)|j_{n-2}, \cdots, j_0 >$$

$$= \frac{1}{\sqrt{2}} (|0> + e^{2\pi i (0.j_{n-1})}|1>)|j_{n-2}, \cdots, j_0 >$$

이 된다. 다음에 첫 번째 조정 위상 이동 게이트 S_2를 거치면

$$\frac{1}{\sqrt{2}} (|0> + e^{2\pi i (0.j_{n-1}j_{n-2})}|1>)|j_{n-2}, \cdots, j_0 > \tag{4.110}$$

가 되고 이어서 S_3, S_4 등을 거쳐 S_n까지 거치면 다음과 같다.

$$\frac{1}{\sqrt{2}} (|0> + e^{2\pi i (0.j_{n-1}j_{n-2} \cdots j_0)}|1>)|j_{n-2}, \cdots, j_0 > \tag{4.111}$$

두 번째 큐비트가 아다마르와 S_2, S_3 등을 거쳐 S_{n-1}까지 거치면

$$\frac{1}{2} (|0> + e^{2\pi i (0.j_{n-1}j_{n-2} \cdots j_0)}|1>) \times$$

$$(|0> + e^{2\pi i (0.j_{n-2}j_{n-3} \cdots j_0)}|1>)|j_{n-3}, \cdots, j_0 >$$

$$\tag{4.112}$$

가 된다.

이 같은 방식으로 마지막 큐비트가 마지막 아다마르 게이트
를 거치면 그림 4.51의 회로의 출력 상태는

$$\frac{1}{\sqrt{2^n}}(|0>+e^{2\pi i(0.j_{n-1}j_{n-2}\cdots j_0)}|1>)(|0>+e^{2\pi i(0.j_{n-2}j_{n-3}\cdots j_0)}|1>)$$
$$\tag{4.113}$$
$$\cdots(|0>+e^{2\pi i(0.j_0)}|1>)$$

가 됨을 알 수 있다.

식 (4.113)의 상태는 우리가 원하는 식 (4.107)의 상태와 거의 같으나 단지 큐비트의 순서만 거꾸로 되어 있다. 따라서 양자 푸리에 변환은 그림 4.51의 회로를 사용한 후 SWAP 게이트들을 사용하여 실현할 수 있다.

이제 양자 푸리에 변환이 얼마나 효율적인지를 계산해 보자. 그림 4.49에서 보듯이 N차원($N=2^n$) 양자 푸리에 변환을 수행하려면 n개의 아다마르 게이트, $\frac{n(n-1)}{2}$개의 조정 위상 이동 게이트, 그리고 $\frac{n}{2}$개의 SWAP 게이트들이 필요하다. 즉 2^n개의 입력 데이터를 푸리에 변환시키기 위해 $O(n^2)$의 기본 양자 게이트들이 필요하다.

이에 비해 고전 FFT(fast Fourier transform)에서 요구되는 기본 연산의 수는 $O(2^n n)$이므로 양자 푸리에 변환이 훨씬 더 효율적임을 알 수 있다. 그러나 양자 푸리에 변환의 문제점은 출력 상태 $|\tilde{\psi}>$의 모든 확률 진폭을 단번에 측정하여 모두 알아내기가 힘들다는 데에 있고, 또한 임의의 확률 진폭의 초기 상태 $|\psi>$를 효율적으로 준비하기가 어렵다는 데에 있다.

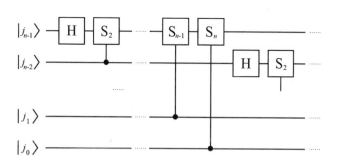

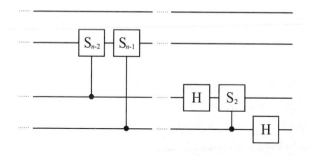

그림 4.51 양자 푸리에 변환 회로.

4.8 쇼어 알고리듬: 양자 소인수 분해[3] [4]

4.8.1 서론

쇼어 알고리듬은 두 소수의 곱인 정수가 주어졌을 때 이 두 소
수를 알아내는 소인수 분해를 수행해 주는 양자 알고리듬이다.
1994년 피터 쇼어(Peter Shor)가 발견한 이 알고리듬[3]은 고전 알고
리듬에 비해 지수 함수적 속도 증가(exponential speedup)를 가능하
게 해 주므로 양자 컴퓨터 연구 역사의 혁명적 발견이라고 볼
수 있다.

소인수 분해를 하고자 하는 정수를 N이라 할 때 고전 알고리
듬으로는 $\exp(O(n^{1/3}(\log n)^{2/3}))$번의 연산을 수행해야 하는데 쇼
어 알고리듬으로는 $O(n^2(\log n)(\log \log n))$번$[O(n^3)$보다 적은 횟수]
의 기본 게이트의 수행을 필요로 한다. $(n = \log_2 N.)$

그림 4.52 피터 쇼어.
사진 출처: MIT 수학과 홈페이지
(http://www.math.mit.edu/~shor/)

쇼어 알고리듬은 현실적으로도 매우 중요한 의미가 있다. 현재 가장 많이 쓰이고 가장 강력한 고전 암호 전달의 방식인 RSA 방법(5.1.3 참조)이 큰 정수의 소인수 분해가 아무리 강력한 컴퓨터를 사용하더라도 상당히 오랜 시간이 소요된다는 사실에 의존하고 있기 때문이다.

그러나 양자 컴퓨터가 개발된다면 RSA 방법으로 만든 양자 암호는 쉽게 깨지게 된다. 쇼어 알고리듬의 존재는 양자 컴퓨터가 적어도 소인수 분해에 있어서는 고전 컴퓨터와는 비교도 안 되게 강력할 수 있는 것을 증명해 준다.

4.8.2 주기 찾기

정수 N을 소인수 분해하는 문제는 N보다 작고 공약수가 없는 임의의 수 a에 대해

$$f(x) = a^x \bmod N \tag{4.114}$$

으로 정의된 함수 $f(x)$의 주기를 찾는 문제로 귀착시킬 수 있다. 따라서 여기서는 함수 $f(x)$의 주기를 찾는 양자 주기 찾기 (quantum period finding)의 문제를 논의하기로 하겠다.

함수의 주기는 $f(x+r) = f(x)$을 만족시키는 가장 작은 정수 r이다. 함수 $f(x)$가 식 (4.114)일 경우 주기 r은

$$a^r = 1 \bmod N \tag{4.115}$$

를 만족시키며 이때 이 식을 만족시키는 가장 작은 정수인 r를 a의 차수(order)라고도 부른다.

  n개의 큐비트로 구성된 레지스터에서 큐비트들의 상태로 x의
값을 결정한다면 함수의 값을 계산하는 x값의 총수는 $Q \equiv 2^n$개
가 된다. 문제를 간단히 하기 위해 여기서는 $\dfrac{Q}{r}$가 정수라고 가
정하겠다. 즉 $\dfrac{Q}{r} = m$이다. 양자 주기 찾기 알고리듬을 수행하기
위해서는 그로버 알고리듬과 마찬가지로 두 레지스터를 준비
한다.

  첫 번째 레지스터는 앞에 언급한 n개의 큐비트로 구성되며

$$\frac{1}{\sqrt{2^n}} \sum_{x=0}^{2^n-1} |x> \tag{4.116}$$

의 상태(이 상태는 모든 큐비트를 $|0>$의 상태에 준비시킨 후 각 큐비트에
아다마르 게이트를 적용시켜 준비할 수 있다. 4.6.3에 기술했듯이 그로버 알
고리듬에서 n큐비트의 초기 상태를 준비하는 과정과 같다.)에 준비시키
고, 두 번째 레지스터는 함수 $f(x)$의 값을 저장하는 레지스터이
다. 따라서 두 레지스터의 초기 상태는

$$\frac{1}{\sqrt{2^n}} \sum_{x=0}^{2^n-1} |x> |f(x)> \tag{4.117}$$

이다. 양자 주기 찾기 알고리듬의 수행을 위해 식 (4.117)의 상
태로 준비한 후 다음에 할 일은 두 번째 레지스터의 상태를 측
정하는 것이다.

  측정의 결과가 어떤 특정한 상태 $|f(x_0)>$라고 하자. 그러면
두 레지스터의 상태는

$$\frac{1}{\sqrt{m}} \sum_{j=0}^{m-1} |x_0 + jr\rangle |f(x_0)\rangle \qquad\qquad (4.118)$$

로 붕괴(collapse)한다. 여기서 붕괴되는 상태가 m개의 상태의 합
으로 나오는 이유는 $f(x_0)$의 값을 주는 x값이 모두 m개 존재
하기 때문이다.

다음에 할 일은 첫 번째 레지스터에 양자 푸리에 변환을 수
행하는 것이다. 약간의 계산을 거치면 양자 푸리에 변환의 결과
로 첫 번째 레지스터의 상태가

$$\frac{1}{\sqrt{r}} \sum_{k=0}^{r-1} \exp\left(\frac{2\pi i x_0 k}{r}\right) |k\frac{Q}{r}\rangle \qquad\qquad (4.119)$$

이 되는 것을 알 수 있다. 양자 주기 찾기 알고리듬은 마지막으
로 첫 번째 레지스터의 상태를 측정함으로써 완료된다. 이 측정
은 $\frac{Q}{r}$의 어떤 정수배가 되는 숫자를 줄 것이다. 그 모르는 정수
를 λ, 측정에서 얻은 숫자를 c라 하면 $\frac{c}{Q} = \frac{\lambda}{r}$이다. 따라서 첫
번째 레지스터의 상태를 측정하고 그 측정에서 나온 숫자를 Q
로 나눈 값 $\frac{\lambda}{r}$에서 함수의 주기 r을 알아내는 것으로 양자 주
기 찾기 알고리듬이 완수된다.

그런데 $\frac{\lambda}{r}$를 알 때 어떻게 r를 알아낼 수 있는가? 항상 알아
낼 수는 없고 단지 λ와 r가 공약수가 없을 때에만 λ와 r를 둘
다 알 수 있다. 이때에는 Q를 Q와 c의 최대 공약수로 나누면 r
가 된다. λ와 r가 공약수가 없을 확률은 대략 $1/\log\log r$로 주어

진다. 즉 앞에 기술한 방법으로 얻은 주기 r는 반드시 맞는 답
은 아니므로 그 답을 원래의 함수에 넣어 맞는 주기인지를 확
인해야 한다. 만일 이 확인 과정에서 맞는 답이 아닌 것으로 판
명되었다면 λ와 r가 공약수가 있다는 이야기가 되고 주기 찾기
는 실패하게 되며 처음부터 다시 시작해야 한다. 이렇게 반복하
는 횟수가 $O(\log\log r)$번 정도 되면 양자 주기 찾기 알고리듬이
성공할 확률이 1에 가깝게 된다.

양자 주기 찾기의 간단한 예를 들어보자. 함수 $f(x) = \cos^2\dfrac{\pi x}{4}$
의 주기를 구하는 문제를 생각하자. x의 값을 결정하는 첫 번째
레지스터를 구성하는 큐비트의 수가 3이라고 가정하면 $0 \equiv 000$,
$1 \equiv 001$, $\cdots$, $7 \equiv 111$의 8개의 x값에 대해 함수 $f(x)$의 값이 계
산될 수 있다. 즉 $Q=8$이다. 두 레지스터의 초기 상태를 식
(4.117)과 같이 준비하면

$$\frac{1}{\sqrt{8}}(|0> |1> + |1> |\frac{1}{2}> + |2> |0)> + |3> |\frac{1}{2}> \qquad (4.120)$$

$$+ |4> |1> + |5> |\frac{1}{2}> + |6> |0> + |7> |\frac{1}{2}>)$$

의 상태가 된다.

이제 두 번째 레지스터의 상태를 측정하면 1, 0, 또는 $\dfrac{1}{2}$의 결
과가 나올 것이다. 결과가 1인 경우를 생각해 보자. 이 경우에는
첫 번째 레지스터의 상태는

$$\frac{1}{\sqrt{2}}(|0> + |4>) \qquad (4.121)$$

로 붕괴한다. 이 상태에 양자 푸리에 변환

$$|j> \rightarrow \frac{1}{\sqrt{8}} \sum_{k=0}^{7} e^{2\pi i jk/8}|k> \qquad (4.122)$$

를 수행하면

$$\frac{1}{2}(|0>+|2>+|4>+|6>) \qquad (4.123)$$

이 된다.

이제 첫 번째 레지스터의 상태를 측정하면 c의 값으로 0, 2, 4, 또는 6의 결과를 얻을 것이다. 결과가 2인 경우는 $\frac{c}{Q} = \frac{2}{8} = \frac{1}{4}$이 되어 $r=4$가 되는데 이것은 맞는 답이다 마찬가지로 결과가 6인 경우도 맞는 주기가 나오지만 0 또는 4의 경우는 실패하게 된다.

4.8.3 쇼어 알고리듬

쇼어 알고리듬의 핵심은 주기 찾기 알고리듬이다. 소인수 분해를 하고자 하는 숫자를 N이라 할 때 함수 $f(x) = a^x \bmod N$의 주기 r를 찾은 후 r가 짝수이고 $a^{r/2} \bmod N \neq -1$ 을 만족시킨다면 찾는 인수가 적어도 $a^2 - 1$과 N의 최대 공약수 및 $a^2 + 1$과 N의 최대 공약수 중 하나일 수 있다는 사실(이 증명은 생략하기로 한다.)에 근거하여 소인수 분해를 수행하게 해 준다.

정수 N의 인수를 찾는 쇼어 알고리듬의 수행 과정은 다음과 같다.

(1) N이 짝수이면 인수의 하나는 2이다. 홀수이면 (2)로 간다.

(2) N보다 작은 정수 중 N과 공약수가 없는 임의의 정수 a를 선택한다.

(3) 양자 주기 찾기 알고리듬을 사용하여 함수 $f(x) = a^x \bmod N$의 주기 r를 구한다.

(4) r가 짝수이고 $a^{r/2} \bmod N \ne -1$ 의 조건이 성립하는지를 조사한다. 성립하지 않으면 (2)로 가서 다시 시작한다. 성립하면 $a^2 - 1$과 N의 최대 공약수와 $a^2 + 1$과 N의 최대 공약수를 구해서 이들이 정수 N의 인수가 되는지를 확인한다. 만일 인수가 아니면 (2)로 돌아가서 다시 시작한다.

앞의 과정 중 핵심이 되는 (3)의 양자 주기 찾기는 이미 앞 장 4.8.2에서 설명했지만 쇼어 알고리듬을 수행하기 위해서는 특히 함수 $f(x) = a^x \bmod N$의 주기를 구해야 한다. 이 문제를 좀 더 상세히 여기서 살펴보도록 하겠다.

두 레지스터의 상태는 식 (4.117)에 의해

$$\frac{1}{\sqrt{2^n}} \sum_{x=0}^{2^n - 1} |x> |a^x \bmod N> \tag{4.124}$$

에 준비한다. 이미 설명한 바와 같이 a는 N과 공약수가 없는, N보다 작은 정수이고 n은 함수 $f(x)$를 계산하는 x값의 총수 $Q = 2^n$를 결정해 주는 큐비트 수이다. 두 번째 레지스터의 상태에 측정을 행하면 0과 $2^n - 1$ 사이의 어떤 특정한 정수의 x값(이 정수를 x_0라 하자.)에 해당하는 $y \equiv a^{x_0} \bmod N$의 결과를 얻을 것이다. 이 측정 결과로 인해 첫 번째 레지스터의 상태는

$$\frac{1}{\sqrt{m}}(|l> + |l+r> + |l+2r> + \cdots + |l+(m-1)r>)$$

$$= \frac{1}{\sqrt{m}}\sum_{j=0}^{m-1}|l+jr> \tag{4.125}$$

로 붕괴된다. 여기서 l은 식 $y = a^{x_0} \bmod N$을 만족시키는 가장 작은 x_0값이고, $\frac{2^n}{r}$이 정수라고 가정했다. ($\frac{2^n}{r} = m$.) 이 상태에 양자 푸리에 변환을 가하면

$$\frac{1}{\sqrt{m}}\sum_{j=0}^{m-1}|l+jr> \to \frac{1}{\sqrt{m}}\sum_{j=0}^{m-1}\frac{1}{\sqrt{2^n}}\sum_{h=0}^{2^n-1}e^{2\pi i(l+jr)h/2^n}|h>$$

$$\equiv \sum_{h=0}^{2^n-1}\alpha_h|h> \tag{4.126}$$

가 되는데 간단한 계산을 통하여

$$\alpha_h = \begin{cases} \dfrac{1}{\sqrt{r}}e^{2\pi i l h/2^n} & (h\text{가 } \dfrac{2^n}{r}\text{의 정수배일 때}) \\[3mm] 0 & (h\text{가 } \dfrac{2^n}{r}\text{의 정수배가 아닐 때}) \end{cases} \tag{4.127}$$

임을 알 수 있다. 따라서 양자 푸리에 변환의 결과는

$$\frac{1}{\sqrt{r}}\sum_{q=0}^{r-1}e^{2\pi i l q/r}|q\frac{2^n}{r}> \tag{4.128}$$

로 간단히 쓸 수 있다. (q는 정수) 이제 첫 번째 레지스터에 측정을

수행하고 그 결과를 $c \equiv \lambda \dfrac{2^n}{r} = \lambda \dfrac{Q}{r}$ (λ는 정수)라 하면 $\dfrac{c}{Q} = \dfrac{\lambda}{r}$ 에서 λ와 r가 공약수가 없다면 r를 구할 수 있다.

쇼어 알고리듬의 예로서 숫자 15의 소인수 분해를 생각해 보자. $N = 15$는 홀수이므로 앞의 과정 (2)로 가서 임의의 정수 a를 $a = 7$으로 선택하자. 첫 번째 레지스터의 큐비트가 $n = 6$개라고 가정하면 함수 $f(x) = a^x \bmod N = 7^x \bmod 15$을 $Q = 2^n = 2^6 = 32$개의 x값에서 계산할 수 있다.

이제 (3)의 과정, 즉 함수 $f(x) = 7^x \bmod N$의 주기 r를 양자 주기 찾기 알고리듬으로 구하는 과정을 수행해야 한다.

두 레지스터의 상태를 식 (4.124)에 따라

$$\frac{1}{\sqrt{2^6}} \sum_{x=0}^{31} |x> |7^x \bmod 15>$$

$$= \frac{1}{\sqrt{32}} (|0> |1> + |1> |7> + |2> |4> + |3> |13>$$

$$+ |4> |1> + |5> |7> + \cdots + |30> |4> + |31> |13>) \qquad (4.129)$$

의 상태에 준비해 놓고 두 번째 레지스터에 측정을 수행한다. 그 결과는 1, 4, 7, 13 중 하나로 나올 것이다. 여기서는 7이 나온 경우를 생각해 보자. 첫 번째 레지스터의 상태는

$$\frac{1}{\sqrt{8}} (|1> + |5> + |9> + |13> + |17> + |21> + |25> + |29>) \quad (4.130)$$

로 붕괴된다.

다음에는 이 상태에 양자 푸리에 변환

$$|j> \to \frac{1}{\sqrt{32}} \sum_{k=0}^{31} e^{2\pi ijk/32}|k> \qquad (4.131)$$

를 수행한다. 그 결과는

$$\frac{1}{2}(|0>+i|8>-|16>-i|24>) \qquad (4.132)$$

이다. 이 상태에 대한 측정을 수행하면 c의 값으로 0, 8, 16, 24 중 하나가 나올 것이다. 결과가 8이면 $\frac{c}{Q}=\frac{8}{32}=\frac{1}{4}$가 되어 $r=4$가 되는데 이것은 맞는 답이다. 결과가 24일 때도 맞는 답을 가지나 결과가 0이나 16일 때는 맞는 주기가 나오지 않는다.

이 경우는 주기를 구하는 데 실패했으므로 (2)로 돌아가 다시 시도해야 한다. $r=4$가 나온 경우는 r가 짝수이고 $a^{r/2}\bmod N = 7^2\bmod 15 = 4 \ne -1$의 조건을 만족하므로 $a^2-1=48$과 $N=15$의 최대 공약수 3과 $a^2+1=50$과 $N=15$의 최대 공약수 5가 인수의 후보가 될 수 있다. 확인해 보면 두 수가 모두 인수이고 $15=3\times5$를 알게 된다.

4.9 단방향 양자 전산

4.9.1 서론

단방향 양자 전산(클러스터 상태 양자 전산)은 양자 전산의 새로운 방법으로 2001년 로버트 로센도르프(Robert Raussendorf)와 한스 브리겔(Hans Briegel)[7]에 의해 제안된 후 많은 관심의 대상이 되고 있다. 지금까지 설명한 대로 전형적인 양자 전산 방법의 핵심은 유니터리 변환을 수행하는 양자 게이트에 있지만, 단방향 양자 전산의 방법에서는 오히려 초기 상태의 준비 과정에서 이미 대부분의 양자 전산이 수행된다고 볼 수 있다.

큐비트들을 초기에 클러스터 상태라고 하는 특별한 얽힘 상태에 준비시키면 단순히 단일 큐비트들을 대상으로 하는 측정들과 이 측정 결과의 고전 피드포워드(classical feedforward)만으로 임의의 양자 회로를 구현할 수 있다는 것이 단방향 양자 전산의 기본 아이디어이다. 단방향 양자 전산의 방법은 양자 얽힘이 양자 전산에서도 핵심적 역할을 할 수 있다는 것을 보여 주는 좋은 예이기도 하다. 여기서는 이 방법의 기초 이론을 소개한다.

4.9.2 클러스터 상태

클러스터 상태는 다음의 두 단계 과정으로 생성되는 특수한 부류의 얽힘 상태로 정의된다.

(1) 각 큐비트들을 $|+> = \dfrac{1}{\sqrt{2}}(|0>+|1>)$의 상태에 준비시킨다.

(2) 이웃하는 각 큐비트쌍을 대상으로 조정 σ_z 연산을 수행한다.

가장 간단한 예로서 두 큐비트 클러스터 상태를 생각해 보자. 두 큐비트를 A, B라 하면

$$|+>_A|+>_B = \frac{1}{2}(|0>_A+|1>_A)(|0>_B+|1>_B)$$

$$\Rightarrow CZ(AB) \Rightarrow \frac{1}{2}(|00>_{AB}+|01>_{AB}+|10>_{AB}-|11>_{AB}) \quad (4.133)$$

에서 $\Rightarrow CZ(AB) \Rightarrow$의 오른쪽의 상태가 두 큐비트 클러스터 상태 가 된다. 여기서 $\Rightarrow CZ(AB) \Rightarrow$는 큐비트쌍 A, B에 대한 조정 σ_z 연산을 표시한다. 두 큐비트 클러스터 상태를 만드는 식 (4.133) 의 과정은 그림 4.53에 표시되어 있다.

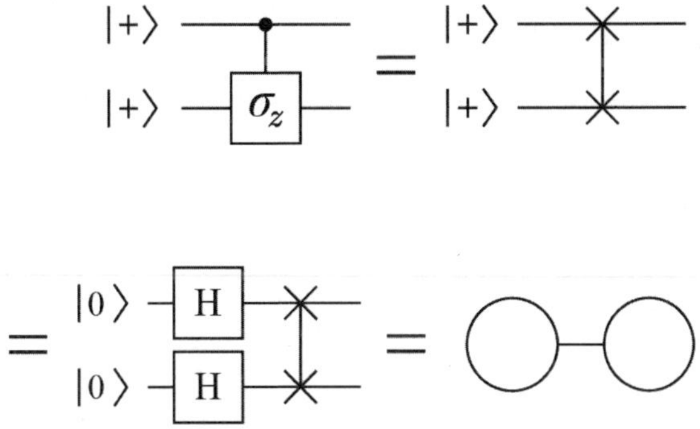

그림 4.53 두 큐비트 클러스터 상태.

이 그림의 가장 오른쪽은 클러스터 상태의 간단한 그림 표현 으로, 원은 $|+>$ 상태의 큐비트를 표시하고 두 큐비트를 잇는 직선은 조정 σ_z게이트를 의미한다. 식 (4.133)의 두 큐비트 클 러스터 상태는 식 (3.119)의 상태와 같음을 볼 수 있고 따라서 사실상 벨 상태 $|\Phi^+>_{AB}$와 동등하다.

다음의 예로서 그림 4.54에 그려져 있는 일직선상의 세 큐비 트의 클러스터 상태는

$$\frac{1}{2\sqrt{2}}[(|00>+|01>+|10>-|11>)|0>$$
$$+(|00>-|01>+|10>+|11>)|1>]$$

(4.134a)

또는 동등하게

$$\frac{1}{2\sqrt{2}}[(|0>(|00>+|01>+|10>-|11>)$$
$$+|1>(|00>+|01>-|10>+|11>)]$$

(4.134b)

이 됨을 쉽게 계산할 수 있다. 식 (4.134a) 또는 식 (4.134b)의 상태는 식 (4.42b)에 의해

$$\frac{1}{2\sqrt{2}}\sum_{x_1}\sum_{x_2}\sum_{x_3}(-1)^{x_1 x_2}(-1)^{x_2 x_3}|x_1 x_2 x_3>$$

(4.135)

로 표시된다. 이 상태는 약간의 계산을 통해 세 큐비트 GHZ 상태인 $\frac{1}{\sqrt{2}}(|000>+|111>)$와 동등함을 보일 수 있다.

일반적으로 그림 4.55의 임의의 n큐비트 클러스터 상태는

$$\frac{1}{2^{n/2}}\sum_{x_1=0}^{1}\cdots\sum_{x_n}^{1}(-1)^{x_1 x_2}(-1)^{x_2 x_3}\cdots(-1)^{x_{n-1}x_n}|x_1 x_2 \cdots x_n>$$ (4.136)

로 표시할 수 있다. 식 (4.136)에서 $(-1)^{x_i x_j}$는 조정 σ_z 연산이 수행되는, 즉 그림 4.55에서 직선으로 연결되는 모든 큐비트쌍 i, j를 포함해야 한다.

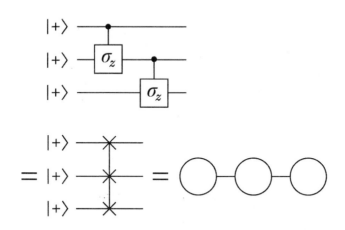

그림 4.54 일직선상의 세 큐비트 클러스터 상태.

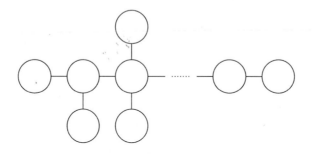

그림 4.55 n큐비트 클러스터 상태.

두 큐비트와 세 큐비트 클러스터 상태가 우리가 이미 알고 있는 얽힘 상태와 동등하게 되는 반면 네 큐비트 클러스터 상태는 여러 새로운 종류의 얽힘 상태들을 포함한다. 한 예로서 그림 4.56의 일직선상의 네 큐비트 클러스터 상태는

$$|+++>\Rightarrow CZ(12)\Rightarrow|+0++>+|-1++>$$

$$\Rightarrow CZ(34)\Rightarrow|+0+0>+|+0-1>+|-1+0>+|-1-1>$$

$$\Rightarrow CZ(23)\Rightarrow|+0+0>+|+0-1>+|-1-0>+|-1+1> \quad (4.137)$$

이 된다. 이 상태는 국소 유니터리 변환을 통해

$$\frac{1}{2}(|0000>+|0011>+|1100>-|1111>) \quad (4.138)$$

의 간단한 형태로 표시된다.

식 (4.138)의 네 큐비트 클러스터 상태는 식 (3.119)의 두 큐비트 얽힘 상태와 동등한 구조의 네 큐비트 얽힘 상태로 볼 수 있는데 최근에 실험적으로도 생성에 성공해 보도된바 있다.[8] 반면에 그림 4.57의 별모양의 네 큐비트 클러스터 상태는

$$\frac{1}{\sqrt{2}}(|0000>+|1111>) \quad (4.139)$$

의 네 큐비트 GHZ 상태와 동등함을 보일 수 있다.

일반적으로 여러 큐비트들을 $|+>$의 상태에 준비시킨 후 그 일부의 쌍들에 대한 조정 σ_z 연산을 수행해서 생성되는 상태는 그림 4.55와 같은 그래프로 간단히 나타낼 수 있으며 그래프 상태(graph state)[9,10]라고 부른다. 클러스터 상태와 그래프 상태는 같은 상태들을 지칭한다고 할 수 있다.

클러스터 상태는 원래 직사각형 격자(square lattice)모양의 큐비트들을 대상으로 모든 이웃하는 큐비트쌍들에 대해서 조정 σ_z 연산을 수행해서 생성되는 상태를 의미한다.

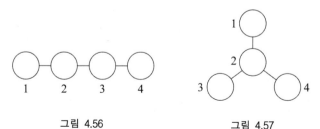

그림 4.56   **그림 4.57**

일직선상의 네 큐비트 클러스터 상태.   별 모양의 네 큐비트 클러스터 상태.

　반면 그라프 상태는 좀 더 일반적인 개념으로 임의의 모양을
가진 큐비트들을 대상으로 이웃하는 큐비트쌍이라고 꼭 조정
σ_z 연산을 수행할 필요도 없고 또한 이웃하지 않는 큐비트쌍에
대해서도 조정 σ_z 연산을 수행할 수도 있는 가능성을 포함한다.

일직선상의 네 큐비트 클러스터 상태

$$\frac{1}{2}(|0000>+|0011>+|1100>-|1111>)$$

별모양의 네 큐비트 클러스터 상태(= 네 큐비트 GHZ 상태)

$$\frac{1}{\sqrt{2}}(|0000>+|1111>)$$

4.9.3 얽힘의 존속도

　N개의 큐비트가 얽힘의 상태에 있다고 하자. 이중 1개의 큐
비트에 측정을 수행할 때 나머지 $N-1$개의 큐비트들은 계속 얽
힘의 관계에 있을까 또는 얽힘이 깨질까?
　이 질문에 대한 답은 N개의 큐비트가 원래 어떤 얽힘 상태에

있는지에 따라 다르다. 나머지 $N-1$개의 큐비트들의 얽힘이 강하게 남아 있을수록 원래의 얽힘 상태의 얽힘의 존속도가 크다고 말한다. (얽힘의 존속도에 대해서는 이미 3.1.5에서 언급한 바 있다.)

얽힘 상태 중 특히 클러스터 상태는 얽힘의 존속도가 큰 특성을 가지고 있으며[11] 이 특성이 단방향 양자 전산을 가능하게 하는 중요한 역할을 한다. 간단하게 N이 3인 경우를 생각해 보기로 한다.

세 큐비트 A, B, C가 GHZ 상태

$$\frac{1}{\sqrt{2}}(|000>_{ABC}+|111>_{ABC}) \tag{4.140}$$

에 있을 때 큐비트 A를 대상으로 $(|0>, |1>)$ 기저에서 측정을 수행하면 50퍼센트의 확률로 각각 $|0>_A$ 또는 $|1>_A$의 결과가 나온다. 두 큐비트 B, C는 전자의 경우 $|00>_{BC}$, 후자의 경우 $|11>_{BC}$의 상태에 있게 되므로 측정의 결과로 얽힘이 완전히 깨지게 되는 것을 알 수 있고 따라서 GHZ 상태의 얽힘의 존속도는 0이다. 다음에 세 큐비트 W 상태

$$\frac{1}{\sqrt{3}}(|100>_{ABC}+|010>_{ABC}+|001>_{ABC}) \tag{4.141}$$

인 경우를 생각하면 A에 대한 측정을 수행했을 때 3분의 1의 확률로 $|1>_A$, 2/3의 확률로 $|0>_A$의 결과를 얻는다.

두 큐비트 B, C는 전자의 경우 $|00>_{BC}$로 얽힘이 없지만, 후자의 경우 $\frac{1}{\sqrt{2}}(|10>_{BC}+|01>_{BC})$의 상태에 있게 되어 최대 얽힘의 관계에 있게 된다. 즉 3분의 2의 확률로 나머지 두 큐비트

가 최대 얽힘을 갖게 된다.

마지막으로 일직선상의 세 큐비트 클러스터 상태[식 (4.134b)]

$$\frac{1}{2\sqrt{2}}[(|0>_A(|00>+|01>+|10>-|11>)_{BC}$$

$$+|1>_A(|00>+|01>-|10>+|11>)_{BC}]$$

(4.142)

를 생각하면 2분의 1의 확률로 $|0>_A$, 2분의 1의 확률로 $|1>_A$의 측정 결과가 나오는데 두 경우 모두 큐비트 B와 C는 벨 상태와 동등한 최대 얽힘의 상태에 남아 있게 되는 것을 알 수 있다. 즉 클러스터 상태의 얽힘의 존속도는 최대라고 할 수 있다.

이러한 클러스터 상태의 얽힘의 존속도가 강한 특성은 세 큐비트의 경우뿐 아니고 일반적으로 N큐비트의 경우에도 성립된다. (주의: 3.1.5에서 지적한 바와 같이 앞의 얽힘의 존속도에 대한 논의는 측정을 $(|0>,|1>)$ 기저에서 하는 경우에 성립된다. 다른 기저에서 측정을 하면 일반적으로 다른 결과가 나온다.)

4.9.4 단방향 양자 전산

이제 단방향 양자 전산의 방법을 설명하도록 하자. 이미 언급한 대로 단방향 양자 전산의 기본 아이디어는 큐비트들을 초기에 클러스터 상태에 준비시키면 단순히 단일 큐비트들을 대상으로 하는 측정들과 이 측정 결과의 고전 피드포워드만으로 임의의 양자 회로를 구현할 수 있다는 것이다. 구체적으로 단일 큐비트 회전과 두 큐비트에 대한 CNOT이 어떻게 수행되는지를 보도록 하겠다.

4.9.4.1 단일 큐비트 회전 $R_z(\theta)$

어떤 큐비트가 임의의 입력 상태

$$|\psi_i> \; = \alpha|0> + \beta|1> \; = \begin{pmatrix} \alpha \\ \beta \end{pmatrix} \tag{4.143}$$

에 있다고 하자. 이 상태에 z축 회전 $R_z(\theta)$를 가하면

$$R_z(\theta)|\psi_i> \; = \begin{pmatrix} e^{-i\frac{\theta}{2}} & 0 \\ 0 & e^{i\frac{\theta}{2}} \end{pmatrix} \begin{pmatrix} \alpha \\ \beta \end{pmatrix} = e^{-i\frac{\theta}{2}} \begin{pmatrix} \alpha \\ \beta e^{i\theta} \end{pmatrix}$$

$$= e^{-i\frac{\theta}{2}} (\alpha|0> + \beta e^{i\theta}|1>) \tag{4.144}$$

의 결과를 얻는다. 이와 동등한 결과를 단방향 양자 전산의 방법으로 얻으려면 그림 4.58과 같이 3개의 큐비트를 사용하면 된다. 여기서 원과 직선은 다른 그림들에서와 같이 |+> 상태의 큐비트와 조정 σ_z 연산을 의미한다. 네모는 입력 큐비트로 식 (4.143)의 임의의 상태에 있다. 원 또는 네모 안의 기호는 측정 기저를 의미한다.

측정 기저가 θ라는 것은

$$|\tilde{0}> \; = \frac{1}{\sqrt{2}} (|0> + e^{i\theta}|1>) \tag{4.145a}$$

$$|\tilde{1}> \; = \frac{1}{\sqrt{2}} (|0> - e^{i\theta}|1>) \tag{4.145b}$$

로 정의되는 $(|\tilde{0}>, |\tilde{1}>)$의 기저 벡터에서 측정한다는 의미이다.

θ가 0인 경우는 $|\tilde{0}>=|+>$, $|\tilde{1}>=|->$가 되어 σ_x의 기저 벡터에서 측정하는 것이 되고 간단히 X로 표시했다. 다시 말하면 그림 4.58의 의미는 다음과 같다. 큐비트 1은 입력 큐비트이다. 큐비트 2와 3을 각각 $|+>$상태에 준비시킨 후 큐비트 쌍 1과 2, 2와 3에 대해 각각 조정 σ_z 연산을 가한다. 여기까지가 준비 과정이다.

다음의 계산 과정은 단일 큐비트 측정으로 수행된다. 큐비트 1을 $-\theta$의 측정 기저에서, 큐비트 2를 X의 측정 기저로 측정하면 큐비트 3이 파울리 오차(Pauli error)의 한도 내에서 [파울리 오차에 대해서는 뒤에서 설명할 것이다.] 식 (4.144)의 원하는 상태에 있게 된다는 것이다. 원하는 상태에 있게 되는 출력 큐비트는 항상 측정이 가해지지 않은 큐비트가 된다. 이 경우는 큐비트 3이 출력 큐비트이다.

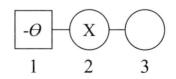

그림 4.58 z축 회전의 단방향 양자 전산.

이제 실제로 그림 4.58의 과정을 계산해 보도록 하자. 조정 σ_z 연산을 하기 전 세 큐비트의 상태는

$$(\alpha|0>_1 + \beta|1>_1)|+>_2|+>_3 \tag{4.146}$$

이다. 두 큐비트 2,3 과 1,2에 각각 조정 σ_z연산을 가하면

$$|\psi_{ini}>_{123} = \frac{1}{\sqrt{2}}[(\alpha|0>_1 + \beta|1>_1)|0>_2|+>_3$$
$$+ (\alpha|0>_1 - \beta|1>_1)|1>_2|->_3] \tag{4.147}$$

의 상태가 된다. 이제 식 (4.147)에 준비된 세 큐비트 1, 2, 3에
대해 먼저 큐비트 1을 대상으로 $-\theta$의 측정 기저로 측정한 결과
를 알기 위해서, 식 (4.147)을

$$|\tilde{0}>_1 = \frac{1}{\sqrt{2}}(|0>_1 + e^{-i\theta}|1>_1) \tag{4.148a}$$

$$|\tilde{1}>_1 = \frac{1}{\sqrt{2}}(|0>_1 - e^{-i\theta}|1>_1) \tag{4.148b}$$

의 두 상태로 표시하면

$$|\psi_{ini}>_{123} = \frac{1}{\sqrt{2}}(|\tilde{0}>_1|\psi_{\tilde{0}}>_{23} + |\tilde{1}>_1|\psi_{\tilde{1}}>_{23}) \tag{4.149}$$

이다. 여기서

$$|\psi_{\tilde{0}}>_{23} = \frac{1}{\sqrt{2}}[(\alpha + \beta e^{i\theta})|0>_2|+>_3 \tag{4.150a}$$
$$+ (\alpha - \beta e^{i\theta})|1>_2|->_3]$$

$$|\psi_{\tilde{1}}>_{23} = \frac{1}{\sqrt{2}}[(\alpha - \beta e^{i\theta})|0>_2|+>_3 \tag{4.150b}$$
$$+ (\alpha + \beta e^{i\theta})|1>_2|->_3]$$

이다. 즉 각각 50퍼센트의 확률로 $|\tilde{0}>_1$의 측정 결과가 나오거나 $|\tilde{1}>_1$의 측정 결과가 나온다.

전자의 측정 결과를 $s_1 = 0$, 후자의 측정 결과를 $s_1 = 1$로 표시하자. $s_1 = 0$의 경우에는 큐비트 2와 3의 상태가 식 (4.150a)의 $|\psi_{\tilde{0}}>_{23}$의 상태로 붕괴하고 $s_1 = 1$의 경우에는 식 (4.150b)의 $|\psi_{\tilde{1}}>_{23}$의 상태로 붕괴한다.

다음에는 X의 기저에서 큐비트 2를 대상으로 측정을 수행한다. 이 측정의 결과를 보기 위해 $|\psi_{\tilde{0}}>_{23}$와 $|\psi_{\tilde{1}}>_{23}$를 $|+>_2$와 $|->_2$의 두 상태로 표시하면

$$|\psi_{\tilde{0}}>_{23} = \frac{1}{\sqrt{2}}[|+>_2(\alpha|0>_3 + \beta e^{i\theta}|1>_3) \qquad (4.151a)$$

$$+|->_2(\beta e^{i\theta}|0>_3 + \alpha|1>_3)]$$

$$|\psi_{\tilde{1}}>_{23} = \frac{1}{\sqrt{2}}[|+>_2(\alpha|0>_3 - \beta e^{i\theta}|1>_3) \qquad (4.151b)$$

$$+|->_2(-\beta e^{i\theta}|0>_3 + \alpha|1>_3)]$$

이 된다. 즉 $s_1 = 0$인 경우에는 식 (4.151a)에서 각각 50퍼센트의 확률로 $|+>_2$의 측정 결과가 나오든지 또는 $|->_2$의 측정 결과가 나온다.

전자의 측정 결과를 $s_2 = 0$, 후자의 측정 결과를 $s_2 = 1$로 표시하자. $s_2 = 0$인 경우는 큐비트 3의 상태가 $(\alpha|0>_3 + \beta e^{i\theta}|1>_3)$가 되어 원하는 출력 상태인 식 (4.144)의 상태가 되는 것을 알 수 있다. (전체 위상 $e^{-i\frac{\theta}{2}}$는 의미가 없으므로 무시한다.)

$s_2 = 1$인 경우는 $(\beta e^{i\theta}|0>_3 + \alpha|1>_3)$가 되는데 이것은 원하는 상태는 아니지만 원하는 상태에 파울리 연산 σ_x를 가하면 이

상태가 된다. 이같이 원하는 상태에서 파울리 연산 σ_x, σ_y, σ_z, 또는 이들의 곱의 연산만큼 떨어져 있는 상태가 되는 경우를 파울리 오차가 있다고 말한다.

다음에 $s_1 = 1$인 경우를 보면 식 (4.151b)에서 역시 각각 50 퍼센트의 확률로 $|+>_2$의 측정 결과($s_2 = 0$)가 나오든지 또는 $|->_2$의 측정 결과($s_2 = 1$)가 나온다.

$s_2 = 0$인 경우에는 큐비트 3의 상태가 $(\alpha|0>_3 - \beta e^{i\theta}|1>_3)$가 되어 σ_z의 파울리 오차가 있다.

$s_2 = 1$인 경우에는 $(-\beta e^{i\theta}|0>_3 + \alpha|1>_3)$가 되어 $\sigma_x\sigma_z$의 파울리 오차가 있는 것을 알 수 있다. 결과를 정리해 보면 의미 없는 전체 위상은 무시하고, 큐비트 1 및 2에 대한 측정 결과 s_1, s_2에 따라 큐비트 3의 상태는

$$\sigma_x^{s_2}\sigma_z^{s_1}(\alpha|0>_3 + \beta e^{i\theta}|1>_3) \tag{4.152}$$

로 주어진다고 쓸 수 있다. 큐비트 1 및 2에 대한 측정 결과 s_1, s_2는 기록해 두었다가 나중에 보정하면 되므로, 결과적으로 그림 4.58의 방법으로 식 (4.144)의 회전 $R_z(\theta)$의 결과를 얻을 수 있다.

4.9.4.2 단일 큐비트 회전 $R_x(\phi)$

x축 회전 $R_x(\phi)$는 식 (4.143)의 임의의 입력 상태에 대해

$$R_x(\phi)|\psi_i> = \begin{pmatrix} \cos\dfrac{\phi}{2} & -i\sin\dfrac{\phi}{2} \\ -i\sin\dfrac{\phi}{2} & \cos\dfrac{\phi}{2} \end{pmatrix}\begin{pmatrix} \alpha \\ \beta \end{pmatrix} \tag{4.153}$$

$$= \begin{pmatrix} \alpha \cos \dfrac{\phi}{2} - i\beta \sin \dfrac{\phi}{2} \\[3mm] -i\alpha \sin \dfrac{\phi}{2} + \beta \cos \dfrac{\phi}{2} \end{pmatrix}$$

$$= (\alpha \cos \frac{\phi}{2} - i\beta \sin \frac{\phi}{2})|0> + (-i\alpha \sin \frac{\phi}{2} + \beta \cos \frac{\phi}{2})|1>$$

의 변화를 준다. 이러한 x축 회전은 단방향 양자 전산에서는 그림 4.59의 방법으로 구현할 수 있다. 다시 말해서 입력 큐비트 1과 다른 두 큐비트 2, 3를 식 (4.147)의 상태에 준비시킨 후 큐비트 1을 X 기저에서 측정하고 큐비트 2를 $\mp\phi$ 기저에서 측정하면 큐비트 3의 상태는 파울리 오차 한도 내에서 식 (4.153)과 같다.

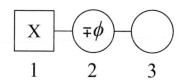

그림 4.59 x축 회전의 단방향 양자 전산.

여기서 큐비트 2를 $\mp\phi$ 기저에서 측정한다는 것은 큐비트 1의 측정 결과에 따라 $-\phi$ 기저 또는 $+\phi$ 기저를 선택한다는 의미인데, 큐비트 1의 측정 결과가 $|+>_1$이면, 즉 $s_1 = 0$이면 $-\phi$ 기저를 선택하고 $|->_1$이면, 즉 $s_1 = 1$이면 $+\phi$ 기저를 선택한다는 의미이다. 다시 말하면 큐비트 2의 측정 기저는 전에 수행한 측정 결과에 따라 결정되며 $\phi(-1)^{s_1+1}$이라고 말할 수 있다. 이것이 고전 피드포워드의 과정으로 단방향 양자 전산에서 자주 요구되는 과정이다.

그림 4.59의 방법이 실제로 식 (4.153)과 같은 결과를 준다는

증명은 4.9.4.1의 $R_z(\theta)$의 경우와 비슷한 계산이 필요하므로 생략한다.

여기에는 결과만 요약하면 그림 4.59의 과정을 거친 후의 큐비트 3의 상태는 의미 없는 전체 위상을 무시하면

$$\sigma_x^{s_2}\sigma_z^{s_1}[(\alpha\cos\frac{\phi}{2}-i\beta\sin\frac{\phi}{2})|0>_3$$

$$+(-i\alpha\sin\frac{\phi}{2}+\beta\cos\frac{\phi}{2})|1>_3] \tag{4.154}$$

이 된다. 여기서 $s_1=0$과 $s_1=1$은 큐비트 1을 X 기저에서 측정할 때 그 측정 결과가 각각 $|+>_1$과 $|->_1$임을 의미하고 $s_2=0$과 $s_2=1$은 큐비트 2를 $\mp\phi$ 기저에서 측정할 때 그 측정 결과가 각각 $|\tilde{0}>_2$와 $|\tilde{1}>_2$임을 의미한다.

4.9.4.3 일반적 회전

임의의 회전은 오일러 각(Euler angle)을 이용할 때

$$R(\xi,\eta,\zeta)=R_x(\zeta)R_z(\eta)R_x(\xi) \tag{4.155}$$

으로 표시된다. 즉 임의의 회전은 x축 회전과 z축 회전의 조합으로 이루어지므로 4.9.4.1과 4.9.4.2의 방법을 합치면 단방향 양자 전산에서 임의의 회전을 구현하는 방법을 만들 수 있다. 실제로 5개의 큐비트를 사용해서 식 (4.155)의 회전을 수행하는 방법이 그림 4.60에 그려져 있다. 측정 기저는 입력 큐비트 1이 X(즉 $\theta=0$), 큐비트 2가 $\theta=\xi(-1)^{s_1+1}$, 큐비트 3가 $\theta=\eta(-1)^{s_2}$, 큐비트 4가 $\zeta(-1)^{s_1+s_3}$이며 측정 완료 후 큐비트 5의 상태는

$$\sigma_x^{s_2+s_4}\sigma_z^{s_1+s_3}R(\xi,\eta,\zeta)(\alpha|0>_5+\beta|1>_5) \tag{4.156}$$

가 됨을 보일 수 있다.[7]

그림 4.60 일반적 회전의 단방향 양자 전산.

큐비트 2, 3, 4의 측정 기저는 그전의 측정 결과 s_i에 따라 부호가 다름을 볼 수 있는데 이것은 고전 피드포워드가 필요하다는 것을 보여 준다. 또한 앞에서와 마찬가지로 각 큐비트들에 대한 측정 결과 s_1, s_2, s_3, s_4는 마지막의 보정 단계에서도 알맞은 보정을 수행하기 위해 필요하므로 기록해 두어야 한다.

4.9.4.4 CNOT

단방향 양자 전산에서 CNOT을 구현하는 방법은 그림 4.61에 그려져 있다.[7] 큐비트 1과 4가 입력 큐비트인데 4가 조정 큐비트이고 1이 목표 큐비트이다. 측정은 큐비트 1과 2를 대상으로 수행하는데 모두 X기저에서 수행한다. 측정후의 큐비트 4와 3의 출력 상태가 파울리 오차 한도 내에서 CNOT의 결과와 같게 된다. 그림 4.61의 방법에서는 입력 큐비트 4에 대해서는 측정이 가해지지 않으므로 이 큐비트는 입력 큐비트인 동시에 출력 큐비트이기도 하다.

두 큐비트 1과 4가 각각 $(\alpha|0>_1+\beta|1>_1)$, $(\gamma|0>_4+\delta|1>_4)$

의 임의의 상태에 있을 때 조정 큐비트를 4, 목표 큐비트를 1로
잡고 CNOT을 수행하면

$$\alpha\gamma|0>_1|0>_4 + \alpha\delta|1>_1|1>_4 + \beta\gamma|1>_1|0>_4 + \beta\delta|0>_1|1>_4 \quad (4.157)$$

의 결과를 얻는다.

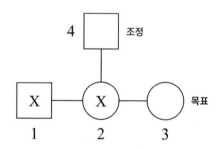

그림 4.61 CNOT의 단방향 양자 전산.

이제 그림 4.61의 과정을 계산하여 실제로 같은 결과를 얻는지
를 확인하도록 하자. 입력 큐비트 1과 4를 각각 $(\alpha|0>_1 + \beta|1>_1)$,
$(\gamma|0>_4 + \delta|1>_4)$, 두 다른 큐비트 2와 3을 각각 $|+>_2$, $|+>_3$의
상태에 준비시킨 후 두 큐비트 (1, 2), (2, 3), 그리고 (2, 4)를 대
상으로 각각 조정 σ_z 연산을 수행하면 네 큐비트는

$$|\psi_{ini}>_{1234} = (\alpha|0>_1 + \beta|1>_1)|0>_2|+>_3(\gamma|0>_4 + \delta|1>_4)$$
$$+ (\alpha|0>_1 - \beta|1>_1)|1>_2|->_3(\gamma|0>_4 - \delta|1>_4) \quad (4.158)$$

의 상태에 있게 된다.

이제 큐비트 1에 대해서 X기저에서 측정을 수행하면 간단한
계산을 통해 측정 후 큐비트 2, 3, 4의 상태가 측정 결과가

$|+>_1$인 경우, 즉 $s_1 = 0$인 경우에는

$$|\psi_{\bar{0}}>_{234} = \frac{1}{\sqrt{2}}[(\alpha+\beta)|0>_2|+>_3(\gamma|0>_4+\delta|1>_4)$$
$$+(\alpha-\beta)|1>_2|->_3(\gamma|0>_4-\delta|1>_4)]$$

(4.159a)

이고, 측정 결과가 $|->_1$인 경우, 즉 $s_1 = 1$인 경우에는

$$|\psi_{\bar{1}}>_{234} = \frac{1}{\sqrt{2}}[(\alpha-\beta)|0>_2|+>_3(\gamma|0>_4+\delta|1>_4)$$
$$+(\alpha+\beta)|1>_2|->_3(\gamma|0>_4-\delta|1>_4)]$$

(4.159b)

임을 알 수 있다.

다음에 큐비트 2에 대해서 X기저에서 측정을 수행하면 역시 간단한 계산을 통해 큐비트 3, 4의 상태가 큐비트 1의 측정 결과가 $|+>_1$이고$(s_1 = 0)$ 큐비트 2의 측정 결과도 $|+>_2$인 경우 $(s_2 = 0)$에는

$$\alpha\gamma|0>_3|0>_4+\alpha\delta|1>_3|1>_4+\beta\gamma|1>_3|0>_4+\beta\delta|0>_3|1>_4 \quad (4.160)$$

이 됨을 알 수 있다.

식 (4.157)과 같은 결과이고 따라서 CNOT이 수행되었다. 큐비트 1과 큐비트 2의 측정 결과가 다르게 나오는 경우에도 파울리 오차의 한도 내에서 역시 CNOT과 같은 결과를 준다.

그 결과를 요약하면 그림 4.60의 과정을 거친 후 큐비트 3과 4의 상태는 전체 위상을 무시하면

$$(\sigma_z^{s_1})_3 (\sigma_z^{s_1})_4 (\sigma_x^{s_2})_3 (\alpha\gamma|0>_3|0>_4 + \alpha\delta|1>_3|1>_4$$

$$+ \beta\gamma|1>_3|0>_4 + \beta\delta|0>_3|1>_4) \qquad (4.161)$$

이 된다. 여기서 파울리 연산자 끝에 붙은 숫자는 그 파울리 연산이 가해지는 큐비트를 의미한다. 예를 들어 $(\sigma_z^{s_1})_3$는 $\sigma_z^{s_1}$을 큐비트 3에 적용한다는 뜻이다. 그림 4.61에서는 조정 큐비트인 큐비트 4는 입력 큐비트이면서 동시에 출력 큐비트이다. 그러나 실제로 양자 회로에서 CNOT이 사용될 때는 조정 큐비트도 목표 큐비트와 마찬가지로 계산의 수행 과정에서 다른 장소로 이동하는 것이 편리할 것이다.

그림 4.62는 조정 큐비트와 목표 큐비트가 대칭적인 구조에서 같이 공간의 다른 장소로 이동하는 CNOT의 수행 방법을 제시한다.[12]

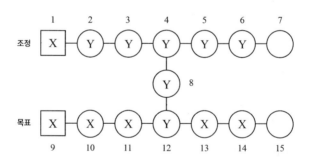

그림 4.62 CNOT의 단방향 양자 전산.

모두 15개의 큐비트가 소요되는데 큐비트 1과 9가 입력 큐비트이고 큐비트 1, 9, 10, 11, 13, 14에 대해서는 X 기저, 즉

$[|+> = \frac{1}{\sqrt{2}}(|0>+|1>), \; |-> = \frac{1}{\sqrt{2}}(|0>-|1>)]$의 측정 기저에서 측정하고 큐비트 2, 3, 4, 5, 6, 8, 12에 대해서는 Y 기저, 즉 $[|+_i> = \frac{1}{\sqrt{2}}(|0>+i|1>), \; |-_i> = \frac{1}{\sqrt{2}}(|0>-i|1>)]$의 측정 기저에서 측정하고 CNOT 수행의 결과는 큐비트 7과 15의 상태에 나타난다.

4.9.4.5 결론

앞에서 임의의 단일 큐비트 회전과 CNOT의 연산을 단방향 양자 전산의 방법으로 구현할 수 있는 것을 보았다. 그런데 단일 큐비트 연산과 CNOT는 보편적 게이트를 구성하므로 결국 임의의 모든 연산을 단방향 양자 전산의 방법으로 구현할 수 있다는 말이 된다. 따라서 단방향 양자 전산은 양자 계산을 수행하는 또 하나의 방법을 제공해 준다.

기존의 양자 전산의 방법의 핵심이 양자 게이트 구성에 있었다면 단방향 양자 전산에서는 사실상의 모든 부담이 클러스터 상태의 초기 준비 과정에 있고 초기 상태만 알맞게 준비되면 그 다음에는 단순한 단일 큐비트 측정과 고전 피드포워드로 계산이 완료된다. 따라서 단방향 양자 전산은 새롭고 독특한 양자 전산의 방법으로 주목받을만한 가치가 있는 방법으로 여겨지고 있다.

아마도 단방향 양자 전산이 실제로 유용한 방법으로 빛을 보려면 우선 여러 클러스터 상태들을 쉽고 확실하게 생성시키는 방법들이 개발되어야 할 것이다.

연습 문제

4.1 프레드킨 게이트가 보편적 게이트임을 증명하시오.

4.2 $\sigma_x \sigma_y \sigma_x = -\sigma_y$ 임을 보이고 $\sigma_x R_y(\theta)\sigma_x = R_y(-\theta)$ 임을 증명하시오.

4.3 임의의 단일 큐비트 유니터리 연산자를 2×2 행렬 U 라고 하면 $U = e^{i\alpha} R_{\hat{n}}(\theta)$ 의 형태로 항상 표현할 수 있다. (a) 아다마르 게이트 H와 (b) 위상 이동 게이트 $S(\frac{\pi}{2})$에 대해 α, θ 및 $\hat{n}$을 구하시오.

4.4 임의의 단일 큐비트 유니터리 연산자는 $U = e^{i\alpha}A\sigma_x B\sigma_x C$로 나타낼 수 있다. 여기서 $ABC = I$이다. 아다마르 게이트에 대해 A, B, C 및 α를 구하시오.

4.5 CNOT 게이트와 단일 큐비트 게이트들만을 사용해 조정 $R_x(\theta)$ 게이트와 조정 $R_y(\theta)$ 게이트를 구성하시오.

4.6 그림 4.22의 회로 등식을 증명하시오.

4.7 다음의 양자 회로가 수행하는 역할은 무엇인가?

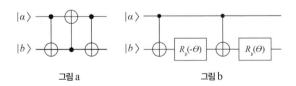

그림 a   그림 b

4.8 임의의 두 큐비트의 상태

$$|\psi>_{AB} = a|0>_A|0>_B + b|0>_A|1>_B + c|1>_A|0>_B + d|1>_A|1>_B$$

를

$$|\psi>_{AB} = a|0>_A|0>_B - b|0>_A|1>_B + c|1>_A|0>_B + d|1>_A|1>_B$$

로 변환시키는 양자 회로를 CNOT과 단일 큐비트 게이트들을 사용하여 구성하시오.

4.9 그림 4.34의 토폴리 게이트 회로 등식을 증명하시오.

4.10 다음 그림의 세 큐비트 양자 회로를 생각하자. 단 U_f가 하는 일은 $U_f|x_1>|x_0>|y> = |x_1>|x_0>|y \oplus f(x_1 x_0)>$이다. 세 큐비트의 입력 상태는 위로부터 $|x_1> = |0>$, $|x_0> = |0>$, $|y> = |1>$이다. U_f에서의 함수 $f(x_1 x_0)$가 균형 함수라면 이 양자 회로를 수행한 후 첫 번째 레지스터(첫 번째와 두 번째 큐비트)를 측정함으로써 함수 $f(x_1 x_0)$에 대해 무엇을 알아낼 수 있는가?

보충 설명 함수 $f(x_1 x_0)$의 가능한 입력 값 $x_1 x_0$는 00, 01, 10, 11의 네 경우이며 함수가 균형 함수이므로 두 입력 값에 대해서는 0, 다른 두 입력 값에 대해서는 1이다. 이 조건을 만족시키는 함수 $f(x_1 x_0)$는 모두 6개가 있다. 따라서 그림의 양자 회로를 사용하여 이 6개의 함수를 구별할 수 있는지, 완전히 구별할 수 없다면 어느 정도까지 구별할 수 있는지를 밝히면 된다.

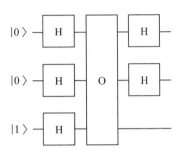

4.11 다음 그림 a, b, c, d의 그래프 상태들이 각각 (a), (b), (c), (d)의 상태로 표시될 수 있음을 보이시오.

(a) $\frac{1}{2}(|0000> + |0101> + |1010> - |1111>)$

(b) $\frac{1}{2}(|0000> + |1101> + |1110> - |0011>)$

(c) $\frac{1}{2}(|0000> + |0011> + |1101> - |1110>)$

(d) $\frac{1}{2\sqrt{2}}(-|0000> + |1010> + |0011> + |1001>$

$\qquad + |0110> + |1100> + |0101> - |1111>)$

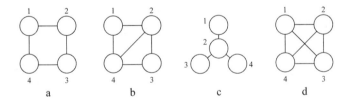

제5장 양자 암호
(Quantum Cryptography)

양자 암호학은 양자 역학이 지배하는 미시 세계의 입자를 매개체로 양자 역학의 법칙에 따라 비밀스럽게 암호를 전달하는 방법과 기타 관련된 문제들을 연구하는 학문이라고 말할 수 있다. 양자 암호는 아마도 양자 정보학의 여러 과제 중 가장 빨리 발전해 왔고 또 우리에게 가장 빨리 접근하고 있는 분야일 것이다.

이미 여러 해 전부터 스위스의 ID 퀀티크(ID Quantique), 미국의 매지큐 테크놀로지스(MagiQ Technologies) 등의 회사에서 양자 암호 키 전달을 수행하는 실험 장비를 상용 판매하고 있는 사실을 보더라도 그간의 발전이 매우 빨랐음을 짐작할 수 있다.

기존의 고전 암호(classical cryptography)의 방법은 현재 최고의 성능의 컴퓨터를 쓰더라도 암호를 해독하는 데 오랜 시간이 걸린다는 계산적 안전성에 의존하고 있다. 따라서 컴퓨터 기술의 개발과 새롭고 강력한 알고리듬들의 출현으로 언젠가는 필연적으로 깨질 수밖에 없는 운명이다.

  반면 양자 암호의 방법은 양자 역학의 원리에 따라서 그 절
대적 안전성이 보장된다. 이런 관점에서 양자 암호 기술은 국가
적, 군사적 차원에서 큰 관심의 대상이 아닐 수 없으며 따라서
여러 국가들이 양자 암호학 연구에 전폭적인 지원을 아끼지 않
게 되었고, 이것이 그 동안의 양자 암호학 발전에 큰 기폭제가
되었다.

  양자 정보학의 대두와 발전은 암호학과 암호 기술에 대한 위
협으로 작용한다고 생각할 수 있다. 양자 컴퓨터가 개발된다면
현재의 RSA 등의 고전 암호 방법은 손쉽게 깨질 수 있기 때문
이다. 그러나 BB84로 시작된 양자 암호학 연구는 계산적 안전
성이 아닌 절대적 안전성을 가지고 있는 양자 키 분배의 프로
토콜들을 탄생시킴으로써 암호학의 혁명적인 전환을 초래했다.
양자 정보학으로 초래된 위협을 양자 정보학으로 해결하게 된
셈이다.

  이 장에서는 우선 고전 암호 전달의 방법을 소개하고 복제
불가 정리 등 양자 암호학을 이해하기 위해 필요한 양자 역학
의 기본 원리들을 간단히 설명한 후, 양자 키 분배의 중요한 문
제들-프로토콜, 도청 공격, 안전성 등-을 논의하고 현재까지의
발전 상황을 기술한다.

5.1 고전 암호

5.1.1 일회용 패드

  1918년 미국의 엔지니어 및 암호 연구가인 길버트 버냄(Gilbert
Vernam)이 처음 제안했다고 하는 일회용 패드(one-time pad)는 지

금까지도 양자 암호 방법 외에는 그 절대적 안전성이 증명된 유일한 암호 전달 방법이다. 일회용 패드는 전달하고자 하는 메시지와 길이가 같거나 더 긴 무작위적 숫자의 배열로 구성되며, 이것이 암호를 만들고 푸는 열쇠, 즉 키가 된다.

예를 들어 보자. 전달하고자 하는 메시지가 "폭파"라고 하자. 한글은 모두 24개의 자음과 모음으로 구성되어 있고 $2^4 = 16$, $2^5 = 32$이므로 한 자음이나 모음은 5개의 0과 1의 조합으로 나타낼 수 있다.

"ㄱ"은 "00000", "ㄴ"은 "00001", "ㄷ"은 "00010", ……, "ㅎ"은 "01101", "ㅏ"은 "01110", "ㅑ"은 "01111", ……, "ㅣ"은 "10111"로 약속했다고 하자. 그러면 전달하고자 하는 메시지인 "폭파"는 "0110010010000000110001110"이 된다. 즉 25개의 0과 1로 배열된 수열이 된다. 이 경우 일회용 패드는 적어도 25개의 0 또는 1이 무작위로 배열된 숫자로 구성이 되어야 한다. 예를 들어 "0100110111101010001101011"이 키가 된다.

일회용 패드를 사용하는 암호 전달은 다음의 과정을 거쳐 진행된다.

(1) 키 분배(key distribution): 암호를 보내는 사람 앨리스(Alice)와 받는 사람 밥(Bob)[양자 암호 연구자들은 통상 암호를 보내는 사람을 앨리스, 받는 사람을 밥이라 부르며 우리도 이를 따르도록 하겠다.]은 두 사람 모두 똑같은 키가 적혀 있는 일회용 패드를 가지고 있어야 한다.

(2) 암호화(encoding): 앨리스는 보내고자 하는 메시지에 키를 더해서 암호문을 만들어 밥에게 보낸다. 보내고자 하는 메시지를 M, 키를 K, 암호문을 C라 하면 암호화의 과정은 $C = M + K$로 표시된다.

(3) 암호 해독(decoding): 밥은 받은 암호문에 키를 더해서 (또는 빼서) 메시지를 알아낸다. 암호 해독의 과정은 $M = C + K$로 표시된

다. $C+K=M+K+K$인데 $K+K$는 K가 0인지 1인지에 상관없이 항상 0이므로 $C+K$는 K이 된다. [(주의) 앞의 (2)와 (3)에서 수행하는 덧셈은 각 자릿수에 대한 독립적인 2진법 덧셈이고 올림수는 생각하지 않는다.]

앞의 예에서 암호화의 과정은 다음과 같다.

$$M = 0110010010000000110001110$$
$$K = 0100110111101010001101011$$
$$C = M+K = 0010100101101010111100101$$

반면에 암호 해독의 과정은 다음과 같다.

$$C = 0010100101101010111100101$$
$$K = 0100110111101010001101011$$
$$M = C+K = 0110010010000000110001110$$

이 M은 원래의 M과 같음을 알 수 있고 이것에서 밥은 메시지 "폭파"를 알게 된다.

일회용 패드의 방법에서 가장 문제가 되는 부분은 (1)의 키 분배 과정이다. 두 사람만이 다른 사람들에게는 비밀인 키를 가지고 있어야 하는데, 예를 들어 앨리스가 키를 만들어 밥에게 가장 확실히 전달하는 방법은 직접 만나서 전달하는 방법뿐이다. 키만 전달이 되면 안전성은 확실히 보장이 된다. 암호문은 아무리 제3자가 본다 하더라도 키가 없는 한 해독이 불가능하기 때문이다.

일회용 패드의 또 하나의 단점은 이 이름이 의미하듯이 한 번밖에 사용하지 못한다는 점이다. 같은 키 K를 두 다른 메시지 M_1,

M_2에 사용했을 경우 두 암호문은 $C_1 = M_1 + K$, $C_2 = M_2 + K$가 되는데, $C_1 + C_2 = M_1 + M_2 + K + K = M_1 + M_2$이므로 키를 모른다 해도 C_1, C_2만을 가지고 제3자도 두 메시지에 대한 정보를 얻을 수 있는 확률이 커진다. 즉 안전을 위해서 일회용 패드는 한 번 쓰고 버려야 한다는 단점이 있다.

5.1.2 공개 키 암호 체계

고전 암호의 중요한 발전은 1976년 미국의 횟필드 디피(Whitfield Diffie)와 마틴 헬먼(Martin Hellman)에 의해 이룩되었다. 이들이 제안한 공개 키(public key)의 개념은 기존의 암호 체계를 뛰어넘는 발상이었다. 기존의 암호 체계에서는 키는 항상 비밀이어야 한다고 생각했고, 또한 보내는 사람과 받는 사람이 같은 키를 갖는, 즉 암호화와 암호 해독에서 같은 키를 사용하는, 대칭 관계에 있어야 했다. 따라서 앞의 일회용 패드에서 보듯이 키를 비밀로 전달, 분배하는 것이 항상 문제였다.

디피와 헬먼이 고안한 방법은 이와는 근본적으로 다른 공개 키-비대칭 관계의 방법이며 대략 다음과 같다. 밥은 두 종류의 키, 공개 키와 비밀 키(secret key)를 만든다. 비밀 키는 밥만이 가지고 있지만 공개 키는 다른 사람들에게 공개한다.

앨리스는 밥이 공개한 공개 키를 사용하여 보내고자 하는 메시지를 암호화해 암호문을 밥에게 보낸다. 밥은 자신의 비밀 키를 사용해 암호를 해독해 메시지를 알아낸다. 요약하면 디피와 헬먼은 공개 키의 개념을 도입해 기존의 키 분배 문제를 해결했고, 그 방법은 공개 키로 암호화하고 비밀 키로 암호를 해독하는 비대칭 관계에 의존한다.

여기서 중요한 것은 공개 키와 비밀 키가 서로 독립적인 것이 아니고 특정한 상관 관계를 가져서 공개 키로 암호화한 암호문을 그 공개 키에 대응하는 비밀 키로만 해독할 수 있어야한다는 점이다. 이 방법이 안전하려면 물론 밥 외의 다른 사람이 비밀 키를 알 수 없어야 하며, 따라서 공개 키를 알더라도 비밀 키를 알 수 없게 만들어야 이상적이지만, 사실상 알 수 없게 만드는 것은 불가능하고 최대한 알기 매우 힘들게 만들어야한다. 이것이 공개 키 암호 체계가 성공하기 위한 가장 중요한 조건이 된다.

공개 키 암호 방법으로 가장 성공적이고 널리 쓰이는 방법은 그 제안자인 미국의 로널드 리베스트(Ronald Rivest), 아디 샤미르 (Adi Shamir), 레너드 아델만(Leonard Adleman)의 첫 글자를 따서 이름 지은 RSA 방법이다. 이 방법이 상대적으로 안전한 이유는 공개 키에서 비밀 키를 알아내려면 소인수 분해를 해야 하는데, 큰 숫자의 소인수 분해가 무척 어렵고 컴퓨터로도 많은 시간이 걸린다는 점에 있다.

일반적으로 공개 키 암호 방법은 일회용 패드같이 안전성이 절대적으로 보장되지는 않으며, 단지 비밀 키를 알아내는 데에 상당한 시간이 걸린다는 계산적 안전성에 의존하고 있다. 다음 절에서는 RSA 방법을 자세히 설명한다.

5.1.3 RSA 암호 전달 방법

디피와 헬먼의 공개 키 암호 체계가 실제로 구현된 가장 대표적인 방법이 RSA 방법(RSA method)이다. RSA 방법에서 밥이 공개 키와 비밀 키를 만드는 과정은 다음과 같다.

(a) 두 소수 p와 q를 선택하고 $n = p \times q$를 계산한다.

(b) $m = (p-1)(q-1)$과 공약수가 없는 (즉 최대공약수가 1인) 정수 d를 선택한다.

(c) $de \bmod m = 1$을 만족시키는 정수 e를 구한다. 여기서 공개 키는 두 숫자 e와 n이고 비밀 키는 d가 된다.

RSA 암호 전달 방법은 다음의 과정을 거친다.

(1) 밥은 앞의 (a)~(c)의 과정을 거쳐 공개 키와 비밀 키를 만든 후 공개 키 e와 n을 공포한다. 비밀 키 d는 다른 아무에게도 알리지 않는다.

(2) 앨리스는 밥이 공포한 숫자 e와 n을 사용하여 보내고자 하는 메시지를 암호화한다. 암호화는 다음의 수식을 따른다: $C = M^e \bmod n$. 여기서 M은 메시지, C는 암호문이다.

(3) 밥은 앨리스가 보낸 암호문을 받아 암호를 해독한다. 암호 해독은 다음의 수식을 따른다: $M = C^d \bmod n$.

예를 들어 보자. 키를 만드는 첫 과정으로 밥이 $p = 5$, $q = 17$을 선택하면 $n = 5 \times 17 = 85$가 된다. 또한 $m = 4 \times 16 = 64$가 되며 이와 공약수가 없는 숫자로 $d = 13$을 선택하고 $de \bmod m = 1$을 만족시키는 정수로 $e = 5$를 선택한다. 밥은 공개 키로서 $e = 5$, $n = 85$를 공포한다.

앨리스가 전달하고자 하는 메시지가 "kill it"이라고 하자. 앨리스와 밥은 사전에 영어의 각 문자를 다음과 같이 두 자리의 숫자로 나타내기로 약속을 한다.

a:01, b:02, c:03, …, y:25, z:26, 그리고 빈칸(space)은 00.

그럼 전달하고자 하는 메시지는 "11091212000920"이 된다.

앨리스의 암호화 과정은 $C = M^e \bmod n$의 식에 따라 진행되는데, 물론 앨리스는 밥의 공포를 듣고 $e = 5$, $n = 85$임을 알고 있다. 따라서 암호화는 다음과 같이 진행된다.

$$11^5 \bmod 85 = 61, \quad 9^5 \bmod 85 = 59, \quad \cdots, \quad 20^5 \bmod 85 = 5$$

이 결과에 따라 암호문은 "61593737005905"가 되며 앨리스는 이 암호문을 밥에게 보낸다.

밥은 앞의 암호문을 받아 $M = C^d \bmod n$의 식에 따라 다음과 같이 해독한다.

$$61^{13} \bmod 85 = 11, \quad 59^{13} \bmod 85 = 9, \quad \cdots, \quad 5^{13} \bmod 85 = 20$$

따라서 해독이 된 암호문은 "11091212000920"이 되며 이로부터 밥은 "kill it"이란 메시지를 알아내게 된다.

RSA 방법이 안전하기 위해서는 공개 키 e와 n으로부터 비밀 키 d를 알아내기가 힘들어야 한다. e와 n으로부터 d를 알아내기 위해서는 우선 n을 소인수 분해해서 두 소수 p와 q를 알아내야 하고 이로부터 $m = (p-1)(q-1)$을 계산하고 이 m의 값과 e의 값으로부터 $de \bmod m = 1$을 만족시키는 정수 d를 찾아내야 된다.

앞의 예의 경우 $n = 85$이고 85의 소인수 분해는 누구나 할 수 있으므로 비밀 키를 알아내는 것은 매우 쉬운 일이다. 실제로 RSA 방법을 사용할 때는 물론 이보다는 훨씬 더 큰 n을 택하여 (즉 두개의 큰 소수 p와 q를 택하여) 소인수 분해가 매우 어렵도록 만들어야 한다.

  RSA 방법이 성공적인 이유는 숫자가 커질수록 그 소인수 분
해가 지극히 어려워지며 아무리 빠른 컴퓨터를 쓰더라도 답을
얻기까지 걸리는 시간이 그 숫자의 자릿수에 따라 기하 급수적
으로 증가하기 때문이다.

  이와 관련해서는 유명한 이야기가 있다. 1977년 8월호의 《사
이언티픽 아메리칸(*Scientific American*)》에 자릿수가 129인 숫자
를 제시하고 이 숫자(RSA-129라고 불린다.)를 소인수 분해하는 사
람에게 100달러의 상금을 줄 것이라는 글이 실렸다. 당시 최고
의 컴퓨터를 가지고도 RSA-129를 소인수 분해하는 데에는 대
략 10^{16}년이 걸릴 것으로 예측되었고, 따라서 불가능할 것이라고
여겨졌다. 그런데 1993년에 25개국의 600여 명의 자원자들이
1,600대의 컴퓨터를 동원해 계산을 시작했고 8달 후인 1994년
어느 날 마침내 소인수 분해를 완성했다.

  이것이 가능했던 이유는 두 가지이다. 첫째는 1977년부터
1993년까지 16년 동안 컴퓨터 과학과 기술이 빠른 발전을 하여
약 2,000배 빨라졌다는 사실이고, 둘째 이유는 소인수 분해의
새롭고 강력한 알고리듬이 개발되었다는 점이었다. 이 이야기
는 계산적 안전성에 의존하는 RSA 방법 등의 고전 암호 전달
방법이 미래에까지 안전할 수는 없다는 점을 잘 보여 준다.

  실제로 미국 전신 전화 회사 벨 연구소(AT&T Bell Labs)의 쇼어
박사는 1994년 소인수 분해를 효율적으로 수행할 수 있는 양자
알고리듬을 발표했는데(쇼어 알고리듬에 대해서는 4.8을 참조하라.), 이
것은 기존의 RSA 방법에 치명타를 가했다고 볼 수 있다. 물론
쇼어의 알고리듬을 수행하려면 양자 컴퓨터가 필요하므로 아직
은 미래의 일이기는 하지만, 예를 들어 2,000개의 자릿수를 가
진 숫자를 소인수 분해하려면 현재의 컴퓨터로는 우주 안의 모
든 입자의 수(10^{80})와 같은 수의 컴퓨터를 동원하고 우주의 나이

$(10^{18}초)$만큼의 시간을 소요해도 불가능하나 양자 컴퓨터로는 몇 분 안에 가능할 것으로 예측되고 있다. 이런 관점에서 보면 절대적으로 안전한 양자 암호 방법의 중요성은 매우 크다고 하지 않을 수 없다.

5.2 양자 복사와 정보 획득

앞에서 설명했듯이 고전 암호 전달 방법은 계산적 안전성에 의존하고 있다. 그러나 양자 암호는 고전 암호와는 근본적으로 다른 방법을 사용해 절대적 안전성을 확보한다. 그 절대적 안전성은 양자 물리학의 원리에 기인하며, 특히 복제 불가 정리(no cloning theorem) 및 정보 획득과 상태 교란의 상관 관계에 관한 양자 원리에 기인한다. 따라서 여기서는 양자 암호 전달 방법에 대한 상세한 논의에 앞서 이 두 원리를 설명하도록 한다.

5.2.1 복제 불가 정리[1, 2]

우리는 일상 생활에서 복사기에 익숙해 있다. 복사기는 원본에는 변화를 주지 않으면서 원본과 똑같은 복사본을 만들어 낸다. 그런데 양자 세계에서도 원래의 양자 상태를 변화시키지 않으면서 원하는 모든 양자 상태를 복사해 주는 양자 복사기가 존재할까? 그 답은 '아니오.'이다. 그 증명은 다음과 같다.

어떤 입자의 특정한 양자 상태 $|\psi>$를 복사하는 양자 복사기가 존재한다고 하자. 이 양자 복사기가 하는 역할은

$$|\psi>|i>|M> \rightarrow |\psi>|\psi>|M_\psi> \tag{5.1}$$

의 유니터리 변환, 즉

$$U|\psi> |i>|M> \ =|\psi>|\psi>|M_\psi> \tag{5.2}$$

으로 나타낼 수 있다. 여기서 상태 $|i>$는 상태 $|\psi>$로 복사시키려는 입자의 초기 상태이고 $|M>$은 양자 복사기의 초기 상태, $|M_\psi>$는 양자 복사기의 복사 후 상태이며 상태 $|\psi>$에 따라 달라질 수 있는 가능성을 고려하여 밑에 ψ를 붙였다.

이 양자 복사기가 또 다른 상태 $|\phi>$도 복사해 준다면

$$U|\phi>|i>|M> \ =|\phi>|\phi>|M_\phi> \tag{5.3}$$

의 식도 성립될 것이다. 식 (5.2)와 식 (5.3)의 좌변과 우변을 각각 곱해 주면

$$<\psi|\phi> \ =<\psi|\phi><\psi|\phi><M_\psi|M_\phi> \tag{5.4}$$

이 된다. 식 (5.4)이 성립되려면

$$<\psi|\phi> \ =0 \tag{5.5}$$

또는

$$<\psi|\phi> \ =1, \ <M_\psi|M_\phi> \ =1 \tag{5.6}$$

이어야 한다.

즉 양자 상태 $|\psi>$를 복사해 주는 양자 복사기는 $|\psi>$외에는

그 상태와 직교하는 상태만을 복사할 수 있다. 일반적으로 서로 직교하지 않는 상태들을 모두 복사해 주는 양자 복사기는 존재할 수 없다. 다시 말하면 임의의 모르는 상태를 복사해 주는 양자 복사기는 존재하지 않는다. 이것이 복제 불가 정리이다.

> **복제 불가 정리**
> 서로 직교하지 않는 상태들을 모두 복사해 주는 양자 복사기는 존재하지 않는다. 임의의 모르는 상태를 복사해 주는 양자 복사기는 존재하지 않는다.

복제 불가 정리는 양자 역학의 기본 원리 중 하나라고 볼 수 있다. 양자 상태의 복제가 가능하다면 기본 원리들이 위배되기 때문이다. 예를 들어 양자 상태의 복사가 가능하다면 어떤 모르는 양자 상태에 있는 입자의 상태를 정확히 알아낼 수 있고 빛보다 빠른 통신이 가능해진다.

어떤 모르는 상태 $|\psi>$에 있는 입자를 무수히 복제해 낼 수 있다면 이 입자들을 관측함으로써 그 상태 $|\psi>$에 대한 정확한 정보를 알아낼 수 있는 것은 자명하다. 그렇다면 양자 암호의 안전성도 보장받을 수 없을 것이다.

복제 불가 정리가 위배되면 빛보다 빠른 통신이 가능하며 따라서 상대성 이론에 위배되는 것을 보이기 위해서는 얽힘을 공유하고 있는 두 사람 갑돌이와 을순이를 생각해 보도록 한다.

편광 얽힘

$$|\Psi^->_{AB} = \frac{1}{\sqrt{2}}(|\leftrightarrow>_A|\updownarrow>_B - |\updownarrow>_A|\leftrightarrow>_B)$$ (5.7)

의 관계에 있는 두 광자 중 A는 갑돌이가 B는 을순이가 가지고
있다고 하자. 갑돌이가 을순이에게 2비트의 메시지, 즉 0과 1
중 하나의 숫자를 전달하고자 할 때, 그들은 사전에 약속을 해
서 갑돌이가 0을 보내고 싶으면 자기의 광자 A의 편광을 수평-
수직의 기저에서 측정하고(즉 광자 A가 수평 편광인지 수직 편광인지
를 측정하고) 1을 보내고 싶으면 45°-135°의 기저에서 측정하기
로 한다.

갑돌이가 0을 보냈다면 을순이의 광자 B는 수평 또는 수직
편광일 것이고 1을 보냈다면 45° 또는 135°의 편광일 것이다.
복제 불가 정리를 위배할 수 있다면 이때 을순이는 광자 B의
무수한 복제를 만들어 내서 이들의 편광을 수평-수직의 기저에
서 측정한다. 갑돌이가 보낸 신호가 0이라면 이 광자들의 편광
상태가 모두 수평 또는 모두 수직으로 나올 것이고 1이라면 반
은 수평, 반은 수직으로 나올 것이므로, 을순이는 신호의 전파
시간에 무관하게 갑돌이의 신호를 알아낼 수 있게 된다.

복제 불가 정리는 양자 정보 과학에서도 중요한 위치를 차지
한다. 우선 복제 불가 정리는 양자 계산에서 고전 방식의 오류 보
정이 불가능하다는 것을 말해 준다. 양자 계산 도중 보조용의 복
사 상태를 만들어 이들을 사용하여 오류를 보정할 수 없기 때문
이다. 이것은 양자 계산에 치명적인 타격을 줄 수도 있었으나
1995년 쇼어와 앤드루 스테인(Andrew Steane) 등이 복제 불가 정리
에 구애받지 않는 양자 오류 보정의 방법이 존재한다는 것을 보
임으로써 양자 계산을 구원해 주었다.[3][4]

이미 언급했듯이 복제 불가 정리는 또한 양자 암호에도 중요
한 의미가 있다. 제3자가 신호를 복사하여 도청할 수 없다는 것
을 말해 주기 때문이다. 그러나 복제 불가 정리는 원래의 상태
$|\psi>$와 똑같은 완전한 복제를 만드는 것이 불가능하다는 것이

고 원래의 상태와 비슷한 불완전한 복제가 불가능하다는 것은
아니므로 불완전한 복제를 이용한 도청은 가능하다.

주어진 조건에서 원래의 상태와 얼마나 가깝게 복제가 가능
한 것인가, 즉 복제된 상태를 $|\phi>$라 할 때 충실도 $|<\psi|\phi>|^2$
의 가능한 최댓값은 무엇인가의 문제에 대해서는 뒤에서 논의
한다.

5.2.2 양자 복사

앞의 복제 불가 정리에 따라 모르는 모든 양자 상태의 완전
한 복제는 불가능하다는 것을 알았다. 그러나 원래의 상태와 아
주 똑같지는 않지만 비슷한 상태로의 복제가 불가능하다는 것
은 아니다. 그러면 어느 정도 가까운 상태로 복제 또는 복사할
수 있을까?

앞에서 본 바와 같이 양자 상태 $|\psi>$를 복사해 주는 양자 복
사기는 $|\psi>$ 외에는 그 상태와 직교하는 상태만을 완전히 복사
할 수 있다. 예를 들어 큐비트의 두 상태 $|0>$과 $|1>$을 완전히
복사해 주는 양자 복사기, 즉

$$U|0>|i>|M> \; = |0>|0>|M_0> \qquad (5.8\text{a})$$

$$U|1>|i>|M> \; = |1>|1>|M_1> \qquad (5.8\text{b})$$

을 실현시켜 주는 양자 복사기는 존재할 수 있다. 그러나 이 양
자 복사기는 큐비트의 임의의 중첩 상태($\alpha|0>+\beta|1>$)를 완전히
복사할 수는 없다. (물론 $\alpha \neq 0$, $\beta \neq 0$의 경우를 말한다.)

이 양자 복사기는 복사의 충실도가 원래의 상태가 $|0>$ 또는

$|1>$일 때는 1로 최댓값을 갖지만 원래의 상태가 $\frac{1}{\sqrt{2}}(|0>\pm|1>)$ 의 중첩 상태일 때는 최솟값을 갖는다.

서로 직교하는 특정한 양자 상태들에 대해서 최고의 충실도를 갖는 앞의 양자 복사기와는 달리, 큐비트의 모든 상태에 대해서 균일한 복사 충실도로 복사해 주는 양자 복사기를 생각해 보자. 이러한 양자 복사기를 보편적 양자 복사기(universal quantum copying machine)라 부른다.[5] (주의: 보편적 양자 복사기는 원래의 상태 $|\psi>|i>$에서 시작하여 $|\psi'>|\psi'>$을 만들어 주는 복사기이다. 즉 원래의 상태 $|\psi>$도 비슷한 상태 $|\psi'>$로 변화시키는 복사기이다.)

물론 복제 불가 정리에 따라 보편적 양자 복사기의 복사 충실도는 1일 수 없다. 즉 $|\psi'>$이 $|\psi>$와 같을 수는 없다. 그러면 얼마만큼의 높은 값이 가능할까? 연구 결과에 따르면 복사 충실도가 6분의 5인 보편적 양자 복사기가 가능하며 이러한 양자 복사기는

$$U|0>|i>|M>$$
$$= \sqrt{\frac{2}{3}}\,|0>|0>|M_0> + \sqrt{\frac{1}{6}}\,(|1>|0>+|0>|1>)|M_1> \tag{5.9a}$$

$$U|1>|i>|M>$$
$$= \sqrt{\frac{2}{3}}\,|1>|1>|M_1> + \sqrt{\frac{1}{6}}\,(|1>|0>+|0>|1>)|M_0> \tag{5.9b}$$

의 유니터리 변환을 만족시킨다.

이를 일반화시켜 N개의 같은 상태 $|\psi>$에서 시작하여 M ($M>N$)개의 비슷한 상태 $|\psi'>$을 만드는 보편적 양자 복사기를 생각할 수 있는데,[6] 이 경우 가능한 최대 복사 충실도는

$\frac{M(N+1)+N}{M(N+2)}$ 임이 밝혀져 있다. 한 상태에서 시작하여 두 같은 복사 상태를 만드는 경우는 $N=1$, $M=2$이며 이 경우의 복사 충실도는 6분의 5가 된다.

지금까지 고려한 양자 복제 또는 양자 복사는 모두 같은 원본의 상태들에서 시작하여 모두 같은 복사 상태를 만들어 내는 (원본이 복사되어 나오는 상태까지 포함하여) 대칭적 양자 복제 (symmetric quantum cloning)이다.

비대칭 양자 복제까지 생각한다면 여러 가능성들이 나올 수 있다. 예를 들어 하나의 상태 $|\psi>$에서 시작하여 두 다른 불완전한 복사 상태 $|\psi'>$과 $|\psi''>$을 만들어 내는 경우를 생각할 수 있다. 또한 두 직교하는 상태 $|\psi>$와 $|\psi_\perp>$에서 시작해 $M(M>2)$개의 같은 상태 $|\psi>$를 만들어 내는 경우도 생각할 수 있다.[7] 흥미로운 것은 이 경우 $M>6$일 때 최대 복사 충실도가 두 같은 상태 $|\psi>$, $|\psi>$에서 시작하는 경우보다 높다는 것이다.

5.2.3 정보 획득과 상태 교란

다음의 경우를 생각해 보자. 어떤 광자의 편광 상태가 수직 또는 수평인데 어느 것인지 모른다고 할 때 이 상태를 교란시키지 않고 어느 상태인지를 알아내는 방법이 있는가? 물론 간단히 알아낼 수 있다. 수직 편광은 투과시키고 수평 편광은 반사시키는 편광 분할기에 입사시켜 보면 된다.

예를 들어 편광 분할기를 투과했다면 수직 편광이라는 것을 알 수 있고 또 투과한 후에도 계속 수직 편광이므로 그 편광 상태에도 아무런 교란을 주지 않았다. 그런데 이 광자의 편광 상태가 수직 또는 수평이 아니고 서로 직교하지 않는 두 상태 중

의 하나일 때에도 상태에 아무런 교란을 주지 않고 두 상태 중
어느 것인지를 알아낼 수 있을까? 답은 아니오이다.

예를 들어 광자의 편광 상태가 수직 또는 45° 중 하나일 때
어느 상태인지를 알기 위해 광자를 수직 편광은 투과시키고 수
평 편광은 반사시키는 편광 분할기에 입사시켰다고 하자. 광자
가 편광 분할기를 투과했다면 어느 상태인지 결정할 수는 없지
만, 만일 반사되었다면 수직 편광은 분명히 아니므로 45° 방향
의 편광일 수밖에 없다고 결론지을 수 있다. 그러나 측정 후, 즉
편광 분할기에서 반사된 후의 광자의 편광 상태는 수평으로 변
화되었다. 상태에 대해 정보를 얻었지만 그 상태에 교란이 가해
졌다.

이 예에서의 측정 방법은 간단한 예이고 1.4.2에서 기술한
바와 같이 더 높은 확률로 어느 상태인지를 알게 해 주는 더 복
잡한 방법도 존재하고, 또한 1.4.3에서 기술한 것처럼 에러 없이
상태를 구별해 주는 측정 방법도 존재하지만, 어떤 측정 방법을
선택한다 하더라도 일반적으로 직교하지 않는 두 상태 중 어느
상태인지를 알기 위해 측정을 수행해 정보를 얻었다면 그 측정
의 행위가 상태의 교란을 유발한다는 것이 증명되어 있다.

더 일반적으로 어떤 계가 임의의 모르는 상태에 있을 때 측
정을 수행해 그 상태에 대한 정보를 얻었다면 그 상태에 교란
이 유발되었다고 결론지을 수 있다. 나아가서 얻는 정보의 양이
많을수록 교란의 정도도 심하다. 이 같은 정보 획득과 상태 교
란의 상관 관계는 양자 암호의 안전성을 보장해 주는 기본 원
리가 된다.

5.3 양자 화폐

양자 암호의 기본 아이디어는 양자 화폐(quantum money)에서 나왔다. 여기서는 양자 암호 논의의 서론으로 양자 화폐의 아이디어를 소개한다.

양자 화폐의 개념은 직교하지 않는 양자 상태를 이용해 비밀 정보를 안전하게 다룰 수 있다는 기본 아이디어에 기인한다. 이 아이디어는 1970년경 스티븐 위즈너(Stephen Wiesner)에 의해 처음으로 제안되었다고 여겨진다. 1983년이 되어서야 게재가 된 논문에서[8] 위즈너는 양자 역학의 원리를 이용해 위조가 불가능한 화폐를 만들 수 있음을 보였다. 그림 5.1에 그려져 있는 양자 화폐의 아이디어는 대략 다음과 같다.

화폐에 큐비트들을 차례로 저장한다. 예를 들어 편광 상태를 큐비트의 두 기본 상태로 갖는 광자들을 저장하는데 그 편광 상태를 수평, 수직, 45°, 135°의 네 방향 중 무작위로 선택해 저장하고 각각의 광자가 어떤 편광 상태인지를 기록해서 은행만 가지고 있도록 한다. 은행은 손님이 이 화폐를 가지고 오면 각 광자들의 편광 상태를 차례로 측정하고 그 기록에 맞는지를 확인한다. 은행은 각 광자의 편광 상태의 기록을 가지고 있으므로 광자들의 상태에 교란을 주지 않고 측정할 수 있다.

반면에 이 화폐를 위조하려는 제3자는 편광 상태가 모두 같은 광자들을 위조 화폐에 넣기 위해서 진짜 화폐에 저장되어 있는 광자들의 편광 상태를 알아야 하는데 각각의 광자들의 편광을 수평-수직(σ_z의 기저)으로 측정할지 45°-135°(σ_x의 기저)로 측정할지를 사전에 모르므로 2분의 1의 확률로 틀린 측정 방향을 선택하게 되고 이 경우 2분의 1의 확률로 은행의 확인 과정에서 원래의 편광 상태와 다른 결과를 주게 된다.

결과적으로 화폐에 N개의 광자를 저장했을 때 위조 화폐의 경우에는 은행의 확인과정에서 평균 $N/4$개의 광자가 원래와 다른 상태에 있는 결과를 주므로 위조인지를 알 수 있게 된다. 다시 말해서 위조 화폐가 은행의 확인 과정을 통과할 확률은 $\left(\dfrac{3}{4}\right)^{N}$이 되어 N이 커질수록 지수 함수적으로 작아진다. 위조하려는 측에서는 앞의 방법보다 더 교묘한 방법들을 써서 실패할 확률을 줄일 수는 있으나, 근본적으로 복제 불가 정리에 의해 완전한 위조는 불가능하다.

이러한 양자 화폐를 만들려면 큐비트들을 저장해야 되는 현실적 어려움이 있어 현재로서는 실용화가 어렵지만, 같은 아이디어에 기반을 둔 양자 암호 전달은 단지 큐비트들을 전송하기만 하면 되므로 실제로 구현하는 데 큰 어려움이 없다. 이런 관점에서 볼 때 위즈너의 양자 화폐의 아이디어는 양자 암호의 원조라고 볼 수 있다.

그림 5.1 양자 화폐.

5.4 양자 키 분배 프로토콜

양자 암호[9]는 기존의 방식과는 전혀 다른 혁명적인 암호 전달 방법을 제공해 준다. 그 이름이 말해 주듯이 양자 암호는 양자 역학이 지배하는 미시 세계의 입자를 매개체로 양자 역학의 법칙에 따라 암호를 전달하는 방법이다.

암호 키는 기존의 무작위한 순서로 나열된 0 또는 1의 숫자들 대신 2준위계, 즉 큐비트의 무작위한 순서로 나열된 서로 직교하지 않는 상태들(궁극적으로는 그 상태들로부터 구성된 0 또는 1의 숫자들)로 구성된다. 따라서 암호 키 신호를 발생, 전송, 측정하는 방법도 기존의 고전 방법과는 큰 차이가 있다.

또한 암호 전달의 안전성 문제도 전혀 다른 각도에서 해결된다. 이미 설명한 바와 같이 디피와 헬먼은 키 분배의 문제를 비대칭 공개 키의 방식으로 해결했지만 절대적 안전성이 보장된 것은 아니고 계산적 안전성에 의존한다.

반면에 양자 암호의 방법은 키 분배의 문제를 전혀 다른 방향에서 해결하여 절대적 안전성을 확보했다고 볼 수 있다. 양자 키 분배(quantum key distribution)의 안전성을 보장해 주는 것은 단순히 양자 물리학의 원리이다. 좀 더 구체적으로 임의의 모르는 양자 상태를 복사할 수 없다는 복제 불가 정리와 임의의 모르는 상태를 측정하여 그 상태에 대한 정보를 얻으려면 그 상태를 교란시킬 수밖에 없다는 정보 획득-상태 교란의 관계에 대한 양자 원리이다. 이 두 원리에 대해서는 이미 5.2.1과 5.2.3에 설명한 바 있다.

양자 암호 연구의 핵심은 양자 키 분배이다. 양자 키 분배를 수행해 주는 구체적 방법, 즉 프로토콜(protocol)만 고안해 내면 그 안전성은 양자 물리학의 원리에 의해 적어도 원칙적으로는 보장되었다고 말할 수 있기 때문이다. 도청자가 도중에 신호를 차단하여 키에 관한 정보를 얻었다 해도 앨리스와 밥은 양자 물리의 원리를 이용하여 도청 사실을 알아낼 수 있으며 이 경우에는 자신들의 키를 버리고 다시 시작하면 된다.

도청자 이브(Eve)가 키에 관해 얻은 정보는 실제로 전달하려는 메시지와는 아무런 관련이 없으므로 메시지에 관한 유용한 정보는 도청자에게 새어 나가지 않았다. 앨리스는 키 분배가 안전하게 수행되었다고 확인한 후에야 실제로 전달하고자 하는 메시지에 키를 입혀 부호화해서 보내고 밥은 이를 받아 역시 키를 사용해 해독한다. 이 과정에서 도청자 이브가 신호를 차단했다 하더라도 키를 갖고 있지 않으므로 메시지를 해독할 수 없다.

이와 같이 양자 키 분배의 안전성은 원칙적으로는 보장되어 있다고 말할 수 있다. 하지만 실제로는 신호를 생성, 전달, 측정하는 장비들(광원, 광섬유, 광측정기 등)의 불완전성으로 인해 야기되는 여러 오류, 손실로 인해 도청에 의한 상태 교란과 오류, 손실에 의한 상태 변화를 확실히 구별하기가 힘들어지는 문제가 있다.

결론적으로 양자 암호의 중요한 과제는 양자 키 분배를 효과적으로 안전하게 수행할 구체적인 프로토콜의 개발 및 이 프로토콜의 안전성 증명이라 할 수 있다. 이 장에서는 양자 키 분배의 대표적인 프로토콜들에 대해 기술하고 도청과 안전성에 대해서는 5.6과 5.7에서 논의한다.

5.4.1. BB84

5.4.1.1 기본 아이디어: 편광 코딩

양자 암호 키 분배의 대표적 프로토콜인 BB84[10]는 양자 암호 키 분배의 방법으로 최초로 제안된 방법이며, 이를 제안한 두 사람 찰스 베넷(Charles Bennett)과 질 브라사르(Gilles Brassard)\ 이름의 첫 문자와 제안한 연도(1984년)를 사용하여 명명되었다.

BB84의 기본 아이디어는 앞의 양자 화폐의 아이디어와 일치하며, 구체적 절차는 다음과 같다. 여기서는 원래 제안된 바와 같이 광자의 편광 상태를 큐비트의 기본 상태로 하는 편광 코딩의 방법을 사용하여 설명한다.

그림 5.2 찰스 베넷(왼쪽)과 질 브라사르(오른쪽). 사진 출처: IBM 리서치(http://www.research.ibm.com/people/b/bennett/)와 몬트리올 대학교(http://www.iro.umontreal.ca/~brasard/).

(1) 키 전송: 앨리스는 단일 광자들을 일정한 간격으로 밥에게 보낸 다. 각 광자의 편광 상태는 수평($0°$), 수직($90°$), $45°$, $135°$의 네 상태 중 앨리스가 무작위로 선택한다.

(2) 키 측정: 밥은 광자들을 받아 각각의 편광을 측정한다. 각 광자 에 대해 그 편광을 수평-수직의 기저(σ_z 기저, 또는 간단히 Z 기저) 로 측정할지 또는 $45° - 135°$의 기저(σ_x 기저, 또는 간단히 X 기저) 로 측정할지는 밥이 무작위로 선택한다.

(3) 기저 공포: 앨리스는 각 광자에 대해 어떤 기저의 편광 상태인 지(즉 수평-수직의 기저인지 또는 $45° - 135°$의 기저인지)를 공포하고 밥은 자신이 올바른 기저에서 측정한 광자들이 어떤 광자들인 지를 공포한다. 앨리스와 밥은 앨리스가 보낸 기저와 밥이 측정 시 사용한 기저가 같은 광자들(대략 전체 광자의 반 정도일 것이다.)만 을 보관한다.

(4) 도청 테스트: 앨리스와 밥은 보관한 광자들 중 무작위로 선택한 일정한 수의 광자들의 편광 상태를 각각 공포하여 서로 일치하 는지를 확인한다. 일치하는 비율이 실험이 허용하는 범위보다 크면 도청이 있었다고 판단하여 모든 보관한 광자들을 버리고 다시 시작한다. 그렇지 않으면 도청이 없었다고 판단할 수 있으 므로 다음 (5)의 과정으로 간다.

(5) 정보 조정(information reconciliation)과 비밀 증폭(privacy amplification): 보관한 광자들 중 (4)의 확인 과정에서 사용된 광자들을 제외한 나머지 광자들은 키로 사용될 수 있다. 이 광자들에 대해 정보 조정과 비밀 증폭을 수행해 최종적으로 사용할 키를 만든다. (정보 조정과 비밀 증폭은 5.5에 설명한다.)

BB84의 핵심은 밥이 올바르게 기저를 선택했을 때(즉 앨리스 가 수평이나 수직 편광의 광자를 보냈는데 밥이 수평-수직의 측정 기저를 선택했을 때, 그리고 앨리스가 45^o나 135° 편광의 광자를 보냈는데 밥이 $45^o - 135^o$의 측정 기저를 선택했을 때) 밥은 앨리스가 보낸 광자의 편광 상태를 확실히 올바르게 알 수가 있다는 데에 있다. 따라서 (3)의 기저 공포 후에 밥이 올바른 기저를 선택한 경우에 해당하는 광자들만을 모으면 앨리스와 밥이 그 광자들에 대해 가지고 있는 편광 정보는 일치하고 이 정보를 키로 사용할 수 있다.

구체적으로 앨리스와 밥이 수평 편광은 0, 수직 편광은 1, 또한 45° 편광은 0, 135° 편광은 1로 간주하기로 사전에 약속을 한다면 0과 1로 구성된 수열을 그들만이 공통으로 갖게 되고 이를 키로 사용할 수 있다.

이제 실제로 앨리스와 밥이 어떻게 BB84를 수행하는지를 구체적으로 살펴보자. 앨리스와 밥은 각각 보내는 광자의 편광과 받는 광자의 측정 기저를 무작위로 선택해야 한다. (이것은 0과 1의 무작위한 배열로 구성된 수열을 이용하면 편리하다. 앨리스는 이러한 수열을 2개, 밥은 1개 준비한다. 앨리스는 자신의 첫 번째와 두 번째 수열의 숫자가 00인지, 01인지, 10인지, 11인지에 따라 광자의 편광 상태를 수평, 수직, 45°, 135^o로 선택하여 밥에게 보낸다. 밥은 자신의 수열의 숫자가 0이면 편광 분할기의 투과축의 방향을 수직으로, 1이면 135^o로 선택하여 광자가 투과하는지의 여부를 관측한다.)

표 5.1에 앨리스와 밥이 선택하는 모든 가능한 경우가 나열되어 있는데 밥이 올바른 기저에서 측정한 경우 편광 상태를 올바르게 알 수 있음을 볼 수 있다. 따라서 앞의 (3)의 기저 공포에서 앨리스가 자신이 보낸 각 광자의 기저를 공포하고 (주의: 편광 상태를 공포하는 것이 아니고 단지 수평-수직의 기저인지 $45^o - 135^o$의 기저인지만을 공포한다.) 밥은 어떤 광자들에 대해 자신이 올바른 기저에서 측정했는지를 알려 준 후 앨리스와 밥은 올바른 기저에서 측정된 광자들의 편광 상태들만을 보관한다.

여기서 광자들을 통해서 앨리스가 밥에게 전달하는 것은 메시지 자체가 아니고 메시지를 풀어 읽게 해 주는 키라는 것을 강조할 필요가 있다. 따라서 이미 언급한 대로 (4)의 도청 테스트에서 도청이 있었다고 판단되어 광자들을 버리는 경우도 도청자에게는 아무런 유용한 정보가 새어 나가지 않았으므로 문제가 되지 않는다.

표 5.1 편광 코딩을 이용하는 BB84의 모든 가능한 경우.

앨리스	편광 상태	↔	↔	↕	↕	↗	↗	↖	↖
밥	측정 기저	+	×	+	×	+	×	+	×
	측정 결과 투과?	no	yes /no	yes	yes /no	yes /no	no	yes /no	yes
	밥이 유추하는 편광 상태	↔	↖/↗	↕	↖/↗	↕/↔	↗	↕/↔	↖

(4)의 도청 테스트를 통과하고 (5)의 과정을 거쳐 앨리스와 밥이 공유하게 되는 광자들의 편광 상태들에 대해서는 앨리스와 밥이 모두, 또한 앨리스와 밥 두 사람만이, 올바른 정보를 가지고 있다. 이 편광 상태들로 구성된 수열이 키가 되는 것이다. (표 5.1에서 밥이 수평-수직의 기저에서 측정할 때 편광 분할기의 투과축을 수직으로 잡는다고 가정했다. 따라서 수평-수직의 기저에서 측정할 때 투과하면 수직 편광이고 아니면 수평 편광이 된다. $45^o - 135^o$의 기저에서 측정할 때에는 투과하면 135°, 아니면 45^o이다. 표에서 yes/no라고 표시한 것은 50퍼센트의 확률로 투과하거나 50퍼센트의 확률로 투과하지 않는다는 뜻이다. 예를 들어 앨리스가 수평 편광의 광자를 보내고 밥이 $45^o - 135^o$의 기저에서 측정하면 50퍼센트의 확률로 투과하거나 50퍼센트의 확률로 투과하지 않으

며 이 경우 밥은 각각 ↘와 ↗의 편광 상태로 유추하게 된다. 마지막 줄에서 ↘/↗은 밥이 50퍼센트의 확률로 ↘, 50퍼센트의 확률로 ↗의 편광 상태로 유추함을 의미한다.)

키 전송과 키 분배의 과정을 거친 후, 그러나 기저 공포의 과정을 거치기 전에 앨리스와 밥이 각각 가지게 되는 키는 기저가 다른 경우의 편광 상태들도 포함하므로 아직은 동일의 정도가 낮다. 이것을 거친 키(raw key)라 부른다.

거친 키를 대상으로 기저 공포의 과정을 거치면 앨리스와 밥은 같은 기저의 편광 상태들만으로 구성된 동일의 정도가 높은 키를 공유하게 되는데 (이상적으로는 완벽히 동일하지만 실제로는 여러 오류로 인해 동일할 수는 없다.) 이 키를 걸러진 키(sifted key)라 부른다. 걸러진 키의 일부는 도청 테스트에 쓰이고 나머지는 정보 조정을 거쳐 더욱 동일의 정도가 높은 조정된 키(reconciled key)가 되며 비밀 증폭을 거쳐 실제로 앨리스와 밥이 키로 사용할 최종 키(final key)가 만들어진다.

그림 5.3은 BB84를 구현하는 장치도이다. 앨리스는 광원(S)인 레이저와 감쇠기(attenuator, A), 그리고 두 편광 조절기(polarization controller) PC1과 PC2를 사용하여 (1)의 키 전송을 수행한다. 레이저는 일정한 간격으로 빛을 펄스의 형태로 내보낸다. 감쇠기는 레이저에서 나오는 펄스의 세기를 감쇠시켜 최대한 단일 광자 상태와 비슷한 펄스가 되도록 한다. (특히 광자수 분리 공격에 대해 안전성을 높이려면 펄스의 세기를 충분히 감쇠시켜 1개의 펄스 안에 2개 이상의 광자가 들어 있을 확률이 충분히 낮도록 한다. 5.6.1 참조)

PC1을 작동시키면 여기에 입사하는 빛의 편광을 $90°$ 회전시킨다. PC2를 작동시키면 여기에 입사하는 빛의 편광을 $45°$ 회전시킨다. PC1과 PC2는 각각 무작위로 켜지거나 꺼지게 만들어 광자의 4개의 편광 상태(수평=$0°$, 수직=$90°$, $45°$, $135°$) 중 하나가 무작위로 선택된다.

앨리스는 그가 보내는 각 광자의 편광 상태(또는 그에 해당하는 0 또는 1의 비트 값)을 기록해 둔다. 한편 밥은 편광 조절기 PC3와 편광 분할기 및 두 광측정기 D0, D1을 사용하여 (2)의 키 측정을 수행한다.

PC3는 PC2와 같이 이에 입사하는 빛의 편광을 무작위로 45° 회전시켜서 밥의 편광 측정의 기저를 수평-수직, 45°–135° 중에서 무작위로 선택하게 하는 역할을 한다. 편광 분할기는 수직 편광은 투과시키고 수평 편광은 반사시킨다. 밥은 그가 선택한 측정 기저, 그리고 광자가 D0에서 측정되었는지 D1에서 측정되었는지에 따라 그가 유추한 편광 상태(또는 그에 해당하는 0 또는 1의 비트 값)를 기록해 둔다.

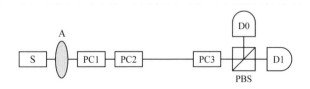

그림 5.3 BB84의 실험 설계도.

표 5.2는 앨리스의 키 전송 및 밥의 키 측정의 실제 예를 보여 준다. 앨리스가 보낸 12개의 광자의 편광 상태는 0°, 90° 45°, 135°의 넷 중에서 무작위로 선택되었다. 각각의 편광 상태는 표에 적혀 있는 바와 같다. 밥의 측정 기저는 수평-수직과 45°–135°의 둘 중에서 무작위로 선택되었다. 측정한 결과에 따라 밥이 기록한 각 광자의 편광 상태도 역시 표에 적혀 있는 바와 같다.

표 5.2 편광 코딩을 이용하는 BB84의 실제 예.

앨리스	편광 상태	↗	↕	↔	↘	↗	↕
밥	측정 기저	+	+	+	×	+	+
	측정 결과 투과?	yes/no	yes	no	yes	yes/no	yes
	유추하는 편광 상태	↕/↔	↕	↔	↘	↕/↔	↕
앨리스	편광 상태	↗	↔	↗	↘	↔	↕
밥	측정 기저	×	×	+	+	×	+
	측정 결과 투과?	no	yes/no	yes/no	yes/no	yes/no	yes
	유추하는 편광 상태	↗	↘/↗	↕/↔	↕/↔	↘/↗	↕

밥이 올바른 기저에서 측정한 경우 편광 상태를 올바르게 알 아낼 수 있는 것을 볼 수 있다. 이 편광 상태들로 구성된 수열 은 앨리스와 밥만이 공유하는 숫자들이다. 이 예에서 이 수열은 수평 편광과 45° 편광을 0, 수직 편광과 135° 편광을 1로 대체한 다면 101101의 6개의 비트로 구성되게 된다. 물론 실제로는 이 보다 훨씬 많은 수의 비트로 구성될 것이다. 이중 일부는 도청 이 있었는지를 알아보는 도청 테스트에 쓰이고 나머지는 정보 조정과 비밀 증폭을 거쳐 최종 키로 사용되게 된다.

BB84의 과정
  (1) 키 전송: 앨리스는 |0>, |1>, |+>, |->의 네 큐비트 상태
      중 하나를 무작위로 선택하여 큐비트를 보낸다.
  (2) 키 측정: 밥은 σ_z기저, σ_x기저 중 하나를 무작위로 선택

> (3) 기저 공포: 앨리스와 밥은 기저가 일치하는 경우의 큐비
> 트들만을 키로 보관한다.
> (4) 도청 테스트
> (5) 정보 조정과 비밀 증폭

5.4.1.2 차단-재전송 공격

BB84의 안전성은 양자 물리의 원리, 즉 복제 불가 정리와 정보 획득-상태 교란의 상관 관계에 의존한다. 우선 도청자 이브는 신호들을 복사할 수 없다. 따라서 그가 할 수 있는 가장 간단한 공격 방법은 앨리스가 밥에게 보내는 신호, 즉 광자들을 차단하여 그 상태를 측정한 후 측정 결과와 같은 상태에 있는 새로운 광자들을 만들어 밥에게 보내는 것이다. 이것을 차단-재전송 공격(intercept-resend attack)이라 한다.

그러나 이브는 각 광자가 네 편광 상태 중 어느 상태인지를 사전에 모르므로 수평-수직의 기저로 측정할지 또는 $45° - 135°$의 기저로 측정할지를 알 수 없고 임의로 선택할 수밖에 없다. 그러면 대략 반 정도는 맞는 기저로 측정하게 되고 이렇게 맞는 경우는 앨리스가 보낸 편광 상태를 맞게 알게 된다. 따라서 밥에게 재전송하는 광자도 원래의 광자와 같은 상태에 있게 된다.

그러나 틀린 기저로 측정하는 경우는 원래와 다른 상태로 판단하게 되고 따라서 밥에게 재전송하는 광자의 상태도 원래 앨리스가 보낸 광자의 상태와 다르게 된다. 즉 상태에 교란이 생긴 것이고 이것이 앨리스와 밥의 도청 테스트 과정에서 적발되게 된다.

예를 들어 앨리스가 수평 편광의 광자를 보낸 경우를 생각하

자. 만일 이브가 수평-수직의 기저로 측정하면 수평 편광의 결과를 얻을 것이다. 따라서 수평 편광의 광자를 새로 만들어 밥에게 보낼 것이다. 이 광자에 대해서는 이브는 맞는 정보를 얻었고 또한 원래 광자의 상태와 같은 상태의 광자를 재전송했으므로 도청을 들킬 아무런 흔적을 남기지 않았다.

그러나 만일 45°-135°의 기저로 측정하면 반반의 확률로 45° 또는 135°의 측정 결과를 얻을 것이고 45° 또는 135°의 편광의 광자를 만들어 밥에게 보낼 것이다. 밥은 이 광자를 받아 수평-수직의 기저로 측정할 수도 있고 45°-135°의 기저로 측정할 수도 있다. 45°-135°의 기저로 측정하는 경우는 나중에 기저 공포의 단계에서 버리게 되므로 생각할 필요가 없고, 수평-수직의 기저로 측정하는 경우를 생각하면 밥은 50퍼센트의 확률로 수평의 결과를 얻고 50퍼센트의 확률로 수직의 결과를 얻는다. 수평의 결과를 얻은 경우는 도청이 발각되지 않으나 수직의 경우는 도청의 흔적을 남기게 된 것이다.

전체적으로 보면 이브는 전체 광자들의 약 50퍼센트 정도의 광자들에 대해 틀린 기저를 선택하게 되고 이 광자들 중 약 50퍼센트 정도의 광자들에 대해서 밥의 측정 결과가 원래의 상태와 다르게 나온다. 즉 이브가 차단-재전송의 공격을 하는 경우 약 25퍼센트의 광자들이 앨리스와 밥의 도청 테스트에 걸리게 된다.

결론적으로 앨리스와 밥은 그들의 걸러진 키에 평균 25퍼센트의 오류를 갖게 되고 이브는 50퍼센트의 정보를 얻는다. (이브는 틀린 기저를 선택한 경우에도 50퍼센트는 맞는 정보를 얻는데 이것까지 고려하면 이브는 75퍼센트의 정보를 얻는다.) 즉 걸러진 키의 한 비트당 이브는 0.5비트의 정보를 얻고 25퍼센트의 양자 비트 오류율을 야기한다.

도청이 없었다면 이상적으로는 모든 광자들이 도청 테스트를 통과하겠지만 실제로는 광자가 전송되는 도중 일어나는 편광 회전 등 여러 결잃음 현상으로 인해 어느 정도의 오류는 피할 수 없다. 대체로 도청 테스트에 걸린 광자들의 비와 결잃음에 의한 추정치를 비교해서 도청의 여부를 판단하는데, 물론 장비들이 정밀해 결잃음으로 인한 오류가 적을수록 도청 여부의 판단을 정확히 할 수 있다.

앨리스와 밥은 이브가 모든 신호가 아니고 신호의 일부에만 차단-재전송의 공격을 하는 가능성도 고려해야 한다. 이 경우 물론 도청이 야기하는 오류의 양은 적어진다. 예를 들어 10퍼센트의 신호에만 차단-재전송 공격을 한다면 단지 2.5퍼센트의 광자들만이 도청 테스트에 걸릴 것이다. 반면에 이브의 정보량도 5퍼센트로 감소된다.

5.4.1.3 위상 코딩

앞의 5.4.1.1에서 설명한 편광 코딩의 방법은 결잃음으로 인한 편광 회전 현상으로 인해 특히 광섬유를 통해 신호를 전송할 때 어려움이 있다. 실제로 양자 암호 키 분배를 위해 많이 쓰이는 유용한 방법은 위상 코딩(phase coding)의 방법이다.

위상 코딩을 이용하는 양자 암호 전송의 원리를 보여 주는 실험 설계도는 그림 5.4에 그려져 있다. 실험 장비는 마흐-첸더 간섭계(Mach-Zehnder interferometer)로 그림에서 왼쪽에 앨리스가 있고 오른쪽에 밥이 있다. 광원(S)은 이상적으로 단일 광자들을 일정한 시간 간격으로 내보낸다. 그러나 현재는 단일 광자 광원이 존재하지 않으므로 레이저광을 감쇠시켜 단일 광자에 가깝게 만들어 사용한다. (또는 1개의 펄스 안에 2개 이상의 광자가 있을 확률이 충분히 낮도록 감쇠시킨다.)

그림에서 광섬유 접합기(fiber coupler, C)는 광분할기와 같은 역할을 한다. 앨리스와 밥은 각각 위상 변조기(phase modulator, PM)를 가지고 있는데, 이를 이용하여 앨리스는 위상 변화 값 ϕ_A를 $0°$, $90°$, $180°$, $270°$ $(0, \pi/2, \pi, 3\pi/2)$ 중에서 무작위로 선택하고 밥은 위상 변화 값 ϕ_B를 $0°$, $90°$ $(0, \pi/2)$ 중에서 무작위로 선택한다.

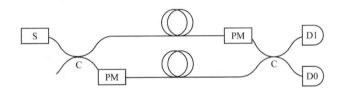

그림 5.4 BB84의 위상 코딩 실험.

앨리스와 밥이 모두 위상 변조기를 작동시키지 않는 경우, 즉 $\phi_A = 0°$, $\phi_B = 0°$ 일 때는 광자는 광검출기 D0에 도달한다. 일반적으로 $\phi_A - \phi_B = 2n\pi (n$은 정수)이면 광자는 D0에 도달하고 $\phi_A - \phi_B = (2n+1)\pi$이면 D1에 도달하며 $\phi_A - \phi_B = (2n+1)\pi/2$일 때는 50퍼센트의 확률로 D0에, 50퍼센트의 확률로 D1에 도달하게 된다.

앨리스는 각 광자(또는 각 펄스)의 위상 변화 값 $\phi_A(0, \pi/2, \pi, 3\pi/2$의 4개의 값 중 하나)를 기록하고 밥은 위상 변화 값 $\phi_B(0, \pi/2$의 2개의 값 중 하나)를 기록하고 또한 광자가 광검출기 D0에 도달하는지 또는 D1에 도달하는지를 기록한다. 위상 변화 값 ϕ_A, ϕ_B의 가능한 모든 경우에 대해서 광자가 어느 광검출기에서 측정되는지, 그리고 이에 따라 밥이 유추하는 앨리스의 위상 변화 값 ϕ_A가 무엇인지가 표 5.3에 표시되어 있다.

앨리스와 밥의 위상 변화 값 ϕ_A와 ϕ_B가 같은 "기저"에 있는 경우, 즉 ϕ_A가 0 또는 π이고 ϕ_B가 0인 경우와 ϕ_A가 $\pi/2$ 또는 $3\pi/2$이고 ϕ_B가 $\pi/2$인 경우에 밥은 앨리스의 위상 변화 값 ϕ_A를 올바르게 유추할 수 있는 것을 볼 수 있다. 따라서 앨리스와 밥이 사전에 ϕ_A값이 0 또는 $\pi/2$일 때는 0, π 또는 $3\pi/2$일 때는 1로 간주하기로 약속을 한다면 그 둘만의 수열을 갖게 된다. 따라서 위상 코딩의 경우에도 앞의 5.4.1.1에서 기술한 키 전송, 키 측정, 기저 공포, 도청 테스트, 정보 조정과 비밀 증폭의 과정을 거쳐 양자 암호 전송을 수행할 수 있다.

표 5.3 위상 코딩을 이용하는 BB84의 모든 가능한 경우.

앨리스	ϕ_A	0	0	π	π	$\pi/2$	$\pi/2$	$3\pi/2$	$3\pi/2$
밥	ϕ_B	0	$\pi/2$	0	$\pi/2$	0	$\pi/2$	0	$\pi/2$
	광자가 도달하는 광검출기	D0	D0/D1	D1	D0/D1	D0/D1	D0	D0/D1	D1
	밥이 유추하는 ϕ_A값	0	$(\pi/2)/(3\pi/2)$	π	$(\pi/2)/(3\pi/2)$	$(0)/(\pi)$	$\pi/2$	$(0)/(\pi)$	$3\pi/2$

위상 코딩의 방법을 이용하여 양자 암호 전송을 할 때 이브가 취할 수 있는 가장 간단한 공격 방법은 역시 차단-재전송 공격이다. 즉 이브는 도중에서 신호를 차단해 밥과 같은 측정 방법을 사용해 ϕ_A값을 알아낸 후 그 값의 위상 변화를 주어 새로운 광자를 밥에게 보내고자 할 것이다.

그러나 여기서도 이브는 편광 코딩에서와 똑같은 문제에 당
면하게 된다. 그의 위상 변화 값을 0으로 할지 또는 $\pi/2$로 할지
를 결정해야 하는데 사전에 알 수가 없으므로 추측에 의존하는
수밖에 없고, 따라서 50퍼센트의 확률로 틀린 위상 변화 값으로
측정하게 되고 그중 50퍼센트는 틀린 ϕ_A값으로 유추하게 된다.
즉 이브가 차단-재전송 공격을 한 경우 앨리스와 밥의 수열의
숫자들은 평균 25퍼센트는 다르게 되므로 도청 테스트에 나타
나게 된다.

5.4.2 새로운 양자 키 분배 프로토콜, B92

5.4.2.1 기본 아이디어

BB84가 성공적인 양자 키 분배 방법인 이유는 이브가 측정
을 통해 가능한 네 상태 중 어느 것인지를 확실히 구분할 수 없
기 때문이다. 그러나 생각해 보면 네 상태는 사실상 필요 이상
으로 많은 숫자의 상태이다. 서로 직교하지 않는 두 상태만도
확실히 구별할 수 없기 때문이다. 1992년 베넷은 BB84의 네 상
태를 직교하지 않는 두 상태로 대체시킨 새로운 양자 키 분배 프로
토콜을 제안했는데 이 방법을 B92[11]라 부른다. B92는 다음과 같이
수행된다.

우선 앨리스는 0°와 45°의 두 편광 상태 중에서 무작위로
하나를 선택하여 각 광자들을 밥에게 보낸다. 앨리스는 각 광자
의 편광 상태(또는 그 상태에 해당하는 비트 값)를 기록한다. 밥은 자
신의 편광기의 투과축을 90°와 135°의 두 방향 중에서 무작위
로 선택하여 광자가 투과하는지의 여부를 관측한다. 밥은 투과
축의 방향을 기록하고 또한 광자가 투과했는지의 여부를 기록

한다. 모든 가능한 경우에 대한 밥의 관측 결과 및 밥이 유추하는 편광 상태가 무엇인지가 표 5.4에 표시되어 있다.

이 표에서 볼 수 있듯이 밥의 관측 결과가 투과인 경우에는 밥이 편광 상태를 올바르게 유추하는 것을 볼 수 있다. 따라서 밥은 자신의 관측 결과가 투과인지 아닌지를 공포하고 앨리스와 밥이 투과인 경우에만 편광 상태에 대한 정보를 보관하면 그로부터 구성된 수열이 키가 됨을 알 수 있다.

표 5.4 편광 코딩을 이용하는 B92의 모든 가능한 경우.

앨리스	편광 상태	↔	↔		↗		↗
밥	투과축	↕	↘		↕		↘
	투과 여부	no	no	yes	no	yes	no
	밥이 유추하는 편광 상태	↔/↗	↗/↔	↔	↔/↗	↗	↗/↔

이와 같은 방법을 쓰는 경우 밥이 투과를 관측할 확률이 25퍼센트이므로 BB84에 비해 효율이 반이 된다. 밥이 관측 결과를 공포하고 키로 쓰일 편광 상태들을 걸러낸 후에는 BB84에서와 같이 도청 테스트, 정보 조정과 비밀 증폭의 과정을 거쳐 키 분배를 완수할 수 있다.

실제로 필요한 실험 장비도 BB84와 같으나 단지 앨리스는 편광 조절기가 둘이 필요한 것이 아니고 하나(그림 5.3의 PC2)만 있으면 된다. 또한 편광 코딩 대신 위상 코딩의 방법을 사용하더라도 BB84의 위상 코딩 방식을 약간 변경시켜 키 분배를 수행할 수 있다. 밥의 측정 결과가 투과일 때 밥이 앨리스가 보낸 광자의 편광 상태를 올바르게 유추할 수 있는 이유는 이 경우

의 측정 결과가 확정적이기 때문이다. (1.4.3 참조)

예를 들어 밥이 편광기의 투과축 방향을 90^o로 선택했는데 광자가 투과했다면 분명히 0^o의 상태가 아니므로 45^o의 상태라고 확실히 말할 수 있다. 그러나 광자가 투과하지 않았다면 0^o의 상태인지 45^o의 상태인지 알 수 없으므로 비확정적인 측정 결과에 해당한다. 투과축 방향을 135^o로 선택한 경우도 같은 논리로 광자가 투과했을 때 확정적인 측정 결과가 된다.

B92의 과정

(1) 키 전송: 앨리스는 $|0>$, $|+>$의 두 큐비트 상태 중 하나를 무작위로 선택하여 큐비트를 보낸다.

(2) 키 측정: 밥은 σ_z기저, σ_x기저 중 하나를 무작위로 선택하여 큐비트의 상태를 측정한다.

(3) 앨리스와 밥은 관측 결과가 확정적인 경우만을 키로 보관한다.

(4) 도청 테스트

(5) 정보 조정과 비밀 증폭

5.4.2.2 차단-재전송 공격

B92는 네 상태 대신 두 상태만을 사용하므로 BB84에 비해 더 간단하다는 장점이 있다. 이것은 큰 이점이 아닌 반면, 뒤에서 기술하는 바와 같이 특별한 형태의 차단-재전송 공격에 약하다는 중요한 단점이 있어 일반적으로는 BB84를 선택하는 것이 더 유리하다. B92에 효과적인 공격은 다음과 같은 공격이다.

이브는 앨리스가 $0°$와 $45°$의 두 방향 중에서 하나를 선택하여 보내는 것을 안다. 이브는 앨리스의 신호를 차단하여 편광기의 투과축을 90°와 135°중에서 무작위로 선택하여 측정을 수행한다. 측정 결과는 신호의 편광을 확실히 알아낼 수 있는 확정적인 경우와 그렇지 못한 비확정적인 경우로 나눌 수 있다.

예를 들어 이브가 측정축을 90°로 선택한 경우 광자가 투과한 것으로 관측되었다면 신호의 편광 방향은 분명히 45°이므로 확정적인 경우가 되고, 투과하지 않은 것으로 관측되었다면 0°일수도 있고 45°일수도 있으므로 비확정적인 경우가 된다.

마찬가지로 135°로 선택한 경우 광자가 투과한 것으로 관측되었다면 신호의 편광 방향은 분명히 0°이므로 확정적인 경우이고 투과하지 않은 것으로 관측되었다면 비확정적인 경우이다. 이브는 확정적인 경우에만 그 방향의 편광 상태의 광자를 새로 만들어 밥에게 보내고 비확정적인 경우는 밥에게 아무것도 보내지 않는다.

이러한 도청 방법은 신호에 아무런 오류도 초래하지 않으므로 앨리스와 밥의 도청 테스트에 발각되지 않는다. 단지 평균적으로 비확정적인 경우가 75퍼센트이므로 75퍼센트의 높은 비율의 신호를 차단만 하고 보내지 않게 되며 따라서 상당히 높은 신호의 손실이 초래된다. [단 여기서 이브가 1.4.3에서 설명한 POVM의 측정을 이용하여 비확정적인 경우의 확률을 낮출 수 있다는 점에 유의해야 한다.] 이 경우 신호를 전송하는 광섬유가 손실이 클 때에는 이러한 공격이 성공될 수 있다. 다시 말하면 B92는 BB84에 비해 상대적으로 더 작은 광섬유의 손실을 필요로 하는 단점이 있다.

앞의 확정적인 경우만 재전송하는 차단-재전송 공격에 B92가 약점이 있다는 사실은 이미 베넷이 1992년 이 프로토콜을 제안할 때에 인식하고 있었다. 그는 이 논문에서 위상 코딩을 사용하고 신호 펄스뿐 아니라 추가로 밝은 기준 펄스(reference pulse)를 보내는 방법으로 이 공격에 대처할 수 있음을 보였다.[11]

5.4.3 얽힘에 근거를 둔 E91

양자 암호 분배의 또 하나의 다른 방법으로 얽힘에 근거를 둔 방법이 존재한다. 이 방법은 1991년 아르투르 에커트(Artur Ekert)가 처음 제안해서 E91[12]이라 불리는데, 적어도 외형적으로 봐서는 BB84나 B92와 다른 방법이다. 이 방법을 수행하기 위해서는 우선 단일선 상태

$$|\Psi>_{AB} = \frac{1}{\sqrt{2}}(|\leftrightarrow>_A|\updownarrow>_B - |\updownarrow>_A|\leftrightarrow>_B) \tag{5.10}$$

의 광자쌍들을 발생시키는 광원이 필요하다. 또한 앨리스와 밥은 각각 세 방향 ($\hat{a}_1$, $\hat{a}_2$, $\hat{a}_3$) 및 ($\hat{b}_1$, $\hat{b}_2$, $\hat{b}_3$)를 선택해 놓는데 적어도 한 쌍의 방향은 같도록(예를 들어 $\hat{a}_1 = \hat{b}_1$.) 선택한다. E91은 다음과 같은 과정을 따라 진행된다.

(1) 광자쌍 AB 중 A는 앨리스가 갖고 B는 밥에게 보낸다.

(2) 앨리스는 세 방향 ($\hat{a}_1$, $\hat{a}_2$, $\hat{a}_3$) 중 하나를 무작위로 선택하여 편광기의 투과축 방향으로 잡고 광자 A가 투과하는지의 여부를 관측한다. 투과하면 +1, 투과하지 않으면 −1을 기록한다. 밥도 세 방향 ($\hat{b}_1$, $\hat{b}_2$, $\hat{b}_3$) 중 하나를 무작위로 선택해 편광기의 투과축 방향으로 잡고 광자 B가 투과하는지의 여부를 관측한다. 역시 투과하면 +1, 투과하지 않으면 −1을 기록한다.

(3) 앞의 (1), (2) 과정을 모든 광자쌍들을 대상으로 수행한다.

(4) 앨리스와 밥은 각자가 각각의 광자쌍에 대해 선택한 방향을 공개적으로 서로에게 알리고 광자쌍들을 두 그룹으로 나눈다. 첫 번째 그룹은 앨리스와 밥이 선택한 방향이 같은 광자쌍들, 두

번째 그룹은 방향이 다른 광자쌍들로 구성한다.

(5) 앨리스와 밥은 두 번째 그룹에 속한 광자쌍들에 대한 측정 결과, 즉 +1의 값을 얻었는지 또는 −1의 값을 얻었는지를 공포한다. 이 공포한 값들로부터 벨 부등식(또는 CHSH 부등식) 좌변의 상관 관계를 계산한다. 만일 이 계산의 결과가 (노이즈의 영향까지 고려한 상황에서) 양자 역학의 예측과 같지 않다면 도청이 있었다고 판단하고 모든 측정 결과를 버리고 다시 시작한다. 그러나 (노이즈가 허용하는 범위 내에서) 양자 역학의 예측과 같다면 도청이 없었다고 판단할 수 있으므로 다음 (6)의 과정으로 간다.

(6) 첫 번째 그룹에 속한 광자쌍들에 대한 앨리스와 밥의 측정 결과는 정확히 반상관 관계를 보일 것이다. 즉 앨리스의 측정 결과가 +1이면 밥의 측정 결과는 −1, 앨리스의 측정 결과가 −1이면 밥의 측정 결과는 +1일 것이다. 따라서 이 측정 결과의 값들로부터 비밀 키를 만들어 낼 수 있다.

앨리스와 밥이 각각 세 방향을 선택할 때 적어도 한 쌍의 방향이 동일하도록 선택해야 되는 이유는 두 사람이 동일한 방향을 선택했을 때의 측정 결과가 마지막 (6)의 단계에서 키를 만들어 내는 역할을 하기 때문이다.

중요한 것은 세 쌍의 방향들을 알맞게 선택해서 (5)의 단계의 벨 부등식 위배 여부를 쉽게 판단할 수 있는 조건을 마련해 주어야 된다는 점이다. 가능하다면 벨 부등식이 최대한으로 위배되는 조건이 되도록 방향들을 선택하는 것이 좋다.

예를 들어 $\left(\hat{a_1}, \hat{a_2}, \hat{a_3}\right) = \left(0, \dfrac{\pi}{8}, -\dfrac{\pi}{8}\right)$, $\left(\hat{b_1}, \hat{b_2}, \hat{b_3}\right) = \left(0, \dfrac{\pi}{8}, \dfrac{\pi}{4}\right)$로 선택했다고 하자. 이 경우에는 앨리스와 밥의 측정 방향이 각각

0일 때와 각각 $\frac{\pi}{8}$ 일 때, 즉 $(0,0)$ 과 $\left(\frac{\pi}{8}, \frac{\pi}{8}\right)$ 의 방향에 해당하는 측정값들이 비밀 키를 만드는 역할을 한다. 반면에 $\left(-\frac{\pi}{8}, 0\right)$, $\left(-\frac{\pi}{8}, \frac{\pi}{4}\right)$, $\left(\frac{\pi}{8}, 0\right)$, $\left(\frac{\pi}{8}, \frac{\pi}{4}\right)$ 의 네 쌍의 방향에 해당하는 측정값들은 CHSH 부등식 좌변의 상관 관계를 계산하는 데 쓰인다.

실제로 양자 역학의 예측은

$$\left| C\left(-\frac{\pi}{8}, 0\right) - C\left(-\frac{\pi}{8}, \frac{\pi}{4}\right) + C\left(\frac{\pi}{8}, 0\right) + C\left(\frac{\pi}{8}, \frac{\pi}{4}\right) \right| = 2\sqrt{2} \qquad (5.11)$$

가 되어 이 네 쌍의 방향에 대해 CHSH 부등식이 최대한으로 위배된다. 실제로 이 네 쌍의 방향들은 CHSH 부등식을 최대한으로 위배하는 그림 3.2.2의 방향들과 동일한 것을 알 수 있다. [주의: 스핀의 경우에 적용되는 식의 각 θ 에 2θ 를 대입하여야 편광의 경우에 적용되는 식이 된다. 스핀에서의 각 $180°$ 의 회전이 편광에서의 각 $90°$ 의 회전과 동등하기 때문이다. 그림 3.2.2에서 두 가장 근접한 방향이 $\frac{\pi}{4}$ 의 각을 이루는 데 비해 식 (5.11)의 두 가장 근접한 방향이 $\frac{\pi}{8}$ 의 각을 이루는 이유가 여기에 있다. 또한 편광의 경우는 상관도가 식 (3.46) 대신에 식 (3.60)의 $C(\hat{a}, \hat{b}) = -\cos(2\theta_{ab})$ 로 주어진다.]

이상적으로는 식 (5.11)의 좌변이 $2\sqrt{2}$ 와 같으면 도청이 없는 것이고 $2\sqrt{2}$ 보다 작으면 도청이 있는 것이지만 실제 상황에서는 이같이 간단하지는 않다. 도청이 없었다고 해도 노이즈는 항상 존재하므로 사실상 (5.11)의 좌변은 $2\sqrt{2}$ 와 같을 수는 없으며 어느 정도는 더 작은 값이 나올 것이기 때문이다.

특히 이브가 모든 신호에 대해 도청을 하는 대신 일부의 신호에만 도청을 한다면 식 (5.11)의 좌변이 $2\sqrt{2}$ 보다 크게 작지 않을 수도 있고, 노이즈의 영향인지 도청의 영향인지를 구별하기가 쉽지 않을 수가 있다. 즉 일반적으로 앨리스와 밥은 공유하게 된 키가 완벽하게 안전하다고 확신할 수는 없다.

다행스럽게도 완벽하게 안전하다고 확신할 수 없는 키를 공유할 경우 양자 비밀 증폭(quantum privacy amplification)[13]이란 방법을 이용해서 키를 거의 완벽하게 안전하게 만들 수 있다는 것이 알려져 있다.

얽힘에 근거한 E91은 외견상으로는 단일 입자들을 사용하는 BB84나 B92와는 다르게 보이나 실제로는 동등하다고 볼 수 있다.[14] 이를 보이기 위해 다음과 같이 E91의 단순화된 방법을 생각해 보자.

앨리스와 밥이 각각 0°와 45°의 두 방향 중 하나를 무작위로 선택하여 측정한다고 생각하자. 앨리스와 밥은 각각 선택한 방향을 공개적으로 알리고 두 사람이 같은 방향으로 선택한 광자들의 측정 결과만 보관한다. 이렇게 보관한 측정 결과는 BB84에서 기저 공포 후 보관하는 같은 기저로 측정된 광자들의 측정 결과와 동일한 것을 쉽게 알 수 있다. E91과 BB84의 동등성을 더 확실히 보이기 위하여 다음과 같은 약간 수정된 BB84를 생각해 보자.

앨리스는 단일선 상태의 광자쌍들을 생성시키는 광원을 소유하고 있다. 각각의 광자쌍 중 하나에 대해 0° 또는 45°의 두 방향 중 하나를 무작위로 선택해 그 방향으로 편광을 측정하고 다른 하나의 광자는 밥에게 보낸다. 이렇게 하면 밥에게 보내지는 광자의 편광 상태는 0°, 45°, 90°, 135°의 네 방향 중 하나가 무작위로 선택되어 보내지는 원래의 BB84 방법과 다를 바 없다.

실제로 앨리스의 실험실 밖에서 관측하는 사람에게는 그 차이가 없는 것으로 보인다. 즉 이 수정된 BB84는 E91과 다를 바가 없는 방법이다. 결론적으로 E91은 BB84와 사실상 동등한 방법이라고 말할 수 있다.

물론 E91과 BB84는 완전히 동일한 방법은 아니므로 서로를 비교할 때 장단점이 존재한다. E91의 단점은 일반적으로 얽힘의 입자쌍을 그 얽힘 상태가 깨지지 않도록 하면서 장거리 전송을 하는 것은 단일 입자를 전송하는 것보다 훨씬 어렵다는 점에 기인한다.

반면에 E91의 장점은 키 저장 문제와 관련된다. BB84에서는 앨리스와 밥이 공유하는 최종 키에 저장된 정보는 고전 정보이므로 이브가 발각되지 않고 복사해 갈 수 있다. 이것은 최종 키를 만든 후에 메시지가 전달될 때까지 기다리는 시간이 오래 걸리는 경우에 문제가 될 수 있다. 즉 BB84는 키 분배 문제는 해결해 주나 키 저장 문제는 해결해 주지 못한다고 말할 수 있다. 반면에 E91에서는 최종 키를 만들어 주는 첫 번째 그룹의 광자쌍들(앨리스와 밥이 같은 방향을 선택해 측정한 광자쌍들)은 이브의 개입이 없다면 반상관 관계를 유지하고 있어야 한다.

따라서 앨리스와 밥은 키를 사용할 필요가 있기 직전에 그들 중 일부를 비교하여 반상관 관계가 유지되었는지를 보아서 도청 여부를 알아낼 수 있다. 즉 E91에서는 키 저장이 크게 문제가 되지 않는다는 장점이 있다. E91의 또 하나의 가능한 장점은 앞에서 간단히 언급한 양자 비밀 증폭과 관련된다. 이브가 상당히 발전된 도청 방법을 사용하여 5.5에서 논의할 고전 비밀 증폭이 효력을 잃을 때 양자 비밀 증폭을 쓸 수가 있는데 양자 비밀 증폭은 단일 입자를 전송하는 프로토콜에는 적용될 수 없고 E91에는 적용될 수 있기 때문이다.

E91의 과정
(1) 얽힘쌍 A, B를 만들어 앨리스는 A를, 밥은 B를 갖는다.
(2) 앨리스는 미리 정해놓은 세 방향 중 하나를 무작위로 선택하여 그 방향을 기저로 A의 상태를 측정한다. 밥도 역시 그가 정해 놓은 세 방향 중 하나를 무작위로 선택하여 그 방향을 기저로 B의 상태를 측정한다.
(4) 도청 테스트: 앨리스와 밥은 측정 기저가 다른 광자쌍 들에 대해 벨 부등식을 계산해서 양자 역학의 예측과 일치하는지를 검사한다. 검사에 통과하면 (5)로 간다.
(5) 앨리스와 밥은 측정 기저가 같은 광자쌍들을 키로 보관하고 정보 조정과 양자 비밀 증폭을 수행한다.

5.4.4 기타 프로토콜

BB84, B92, E91외에도 여러 다른 프로토콜들이 제안되었다. 새로운 프로토콜을 제안하는 것은 아주 어려운 일은 아닐지 모르나, 제안된 프로토콜의 안전성을 엄밀하게 분석하는 것은 그보다 훨씬 어려운 일이다. 일반적으로 지금까지 제안된 여러 다른 프로토콜들은 아직까지는 BB84만큼 엄밀하게 안전성의 분석이 이루어졌다고 볼 수는 없으며, 이에 대한 더 많은 연구가 이루어져야 된다고 생각된다. 여기서는 몇 개의 프로토콜을 선택해 그 방법에 대해서만 간단히 살펴보도록 한다.

5.4.4.1 두 기저를 다른 확률로 선택하는 방법[15, 16]

BB84(또는 B92에도 적용될 수 있다.)의 변형으로 앨리스와 밥이 두 기저를 같은 확률로 선택하지 않고 다른 확률 [p와 $1-p$

$(p \neq \frac{1}{2})$]로 선택하는 방법을 생각할 수 있다. 이 경우 앨리스와 밥이 같은 기저를 선택할 확률은 $p^2 + (1-p)^2$가 되며 BB84의 $\frac{1}{2}$ 보다 커지게 된다. 따라서 걸러진 키의 전송 속도가 증가하게 된다. 반면에 이브가 맞는 기저를 선택할 확률도 커지므로 정보 조정과 비밀 증폭을 더 철저히 해야 되는 부담이 있다.

5.4.4.2 6 상태 프로토콜[17]

BB84가 4상태 프로토콜, B92가 2상태 프로토콜이라면 세 다른 기저에 각각 두 상태씩 총 6개의 상태에서 신호를 선택하는 6상태 프로토콜을 생각할 수도 있다.

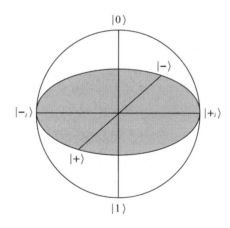

그림 5.5 6 상태 프로토콜의 여섯 상태.

BB84에서 첫 번째 기저의 두 상태 $|0>$, $|1>$, 두 번째 기저의 두 상태 $|+> \equiv \frac{1}{\sqrt{2}}(|0>+|1>)$, $|-> \equiv \frac{1}{\sqrt{2}}(|0>-|1>)$, 여기

에 더하여 세 번째 기저의 두 상태 $|+_i> \equiv \frac{1}{\sqrt{2}}(|0>+i|1>)$,

$|-_i> \equiv \frac{1}{\sqrt{2}}(|0>-i|1>)$ 까지 고려하면 6 상태 프로토콜이 된다.
다시 말해 파울리 연산자 σ_z 의 두 고유 벡터, σ_x 의 두 고유 벡터에 σ_y 의 두 고유 벡터까지 추가하는 것이다.

두 상태 $|0>$ 과 $|1>$ 이 수평 편광과 수직 편광인 경우는 두 번째 기저의 두 상태는 45°와 135°의 편광, 세 번째 기저의 두 상태는 우원 편광과 좌원 편광이 된다. 따라서 6개의 상태를 블로흐 구에서 표시하면 그림 5.5에 표시한 바와 같이 북극과 남극의 두 상태와 적도상의 네 상태가 된다.

6 상태 프로토콜에서는 앨리스가 6 상태 중에서 무작위로 하나를 선택하면 밥은 세 기저 중에서 무작위로 하나를 선택하여 측정한다. 따라서 앨리스와 밥이 같은 기저를 선택할 확률은 3분의 1로 감소한다. 반면에 도청에 대한 안전성은 전반적으로 높아지는 것으로 추정할 수 있다.

5.4.4.3 같은 기저 안의 두 직교하지 않는 상태를 이용하는 방법[18]

BB84에서 사용하는 같은 기저의 두 상태는 서로 직교하는 관계가 있다. 그러나 이 두 상태가 꼭 직교할 필요는 없다. 직교하지 않는다 하더라도 밥은 POVM 측정을 수행하고 기저가 틀린 경우뿐 아니라 측정 결과가 비확정적인 경우의 자료까지 모두 버리면 된다. 이렇게 되면 버리는 경우가 많아지므로 키 전송 속도는 떨어지게 된다.

그러나 이브의 광자수 분리 공격(photon number splitting attack)에 더 강하다는 장점이 있다. [광자수 분리 공격에 대해서는 5.6.1에 설명

할 것이다.] 이브가 광자수 분리 공격을 해서 광자를 획득했다 하
더라도 가능한 두 상태가 서로 직교하지 않으므로 그중 어느 상
태인지 구분하는 데 어려움이 있기 때문이다.

이 프로토콜은 실제로 다음과 같이 BB84를 간단히 수정하여
실현시킬 수 있다.

(1) 앨리스는 BB84에서와 같이

$$|0>, \ |1>, \ |+> \equiv \frac{1}{\sqrt{2}}(|0>+|1>), \ |->\equiv \frac{1}{\sqrt{2}}(|0>-|1>)$$

의 네 상태 중에서 하나를 무작위로 선택하여 밥에게 보낸다.
그리고 $|0>$이나 $|1>$을 보냈으면 0, $|+>$나 $|->$를 보냈으면 1
의 비트값을 기록한다.

(2) 밥은 역시 BB84에서와 같이 $|0>-|1>$의 기저(편광의 경우는 수평-
수직의 기저)와 $|+>-|->$의 기저(편광의 경우는 45˚-135˚의 기저)
중 하나를 무작위로 선택하여 측정한다.

(3) 앨리스는 자신이 보낸 상태가 $\{|0>,|+>\}$, $\{|1>,|+>\}$,
$\{|0>,|->\}$, $\{|1>,|->\}$의 네 쌍 중 어느 것에 속하는지를 공
개적으로 알린다. 예를 들어 $|0>$을 보냈다면 $\{|0>,|+>\}$,
$\{|0>,|->\}$중 하나를 선택하여 알리면 된다.

(4) 밥은 (3)에서 앨리스가 알려 준 정보를 참고로 하여 (2)에서 자
신이 수행한 측정의 결과가 확정적인지 비확정적인지를 판단할
수 있다. 결과가 확정적이면 그 상태에 해당하는 비트 값을 기
록한다. 즉 상태가 $|0>$이나 $|1>$이면 0, $|+>$나 $|->$이면 1의 비
트 값을 기록한다. 측정 결과가 비확정적이면 실패한 경우이므
로 버린다.

앞의 프로토콜은 간단한 예를 생각해 보면 이해하기 쉽다. 앨리스가 (1)에서 |0 >을 보냈다고 하자. 그는 0의 비트값을 기록했을 것이다. 그리고 (3)에서 자신이 보낸 상태가 {|0 >, |+>}에 속한다고 공포했다고 하자. (2)에서 밥은 |0 >−|1 >의 기저로 측정했을 수도 있고 |+>−|− >의 기저로 측정했을 수도 있다. 만일 |0 >−|1 >의 기저로 측정했다면 |0 >의 결과를 얻었을 것이다.

그러나 이 결과는 밥의 입장에서 보면 비확정적인 결과이다. 만일 |+>−|− >의 기저로 측정했다면 |+>의 결과를 얻었을 수도 있고 |− >의 결과를 얻었을 수도 있다. |+>의 결과를 얻은 경우는 비확정적이지만 |− >의 결과를 얻은 경우는 확정적이다. 왜냐하면 밥은 {|0 >, |+>} 중 어느 것인지를 구별해 내야 되는데 |+>는 |− >의 결과를 줄 수 없으므로 밥은 앨리스가 보낸 상태가 |0 >인지를 확실히 알 수 있기 때문이다. 확정적으로 |0 >인지를 알게 된 경우 밥은 0의 비트값을 기록한다.

이 예에서 보듯이 확정적인 경우는 앨리스와 밥이 기록한 비트 값들이 같고, 따라서 확정적인 경우의 비트 값들이 키를 구성하게 된다. 이 프로토콜과 BB84를 비교하면 BB84에서는 거친 키의 2분의 1정도가 걸러진 키로 남는 반면 여기서는 4분의 1만이 남는 것을 알 수 있다. 그러나 이미 이야기한 대로 이 프로토콜의 장점은 BB84에 비해 광자수 분리 공격에 더 강하다는 점이다.

5.4.4.4 핑퐁 프로토콜[19]

핑퐁 프로토콜(ping-pong protocol)은 얽힘을 이용하는 방법으로 BB84나 B92는 물론 E91과도 다른 형태의 방법이다. 이 프로토

콜의 특징은 정보를 받는 밥이 통신의 과정을 시작한다는 점이
다. 먼저 밥이 얽힘쌍의 입자를 준비하여 그중 한 입자는 보관
하고 다른 하나를 앨리스에게 보내면(ping), 앨리스는 이것을 받
아 자기가 전하고자 하는 정보를 입힌 후 밥에게 되돌려 보낸
다(pong). 밥은 받은 입자와 자기가 보관하고 있던 또 하나의 입
자를 대상으로 벨 상태 측정을 수행하여 앨리스가 보낸 정보를
알아낸다.

입자가 갔다 왔다 하는 과정에서 도청을 방지하기 위해서 앞
의 메시지 모드(message mode)에 도청을 알아내기 위한 제어 모
드(control mode)를 무작위적으로 집어넣는다.

이 프로토콜의 또 하나의 특징은 정보 전달이 결정론적이라
는 점이다. 기저 공포, 정보 조정, 비밀 증폭 등의 과정이 필요
없고, 제어 모드에서 도청이 없다는 결론이 나오면 곧바로 비밀
통신이 수행된 것이다. 따라서 이 프로토콜은 양자 키 분배에도
사용되지만 직접 비밀 메시지를 전달하는 양자 비밀 직접 통신
(quantum secure direct communication)의 방법이 될 수도 있다. 그러나
핑퐁 프로토콜에 대한 안전성의 평가에 대해서는 더 많은 연구
가 필요한 듯하다.

구체적으로 핑퐁 프로토콜은 다음의 과정에 따라 진행된다.

(1) 밥은 얽힘쌍의 입자 A, B를

$$|\varPsi^+>_{AB} = \frac{1}{\sqrt{2}}(|0>_A|1>_B + |1>_A|0>_B)$$

의 상태에 준비한다. 입자 B는 보관하고 A는 양자 채널을 통해
앨리스에게 보낸다.

(2) 앨리스는 입자 A를 받으면 메시지 모드를 택할 것인지 제어 모드를 택할 것인지를 결정한다. 제어 모드는 이미 결정한 확률로 무작위하게 선택한다. 제어 모드가 선택되면 (3)으로 간다. 메시지 모드이면 (5)로 간다.

(3) 앨리스는 입자 A의 상태를 $|0> - |1>$ 기저로 측정하여 그 결과를 밥에게 공개적으로 알린다.

(4) 밥은 입자 B의 상태를 $|0> - |1>$ 기저로 측정한다. 밥의 측정 결과와 앨리스의 측정 결과가 같으면 이브가 도청했다고 판단하고 그만 둔다. 그렇지 않으면 (1)로 가서 계속한다.

(5) 앨리스는 전달하고자 하는 메시지가 0이면 입자 A에 아무런 연산을 가하지 않고 1이면 σ_z의 연산을 가한 후 밥에게 되돌려 보낸다.

(6) 밥은 되돌려 받은 입자 A와 보관하고 있던 입자 B를 대상으로 그들의 상태가 $|\Psi^+>_{AB}$인지 또는 $|\Psi^->_{AB}$인지를 알아내는 벨 상태 측정을 한다. 그 결과에 따라 앨리스의 메시지가 0인지 1인지를 알 수 있다.

(7) 앞 (1)~(6)의 과정을 모든 입자쌍에 대해 반복한다.

앞의 프로토콜은 기술적으로 큰 문제는 없어 보인다. $|\Psi^+>_{AB}$ 와 $|\Psi^->_{AB}$ 중 어느 것인지를 구별하는 벨 상태 측정은 선형 광학적 방법으로 가능하기 때문이다. 그러나 이 방법에도 현실적인 문제들이 존재한다.

예를 들어 노이즈로 인한 오류가 있을 때에도 얽힘의 상태가 변화하므로 (4)의 과정에서 걸리게 되고 전 과정이 중단되게 된다. 따라서 현실적으로는 (4)의 과정에서의 도청 여부 판단은 통계적인 데이터에 의존해야 되고, 그렇게 되면 이 방법도 양자 비밀 직접 통신보다는 양자 키 분배를 위한 방법이 된다. 핑퐁 프로토콜에 대해서는 또한 손실이 있을 때의 안전성도 더 엄밀한 분석이 있어야 될 것으로 보인다.

5.5 정보 조정과 비밀 증폭

정보 조정[20, 21]은 부분적으로만 동일한 키를 거의 완전히 일치하도록 조정하는 과정이다. 비밀 증폭[22, 23]은 부분적으로만 안전한 키의 안전성을 높이는 과정이다.

키 분배의 과정에서 기저 공포와 도청 테스트를 거치더라도 앨리스와 밥이 가진 키는 완벽하게 동일할 수도 없고 완벽하게 안전하다고 볼 수도 없다. 여기서 키의 동일성과 안전도를 거의 완벽한 수준으로 끌어올리는 역할을 하는 것이 정보 조정과 비밀 증폭이다.

정보 조정은 사실상 오류 보정(error correction)과 동일하다. 공공 채널(public channel)을 통한 오류 보정이라고 정의할 수 있다. 기저 공포를 거쳐 얻은 걸러진 키는 아직도 노이즈와 도청의 가능성으로 인하여 완전히 동일하다고 볼 수는 없다. 비교적 간단히 수행할 수 있는 정보 조정의 방법은 패리티 검사(parity check)를 이용하는 방법이다. 이는 다음과 같이 수행된다.

앨리스와 밥은 정보 조정을 하고자 하는 걸러진 키를 알맞은 크기의 여러 개의 블록(block)으로 나눈다. 각 블록의 크기는 오류율(error rate)이 얼마나 크냐에 따라 결정되는데 각 블록에 둘 또는 그 이상의 오류가 포함될 확률이 매우 작도록 결정한다. 앨리스와 밥은 서로 대응하는 블록의 패리티를 계산하여 공개적으로 비교한다. (각 블록의 패리티는 홀수개의 1이 있으면 −, 짝수개의 1이 있으면 +로 정의할 수 있다. 예를 들어 3개의 비트로 구성된 블록이라면

001, 111인 경우는 패리티가 -, 000, 101인 경우는 패리티가 +이다.)

만일 패리티가 같으면 그대로 보관하고 다르다면 홀수개의 오류가 있으므로 블록을 반으로 나누어 가면서 계속 패리티를 비교하여 오류가 있는 위치를 찾아내 수정하거나 버린다. 이 과정이 끝나면 각 블록들에는 오류가 없거나 또는 작은 확률로 짝수의 오류가 남아 있을 수 있다.

아직도 남아 있는 오류를 찾아내기 위해서는 키의 비트들의 순서를 섞어 바꾼 후(그러나 앨리스와 밥은 똑같이 섞어 바꾸어야 한다.) 다시 앞의 경우보다 큰 크기의 블록으로 나누어 같은 방법의 오류 수색 작업을 수행한다. 이러한 과정이 충분히 반복되면 앨리스와 밥은 오류가 거의 제거되어 거의 완벽하게 동일한 키를 소유할 수 있다.

앞의 정보 조정을 거친 조정된 키는 그러나 아직도 완벽하게 안전하다고 볼 수 없다. 이브가 부분적인 정보를 가지고 있을 수 있기 때문이다. 이 시점에서 앨리스와 밥은 비밀 증폭을 수행해 그 안전도를 높일 수 있다.

비밀 증폭은 일반적으로 n개의 비트로 구성된 부분적으로만 안전한 키로부터 그보다는 짧은 m개($n < m$)의 비트로 구성된, 그러나 완벽하게 안전한 키를 추출해 내는 방법이다. 비밀 증폭의 핵심은 n비트의 공간에서 그보다 작은 m비트의 공간으로 변환시켜 주는 압축 함수이다. $n \rightarrow m$의 압축 함수는 $n \times m$의 비트 행렬(행렬 요소가 0 또는 1로 구성된 행렬)로 나타낼 수 있다.

n개의 비트로 구성된 키에 대해 이브가 최대한 l비트의 정보를 가지고 있다면 n비트의 공간에서 m비트($m = n - l - s$, s는 0보다 큰 정수로 안전을 높이기 위해 도입한 안전 상수)의 공간으로 변환시키는 압축 함수들 중 무작위로 하나를 선택하여 압축을 수행하면 압축된 키에 대한 이브의 정보는 무시할 정도로 작다는 것

이 알려져 있다.

비밀 증폭의 아주 간단한 예를 들어보자. 앨리스는 비밀 증폭을 수행하고자 하는 키에서 무작위로 두 비트를 선택하고 어느 두 비트를 선택했는지를 밥에게 공개적으로 알린다. 앨리스와 밥은 그 두 비트들을 두 비트의 XOR 값으로 대체한다. [여기서 2→1의 압축을 수행하는 함수는 2×1 행렬 $(1, 1)$이 된다.] 여기서 유의할 점은 이브가 만일 두 비트에 대해 부분적 정보만 가지고 있다면 그 XOR 값에 대한 정보는 더 낮다는 사실이다.

예를 들어 두 비트의 값을 60퍼센트의 확률로 알고 있다면 XOR 값을 맞출 확률은 $0.6^2 + 0.4^2 = 0.52$가 되어 0.6보다 작다. 따라서 압축된 키에 대한 이브의 정보량은 압축되기 전의 키에 대한 이브의 정보량보다 작게 된다. 여기서 소개한 방법은 5.4.3에서 간단히 언급했던 E91에 적용하는 양자 비밀 증폭[13]과 구별하기 위해 고전 비밀 증폭(classical privacy amplification)[22, 23]이라고도 부른다.

> 정보 조정: 오류 보정을 통해 두 키의 일치도를 높이는 과정
> 비밀 증폭: 부분적으로 안전한 키의 안전성을 높이는 과정

5.6 도청 공격

양자 키 분배에서 안전성의 문제는 매우 중요하다. 양자 키 분배의 궁극적 목적은 무조건 안전한(unconditionally secure) 방법의 개발이다. 다시 말해서 가능한 모든 도청 공격(eavesdropping attacks)에 대해 안전한 방법을 개발하는 것이다. 그러나 주어진 양자 키

분배 방법의 안전성을 증명하는 것은 지극히 어려운 일이다. 양
자 키 분배의 안전성을 논하려면 우선 도청 방법에 대한 이해
가 필요하다. 지금까지 여러 도청 방법들이 제안되고 논의되었는
데 일반적으로 도청 방법은 개별 공격(individual attack)과 결맞은
공격(coherent attack)의 둘로 구분될 수 있다.

5.6.1 개별 공격

개별 공격은 결맞지 않은 공격(incoherent attack)이라고도 한다.
이 공격에서 이브는 신호를 담은 큐비트 하나하나에 개별적으로
도청 장치를 연결해 도청을 수행함으로써 각 큐비트로부터 독립
적으로 정보를 빼낸다. 개별 공격의 구체적인 방법은 차단-재전
송, 얽힘-측정, 광자수 분리(photon number splitting, PNS) 등이 있다.
차단-재전송 공격은 앨리스가 보내는 각 큐비트를 차단해 그
상태를 측정해서 정보를 얻은 후 같은 상태의 광자를 새로 만
들어 밥에게 보내는 방법이다. BB84나 B92같이 직교하지 않는
상태를 이용하는 키 분배 방법에 차단-재전송 공격을 적용하면
정보 획득-상태 교란의 원리에 따라 도청을 들키지 않고 정보
를 얻을 수는 없다. 이에 대해서는 이미 5.4.1.2와 5.4.2.2에서
논의한 바 있다.
얽힘-측정 공격(entangle-measure attack)은 이브가 보조 큐비트
들을 준비하여 각각의 신호 큐비트와 보조 큐비트의 얽힘을 만
들어 보조 큐비트의 상태를 측정함으로써 신호 큐비트의 상태를
알아내는 방법이다. 예를 들어 그림 5.6과 같이 CNOT을 사용한
얽힘을 이용할 수 있다.

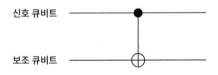

그림 5.6 얽힘-측정 공격의 예.

광자수 분리 공격은 광분할 공격(beamsplitting attack)이라고도 불린다. 신호 펄스 각각에 대해 광자수를 측정하여 하나인 경우는 차단하고 둘 이상인 경우는 광분할기로 두 부분으로 분리시켜 한 부분은 측정하여 정보를 얻고 다른 부분은 밥에게 보내는 방법이다. 이 방법은 물론 신호의 상당한 손실을 초래한다. 광자수 분리 공격을 막으려면 완벽한 단일 광자 광원을 쓰면 되지만 실제로는 그런 광원이 존재하지 않는다. 현재의 많은 실험에서는 레이저 펄스를 감쇠시켜 광원으로 사용한다. 따라서 펄스의 상태는 평균 광자수 $\bar{n}=|\alpha|^2$이 작은 간섭성 상태 $|\alpha>$로 근사될 수 있다.

대부분의 실험에서는 광분할 공격을 고려해 강력한 감쇠를 시켜 한 펄스에 광자가 둘 또는 그 이상 들어있을 확률을 작게 만든다. 예를 들어 $\bar{n}=|\alpha|^2=0.1$이 되도록 감쇠시킨 경우 펄스에서 n개의 광자가 발견될 확률은 2.2의 식 (2.13)에 의해 결정되므로 이 펄스에서 광자가 0개, 1개 발견될 확률은 각각

$$P(0)=e^{-0.1}=0.905$$
$$P(1)=e^{-0.1}\times0.1=0.0905$$

이다. 즉 이 펄스들은 대부분은 완전히 어두운 펄스이고 약 9퍼

센트의 확률로 단일 광자를 가지고 있다. 한 펄스 안에 광자가
2개 이상 포함되어 있을 확률은

$$P(n \geq 2) = 1 - P(0) - P(1) = 0.0047$$

이다.

이 예에서 보듯이 $\bar{n} = |\alpha|^2$의 값을 1보다 상당히 작도록 감쇠
시켜 광자수 분리 공격을 어렵게 만들 수 있다. 물론 이 값이
너무 작으면 대부분의 펄스가 광자가 1개도 없는 완전히 어두
운 펄스가 되므로 신호로 사용될 수가 없고 따라서 키 전송 속
도가 매우 작아지는 문제점이 있다.

차단-재전송 공격	신호 큐비트를 차단하여 그 상태를 측정해서 정보를 얻은 후 같은 상태의 신호 큐비트를 새로 만들어 보내는 도청 공격
얽힘-측정 공격	신호 큐비트와 보조 큐비트와의 얽힘을 만들어 보조 큐비트의 상태를 측정함으로써 신호 큐비트의 상태를 알아내는 도청 공격
광자수 분리 공격	광자수가 하나인 신호 펄스는 차단하고 둘 이상일 때는 두 부분으로 분리하여 한 부분은 측정해서 정보를 얻고 다른 부분은 보내는 도청 공격

5.6.2 결맞은 공격

결맞은 공격은 연합 공격(joint attack)이라고도 불린다. 이 공격

에서 이브는 앨리스가 밥에게 보내는 모든 입자들을 개별적으로 다루는 대신 하나의 단일계로 취급한다. 이브는 보조계(ancilla system)를 준비하여 앨리스가 밥에게 보내는 신호 입자들 전체와 얽힘을 만든 후 보조계는 보관하고 신호 입자들은 밥에게 보낸다. 그리고 앨리스와 밥이 모든 과정을 마친 후, 특히 모든 공포 과정을 거쳐 최대의 정보를 얻은 후에, 이브는 보조계에 측정을 수행해 최종 키에 대한 정보를 획득한다.

또 다른 형태의 공격으로 집합 공격(collective attack)이 있는데 이것은 결맞은 공격에 속한다고 볼 수도 있고 또는 결맞은 공격과 개별 공격의 중간쯤에 해당하는 공격이라고 볼 수도 있다. 이 공격에서 이브는 개별 공격에서와 같이 각각의 신호 큐비트에 도청 장치를 연결하여 개별적인 공격을 시도하나 앨리스와 밥이 모든 과정을 마친 후에는 모든 도청 장치들을 하나의 양자계로 취급하여 집합적으로 측정을 수행해 정보를 얻어 낸다.

결맞은 공격(집합 공격 포함)은 생각할 수 있는 가장 일반적인 공격이고 따라서 구체적 공격 방법을 세우기도 힘들며, 특히 결맞은 공격에 대한 안전성을 증명하는 것은 매우 어려운 일로 더욱 많은 연구가 필요한 문제이다.

5.7 양자 키 분배의 실험적 구현

5.7.1 양자 키 분배 실험 I

최초의 양자 키 분배 실험 데모는 베넷과 브라사르에 의해 1989년 수행되었으나 이 실험에 관한 논문은 1992년에야 발표되었다.[20] 실험은 BB84를 실현했고 그 장비는 사실상 그림 5.2

와 같았다. 이 실험에서는 광원으로는 녹색 LED를 사용했고 편
광 코딩의 방법을 적용하기 위해 포켈스 셀(Pockels Cell)을 사용
하여 수평 편광, 수직 편광, 좌원 편광, 우원 편광 중 하나를 무
작위로 선택하도록 했다. 신호는 공기중의 32센티미터 거리를
지나 전달되었다.

이후 양자 키 분배 실험은 비교적 빠른 발전을 보여 벌써 여
러 해 전부터 유럽의 ID 퀀티크와 미국의 매지큐 테크놀로지스
등의 회사에서 위상 코딩의 방법을 적용하여 1킬로비피에스
(kbps) 이상의 전송 속도로 100킬로미터 정도의 광섬유 거리까
지 키를 전달하는 시스템을 상용 판매하고 있다.

광섬유를 통한 양자 키 분배 실험은 복굴절에 의한 편광 회
전의 문제로 인해 편광 코딩보다는 주로 위상 코딩의 방법을
적용한다. 그러나 위상 코딩에서는 간섭하는 두 경로의 길이를
정확하게 같게 만들어야 하는 어려움이 있다. 그러나 이 문제를
해결해 주는 좋은 아이디어들이 나와 성공적인 실험 결과를 얻
을 수 있었다. 첫 번째 좋은 아이디어는 2중 마흐-첸더 간섭계
(double Mach-Zehnder interferometer)를 사용하는 방안이었으며[11] 이
방법을 사용하여 48킬로미터의 광섬유 길이를 통한 양자 키 분
배 실험을 성공시켰다.[24]

두 번째 좋은 아이디어는 패러데이 거울(Faraday mirror)을 사용
하는 방법으로 P&P 시스템(plug and play system)이라 불리는 매우
안정된 장비 배열로 실험을 수행할 수 있게 해 주었다.[25] P&P
시스템을 사용하여 스위스 그룹은 처음에는 23킬로미터의 전송
거리,[26] 최근에는 67킬로미터의 전송 거리[27]를 성취했으며, 일본
과 유럽에서는 P&P 시스템으로 100킬로미터 이상의 양자 암호
전달이 가능한 것을 보이는 실험 결과를 얻었다.[28] 비교적 최근
에는 300킬로미터의 거리까지 키 전송 거리가 확대되었다.[29]

얽힘에 근거한 양자 키 분배는 기본적으로 단일 광자들을 보
내는 데 의존하는 방법들보다는 훨씬 복잡하고 어렵다. 2000년
에 세 그룹에서 독립적으로 얽힘에 근거한 양자 키 분배 실험을
최초로 성공적으로 수행했다.[30, 31, 32] 이 실험들은 아직 단일 광자
의 실험들의 수준에는 상당히 못 미치지만 단지 얽힘에 근거한
양자 키 분배의 가능성을 최초로 증명했다는 데 의의가 있다.

광섬유 없는 열린 공간에서의 양자 키 분배는 편광 코딩의
방법이 편리하며(광섬유를 통한 키 분배에서 문제가 되는 복굴절이 공기
에서는 없으므로) 또한 효율이 높은 광측정기가 존재하는 비교적
짧은 파장대에서 실험을 할 수 있는 장점이 있다.

열린 공간의 실험에 가장 적합한 파장대는 효율 높은 실리콘 검
출기(Si detector)가 존재하고 공기의 빛 흡수가 적은 770~800나노
미터이다. 열린 공간에서의 실험은 10~20킬로미터대의 전송 거
리를 성취한 이후,[33, 34] 이어서 144킬로미터 거리의 양자 키 분배
가 실현되었다.[35] 위성과 지구 간의 양자 키 분배는 높은 공중에
서의 희박한 공기 밀도로 인하여 더욱 먼 거리의 양자 키 분배
가 가능하다. 실제로 최근 중국의 연구진은 2016년에 쏘아 올린
세계 최초의 양자 통신용 인공 위성 모쯔(墨子) 호를 매개로 지구
상에서 무려 1,200킬로미터 떨어진 두 기지국 간에 얽힘 상태의
광자쌍을 분배하는 데 성공했다고 보도했다.[36] 얽힘 상태의 광자
쌍들은 E91의 방법에서 양자 암호의 키로 사용되므로 이것은
우주에서의 장거리 양자 키 분배의 가능성을 보인 것으로 평가
받고 있다.

5.7.2 2중 마흐-첸더 간섭계를 사용한 양자 키 분배

위상 코딩의 방법은 기본적으로 두 펄스의 양자 간섭을 이용

한다. 위상 코딩을 적용할 수 있는 가장 간단한 간섭계의 구조는 그림 5.4의 마흐-첸더 간섭계 구조이다. 이 경우 양자 간섭이 일어나게 하기 위해서는 간섭계의 두 팔의 길이가 파장보다 짧은 길이 범위 안에서 일치하도록 해야 한다는 어려움이 있다. 특히 앨리스와 밥이 먼 거리를 떨어져 있는 경우 이것은 상당히 어려운 문제이다. 이 문제는 그림 5.7에서 보는 바와 같은 2중 마흐-첸더 간섭계의 구조를 이용하면 상당 부분 해결된다.

앨리스와 밥이 멀리 떨어져 있는 경우 두 펄스의 경로의 많은 부분은 앨리스의 간섭계와 밥의 간섭계를 잇는 광섬유 부분인데, 이 부분은 두 펄스가 공통적으로 거치는 부분이기 때문이다. 따라서 비교적 짧은 길이의 두 간섭계의 길이만 맞추면 된다. 그러나 이것도 물론 쉬운 문제는 아니다. 열 표류(thermal drift)로 인해 빛의 파장 정도 길이의 변화는 수시로 일어날 수 있으므로 수초마다 길이를 조정하는 작업이 필요하다.

위상 코딩의 또 하나의 문제는 편광 코딩이 아니라 하더라도 편광 문제에서 완전히 벗어나지는 못한다는 점이다. 왜냐하면 두 펄스가 완전히 간섭하려면 두 펄스의 편광이 같아야 하기 때문이다. 편광 코딩에서와 같이 편광 회전 자체가 문제가 되는 것은 아니고 단지 두 펄스가 같은 회전을 겪도록, 일반적으로 편광 변화가 편광 상태에 무관히 같도록 계속 편광 조절을 해 줄 필요가 있다.

결론적으로 2중 마흐-첸더 간섭계의 구조는 이전의 구조에 비해 위상 코딩을 더 효과적으로 적용하게 해 준 큰 역할을 했으나, 그럼에도 불구하고 계속적으로 길이 및 편광을 수시로 점검하여 조절해 주어야 하는 부담은 계속 가지고 있다.

5.7.3 P&P 시스템

가장 안정되게 위상 코딩의 양자 키 분배를 실현시켜 주는 구조는 패러데이 거울을 사용하는 구조로서, 다른 구조에서와 같이 계속적인 길이 및 편광 조절이 필요 없이 단지 스위치만 키면 작동하는 시스템이란 의미로 P&P 시스템이라 부른다.

패러데이 거울이란 $45°$ 패러데이 회전기와 거울을 합한 장치로 들어온 빛이 반사되어 나갈 때 편광이 $90°$ 회전되게 하는 장치이다. 즉 패러데이 거울에서 반사되어 나오는 빛의 편광은 입사한 빛의 편광에 직교하는 상태가 된다. P&P 시스템을 이용하는 키 분배에서는 앨리스가 아니고 밥이 펄스를 보내고 이 펄스가 앨리스에게서 변조되고 반사되어 나오는 것을 밥이 다시 받는데, 이 과정에서 필요한 반사들이 패러데이 거울에 의해서 된다면 밥에게 되돌아온 간섭하는 두 펄스의 편광을 항상 같게 만들 수 있다는 사실이 그 기본 아이디어이다.

그림 5.8에 P&P 시스템이 그려져 있다. 신호 전송의 시작은 그림의 오른쪽에 위치한 밥이 한다. 앨리스를 향해 보내는 펄스는 광섬유 접합기 C_2에서 두 펄스 P_1과 P_2로 갈라진다. P_1은 앨리스를 향해 직접 가지만 P_2는 패러데이 거울 FM_2와 FM_1에서 차례로 반사된 후 P_1에 비해 지연되어 앨리스를 향해 간다. 두 펄스는 시간차를 두고 앨리스에게 도착한 후 패러데이 거울 FM_3에서 반사되어 되돌아간다.

앨리스는 P_2가 PM_3에서 반사되어 나올 시각에 위상 변조기 PM_2를 작동시켜 ϕ_A의 위상 변화를 준다. 앨리스는 또한 감쇠기 A를 작동시켜 되돌아가는 펄스가 평균 1개보다 작은 광자를 포함하도록 한다. 펄스들은 밥에게 돌아오는 길에도 각각 C_2에서 직접 밥에게 가든가 또는 FM_1과 FM_2에서 차례로 반사된 후 밥

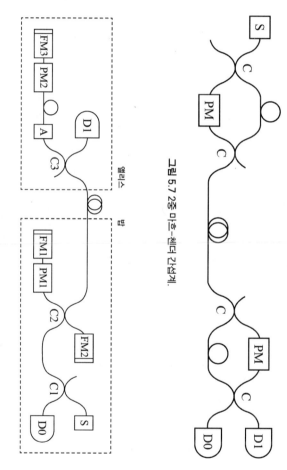

그림 5.7 2중 마흐-젠더 간섭계.

그림 5.8 P&P 시스템.

에게 가는 두 가능한 경로가 있는데, P_1이 FM_1과 FM_2에서 반사되는 부분과 P_2가 직접 밥에게 가는 부분은 C_2에서 합쳐질 때 간섭을 일으킨다. 밥은 P_1이 FM_2에서 반사되어 나올 시각에 위상 변조기 PM_1을 작동시켜 ϕ_B의 위상 변화를 준다. 간섭하는 두 펄스는 $\phi_A - \phi_B = 0$이면 보강 간섭을 일으켜 광측정기 D_0에서 관측될 것이고 $\phi_A - \phi_B = \pm\pi$이면 상쇄 간섭을 일으켜 D_0에서 관측되지 않을 것이다.

앞에서 기술한 P&P 시스템은 두 가지 중요한 장점이 있다. 첫 째로 두 간섭하는 펄스가 거치는 경로는 완전히 동일하다. 따라서 간섭계의 길이를 계속적으로 점검하고 조절할 필요가 없다. P&P 시스템의 두 번째 중요한 장점은 길이 뿐 아니라 편광도 점검, 조절할 필요가 없다는 것이다. 패러데이 거울 FM_1과 FM_2의 역할로 인해 광섬유의 복굴절에 상관없이 두 펄스 P_1과 P_2의 편광이 같도록 보장되기 때문이다. 이것은 물론 패러데이 거울 대신 보통 거울을 사용한다면 이루어지지 못한다. 또한 패러데이 거울 FM_3는 위상 변조기의 편광 의존성을 보상해 주는 역할을 한다.

앞에 설명한 P&P 시스템을 이용하여 B92는 쉽게 구현된다. 앨리스는 위상 변화 값 ϕ_A를 0과 π 중에서 무작위로 선택하고 각각에 대응하여 비트값 0과 1을 기록한다. 밥도 위상 변화 값 ϕ_B를 0과 π 중에서 무작위로 선택하고 각각에 대해 비트값 0과 1을 대응시킨다. 두 위상 변화 값이 같을 때는 두 펄스가 보강 간섭을 일으켜 광측정기 D_0에 측정되므로, 앨리스와 밥은 D_0에 광자가 측정될 때마다 같은 위상 변화 값을 준 것을 알고 따라서 같은 비트값을 기록한 것을 안다. 즉 D_0에 광자가 측정될 때에 해당하는 비트값들의 집합이 앨리스와 밥의 비밀 키가 된다. 이 장치를 약간 수정하면 BB84도 비교적 쉽게 구현될 수 있다.

5.7.4 양자 키 분배 실험 II

양자 키 분배에서 중요한 세 물리량은 전송 거리, 전송 속도 (key rate), 양자 비트 오류율(quantum bit error rate, QBER)이다. 전송 거리는 키가 전달될 수 있는 거리이다. 전송 속도는 키가 전달되는 속도로 그 단위는 비피에스(bps, bit per second), 즉 1초당 전달되는 비트 수이다. 양자 비트 오류율은 전달된 비트 중 틀린 비트가 차지하는 비율이다. 즉

QBER=(틀린 비트 수)/(전달된 총 비트 수)
   =(틀린 측정을 할 확률)/(펄스당 총 측정 확률)

로 정의할 수 있다. 이 세 물리량을 결정하는 중요한 변수는 손실(loss)과 오류(error)이다.

광섬유에서의 손실은 주로 흡수에 의해 유발되는데 파장에 따라 다르다. 보통의 광섬유의 흡수 계수는 대략 800나노미터에서 2dB/km, 1,300나노미터에서 0.35dB/km, 가장 손실이 적은 1,550나노미터에서 0.2dB/km이다.

반면에 광측정기는 800나노미터에서 상대적으로 효율이 높고 장파장 쪽으로 가면 효율도 상당히 낮아지고 상당한 저온에서의 측정을 필요로 한다. 또한 특히 1,550나노미터에서는 암흑계수율(dark count rate)이 상당히 높아진다.

광섬유를 통한 양자 키 분배 실험에서 전송 거리가 수 킬로미터 이내라면 손실이 아주 크지는 않으므로 효율이 높은 실리콘 광측정기가 존재하는 800나노미터의 파장이 좋은 선택일 수 있다. 그러나 100킬로미터에 가까운 또는 100킬로미터를 넘는 장거리의 전송 실험이라면 손실이 가장 적은 1,550나노미터를

선택하는 것이 좋을 것이다.

현재 양자 키 분배가 당면한 기술적 문제는 광원과 광측정기
에 있다. 양자 키 분배가 신호로서 단일 광자를 가정하는 데 반
해 엄밀한 의미에서의 단일 광자 광원은 적어도 현재는 존재하
지 않는다.

실제로는 레이저나 LED에서 나오는 빛을 충분히 감쇠시켜
펄스 하나에 1개 또는 그보다 적은 수의 광자가 존재하도록 하
여 단일 광자를 모방하거나, 또는 자발 매개 하향 변환(SPDC)같
이 2개의 광자를 다른 방향으로 동시에 발생시키는 비선형 광
학 과정에서 1개의 광자가 나온 것을 측정할 때 또 다른 광자가
발생되는 방향에서의 빛 상태를 단일 광자로 추정하고 있는 상
황이다. 그러나 현재 양자점(quantum dot)이나 다른 계를 이용해
더 좋은 단일 광자 광원을 개발하는 노력이 진행 중이다.

양자 키 분배에서 요구하는 광측정기는 광자 수가 0인지, 1인
지, 또는 2인지를 확실히 구별할 수 있는 광자 수 측정기(photon
counter, 광자 계수기)이다. 그러나 광자 수를 정확히 측정하는 장
치는 아직 존재하지 않으며 특히 장파장 쪽에서는 광자 측정이
상대적으로 더 어렵다. 광자 수 측정기에 대한 개발도 진행 중
이며, 광자 수를 측정하는 여러 방법들도 제안되고 있다.

키 전송에서의 오류는 노이즈 또는 결잃음에 의해 전송 중에
야기되는 오류(편광 회전, 위상 오류 등)와 측정 시 발생할 수 있는
오류(암흑 계수율에 의한 오류)로 나눌 수 있다. 이러한 오류가 크면
같은 키 생성 속도(key generation rate)에 대해 작은 전송 속도를
주고 또한 높은 양자 비트 오류율을 준다.

현재의 기술로는 광섬유를 통해서 전송 거리 300킬로미터를 전
송 속도 10킬로비피에스로 전달하는 키 분배가 가능한 수준이고
QBER은 수 퍼센트 이내로 낮출 수 있다. 앞으로 더 우수한 단

일 광자 광원과 광측정기가 개발되고 오류를 감소시키는 방법
들이 개발되면서 더 좋은 양자 키 분배의 실험을 기대할 수 있
을 것이다.

5.7.5 양자 키 분배의 안전성

양자 키 분배는 얼마나 안전한 것인가? 이것은 매우 중요한
문제이면서 동시에 매우 어려운 문제라는 것이 잘 알려져 있다.
양자 키 분배 안전성의 증명을 더욱 어렵게 하는 이유는 불완
전한 광원과 광측정기, 그리고 노이즈가 있는 양자 채널은 어쩔
수 없는 현실이고, 따라서 불완전한 장비에 의한 신호의 오류와
손실이 도청에 의한 오류와 손실과 공존하는 상황에서 안전의
여부를 가려야 하기 때문이다.

또한 특히 어려운 점은 양자 역학이 허용하는 모든 가능한
도청 공격(분석이 어려운 결맞은 공격 포함)에 대해 안전한지를 분석,
증명해야 된다는 점이다. 구체적으로 모든 가능한 도청 공격에
대해 이브가 최종 키에 대해 획득할 수 있는 상호 정보량(mutual
information)이 지수 함수적으로 작을 수 있는지, 즉 이브의 상호
정보량이 e^{-k}보다 작은 양에 국한될 수 있는지[k는 앨리스와 밥이
선택한 안전 지수(security parameter)이다.]를 분석, 증명해야 된다.

지금까지 수행된 안전성 증명 연구[37, 38, 39]를 종합해 보면 단광자
광원과 완전한 광측정기를 가정할 때 양자 비트 오류율이 일정한
문턱값(threshold value) 이하이면 BB84의 절대적 안전성은 보장된다
는 결론을 얻을 수 있다.

양자 비트 오류율의 문턱값은 만일 이브의 도청 공격을 개별 공
격으로만 제한하면 15퍼센트 정도(정확히는 $\frac{1-1/\sqrt{2}}{2} \cong 0.15$.)이고

가능한 도청 공격을 모두 고려해야 하면 11퍼센트 정도이다.
(양자 비트 오류율은 어렵지 않게 10퍼센트 이하로 낮출 수 있으므로 이것은
아주 어려운 제한 조건은 아니다.) 그러나 불완전한 광원과 광측정기
등의 현실적 문제를 고려할 때 양자 키 분배의 안전성은 매우
복잡한 문제로 아직도 더 풀어야 할 과제들이 남아 있고 더 많
은 연구가 필요한 문제라고 할 수 있겠다.

5.7.6 양자 키 분배 실험 III

현재의 기술 수준에서 어느 정도의 전송 거리까지 양자 키
분배가 가능한지를 대략 계산해 보도록 하자. 전송 거리는 여러
요인에 의해 제한을 받지만 특히 양자 키 분배율 즉 QBER에 의
해 받는 제한이 가장 중요하다. 이미 언급한 대로 BB84가 안전
하려면 QBER이 11퍼센트 이하여야 하며 도청을 개별 공격으로
국한하면 15퍼센트 이하여야 한다. 그런데 QBER은 거리가 증
가함에 따라 증가하므로 전송 거리에 제한을 받게 된다.

구체적 계산을 위해 광섬유를 통한 BB84의 프로토콜을 가정
하고 광원으로는 평균 광자수 $\bar{n}=0.1$인 감쇠된 레이저 펄스를
사용한다고 가정한다. QBER은 이미 언급한 대로 (틀린 비트수)
나누기 (전달된 총 비트수)로 정의된다. 즉

$$QBER = \frac{N_{wrong}}{N_{right}+N_{wrong}} = \frac{R_{error}}{R_{sift}+R_{error}} \approx \frac{R_{error}}{R_{sift}} \tag{5.12}$$

이다.

여기서 R_{error}는 오류의 속도, 즉 1초에 생기는 오류 비트 수이
고 R_{sift}는 걸러진 키의 전송 속도, 즉 밥이 1초에 받는 걸러진 키

의 비트 수이다. 암흑 계수(dark count) 외의 다른 오류는 무시하면

$$R_{error} = \frac{1}{4}rp_{dark}m \qquad (5.13)$$

로 주어진다. 식 (5.13)에서 r는 펄스 속도, 즉 광원에서 1초에 나
오는 펄스 수, m은 광측정기의 수로 여기서는 $m = 2$로 잡는다.

p_{dark}은 하나의 광측정기에서 광자 측정 시간(1개의 광자를 측정하
기 위해 측정기를 열어 놓는 시간) 동안에 암흑 계수가 기록될 확률,
즉 광자가 없는데 있는 것으로 측정될 확률이다. 걸러진 키의 전
송 속도 R_{sift}는 BB84의 경우 거친 키의 전송 속도의 반이다. 즉

$$R_{sift} = \frac{1}{2}R_{raw} = \frac{1}{2}q\bar{n}r\eta_t\eta_d \qquad (5.14)$$

이다. 여기서 q는 전송 장비 구조에 따라 다른 값을 갖는데 위
상 코딩을 구현하는 2중 마흐-챈더 간섭계의 구조이면 4분의 1,
편광 코딩이면 1이다. 여기서는 편광 코딩을 가정하고 q를 1로
잡는다.

η_d는 광측정기의 효율(detector efficiency), 즉 광자가 측정될 확
률이고 η_t는 전송 효율(transmission efficiency), 즉 앨리스가 보낸
광자가 밥의 측정기에 도달할 확률이다. 전송 효율은

$$\eta_t = 10^{-(\beta l + c)/10} \qquad (5.15)$$

로 주어지며 거리 l에 지수 함수적으로 감소한다.

식 (5.15)에서 β는 광섬유의 흡수 계수(absorption coefficient)로 이

미 언급한 대로 파장에 따라 다른 값을 갖는다. 식 (5.15)의 c는
전송 또는 측정 장비에 존재하는 거리에 무관한 손실 상수로
여기서는 무시한다. ($c=0$.)

식 (5.15)에 의해 η_t가 거리 l의 함수이므로 식 (5.14)에 의해
R_{sift}가 거리의 함수가 되며 따라서 식 (5.12)에 의해 QBER이
거리의 함수가 된다. 식 (5.13), 식 (5.14), 식 (5.15)를 식 (5.12)
에 대입하면

$$QBER = \frac{p_{dark}m}{2q\overline{n}\eta_d}10^{(\beta l+c)/10} = \frac{10p_{dark}}{\eta_d}10^{(\beta l+c)/10} \tag{5.16}$$

이 된다.

이제 파장을 1,550나노미터로 가정하고 $p_{dark}=10^{-5}$, $\eta_d=0.1$,
$\beta=0.2\,\text{dB/km}$, $c=0$을 식 (5.16)에 대입하고, 도청을 개별 공격
에 국한시켜 $QBER=0.15$의 값을 주는 거리 l_{max}을 계산하면
$l_{max}\cong109$ 킬로미터를 얻는다. 이 최대 거리에서의 걸러진 키의
전송 속도는 펄스 속도를 10메가헤르츠(MHz)로 가정하고 식
(5.14)를 사용하여 계산하면 $R_{sift}\cong330$헤르츠가 된다.

앞에서 계산한 최대 거리는 파장이 1,550나노미터라 가정하
고 이 파장에 알맞은 광섬유 및 광측정기에 해당하는 β, p_{dark},
η_d의 값들을 대입하여 나온 결과이다. 파장이 다르면 물론 이
값들이 다르고 따라서 최대 거리도 다르게 나온다.

표 5.5에 세 다른 파장 800나노미터, 1,300나노미터, 1,550나
노미터에서의 대표적인 값들이 표시되어 있다. 이 값들을 사용
하여 각 파장에서 계산한 QBER과 R_{sift}를 거리의 함수로 나타
낸 결과가 그림 5.9와 5.10에 그려져 있다.

표 5.5 파장에 따른 광섬유/광측정기 상수 값.

	800nm	1,300nm	1,550nm
η_d	0.5	0.2	0.1
$\beta(dB/km)$	2	0.35	0.2
p_{dark}	10^{-7}	10^{-5}	10^{-5}

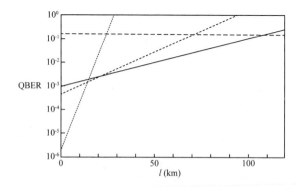

그림 5.9 파장이 1,550나노미터(실선), 1,300나노미터(파선), 800나노미터(점선)일 때 거리 l의 함수로 본 QBER. 긴 파선은 QBER=0.15에 해당한다.

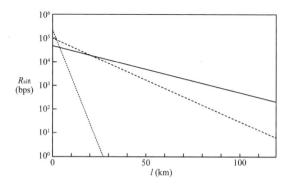

그림 5.10 파장이 1,550나노미터(실선), 1,300나노미터(파선), 800나노미터(점선)일 때 거리 l의 함수로 본 R_{sift}.

이 계산들에서는 모두 $r=10\text{MHz}$, $c=0$, $\bar{n}=0.1$, $q=1$, $m=2$ 의 값들을 사용했다. 그림 5.9와 5.10에서 볼 수 있듯이 QBER은 거리에 지수 함수적으로 증가하고 R_{sift}는 거리에 지수 함수적으로 감소한다. 파장 800, 1,300, 1,550나노미터에서 $QBER=0.15$ 의 값을 주는 거리 $l_{\max}$는 각각 24, 71, 109킬로미터이다. 이 최대 거리에서의 R_{sift}는 각각 4.0, 330, 330비피에스이다.

최대 거리 $l_{\max}$는 긴 파장쪽으로 갈수록 더 커지는 것을 볼 수 있다. 더 긴 파장 쪽으로 가면 p_{dark}은 더 큰 값을 갖고 η_d는 더 작은 값을 가져 불리한 면도 있으나 그보다는 β의 값이 더 작은 이유로 해서 오히려 최대 거리가 더 커지게 된다. 최대 거리의 값은 물론 장비가 향상되어 p_{dark}, η_d, β등의 값이 변화되면 달라진다. 그러나 전송 거리를 100킬로미터 정도보다 월등히 더 늘리기 위해서는 양자 중계기(quantum repeater)[40]가 개발되거나 양자 텔레포테이션을 이용하는 방법 등을 고려해야 할 것이다.

5.8 양자 비밀 공유

두 사람이 비밀 메시지를 공유하는데 그중 한 사람만으로는 그 메시지를 전혀 알 도리가 없고 오직 두 사람이 협력해야만 알게 할 방법이 있을까? 이런 상황은 예를 들어 은행에 두 사람 공동 소유의 금액을 예치할 때 나올 수 있다. 한 사람이 혼자서 예금을 다 빼어 나가서는 안 되기 때문이다. 그렇게 하려면 은행에서 계좌의 비밀 번호를 설정할 때 한 사람만으로는 절대 알 수 없게 하고 오직 두 사람이 협력해야 알아내게 만들어야 한다.

가장 간단한 방법은 두 사람에게 각각 번호를 주지만 계좌의

비밀 번호는 두 사람의 번호를 더한 숫자로 만들면 된다. 예를
들어 계좌의 비밀 번호가 011010010이라고 하자. 한 사람에게
는 101110100을 또 다른 한 사람에게는 110100110의 비밀 번
호를 주면 각자 혼자서는 도저히 계좌의 비밀 번호를 알 수가
없고 두 사람이 만나 두 비밀 번호를 합해야만 알 수가 있다.

앞의 두 사람의 경우를 일반화하면 일반적으로 n명의 사람
이 비밀 메시지를 공유할 때 $k(k \leq n)$명이 협력해야만 메시지를
알 수 있고 $(k-1)$명 또는 그보다 작은 수의 사람들이 협력하면
전혀 알 수 없는 경우를 생각할 수 있다. 이러한 상황을 비밀
공유(secret sharing)라고 한다. 더 구체적으로 (k, n) 고전 비밀 공
유라고 말할 수 있다. 양자 정보학에서는 고전 데이터의 역할을
양자 상태가 맡는다. 따라서 메시지의 공유는 양자 상태의 공유를
의미하고 앞의 고전 비밀 공유에 대응하는 양자 비밀 공유(quantum
secret sharing)[41, 42]는 양자 상태의 공유를 의미한다.

예를 들어 (2, 3) 양자 비밀 공유의 방법을 생각해 보자. 비밀을
공유하는 세 사람 앨리스, 밥, 찰리가 각각 큐트리트 A, B, C를 가
지고 있다. 이들은 큐트리트 A, B, C가 $|000>+|111>+|222>$,
$|012>+|120>+|201>$, $|021>+|102>+|210>$의 세 얽힘 상태 중
하나의 상태에 있는 것을 알고 또한 세 큐트리트가 모두 같은
얽힘 상태에 있는 것을 알지만, 그중 어느 상태인지는 모른다고
하자. 이 같은 경우 앨리스, 밥, 찰리 중 어느 누구도 자기 단독
으로는 비밀 메시지, 즉 3개의 큐트리트가 어느 상태에 있는지
를 알아낼 도리가 없다.

그러나 두 사람이 협력하면 비밀은 알아낼 수가 있다. 예를
들어 앨리스와 밥이 만나서 각각 자기가 가지고 있는 큐트리
트의 상태를 측정한 후 그 결과를 $|a>$, $|b>$라 할 때
$(b-a) \bmod 3$를 계산해 보면 3개의 큐트리트가 앞의 세 상태

중 어느 상태에 있는지를 확실히 알 수 있고 따라서 비밀 메시지를 알게 된다.

일반적으로 (k, n) 양자 비밀 공유의 방법은 $n < 2k$의 조건에서 가능하다는 것이 증명되어 있다.[42] 고전 비밀 공유에는 없는 $n < 2k$의 조건이 양자 비밀 공유에 있는 것은 5.2.1에서 설명한 양자 물리의 복제 불가 정리에 기인한다.

연습 문제

5.1 앨리스와 밥이 $|\leftrightarrow>$는 0, $|\updownarrow>$는 1, $|\nearrow>$는 0, $|\nwarrow>$는 1로 기록할 것을 미리 약속했다.

(a) 앨리스가 $|\leftrightarrow>$, $|\updownarrow>$, $|\nearrow>$, $|\nwarrow>$중 하나를 무작위로 선택하여 밥에게 보내면 밥은 σ_z 또는 σ_x의 기저 중 하나를 무작위로 선택하여 측정을 수행한다. 이 경우 앨리스와 밥의 비트값이 일치할 확률은 얼마인가? 오류는 없고 도청도 없다고 가정하시오.

(b) 앨리스가 $|\leftrightarrow>$, $|\updownarrow>$, $|\nearrow>$, $|\nwarrow>$중 하나를 무작위로 선택하여 밥에게 보낸다. 도청자 이브는 각 신호를 모두 차단하여 σ_z 또는 σ_x의 기저 중 하나를 무작위로 선택하여 측정을 수행한 후 그 측정의 결과로 나온 상태의 광자를 만들어 밥에게 보낸다. 밥은 σ_z 또는 σ_x의 기저 중 하나를 무작위로 선택하여 측정을 수행한다. 이 경우 앨리스와 밥의 비트값이 일치할 확률은 얼마인가? 오류는 없다고 가정하시오.

5.2 B92에 대한 이브의 차단-재전송 공격은 확정적인 경우가 25퍼센트이다. 확정적인 경우의 확률을 높일 POVM의 방법을 그림을 그려서 설명하시오. 이때 확정적일 확률은 얼마인가?

제6장 양자 텔레포테이션
(Quantum Teleportation)

양자 텔레포테이션은 모르는 양자 상태의 공간적 이동으로 정의할 수 있다. 양자 정보학에서의 정보는 양자 상태의 집합으로 구성되므로 양자 텔레포테이션은 양자 정보를 전달하는 수단으로 인식할 수 있다. 다시 말하면 양자 텔레포테이션은 양자 통신의 기본 수단으로서의 중요성을 갖는다.

양자 텔레포테이션은 고전 물리학으로는 설명이 불가능한, 양자 물리학의 원리를 응용해야만 그 이해가 가능한 순수한 양자 현상이다. 양자 텔레포테이션을 수행하기 위해서는 양자 상태의 송신자와 수신자가 양자 얽힘을 공유해야 하는 것이 그 전제 조건인데 양자 얽힘이란 것이 3장에서 설명했듯이 양자 세계에만 존재하는 개념이기 때문이다.

양자 텔레포테이션은 송신자와 수신자가 양자 얽힘을 공유했을 때 송신자가 벨 상태 측정이라는 특정한 형태의 측정을 수행함으로써 수행된다. 이 장에서는 우선 벨 상태 측정을 설명하고 양자 텔레포테이션의 원리를 설명한 후 여러 다른 형태의

양자 텔레포테이션-광자 편광 큐비트의 양자 텔레포테이션, 단
일 입자 얽힘을 이용한 양자 텔레포테이션, 간섭성 상태 큐비트
의 양자 텔레포테이션, 원자 상태의 양자 텔레포테이션, 연속
변수 양자 텔레포테이션(continuous variable quantum teleportation)-을
기술한다.

6.1 벨 상태와 벨 상태 측정

양자 정보에서 매우 중요한 역할을 하는 것이 얽힘이며 이미
3장에서 자세히 설명했다. 특히 두 입자의 최대 얽힘을 나타내
는 상태인 벨 상태는 얽힘을 이용하는 양자 정보 처리의 핵심
적 역할을 한다.

벨 상태에 대해서는 이미 3.1.2에서 기술한 바 있지만 여기서
는 그 중요성을 고려하여 다시 한번 그 정의를 살펴보고 특히
여러 다른 벨 상태들을 구별해 주는 벨 상태 측정에 대해 기술
하고자 한다. 나중에 알겠지만 벨 상태 측정은 양자 텔레포테이
션을 가능하게 해 주는 중요한 측정 방법이다.

벨 상태는 두 큐비트의 최대 얽힘 상태로 정의된다. 두 큐비
트를 A, B라 하고 각 큐비트의 두 기본 상태를 $|0>$, $|1>$로 표시
하면 다음과 같은 4개의 벨 상태가 존재한다. [식 (3.10), 식 (3.11)]

$$|\Psi^+>_{AB} = \frac{1}{\sqrt{2}}\left(|0>_A|1>_B + |1>_A|0>_B\right) \qquad (6.1)$$

$$|\Psi^->_{AB} = \frac{1}{\sqrt{2}}\left(|0>_A|1>_B - |1>_A|0>_B\right) \qquad (6.2)$$

$$|\Phi^+>_{AB} = \frac{1}{\sqrt{2}}(|0>_A|0>_B + |1>_A|1>_B) \tag{6.3}$$

$$|\Phi^->_{AB} = \frac{1}{\sqrt{2}}(|0>_A|0>_B - |1>_A|1>_B) \tag{6.4}$$

식 (6.3) 또는 식 (6.4)의 벨 상태는 두 큐비트 A와 B가 상관 관계에 있는 상태(즉 A가 $|0>$의 상태에 있으면 B도 반드시 $|0>$의 상태에 있고, A가 $|1>$의 상태에 있으면 B도 반드시 $|1>$의 상태에 있다.)이고 식 (6.1) 또는 식 (6.2)의 상태는 반상관 관계에 있는 상태(즉 A가 $|0>$의 상태에 있으면 B는 반드시 $|1>$의 상태에 있고, A가 $|1>$의 상태에 있으면 B는 반드시 $|0>$의 상태에 있다.)이다.

식 (6.1), 식 (6.3), 식 (6.4)의 벨 상태는 큐비트 A와 B의 교환에 대해 대칭성을 가지고 있다. [즉 $|\Psi^+>_{AB} = |\Psi^+>_{BA}$, $|\Phi^+>_{AB} = |\Phi^+>_{BA}$, $|\Phi^->_{AB} = |\Phi^->_{BA}$, 이 세 상태들을 통합해서 3중선 벨 상태라고도 부른다.] 반면 식 (6.2)의 $|\Psi>$는 큐비트 A와 B의 교환에 대해 반대칭성을 가지고 있어(즉 $|\Psi>_{AB} = -|\Psi>_{BA}$.) 단일선 벨 상태라고도 부른다.

단일선 벨 상태는 또한 어떤 임의의 기저에서도 항상 반상관 관계를 유지하는 특성을 가지고 있다. 예를 들어

$$|+> = \frac{1}{\sqrt{2}}(|0> + |1>) \tag{6.5a}$$

$$|-> = \frac{1}{\sqrt{2}}(|0> - |1>) \tag{6.5b}$$

라 할 때, 즉

$$|0> = \frac{1}{\sqrt{2}}(|+>+|->) \tag{6.6a}$$

$$|1> = \frac{1}{\sqrt{2}}(|+>-|->) \tag{6.6b}$$

일 때, 벨 상태 $|\Psi^->_{AB}$는

$$|\Psi^->_{AB} = \frac{1}{\sqrt{2}}(-|+>_A|->_B+|->_A|+>_B) \tag{6.7}$$

로 표시된다.

다른 벨 상태들을 $|+>$, $|->$의 기저로 표시하면

$$|\Psi^+>_{AB} = \frac{1}{\sqrt{2}}(|+>_A|+>_B-|->_A|->_B) \tag{6.8}$$

$$|\Phi^+>_{AB} = \frac{1}{\sqrt{2}}(|+>_A|+>_B+|->_A|->_B) \tag{6.9}$$

$$|\Phi^->_{AB} = \frac{1}{\sqrt{2}}(|+>_A|->_B+|->_A|+>_B) \tag{6.10}$$

이 된다. 두 큐비트 A, B의 가장 일반적인 상태는 $|0>_A|1>_B$, $|1>_A|0>_B$, $|0>_A|0>_B$, $|1>_A|1>_B$의 선형 중첩으로 나타낼 수 있다. [식 (3.5) 참조] 즉

$$\begin{aligned}|\psi>_{AB} &= \alpha|0>_A|0>_B+\beta|0>_A|1>_B \\ &\quad+\gamma|1>_A|0>_B+\delta|1>_A|1>_B\end{aligned} \tag{6.11}$$

이다.

여기서 $|\alpha|^2+|\beta|^2+|\gamma|^2+|\delta|^2=1$ 이고 $|\alpha|^2$, $|\beta|^2$, $|\gamma|^2$, $|\delta|^2$ 은 두 큐비트의 상태가 각각 $|0>_A|0>_B$, $|0>_A|1>_B$, $|1>_A|0>_B$, $|1>_A|1>_B$로 측정될 확률이다. 그러나 $|\psi>_{AB}$를 반드시 식 (6.11)의 식으로 표시할 필요는 없으며 서로 직교하고 규격화되어 있는 선형 독립인 다른 네 기본 상태의 선형 중첩으로 표시하더라도 아무 잘못이 없다. 예를 들어 식 (6.1)부터 식 (6.4)까지의 네 벨 상태의 선형 중첩으로 표시하면[식 (3.12) 참조]

$$|\psi>_{AB}=A|\Psi^+>_{AB}+B|\Psi^->_{AB}+C|\Phi^+>_{AB}+D|\Phi^->_{AB} \quad (6.12)$$

이 된다.

식 (6.11)과 식 (6.12)를 비교하면 두 쌍의 네 상수들이 $A=\dfrac{\beta+\gamma}{\sqrt{2}}$ 등 식 (3.13)의 관계식을 만족시킴을 쉽게 알 수 있다. 식 (6.12)는 식 (6.11)과 수학적으로 동일하며 두 큐비트 A, B가 얽힘의 관계에 있지 않더라도 식 (6.12)와 같이 표시하는 데에는 아무런 잘못이 없다.

중요한 것은 수학적 관계가 아니고 물리적 해석이며, 식 (6.12)에도 양자 역학의 기본 원리가 그대로 적용된다는 점이다. 즉 두 큐비트의 상태를 측정할 때 그 상태가 네 벨 상태 중의 어느 것인지를 알아내는 측정을 수행한다면 $|\Psi^+>_{AB}$, $|\Psi^->_{AB}$, $|\Phi^+>_{AB}$, $|\Phi^->_{AB}$로 측정될 확률이 각각 $|A|^2$, $|B|^2$, $|C|^2$, $|D|^2$이며 측정 결과가 나오면 그 결과에 대응하는 벨 상태로 붕괴한다는 점이다. 이렇게 벨 상태를 구별하는 측정을 벨 상태 측정이라 한다.

다시 말해 벨 상태 측정이란 4개의 벨 상태 중 하나로 투영시키는 측정을 의미한다. 벨 상태 측정을 실제로 수행하는 방법을 찾아내는 것이 경우에 따라서는 쉽지 않을 수 있으나 적어도 원리 적으로는 벨 상태 측정을 못할 이유는 없다.

구체적인 예로서 두 광자의 편광 상태인 경우, 즉 $|0>$, $|1>$이 $|\leftrightarrow>$, $|\updownarrow>$인 경우를 생각해 보자. 네 기본 상태 $|\leftrightarrow>_A|\leftrightarrow>_B$, $|\leftrightarrow>_A|\updownarrow>_B$, $|\updownarrow>_A|\leftrightarrow>_B$, $|\updownarrow>_A|\updownarrow>_B$ 중의 어느 것인지를 찾아내는 측정 방법은 물론 매우 간단하다. 두 편광기를 A, B에 각각 사용하면 되고 결과에 따라 네 상태 중 하나로 붕괴한다. 그러면 벨 상태를 구별하는 측정은 어떻게 할까? 네 벨 상태

$$|\Psi^{\pm}>_{AB} = \frac{1}{\sqrt{2}}\left(|\leftrightarrow>_A|\updownarrow>_B \pm |\updownarrow>_A|\leftrightarrow>_B\right) \tag{6.13}$$

$$|\Phi^{\pm}>_{AB} = \frac{1}{\sqrt{2}}\left(|\leftrightarrow>_A|\leftrightarrow>_B \pm |\updownarrow>_A|\updownarrow>_B\right) \tag{6.14}$$

중 적어도 두 벨 상태를 구별하는 선형 광학 벨 상태 측정 방법 은 그림 6.1에 그려져 있다.

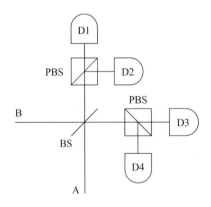

그림 6.1 벨 상태 측정 실험 장치.

이 방법은 하나의 광분할기, 2개의 편광 분할기, 4개의 광검출기(detector, D)를 사용한다. 광분할기는 50/50 광분할기이고 편광 분할기는 입사한 광자의 편광이 수직이냐 수평이냐에 따라 광자를 투과시키든가 반사시킨다. 광자 A를 광분할기의 한 입력 포트로, 광자 B를 또 다른 하나의 입력 포트로 입사시키면 두 광자의 편광 상태가 어떤 벨 상태인지에 따라 다른 측정 결과가 나오는 것을 쉽게 계산할 수 있다. 계산 과정은 생략하고 결과만 쓰면 표 6.1과 같다.

표 6.1 두 편광 광자에 대한 벨 상태 측정.

두 광자의 편광 상태	측정 결과	확률
$\|\Psi^+>_{AB}$	D1, D2에 각각 1개의 광자 또는 D3, D4에 각각 1개의 광자	1/4
$\|\Psi^->_{AB}$	D1, D4에 각각1개의 광자 또는 D2, D3에 각각 1개의 광자	1/4
$\|\Phi^+>_{AB}$	D1, D2, D3, D4 중 하나에 2개의 광자	1/4
$\|\Phi^->_{AB}$		1/4

이 표에 근거한 벨 상태 측정 방법은 다음과 같다. 우선 광분할기에서 나오는 두 광자가 광분할기의 같은 출력 포트로 나오는지 다른 출력 포트로 나오는지를 관측한다. 다른 출력 포트로

나오면 입력 시 두 광자 A, B의 편광 상태는 $|\Psi^- >_{AB}$이다. 같은 출력 포트로 나오면 $|\Psi^+ >_{AB}$, $|\Phi^+ >_{AB}$, $|\Phi^- >_{AB}$의 셋 중 하나이다. 이 경우에는 두 광자의 편광이 같은지 아닌지를 관측한다. 다르면(즉 그림 6.1의 두 PBS 중 하나에 의해 두 광자가 갈라지면) $|\Psi^+ >_{AB}$이다. 같으면 $|\Phi^+ >_{AB}$이거나 $|\Phi^- >_{AB}$인데 현재의 선형 광학 방식으로는 더 이상의 구별은 불가능하다. 즉 그림 6.1의 방법은 두 광자의 네 벨 상태 중 두 상태를 구별하게 해 주는 벨 상태 측정을 수행해 준다.

네 벨 상태를 모두 구별해 주는 완전한 벨 상태 측정은 선형 광학적 방법으로는 불가능하다. 그러나 비선형 광학 과정을 이용하면 완전한 벨 상태 측정이 가능하며 실험적으로도 수행된 바 있다.[1]

벨 상태 측정	벨 상태를 구별하는 측정, 즉 4개의 벨 상태 중 하나로 투영시키는 측정

6.2 양자 고밀도 코딩

얽힘은 특히 양자 정보의 자원으로서 중요한 역할을 한다. 중요한 예가 나중에 설명할 양자 텔레포테이션이다. 그러나 아마도 양자 정보의 자원으로서의 얽힘의 능력을 가장 간단하고 명료하게 보여 주는 것이 양자 고밀도 코딩(quantum dense coding)[2]일 것이다.

일반적으로 1개의 큐비트는 1비트의 정보를 가지고 있다. 그러나 얽힘을 이용하면 1개의 큐비트의 조작을 통해 2비트의 정보를 전달할 수 있게 된다. 이 방법을 양자 고밀도 코딩이라 부르며, 여기서 설명하도록 한다.

앨리스와 밥이 벨 상태 $|\Phi^+>_{AB}$에 있는 두 입자 A, B를 공유하고 있다고 하자. 앨리스는 입자 A를, 밥은 입자 B를 가지고 있다. 양자 고밀도 코딩의 근거는 앨리스가 자기가 소유하고 있는 입자 A를 대상으로 국소적 연산만을 수행하여 두 입자의 상태를 원하는 임의의 벨 상태로 전환시킬 수 있다는 데에 있다. 이 상황은 표 6.2에 요약되어 있다.

표 6.2 양자 고밀도 코딩의 방법.

최초의 얽힘 상태	입자 A에 가하는 연산	연산 후의 얽힘 상태
$|\Phi^+>_{AB}$ $= \frac{1}{\sqrt{2}}(|0>_A|0>_B$ $+|1>_A|1>_B)$	$\hat{I}$	$|\Phi^+>_{AB} = \frac{1}{\sqrt{2}}(|0>_A|0>_B$ $+|1>_A|1>_B)$
	$\hat{\sigma}_z$	$|\Phi^->_{AB} = \frac{1}{\sqrt{2}}(|0>_A|0>_B$ $-|1>_A|1>_B)$
	$\hat{\sigma}_x$	$|\Psi^+>_{AB} = \frac{1}{\sqrt{2}}(|1>_A|0>_B$ $+|0>_A|1>_B)$
	$i\hat{\sigma}_y$	$|\Psi^->_{AB} = \frac{1}{\sqrt{2}}(-|1>_A|0>_B$ $+|0>_A|1>_B)$

따라서 앨리스는 밥에게 보내고자 하는 2비트 메시지를 입자 A에 가하는 연산과 1대1 대응시킬 수 있다. 예를 들어 앨리스는 보내고자 하는 2비트 메시지가 00, 01, 10, 11인지에 따라 입

자 A에 $\hat{I}$, $\hat{\sigma}_z$, $\hat{\sigma}_z$, $i\hat{\sigma}_y$의 연산을 가하면 된다. 그런 다음에 입자 A를 밥에게 보내면 밥은 이 입자 A와 자신이 원래 가지고 있던 입자 B를 대상으로 벨 상태 측정을 한다. 그 결과에 따라 밥은 앨리스가 보낸 2비트 메시지가 무엇인지를 알게 된다. 즉 앨리스는 단지 한 큐비트를 보냈지만 보낸 정보량은 2비트이다.

앞의 양자 고밀도 코딩에서 1개의 큐비트 A가 2비트의 정보를 전달했지만, 사실상 정보 전달에 관여한 큐비트는 A와 B의 두 큐비트이며 큐비트 B가 0비트의 정보를 전달했기 때문에 큐비트 A가 2비트의 정보를 전달하는 것이 가능했다고 볼 수도 있다. 그렇다 하더라도 두 사람이 사전에 얽힘을 공유하는 것이 정보의 자원 역할을 한다는 사실을 명백히 보여 주는 예가 양자 고밀도 코딩인 것은 분명하다.

6.3 양자 텔레포테이션

6.3.1 서론

양자 텔레포테이션은 '모르는 양자 상태의 공간 이동'이라고 정의할 수 있다. 일반인에게 인식되는 텔레포테이션은 그림 6.2에서 보는 바와 같이, 그리고 예전의 텔레비전드라마 「스타 트렉(Star Trek)」이나 영화 「플라이(Fly)」에서 보듯이, 사람 또는 물체가 한곳에서 사라지고 대신 다른 곳에서 즉각적으로 나타나는 현상일 것이다. 그러나 양자 물리학에서 말하는 양자 텔레포테이션은 물체가 실제로 이동하는 것이 아니고 그림 6.3에서 보듯이 단지 한 입자의 양자 상태 $|\psi>$가 공간 상 떨어져 있는 다른 입자에게로 전이되는 현상이다.

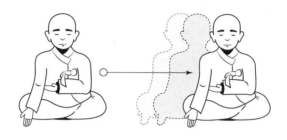

그림 6.2 고전 텔레포테이션.

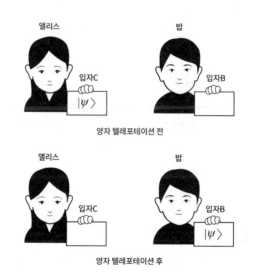

그림 6.3 양자 텔레포테이션.

입자 C는 앨리스(또는 갑돌이)가 가지고 있고 입자 B는 밥(또는 을순이)이 가지고 있는데 상태가 전이된 후에도 각각 제자리에 머물러 있으며 움직인 것은 양자 상태 $|\psi\rangle$뿐이다.

양자 통신의 관점에서 보면 입자 C로부터 입자 B로의 양자

상태의 전이는 입자 C를 가지고 있는 앨리스로부터 입자 B를 가지고 있는 밥으로의 정보 전달이라고 볼 수 있다. 광통신으로 대변되는 현재의 고전 통신이 두 숫자 0과 1의 비트들로 구성된 메시지의 전달이라면 미래의 양자 통신의 역할은 큐비트의 두 기본 상태 $|0>$과 $|1>$의 선형 중첩으로 표현되는 임의의 양자 상태 $|\psi> = a|0>+b|1>$의 집합으로 구성된 양자 메시지의 전달이라고 볼 수 있다.

양자 텔레포테이션은 큐비트의 임의의 상태 $|\psi>$를 공간 상 떨어진 지점에 효과적으로 전달하는 수단이며, 다가오는 양자 정보 시대에 양자 통신의 기본 수단으로 중요성이 부각되는 이유가 여기에 있다. 양자 텔레포테이션은 꼭 장거리 통신에만 적용되는 것이 아니고 단거리 통신에서도 매우 중요한 역할을 할 수 있다.

예를 들어 컴퓨터의 한 부분에서 다른 부분으로, 또는 한 컴퓨터에서 다른 컴퓨터로 양자 정보를 전달하는 편리하고 안전한 방법이므로 양자 전산에서도 중요성을 갖는다. 또한 양자 텔레포테이션은 광섬유를 통한 신호 전달의 거리 제약을 극복시켜 주므로 양자 암호 전달에서도 중요한 역할을 할 것으로 기대되고 있다.

앨리스가 자기가 가지고 있는 입자 C의 상태가 무엇인지 모르는 상황에서 그 상태를 공간에 떨어져 있는 밥에게 전달하고자 하면 어떤 방법이 가능할까?

가장 확실한 방법은 입자 C를 밥에게 직접 보내는 방법일 것이다. 그러나 이것은 두 사람이 멀리 떨어져 있는 경우에 효율적인 방법이 아니다. 입자의 상태가 전달되는 도중에 여러 요인으로 인해 그 상태가 변화될 수 있으며 또 시간도 많이 걸리기 때문이다. 생각할 수 있는 또 다른 방법은 앨리스가 C의 상태를

측정해서 그에 관한 모든 정보를 밥에게 전달하면 밥은 그 정
보를 가지고 입자 B에 재구성(reconstruction)하는 방법이다. 이것
이 사실상 우리가 잘 알고 있는 팩스의 기능이고, 따라서 거시
세계에서는 고전 상태의 텔레포테이션이 이미 수행되고 있다고
볼 수 있다.

그러나 양자 세계에서는 이야기가 달라진다. 앨리스가 만일
입자 C의 상태가 무엇인지 알고 있다면 측정할 필요도 없이 밥
에게 알려 주기만 하면 밥은 그 상태를 그의 입자 B에 재구성
할 수 있다. 그러나 문제는 모르는 상태라는 데에 있다. 어떤 한
계의 양자 상태에 관한 사전 지식이 없다면 측정을 하더라도
그 상태에 관한 완전한 정보를 얻는 것이 불가능하기 때문이다.
(1.4와 5.2.3 참조)

예를 들어 어떤 모르는 각도 θ의 방향으로 선 편광되어 있는
광자를 생각하자. 이 각도 θ를 정확히 알아낼 수 있을까? 편광
기의 투과축 방향을 수직으로 하고 이 광자를 입사시키면 $\cos^2\theta$
의 확률로 투과되거나 $\sin^2\theta$의 확률로 반사될 것이다.

같은 상태의 광자가 여러 개 있으면 이 실험을 반복해서 확
률을 계산하여 각 θ를 알 수 있겠지만, 1개의 광자만 있는 경우
에는 투과, 반사의 둘 중 하나의 실험 결과가 나올 것이고 이
결과는 각 θ에 관한 확실한 정보를 줄 수 없다. 이 광자의 양자
상태를 복사하여 같은 상태의 광자들을 여러 개 만들어 내면
확률 계산으로부터 각 θ를 알아낼 수 있지만, 이것은 복제 불가
정리에 의해 불가능한 일이다. (5.2.1 참조)

이같이 모르는 양자 상태에 대한 완전한 정보를 얻는 것이
사실상 불가능한 상황에서 그 상태를 공간적으로 고스란히 전이
시키는 방법을 제공해 주는 것이 양자 텔레포테이션이고 그렇기
때문에 양자 텔레포테이션이 흥미 있는 현상이 되는 것이다.

앞에서 양자 텔레포테이션이 고전 세계의 팩스의 기능과 비
슷하다고 했지만 분명히 다른 점이 있는 것을 주의해야 한다.
양자 세계에서는 양자 상태가 다른 장소의 다른 입자로 전달이
되면서 동시에 원래 입자의 양자 상태가 그대로 유지될 수는
없다. 이것은 양자 상태를 복사한 결과이고 따라서 복제 불가
정리에 위배된다. 양자 세계에서 모르는 양자 상태가 완전히 이
동되려면 송신 장소의 상태는 깨질 수밖에 없고 그 상태가 대
신 수신 장소에서 나타나는 형태가 되어야 한다. 이것이 바로
양자 텔레포테이션의 형태이며, 양자 세계에서 모르는 상태에
관한 정보 전달의 방법이 된다.

양자 텔레포테이션	얽힘을 이용한 모르는 양자 상태의 공간 이동

6.3.2 역사와 발전 상황

양자 텔레포테이션의 아이디어는 1993년 미국 IBM의 베넷 박
사와 그의 5명의 공동 연구자들(그림 6.4)이 《피지컬 리뷰 레터스
(*Physical Review Letters*)》에 발표한 논문[3]에서 최초로 제안되었다.
약 4년 후에 이탈리아의 드 마티니(De Martini) 그룹[4]과 오스트리
아의 차일링거 그룹[5]이 서로 독립적으로 광자의 편광 상태의 양
자 텔레포테이션을 실험적으로 수행하는 데 최초로 성공했다.

이러한 최초의 이론과 실험들이 두 기본 상태로 구성되는 큐
비트의 상태의 텔레포테이션을 다룬데 이어서 레프 바이드만(Lev
Vaidman),[6] 그리고 새뮤얼 브라운스타인(Samuel Braunstein)과 제프
킴블(Jeff Kimble)[7]은 연속 변수로 기술되는 양자 상태의 텔레포테

이션을 고려했고, 이를 기반으로 미국 캘리포니아 공과 대학의
킴블 그룹[8]은 1998년에 빛의 간섭성 상태의 양자 텔레포테이션
실험에 성공했다.

그림 6.4 찰스 베넷과 5인의 공동 연구자들.
사진 출처: IBM 리서치 홈페이지.
(http://www.researh.ibm/quantuminfo/teleportation.)

양자 텔레포테이션을 성공적으로 수행하려면 우선 얽힘을 그
대로 유지시키면서 앨리스와 밥의 두 사람 사이에 분배시켜야
한다는 어려움이 있다. 이러한 어려움 속에서 스위스의 니콜라
스 지생(Nicolas Gisin) 그룹[9, 10]과 오스트리아의 차일링거 그룹[11]은
최근 광섬유의 길이로 0.8~2킬로미터 떨어진 두 지점 사이에서
의 양자 텔레포테이션을 성공시켰다.

지금까지 양자 텔레포테이션 실험은 주로 광자 또는 빛의 상
태를 대상으로 진행되었지만 원자 상태의 양자 텔레포테이션도
주목할 만한 성과를 이루었다. 우선 프랑스의 세르주 아로슈
(Serge Haroche) 그룹이 두 원자 사이의 얽힘을 실험적으로 생성해
내는 데 성공했고,[12] 최근에는 오스트리아의 라이너 블랫(Rainer
Blatt) 그룹[13]과 미국의 데이비드 와인랜드(David Wineland) 그룹[14]이
원자 상태의 양자 텔레포테이션을 수행하는 데 성공했다.

이와 관련해 주목할 만한 발전 중 하나는 두 광자, 두 원자의 얽힘뿐 아니라 두 원자 앙상블(atomic ensemble) 사이의 얽힘을 생성시킬 수 있음을 보인 것이다.[15] 지금까지는 사실상 양자 텔레포테이션이 광자 및 원자의 상태에 국한되어 있었지만 앞으로는 원자 앙상블, 또는 그보다도 더 큰 물체의 상태의 양자 텔레포테이션이 이루어질 수 있을지 두고 볼 일이다.

나아가서 양자 텔레포테이션이 양자 통신의 수단으로 널리 쓰이게 될지, 그렇게 되는 양자 정보의 시대가 언제 우리에게 다가올지 기대를 가지고 지켜볼 만하겠다.

6.3.3 양자 텔레포테이션의 원리

양자 텔레포테이션을 개념적으로 볼 때 앨리스가 밥에게로 입자를 보내는 것도 아니고 입자 C는 앨리스와만 같이 있고 입자 B는 밥과만 같이 있는데 입자 C의 상태가 고스란히 입자 B로 옮겨 가기 위해서는 앨리스와 밥을 연결시켜 주는 그 무엇이 있어야 되는 것은 자명한 일이다. 이 연결 고리의 역할을 하는 것이 이미 3장에서 자세히 논의했던 양자 얽힘 또는 간단히 얽힘이다.

실제로 양자 텔레포테이션을 수행하기 위해서 꼭 필요한 조건은 앨리스와 밥이 얽힘 상태에 있는 두 입자를 하나씩 사전에 공유하고 있어야 한다는 것이다. 이러한 두 입자를 A, B라 부르고 A는 앨리스가 B는 밥이 가지고 있다고 하자. (입자 B는 양자 텔레포테이션이 수행된 후 앨리스가 가지고 있는 또 하나의 입자 C의 상태를 받는 입자이기도 하다.) 두 입자의 얽힘이 최대 얽힘일 때 양자 텔레포테이션이 가장 효과적으로 수행되므로 여기서는 두 입자 A와 B가 최대 얽힘 상태에 있다고 가정하겠다.

　　이미 6.1에서 설명했듯이 두 입자의 최대 얽힘 상태는 벨 상
태라 부르는데 양자 텔레포테이션의 수행과 관련해서는 4개의
벨 상태 중 어느 것이라도 상관없지만 구체적 논의를 위해 A와
B가 단일선 벨 상태 $|\psi^->_{AB}$에 있는 경우를 생각하겠다. 즉

$$|\psi^->_{AB} = \frac{1}{\sqrt{2}}\left(|0>_A|1>_B - |1>_A|0>_B\right) \tag{6.15}$$

이다.

　　앨리스는 또 하나의 입자 C를 가지고 있으며 이 입자는 임의
의 모르는 상태 $|\psi>_C = a|0>_C + b|1>_C$ (a, b는 $|a|^2 + |b|^2 = 1$을 만
족시키는 것 외에는 모르는 상수이다.)에 있고 바로 이 상태를 앨리스
가 밥에게 보내고자 한다. 양자 텔레포테이션을 수행하기 전의
상황은 그림 6.5에 요약되어 있다.

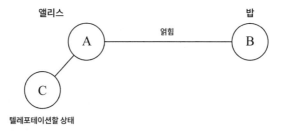

그림 6.5 양자 텔레포테이션을 수행하기 전의 상황.

　　앨리스는 두 입자 A와 C를 가지고 있으며 밥은 입자 B를 가
지고 있다. 이들이 성취하고자 하는 것은 이들의 유일한 연결
고리인 A, B 사이의 얽힘을 이용하여 입자 C의 상태를 입자 B

로 전이시키고자 하는 것이다.

  양자 텔레포테이션의 과정을 가장 쉽게 이해하는 방법은 아마도 세 입자 A, B, C의 상태 함수로부터 출발하여 1.1에서 설명한 양자 물리의 기본 원리를 적용하여 이해하는 방법일 것이다. 세 입자 A, B, C의 상태 함수는

$$|\psi>_{ABC} = |\Psi^->_{AB}(a|0>_C + b|1>_C)$$

이다. 이 상태를 풀어 쓰면

$$|\psi>_{ABC} = \frac{a}{\sqrt{2}}|0>_A|0>_C|1>_B + \frac{b}{\sqrt{2}}|0>_A|1>_C|1>_B$$
$$- \frac{a}{\sqrt{2}}|1>_A|0>_C|0>_B - \frac{b}{\sqrt{2}}|1>_A|1>_C|0>_B$$

(6.16)

이 된다. 이 식의 물리적 의미는 명백하다.

  앨리스가 입자 A와 C의 상태가 각각 $|0>$인지 $|1>$인지를 구별하는 측정을 수행한다고 하자. 그러면 $\frac{|a|^2}{2}$의 확률로 $|0>_A|0>_C$, $\frac{|b|^2}{2}$의 확률로 $|0>_A|1>_C$, $\frac{|a|^2}{2}$의 확률로 $|1>_A|0>_C$, $\frac{|b|^2}{2}$의 확률로 $|1>_A|1>_C$의 결과가 나올 것이다. 측정 결과와 함께 물론 상태 함수의 붕괴도 일어난다.

  예를 들어 측정 결과가 $|0>_A|0>_C$라면 세 입자 A, B, C의 상태는 식 (6.16)에서 $|0>_A|0>_C|1>_B$로 붕괴한다. 여기서 유의할 점은 입자 A와 B가 얽힘의 관계에 있기 때문에 앨리스가 입자 A와 C의 상태만 측정하고 밥은 입자 B의 상태를 측정하지 않았

는데도 앨리스의 측정 결과에 따라 밥의 입자 B의 상태도 결정되는 사실이다. 얽힘이 주는 이러한 특성이 양자 역학의 해석에 논쟁을 불러 일으켰다는 것은 이미 3.2.1에서 언급한 바이다.

양자 텔레포테이션의 이해를 위해서 중요한 것은 식 (6.16)이 상태 함수 $|\psi>_{ABC}$를 풀어쓰는 유일한 방법이 아니라는 점이다. 이미 6.1에서 언급했듯이 두 입자 A, C의 임의의 상태는 네 벨 상태의 선형 중첩으로도 나타낼 수 있다. 따라서 $|\psi>_{ABC}$를 $|\Psi^->_{AC}$, $|\Psi^+>_{AC}$, $|\Phi^->_{AC}$, $|\Phi^+>_{AC}$를 기반으로 다음과 같이 전개할 수도 있다.

$$\begin{aligned} |\psi>_{ABC} = \frac{1}{2} \{ &|\Psi^->_{AC}(a|0>_B + b|1>_B) \\ &+ |\Psi^+>_{AC}(-a|0>_B + b|1>_B) \\ &+ |\Phi^->_{AC}(b|0>_B + a|1>_B) \\ &+ |\Phi^+>_{AC}(-b|0>_B + a|1>_B) \} \end{aligned} \tag{6.17}$$

실제로 식 (6.16)과 식 (6.17)이 같다는 것은 쉽게 증명할 수 있다. 식 (6.17)이 양자 텔레포테이션의 가장 핵심이 되는 식이다. 이 식에 양자 물리의 기본 원리를 적용하면 양자 텔레포테이션은 자연스런 귀결로 나타나기 때문이다.

앨리스가 두 입자 A, C를 대상으로 어느 벨 상태에 있는지를 구별하는 벨 상태 측정을 수행한다고 하자. 식 (6.17)에서 볼 수 있듯이 앨리스는 각각 4분의 1의 확률로 $|\Psi^->_{AC}$, $|\Psi^+>_{AC}$, $|\Phi^->_{AC}$, $|\Phi^+>_{AC}$의 결과를 얻는다. 또한 각각의 결과와 더불어 그에 대응하는 상태로의 붕괴가 일어난다.

만일 $|\Psi^- >_{AC}$의 결과를 얻었다면 식 (6.17)에서 볼 수 있듯이 밥의 입자 B의 상태는 $a|0 >_B + b|1 >_B$가 되는데 이것은 앨리스가 가지고 있던 입자 C의 원래 상태와 같으므로 결국 입자 C의 상태가 입자 B의 상태로 전이된 것이고 텔레포테이션이 일어난 것이다.

앨리스의 벨 상태 측정 결과가 $|\Psi^- >_{AC}$가 아니고 다른 벨 상태일 때에는 밥의 입자 B의 상태는 입자 C의 원래 상태와는 다르게 된다. 그러나 이 경우에도 입자 C의 원래 상태와 같도록 변환시키는 것이 가능하다. 수학적으로 보면 이때 필요한 변환은 파울리 스핀 행렬(Pauli spin matrix)을 적용하여 표 6.3과 같이 수행할 수 있다.

표 6.3의 변환들은 수학적으로 보면 유니터리 변환에 속하는데 큐비트의 기본 상태 $|0 >$과 $|1 >$이 무엇인지에 따라 실제의 방법은 다르지만 일반적으로 구현이 가능한 변환이다. 예를 들어 $|0 >$과 $|1 >$이 광자의 편광 상태 $|\leftrightarrow >$와 $|\updownarrow >$인 경우를 생각하자. 이미 언급한 바와 같이 두 광자 A, C의 벨 상태 측정을 선형 광학의 방법만을 써서 수행하면 네 벨 상태 중 $|\Psi^- >_{AC}$와 $|\Psi^+ >_{AC}$의 구별이 가능하다.

만일 앨리스의 벨 상태 측정 결과가 $|\Psi^- >_{AC}$이면 밥은 아무 변환을 수행할 필요 없이 (또는 동일 연산(identity operation) I를 수행한다고 말하기도 한다.) 텔레포테이션이 성공하고, $|\Psi^+ >_{AC}$이면 $-a|\leftrightarrow >_B + b|\updownarrow >_B$를 $a|\leftrightarrow >_B + b|\updownarrow >_B$로 변환시키는 $-\sigma_z$의 연산을 해야 되는데 이것은 반파장 위상 지연기(half-wave plate)를 수직 또는 수평 편광에 적용시켜 어렵지 않게 수행할 수 있다.

표 6.3 앨리스의 측정 결과에 따른 밥의 유니터리 변환.

앨리스의 벨 상태 측정 결과	밥의 입자 B의 상태	밥이 수행해야 하는 유니터리 변환
$|\Psi^->_{AC}$	$a|0>_B + b|1>_B$	I
$|\Psi^+>_{AC}$	$-a|0>_B + b|1>_B$	$-\sigma_z$
$|\Phi^->_{AC}$	$b|0>_B + a|1>_B$	σ_x
$|\Phi^+>_{AC}$	$-b|0>_B + a|1>_B$	$\sigma_z\sigma_x(=i\sigma_y)$

6.3.4 양자 텔레포테이션의 방법

앞 6.3.3의 논의를 종합하여 앨리스가 공간상 떨어져 있는 밥에게 양자 상태를 전달하는 양자 텔레포테이션의 방법을 요약하면 다음과 같다.

(1) 앨리스와 밥은 얽힘 상태에 있는 입자쌍 A, B를 하나씩 나누어 갖는다. 앨리스가 입자 A, 밥이 입자 B를 가졌다고 하자.

(2) 앨리스는 전달하고자 하는 상태에 있는 또 다른 입자 C와 이미 가지고 있는 입자 A를 대상으로 벨 상태 측정을 수행한다.

(3) 앨리스는 벨 상태 측정의 결과를 고전 통신의 방법(예: 전화, 팩스)으로 밥에게 알려 준다.

(4) 밥은 앨리스에게서 전해들은 측정 결과에 따라 알맞은 유니터리 변환을 입자 B에 가한다.

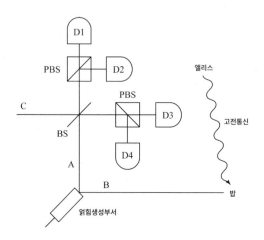

그림 6.6 양자 텔레포테이션의 선형 광학적 실험 장치.

앞의 (1)~(4)의 과정이 끝나면 입자 C의 상태는 입자 B로 옮겨 가게 된다. 그러나 입자 C의 상태는 원래의 상태가 아니고 측정에 의한 상태 붕괴를 겪게 된다. 즉 양자 텔레포테이션이 수행된 후에는 입자 A와 C는 얽힘의 관계를 갖게 되고 벨 측정의 결과에 따라 4개의 벨 상태 중 하나에 있게 된다.

6.3.5 양자 텔레포테이션의 선형 광학적 실험

앞의 6.3.4에서 기술한 방법을 전달하고자 하는 상태가 광자의 임의의 편광 상태 $|\psi>_c = a|\leftrightarrow>_c + b|\updownarrow>_c$인 경우에 적용하여 실제의 실험 구도를 그리면 그림 6.6과 같다. 각 단계를 살펴보도록 하자.

(1) 최대 얽힘 상태

$$|\Psi^- >_{AB} = \frac{1}{\sqrt{2}}(|\leftrightarrow>_A|\updownarrow>_B - |\updownarrow>_A|\leftrightarrow>_B)$$

에 있는 광자쌍 A, B를 생성시켜 A는 앨리스에게, B는 밥에게 보낸다. 이러한 광자쌍은 이미 3.1.3에서 설명했듯이 1개의 광자를 입사시켜 2개의 광자를 발생시키는 매개 하향 변환이란 비선형 광학 과정을 이용하고 제2유형의 위상 정합(type-II phase matching) 방법을 채택하여 어렵지 않게 생성시킬 수 있다.

(2) 앨리스는 모르는 임의의 편광 상태 $|\psi>_C = a|\leftrightarrow>_C + b|\updownarrow>_C$에 있는 광자 C와 광자 A를 대상으로 벨 상태 측정을 한다. 광자쌍에 대한 벨 상태 측정 방법은 이미 6.1에서 설명한 바 있다. 선형 광학의 방법으로는 4개의 벨 상태 중 $|\Psi^+ >_{AC}$와 $|\Psi^- >_{AC}$의 두 상태를 구별할 수 있다.

(3) 앨리스는 벨 상태 측정의 결과를 고전 통신의 방법으로 밥에게 알려 준다.

(4) 밥은 앨리스의 측정 결과가 $|\Psi^- >_{AC}$이면 입자 B의 상태가 $|\psi>_B = a|\leftrightarrow>_B + b|\updownarrow>_B$이고 텔레포테이션이 성공되었음을 안다. 측정 결과가 $|\Psi^+ >_{AC}$이면 광자 B의 수직 또는 수평 편광 방향에 반파장 위상 지연기를 작용시켜 텔레포테이션을 성취시킨다. 측정 결과가 $|\Phi^+ >_{AC}$ 또는 $|\Phi^- >_{AC}$이면 둘 중의 어느 것인지가 구별이 불가능하므로 텔레포테이션은 실패한 것이고 다시 시도해야 한다. 선형 방법으로 벨 상태 측정을 하는 경우 양자 텔레포테이션의 성공 확률은 앨리스의 벨 상태 측정에서 $|\Psi^- >_{AC}$또는 $|\Psi^+ >_{AC}$가 측정될 확률과 같고 따라서 50퍼센트이다.

6.3.6 고전 텔레포테이션

양자 텔레포테이션과 유사한 기능을 고전계에서는 팩시밀리에서 찾을 수 있다고 언급했다. 이것은 상태의 이동이란 기능 측면에서 본 관점에서의 유사성이다. 또 다른 관점에서 보면 양자 텔레포테이션과 유사한 다음과 같은 고전 텔레포테이션 (classical teleportation)을 생각할 수 있다. 이것은 양자 텔레포테이션이 이루어지기 위한 충분 조건이 양자 얽힘이라는 관점에서, 고전 세계에서는 3.1.4에서 언급한 고전 상관 관계를 이용하여 양자 텔레포테이션과 유사한 과정을 고안해낼 수 있다는 아이디어에 기인한다. 이 고전 텔레포테이션과 양자 텔레포테이션을 비교하면 양자 텔레포테이션을 더 잘 이해할 수 있게 된다.

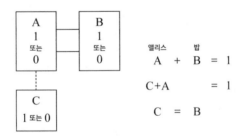

그림 6.7 고전 텔레포테이션.

고전 텔레포테이션에서 이용할 고전 상관 관계로는 이미 3.1.4에서 언급한 두 카드 사이에 존재하는 상관 관계를 생각하도록 하자. 앞 6.3.4의 양자 텔레포테이션의 각각의 과정에 대응하여 다음과 같은 고전 세계에서의 과정을 생각할 수 있다. (그림 6.7)

(1) 카드 두 장 A, B가 있는데 한 장에는 1의 숫자가 또 다른 한 장

에는 0의 숫자가 써져 있으나 숫자는 볼 수 없다. 앨리스가 두 카드 중 하나(A)를 집어 가지고 가고 밥은 남은 카드(B)를 갖는다. 앨리스와 밥은 모두 자기의 카드에 무슨 숫자가 있는지를 볼 수가 없다.

(2) 앨리스는 또 한 장의 카드 C를 가지고 있다. 이 카드에 적힌 숫자는 0 또는 1인데 어느 숫자인지 볼 수 없다. 앨리스는 그러나 두 카드 A, C에 적힌 두 숫자의 합은 측정할 수 있다. 측정 결과는 0, 1 또는 2일 것이고(2진법을 쓴다면 0 또는 1일 것이고) 1이 될 확률은 50퍼센트이다.

(3) 앨리스는 측정 결과를 밥에게 알려 준다.

(4) 측정 결과가 1이면 밥은 자기가 가지고 있는 카드 B의 숫자가 무엇인지는 모르지만 적어도 앨리스가 가지고 있는 카드 C의 숫자와 같은 것만은 확실히 알 수 있다.

(1)에서 두 카드는 카드 A의 숫자가 0이면 카드 B의 숫자는 반드시 1이고 카드 A의 숫자가 1이면 카드 B의 숫자는 반드시 0인, 즉 A+B=1의 분명한 상관 관계를 갖는다.

(4)에서 앨리스의 측정 결과가 1이라는 것은 두 카드 A와 C의 숫자의 합이 1, 즉 A+C=1이라는 의미이다. A+B=1이고 A+C=1이면 B=C가 되는 것은 자명한 일이고 따라서 밥의 카드 B의 숫자는 앨리스의 카드 C의 숫자와 같다. 이 카드의 문제와 양자 텔레포테이션과의 유사성을 보도록 하자.

두 카드의 A+B=1의 상관 관계는 양자 텔레포테이션에서 두 입자가 $|\Psi^- >_{AC}$ (또는 $|\Psi^+ >_{AC}$)의 얽힘 관계에 있는 것과 유사하다. 카드 A의 숫자가 0이면 카드 B의 숫자가 1인 것과 같이 입자 A의 상태가 $|0 >$이면 입자 B의 상태는 $|1 >$이다. 카드 A와 C의 숫자의 합이 카드 A와 B의 숫자의 합과 같을 때 밥의 카드

B의 숫자가 앨리스의 카드 C의 숫자와 같은 것은 입자 A와 C를 대상으로 한 벨 상태 측정의 결과가 원래 입자 A와 B의 얽힘 상태인 |Ψ^- >가 될 때 입자 B의 상태가 입자 C의 원래의 상태와 같게 되는 것과 유사하다.

그러나 양자 텔레포테이션은 두 카드의 문제와 분명히 다른 점들이 있다. 예를 들어 두 카드의 문제에서는 앨리스의 측정 결과가 1이면 카드 B와 카드 C의 숫자를 언제 비교하더라도 같게 나오겠지만, 양자 텔레포테이션에서는 벨 상태 측정의 결과로 텔레포테이션이 성공되는 순간 양자 상태 붕괴의 영향으로 입자 B의 벨 상태 측정 후의 상태가 입자 C의 벨 상태 측정 전의 상태와 같아지는 것이다. 벨 상태 측정 후의 입자 C의 상태는 더 이상 벨 상태 측정 전의 상태가 아니다. 즉 벨 상태 측정으로 인해 측정 전의 입자 C의 상태가 입자 C에서는 사라지고 대신 공간 상 떨어져 있는 입자 B에 나타나는 것이다. 이것이 바로 이 과정을 양자 텔레포테이션이라고 부르는 이유이다.

만일 입자 C의 상태가 그대로 있었다면 아마도 양자 복사 또는 양자 팩스라고 부르는 것이 더 타당했을 것이다. 이것은 양자 역학의 복제 불가 원리로도 이해할 수 있다. 복제 불가 원리에 따르면 모르는 양자 상태를 완전히 복사하는 것은 불가능하다. 만일 입자 C의 상태가 그대로 있고 입자 B에도 나타났다면 이것은 복제 불가 원리에도 위배된다.

6.3.7 초광속 통신

양자 텔레포테이션에서는 앨리스에서 밥에게로 즉각적인 상태 이동이 수행된다. 앨리스의 벨 상태 측정 결과가 나오는 순간 밥이 가지고 있는 입자의 상태가 결정되기 때문이다. 그렇다면 이것은 앨리스에서 밥에게로의 즉각적인 정보 전달이 가능하다는 것을 의미하는가? 답은 "아니다."이다.

양자 텔레포테이션의 과정을 살펴보면 앨리스가 그의 벨 상태 측정 결과를 밥에게 고전 통신의 방법으로 알려 주는 것이 꼭 필요하다. 벨 상태 측정의 네 가능한 결과 중 어느 결과가 나왔는지를 알아야 밥이 이에 대응하는 유니터리 변환을 수행하여 텔레포테이션이 완수되기 때문이다. 즉 양자 상태의 전달, 다시 말하면 정보의 전달이 즉각적으로 되는 것이 아니고 고전 통신의 속도, 즉 빛의 속도에 제한을 받는다. 인과율(causality)이 위배되는 것도 아니고 상대성 이론에 위배되는 초광속(superluminal)의 정보 전달도 아니다.

6.3.8 양자 텔레포테이션과 양자 고밀도 코딩

6.3에 설명한 양자 텔레포테이션과 6.2에 설명한 양자 고밀도 코딩은 양자 얽힘이 양자 정보의 자원이라는 것을 보여 주는 대표적인 예이다. 양자 텔레포테이션은 이미 공유하고 있는 얽힘을 이용하면 두 비트의 고전 정보를 보냄으로써 1개의 큐비트의 상태를 보내는 효과를 얻을 수 있음을 보여 준다. 반면에 양자 고밀도 코딩은 이미 공유하고 있는 얽힘을 이용하면 하나의 큐비트를 보냄으로써 두 비트의 고전 정보를 보내는 효과를 얻을 수 있음을 보여 준다.

6.3.9 양자 텔레포테이션 회로

양자 텔레포테이션의 작업을 4장에서 논의한 양자 회로로 표현하면 그림 6.8과 같다.

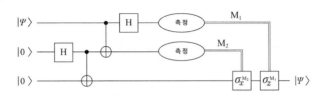

그림 6.8 양자 텔레포테이션 회로.

여기서 평행한 두 선으로 표시한 부분(M_1, M_2)은 측정 결과를 알려 주는 고전 통신을 의미한다. 전달하고자 하는 모르는 상태 $|\psi> = a|0>+b|1>$에 있는 첫 번째 큐비트와 $|0>$에 준비한 두 번째 큐비트는 앨리스가 가지고 있고 $|0>$에 준비한 마지막 큐비트는 밥이 가지고 있다. 두 번째 큐비트에 작용하는 아다마르 게이트와 두 번째와 세 번째 큐비트에 작용하는 조정 CNOT 게이트를 거치면

$$(a|0>+b|1>)|0>|0> \rightarrow \frac{1}{\sqrt{2}}(a|0>+b|1>)(|0>+|1>)|0>$$

$$\rightarrow \frac{1}{\sqrt{2}}(a|0>+b|1>)(|0>|0>+|1>|1>) \tag{6.18}$$

이 된다. 여기까지가 양자 텔레포테이션의 준비 과정이라고 할 수 있다.

이제 앨리스와 밥은 벨 상태 $|\Phi^+>$에 있는 큐비트 쌍의 하나씩을 나누어 가지고 있다. 다음 첫 번째와 두 번째 큐비트에 작용하는 조정 CNOT 게이트와 첫 번째 큐비트에 작용하는 아다마르 게이트를 거치면

$$\frac{1}{\sqrt{2}}(a|0> + b|1>)(|0> |0> + |1> |1>)$$

$$\rightarrow \frac{1}{\sqrt{2}}[a|0> (|0> |0> + |1> |1>)$$

$$+ b|1> (|1> |0> + |0> |1>)]$$

$$\rightarrow \frac{1}{2}[a(|0> + |1>)(|0> |0> + |1> |1>)$$

$$+ b(|0> - |1>)(|1> |0> + |0> |1>)] \qquad (6.19)$$

이 된다. 식 (6.19)의 마지막 줄의 상태는

$$\frac{1}{2}[|0> |0> (a|0> + b|1>) + |0> |1> (a|1> + b|0>)$$

$$+ |1> |0> (a|0> - b|1>) + |1> |1> (a|1> - b|0>)] \qquad (6.20)$$

로 쓸 수 있다.

이제 앨리스가 첫 번째와 두 번째 큐비트에 대해 측정을 하면 $|0> |0>$, $|0> |1>$, $|1> |0>$, $|1> |1>$ 중 하나의 결과($|M_1 > |M_2 >$)를 얻을 것인데, 이 결과를 고전 통신의 방법으로 밥에게 알려 주고, 밥은 이에 따라 알맞은 유니터리 변환 $\sigma_z^{M_1} \sigma_x^{M_2}$를 세 번째 큐비트에 적용하면 그 상태가 $|\psi> = a|0> + b|1>$가 된다.

여기서 우리는 첫 번째와 두 번째 큐비트에 작용하는 조정 CNOT 게이트와 첫 번째 큐비트에 작용하는 아다마르 게이트의 적용 후 첫 번째 큐비트와 두 번째 큐비트의 상태에 대한 계산 기저(computational basis)의 측정은 벨 상태 측정에 해당하는 것을 알 수 있다.

6.4 단일 입자 얽힘과 양자 텔레포테이션

6.4.1 단일 입자 얽힘

양자 정보에서 얽힘의 중요성은 아무리 강조해도 모자라지 않는다. 양자 얽힘은 단지 EPR 논쟁, 벨 정리로 대표되는 기본 물리적, 철학적 논쟁의 원인이 되는 것으로 그치지 않고, 양자 정보 전달의 실질적인 자원이 된다. 그 대표적인 예가 양자 텔레포테이션이다.

양자 얽힘이라고 하면 보통 2개 또는 그 이상의 입자들 사이에 존재하는 어떤 특성의 상관 관계를 의미한다. 예를 들어 두 광자 A, B가

$$|\Psi>_{AB} = \frac{1}{\sqrt{2}}(|\leftrightarrow>_A|\updownarrow>_B - |\updownarrow>_A|\leftrightarrow>_B) \qquad (6.21)$$

의 얽힘 상태에 있다면 두 광자 A, B의 편광이 특정한 상관 관계를 갖는다. 이러한 편광 얽힘의 관계를 갖는 두 광자는 매개 하향 변환의 비선형 광학 과정을 이용하여 생성시킬 수 있음은 이미 3.1.3에서 언급한 바 있다.

그러나 얽힘이 반드시 둘 또는 그 이상의 입자를 필요로 하는 것은 아니다. 예를 들어 그림 6.9와 같이 50/50 광분할기에 1개의 광자가 입사하는 경우를 생각해 보자. 광분할기의 두 출력 포트를 A, B라 하면 이 광자는 50퍼센트의 확률로 A로 나오거나 또는 50퍼센트의 확률로 B로 나올 것이다. 즉 각각 50퍼센트의 확률로 A에 광자가 하나 있고 B에는 광자가 없든가 또는 B에 광자가 하나 있고 A에는 광자가 없든가 둘 중의 하나이

며, 그 상태는

$$|\Psi>_{AB} = \frac{1}{\sqrt{2}}(|0>_A|1>_B - |1>_A|0>_B)$$ (6.22)

로 표시된다. 그림 6.9에서 출력 포트 A에 위상을 90° 이동시키는 위상 이동기(PS)가 있는 이유는 A로 반사하는 광자와 B로 투과하는 광자사이에 존재하는 위상차 90°에 더해져서 $|0>_A|1>_B$와 $|1>_A|0>_B$ 사이의 위상차를 180°로 만들어 식 (6.22)의 상태로 만들어 주기 위해서이다. 식 (6.22)에서 $|0>$과 $|1>$은 각각 진공과 단일 광자 상태를 의미한다.

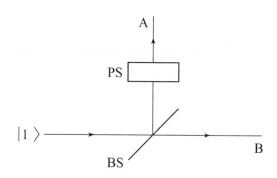

그림 6.9 단일 입자 얽힘 상태의 생성.

식 (6.22)와 식 (6.21)을 비교해 보면 두 상태가 같은 형태이고 A와 B가 같은 형태의 상관 관계를 갖는 것을 볼 수 있다. 즉 식 (6.22)의 상태도 역시 얽힘 상태이다. 그러나 식 (6.21)의 얽힘 상태가 두 광자 간의 얽힘을 나타내는 반면 식 (6.22)의 상태는 그 상태를 구성하는 광자의 수가 1개이면서도 얽힘 상태이다. 따라서 식 (6.22)의 상태는 단일 입자 얽힘 상태(single-particle entangled state)라고 한다.[16]

단일 입자 얽힘이 양자 정보에서 의미를 가지려면 보통의 두 입자 또는 여러 개의 입자의 얽힘과 같이 양자 정보의 자원으로서의 역할을 할 수 있어야 한다. 여기서는 단일 입자 얽힘을 이용하여 양자 텔레포테이션을 수행할 수 있음을 보이고자 한다. 이 경우 큐비트의 두 기본 상태가 진공과 단일 광자 상태이므로(즉 여기서 고려의 대상이 되고 있는 것은 1.2에서 언급한 바 있는 광자 수 큐비트이다.) 양자 텔레포테이션의 대상이 되는 상태는 이 두 기본 상태의 모르는 중첩으로 구성된 상태, 즉

$$|\psi>_C = a|0>_C + b|1>_C \tag{6.23}$$

가 된다.

이 상태의 양자 텔레포테이션을 논하기 위해서는 우선 진공과 단일 광자 상태가 두 기본 상태인 경우의 벨 상태와 벨 상태 측정을 알아야 하므로 이에 대해 생각해 보도록 한다.

6.4.2 벨 상태와 벨 상태 측정

진공과 단일 광자 상태가 큐비트의 두 기본 상태인 경우에도 4개의 벨 상태는 식 (6.1)~(6.4)로 주어진다. 단 이때 $|0>$과 $|1>$은 진공과 단일 광자 상태이다. 식 (6.1)~(6.4)의 네 벨 상태를 구별하는 벨 상태 측정은 그림 6.10과 같이 50/50 광분할기와 2개의 광측정기를 사용하여 수행할 수 있다.

빔 A와 빔 B가 각각 광분할기의 두 입력 포트에 연결되고 빔 E와 빔 F가 두 출력 포트로 각각 광측정기 D_E와 D_F로 연결되었

다고 하자. 빔 A와 빔 B가 식 (6.1)~(6.4)의 네 벨 상태 중 하나에 의해 얽힘의 관계가 있다면 두 광측정기 D_E와 D_F에 나타나는 측정 결과는 표 6.4에 열거한 결과 중의 하나가 된다.

표 6.4를 살펴보면 이 경우에도 표 6.1의 두 수직한 편광 상태를 큐비트의 두 기본 상태로 하는 경우와 마찬가지로 선형 광학적 방법으로는 네 벨 상태 중 두 벨 상태 $|\Psi^+>_{AB}$와 $|\Psi^->_{AB}$만 구별할 수 있는 것을 알 수 있다. 또한 성공 확률도 50퍼센트이다.

표 6.4 빔 A와 B에 대한 벨 상태 측정.

A와 B의 상태	측정 결과	확률
$|\Psi^->_{AB}$	D_E에 1개의 광자, D_F에 0개의 광자	1/4
$|\Psi^+>_{AB}$	D_E에 0개의 광자, D_F에 1개의 광자	1/4
$|\Phi^+>_{AB}$ 또는 $|\Phi^->_{AB}$	D_E에 2개의 광자, D_F에 0개의 광자, 또는 D_E에 0개의 광자, D_F에 2개의 광자	1/4
	D_E에 0개의 광자, D_F에 0개의 광자	1/4

두 경우의 차이점도 흥미롭다. 외형으로 보면 그림 6.10(표 6.4)의 경우의 벨 상태 측정이 더 간단해 보인다. 왜냐하면 그림 6.1(표 6.1)의 벨 상태 측정이 광분할기 1개, 편광 분할기 2개, 광측정기 4개를 필요로 하는 반면 그림 6.10(표 6.4)의 벨 상태 측정은 광분할기 1개, 광측정기 2개만을 필요로 하기 때문이다. 그러나 실질적으로는 그림 6.10의 벨 상태 측정이 더 어려운 점이 있다.

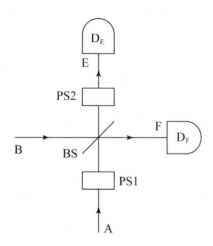

그림 6.10 진공과 단일 광자 상태가 큐비트의 두 기본 상태인 경우의 벨 상태 측정.

표 6.1을 잘 보면 이 경우의 광측정기는 광자 수를 셀 필요는 없고 다만 어느 측정기에 광자가 측정되고 어느 측정기에 광자가 안 왔는지를 정확히 측정하면 된다는 것을 알 수 있다. 그러나 표 6.4의 경우는 광측정기가 광자가 왔는지 안 왔는지만 구별하면 되는 것이 아니고 광자가 왔더라도 1개인지 2개인지도 구별해야 되는 부담이 있다.

6.4.3 단일 입자 얽힘을 이용한 양자 텔레포테이션

이제 단일 입자 얽힘을 이용한 식 (6.23)의 상태의 양자 텔레포테이션을 생각하도록 하자. 이를 위한 실험 구도는 그림 6.11에 그려져 있다.[16]

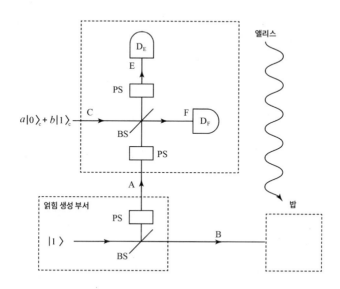

그림 6.11 단일 입자 얽힘을 이용한 양자 텔레포테이션 실험 구성도.

실제의 실험 수행 절차는 6.3.4에 기술한 절차와 사실상 같으
나, 단지 $|0>$과 $|1>$이 진공과 단일 광자 상태라는 조건에 맞게
다음과 같이 실험을 수행하면 된다.

(1) 얽힘 생성을 위해서는 그림 6.9의 장치를 사용하여 식 (6.22)의
단일 광자 얽힘을 생성한 후 출력 포트 A와 연결되는 빔은 앨
리스에게, 출력 포트 B와 연결되는 빔은 밥에게 보낸다.

(2) 앨리스는 빔 A 외에 식 (6.23)의 모르는 상태에 있는 빔 C를 가
지고 있다. 앨리스는 빔 A와 C를 대상으로 앞의 6.4.2에서 기술
한 벨 상태 측정을 한다. 이 경우 전체 계 A, B, C의 상태는 역
시 식 (6.17)로 나타낼 수 있는데, 여기서의 차이점은 단지 상태
$|0>$과 $|1>$가 진공과 단일 광자 상태의 의미를 갖는다는 것이
다. 이미 기술한대로 선형 광학의 방법으로는 4개의 벨 상태 중

$|\Psi^+>_{AC}$와 $|\Psi^->_{AC}$의 두 상태를 구별할 수 있다.

(3) 앨리스는 벨 상태 측정의 결과를 고전 통신의 방법(전화, 팩스 등)으로 밥에게 알려 준다.

(4) 밥은 앨리스의 측정 결과가 $|\Psi^->_{AC}$이면 입자 B의 상태가 $|\psi>_B = a|0>_B + b|1>_B$이고 텔레포테이션이 성공되었음을 안다. 측정 결과가 $|\Psi^+>_{AC}$이면 입자 B의 상태가 $|\psi>_B = -a|0>_B + b|1>_B$이므로 밥은 상태 $|1>_B$의 위상을 180° 바꾸는 π 위상 이동기를 빔 B에 작용시켜 텔레포테이션을 성취시킨다. 측정 결과가 $|\Phi^+>_{AC}$ 또는 $|\Phi^->_{AC}$이면 둘 중의 어느 것인지가 구별이 불가능하므로 텔레포테이션은 실패한 것이고 다시 시도해야 한다. 선형 방법으로 벨 상태 측정을 하는 경우 양자 텔레포테이션의 성공 확률은 앨리스의 벨 상태 측정에서 $|\Psi^->_{AC}$ 또는 $|\Psi^+>_{AC}$가 측정될 확률과 같고 따라서 50퍼센트이다.

앞의 양자 텔레포테이션은 실제로 이태리의 드 마티니 그룹이 성공적으로 수행했다.[17, 18]

6.5 간섭성 상태 큐비트와 양자 텔레포테이션

지금까지 큐비트의 두 기본 상태가 수평 편광과 수직 편광인 경우 및 진공과 단일 입자인 경우에 그 두 기본 상태의 임의의 선형 중첩으로 이루어진 상태의 텔레포테이션을 생각했다. 또 다른 흥미 있는 경우는 큐비트의 두 기본 상태를 위상이 반대인 두 간섭성 상태 $|\alpha>$, $|-\alpha>$로 잡는 경우이다. 이 두 간섭성 상태는

$$< \alpha|-\alpha > = e^{-2|\alpha|^2} \tag{6.24}$$

의 관계를 만족하므로(2장의 문제 2.1 참조) 서로 직교하지 않고, 따라서 엄밀한 의미에서는 큐비트의 두 기본 상태가 될 수 없다. 그러나 $|\alpha|$가 충분히 크면, 즉 고려하고 있는 빛의 평균 광자 수 $<n> = |\alpha|^2$이 충분히 크면, $e^{-2|\alpha|^2} \approx 0$이고 사실상 직교한다고 보아도 큰 오차가 없다.

실제로 $|\alpha| = 3$인 경우에도 $e^{-2|\alpha|^2} = e^{-18} \cong 1.5 \times 10^{-8}$이므로, $|\alpha|$가 아주 작지 않다면($|\alpha|$가 3 또는 그 이상이면) 두 간섭성 상태 $|\alpha>$와 $|-\alpha>$를 큐비트의 두 기본 상태로 잡는 데 무리가 없는 것을 알 수 있다.

이제 위상이 다른 두 간섭성 상태의 선형 중첩인 상태, 즉

$$|\psi>_C = x|\alpha>_C + y|-\alpha>_C \tag{6.25}$$

로 주어지는 빛 상태의 양자 텔레포테이션을 생각해 보자. 계수 x와 y에 대해서는 규격화 조건

$$|x|^2 + |y|^2 + (x^*y + xy^*)e^{-2|\alpha|^2} = 1 \tag{6.26}$$

을 만족하는 것 외에는 아는 것이 없다. ($|\alpha|$가 충분히 크면 $|x|^2 + |y|^2 = 1$을 만족한다고 생각해도 문제없다.) 이러한 양자 텔레포테이션을 수행하기 위해서는 앨리스와 밥이 4개의 "준-벨 상태(quasi-Bell state)"

$$(|\alpha>_A|-\alpha>_B \pm |-\alpha>_A|\alpha>_B),$$
$$(|\alpha>_A|\alpha>_B \pm |-\alpha>_A|-\alpha>_B)$$

(이 상태들을 얽힘 간섭성 상태라고도 부른다.) 중의 하나의 얽힘 상태에 있는 두 빛 A, B를 공유해야 한다.

구체적 논의를 위해 빛 A, B의 얽힘 상태를

$$|\psi>_{AB} = N(|\alpha>_A|-\alpha>_B - |-\alpha>_A|\alpha>_B) \tag{6.27}$$

로 잡자. 여기서 N은 규격화 상수로 $N = \dfrac{1}{\sqrt{2(1-e^{-4|\alpha|^2})}}$ 이다.
세 빛 A, B, C의 상태는

$$|\psi>_{AB}|\psi>_C \tag{6.28}$$

$$= \frac{N}{2}\{(|\alpha>_A|-\alpha>_C - |-\alpha>_A|\alpha>_C)(x|\alpha>_B + y|-\alpha>_B)$$

$$-(|\alpha>_A|-\alpha>_C + |-\alpha>_A|\alpha>_C)(x|\alpha>_B - y|-\alpha>_B)$$

$$+(|\alpha>_A|\alpha>_C - |-\alpha>_A|-\alpha>_C)(x|-\alpha>_B + y|\alpha>_B)$$

$$+(|\alpha>_A|\alpha>_C + |-\alpha>_A|-\alpha>_C)(x|-\alpha>_B - y|\alpha>_B)\}$$

로 표현할 수 있다.

식 (6.28)은 식 (6.17)과 같은 형태로 같은 논리가 적용될 수
있다. 즉 4개의 준(準)벨 상태, $(|\alpha>_A|-\alpha>_C \pm |-\alpha>_A|\alpha>_C)$,
$(|\alpha>_A|\alpha>_C \pm |-\alpha>_A|-\alpha>_C)$를 구별할 수 있다면 텔레포테이
션은 성공적으로 수행될 수 있다. 이 준벨 상태 측정은 그림
6.12와 같이 50/50 광분할기와 두 광측정기를 사용하여 수행될
수 있다.

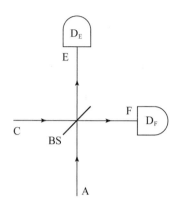

6.12 큐비트의 두 기본 상태가 두 간섭성 상태일 때의 벨 상태 측정.

빛 A와 C를 광분할기의 두 입력 포트에 입사시킬 때 나타날 수 있는 측정 결과는 다음 쪽 표 6.5에 요약되어 있다. 표 6.5를 보면 두 광측정기 D_E와 D_F 중 어느 것에 광자가 측정이 되었는지, 또 측정된 광자수가 홀수인지 짝수인지를 알면 4개의 준-벨 상태를 모두 구별할 수 있는 것을 알 수 있다.

다만 구별하지 못하는 경우가 있다. 바로 두 광측정기에 모두 0개의 광자가 측정되는 경우, 다시 말해 광자가 측정이 안 되는 경우이다. 이 경우에는 $(|\alpha>_A|-\alpha>_C + |-\alpha>_A|\alpha>_C)$인지 $(|\alpha>_A|\alpha>_C + |-\alpha>_A|-\alpha>_C)$인지를 알 수 없게 된다. 이렇게 될 확률, 즉 실패 확률은 간단한 계산을 통해 다음과 같이 주어진다.

$$P_F = \frac{e^{-2|\alpha|^2}}{\left(1 + e^{-2|\alpha|^2}\right)} |x+y|^2$$

$|\alpha|$가 크면 실패 확률은 매우 작아서 무시할 수 있다.

표 6.5 두 간섭성 상태 큐비트에 대한 준-벨 상태 측정.

측정 결과에 대응하는 A와 C의 상태	측정 결과
$(\|\alpha>_A\|-\alpha>_C - \|-\alpha>_A\|\alpha>_C)$	D_E에 홀수개의 광자, D_F에 0개의 광자
$(\|\alpha>_A\|-\alpha>_C + \|-\alpha>_A\|\alpha>_C)$	D_E에 짝수개의 광자, D_F에 0개의 광자
$(\|\alpha>_A\|\alpha>_C - \|-\alpha>_A\|-\alpha>_C)$	D_E에 0개의 광자, D_F에 홀수개의 광자
$(\|\alpha>_A\|\alpha>_C + \|-\alpha>_A\|-\alpha>_C)$	D_E에 0개의 광자, D_F에 짝수개의 광자

    편광 상태나 광자 수 상태가 큐비트의 두 기본 상태인 경우에 선형 광학적 방법으로는 4개의 벨 상태를 모두 구별하는 것이 불가능한 반면에, 두 간섭성 상태를 기본 상태로 잡는 경우는 단지 광분할기와 광측정기를 사용하는 선형 광학적 방법을 사용하여 높은 확률로 모든 경우를 다 구별할 수 있다. 이것이 간섭성 상태 큐비트의 큰 장점이라 할 수 있다.

    그러나 이러한 장점을 살리려면 광측정기가 홀수와 짝수의 광자를 구별할 수 있어야 하는데 아직은 정밀하게 광자 수를 셀 수 있는 광측정기가 존재하지 않는 것이 문제이다. 원리적으로 보면 광자 수를 셀 수 있는 광측정기가 존재 못 할 이유는 없으므로 이러한 광측정기가 개발된다면 간섭성 상태 큐비트의 중요성이 부각될 수 있다.

    앨리스가 준벨 상태 측정을 하여 그 결과를 알려 주면 밥은

빛 B에 적당한 변환을 취해야 텔레포테이션이 완수된다. 간섭성 상태 큐비트의 경우에는 이 변환이 유니터리가 아니다. 예를 들어 앨리스의 측정 결과가 $(|\alpha>_A|-\alpha>_C+|-\alpha>_A|\alpha>_C)$이었다고 하자.

식 (6.28)을 보면 밥이 취해야 할 변환은 $|\alpha>_B\to|\alpha>_B$, $|-\alpha>_B\to-|-\alpha>_B$의 비유니터리 변환이다. 그렇다 하더라도 이 비유니터리 변환은 빛 B를 원자와 상호 작용시켜 원자가 빛 B에서 광자 1개를 흡수하게 만들어 성취시킬 수 있다.[19] 이에 대한 상세한 논의는 생략한다.

6.6 원자 상태의 양자 텔레포테이션

6.6.1 원자 상태의 양자 텔레포테이션은 가능할까?

양자 텔레포테이션 실험은 주로 광자 또는 빛의 상태를 대상으로 수행되어 왔다. 그러나 전반적으로 양자 통신이 광자에만 의존할 수는 없다. 광자는 그 속도가 빨라 통신에 알맞은 조건을 갖추었지만 한 장소에 가두어 놓거나 저장하기가 어려운 단점을 가지고 있다. 따라서 정보를 저장할 때는 원자나 이온을 사용하고 광자는 정보를 실어 나르는 비행 큐비트(flying qubit)로 사용하는 것이 가장 이상적이다.

이런 관점에서 보면 원자를 대상으로 하는 정보 처리의 중요성도 무시할 수 없다. 여기서는 원자 상태의 얽힘 상태 생성 방법을 알아보고 또한 원자 상태의 양자 텔레포테이션을 수행하는 방법을 논의하고자 한다.

6.6.2 원자의 얽힘 생성

2개의 2준위 원자 A, B를 생각하자. 각각의 원자의 두 준위를 $|e>$, $|g>$로 표시할 때 두 원자의 상태가

$$\frac{1}{\sqrt{2}}(|e>_A|g>_B \pm |g>_A|e>_B) \tag{6.29a}$$

또는

$$\frac{1}{\sqrt{2}}(|e>_A|e>_B \pm |g>_A|g>_B) \tag{6.29b}$$

이면 두 원자는 최대 얽힘의 관계에 있다. 식 (6.29a)와 식 (6.29b)의 네 상태가 두 2준위 원자의 네 벨 상태와 같음은 자명한 사실이다.

그러면 이러한 원자 얽힘을 어떻게 생성해 낼 수 있을까? 여기서는 최초로 원자 얽힘을 생성해 낸 프랑스 아로슈 그룹의 실험을 소개하도록 한다.[12] 실험의 설계도는 그림 6.13에 그려져 있다.

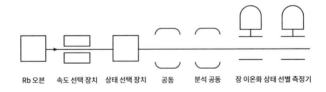

Rb 오븐   속도 선택 장치   상태 선택 장치   공동   분석 공동   장 이온화 상태 선별 측정기

그림 6.13 원자 얽힘을 생성하는 실험.

원자 오븐에서 나온 루비듐 원자들 중에서 속도 선택 장치

(velocity selector)와 상태 선택 장치는 원하는 속도로 움직이고 또한 $n = 50$ 또는 $n = 51$의 뤼드베리 상태(Rydberg state)에 있는 원자들을 선택하여 통과시킨다. 두 상태 $|n = 50 >$와 $|n = 51 >$을 각각 $|g >$와 $|e >$로 부르겠다.

두 원자 A, B를 차례로 $|e >_A$ 및 $|g >_B$의 상태로 선택하여 시간 간격을 두고 진공 상태의 공동에 통과시키는데, 먼저 첫 번째 원자 A를 통과시킬 때는 진공 라비 주파수(vacuum Rabi frequency) Ω와 상호 작용 시간(interaction time) t_A가 $\Omega t_A = \frac{\pi}{2}$를 만족하도록 한다. 그러면 원자 A가 공동을 통과한 후 그대로 $|e >_A$의 상태에 머물러 있을 확률이 50퍼센트이고, $|g >_A$의 상태로 떨어지면서 광자 1개를 내놓을 확률이 50퍼센트이다. 따라서 이때의 두 원자 및 공동의 상태는 $\frac{1}{\sqrt{2}} (|e_A, g_B, 0 > - |g_A, g_B, 1 >)$이 된다.

그다음 원자 B를 공동에 통과시키는데 이때의 상호 작용 시간 t_B를 t_A의 2배가 되도록 선택하면 $\Omega t_B = \pi$가 되어 원자 B는 공동 안에 광자가 있으면 100퍼센트의 확률로 이 광자를 흡수하면서 $|e >_B$의 상태로 올라가게 된다.

따라서 원자 B가 공동을 통과한 후의 두 원자 및 공동의 상태는 $\frac{1}{\sqrt{2}} (|e_A, g_B, 0 > - |g_A, e_B, 0 >)$가 되며, 공동의 상태는 진공이고 두 원자 A, B는 $\frac{1}{\sqrt{2}} (|e_A, g_B > - |g_A, e_B >)$의 얽힘 상태에 있게 된다. 공동 통과 후의 분석 공동(analyzing cavity)과 장 이온화 상태선별 측정기(field ionization state-selective detector)는 두 원자의 상태를 측정해서 얽힘을 확인하는 장치이다.

이 실험 방법은 움직이는 두 원자를 공동에 통과시켜 얽힘을 생성시키는 데 반하여, 더 간단하게 공동에 포획된 두 원자 사이에 효과적으로 얽힘을 생성시키는 방법들도 이론적으로 많이 제안되었다.[20, 21, 22] 예를 들어 그림 6.14의 방법을 생각해 보자.[21]

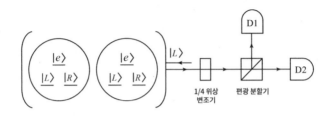

그림 6.14 원자 얽힘을 생성하는 실험 설계도.

두 3준위 원자 A, B의 바닥 상태 $|L>$과 $|R>$에 대해

$$\frac{1}{\sqrt{2}}\left(|L>_A|R>_B + |R>_A|L>_B\right)$$

의 얽힘을 생성시키는 방법이다. 준위 $|L>$은 들뜬 상태 $|e>$와 좌원 편광의 빛에 의해 결합되어 있고 반면에 $|R>$은 $|e>$와 우원 편광의 빛으로 결합되어 있다. 이러한 준위 구조는 원자의 제만 하위 준위(Zeeman sublevel)들로 구성되어 있는 초미세 준위 (hyperfine level)들에서 찾을 수 있다.

공동 오른쪽 부분의 장치는 공동에서 빠져나온 광자의 편광을 측정하는 장치로, 광자가 4분의 1 위상 변조기(quarter wave plate) 와 편광 분할기를 거치면 좌원 편광인지 또는 우원 편광인지에 따라 광측정기 D_1 또는 D_2에 측정된다. 처음에 두 원자 A, B를 모두 준위 $|L>$에, 공동은 진공 상태에 준비해 놓고 좌원 편광의 광자 1개를 공동에 입사시킨다. 이때 두 원자와 공동으로 구

성된 계의 상태는 $|L>_A|L>_B|L>$이 된다.

여기서 마지막 항 $|L>$은 공동 내에 좌원 편광의 광자가 1개 있다는 의미이다. 이 광자는 그대로 좌원 편광의 광자로 공동을 빠져나와 광측정기 D_1에 도달할 수도 있고, 또는 원자 A 또는 B 에 흡수된 후 준위 $|e>$로 올라간 원자가 다시 $|L>$로 떨어질 때에 방출된 좌원 편광의 광자로 D_1에 도달할 수 있다. 어떤 경우이건 좌원 편광의 광자가 D_1에 측정되는 순간 두 원자와 공동의 상태는 $|L>_A|L>_B|0>$이다.

반면에 원래의 좌원 편광의 광자가 원자 A 또는 B에 흡수된 후 원자가 준위 $|e>$에서 $|R>$로 천이를 하면 우원 편광의 광자가 생성되며 이 광자가 공동을 빠져나오면 광측정기 D_2에 측정이 된다. 중요한 점은 단지 공동에서 빠져나온 광자만을 측정해서는 원자 A, B 중 어떤 원자가 $|R>$로 천이를 하면서 우원 편광의 광자를 방출했는지를 알 수 없다.

따라서 우원 편광의 광자가 D_2에서 측정되면 두 원자 A, B의 상태는 $\frac{1}{\sqrt{2}}(|R>_A|L>_B+|L>_A|R>_B)$의 얽힘 상태가 된다는 것이다. (좌원 편광의 광자가 D_1에서 측정되는 경우도 어떤 원자가 그 광자를 방출했는지 알 수 없지만 어떤 원자인지 상관없이 두 원자의 상태는 $|L>_A|L>_B$가 된다.)

요약하면 그림 6.14의 방법은 확률적으로 두 원자의 얽힘을 생성하는 방법이다. 만일 D_2에 광자가 측정되면 성공적으로 원하는 얽힘 상태가 생성되지만 D_1에 광자가 측정되면 얽힘의 생성은 실패한 것이고 D_2에 측정될 때까지 실험을 반복해야 한다. 계산 결과에 의하면 성공 확률은 50퍼센트를 넘지 못한다.

그런데 이 방법의 장점은 장치의 간단한 변화로 성공 확률을 100퍼센트에 가깝게 높일 수 있다는 점이다. 즉 광측정기 D_1을

광섬유로 대체하고 이를 공동에 연결하여 원하지 않는 좌원 편
광의 빛이 나오게 되면 자동적으로 다시 공동으로 들어가게 하
는 것이다. 그러면 두 원자와 공동의 상태는 $|L>_A|L>_B|L>$이
되어 실험이 자동적으로 다시 되풀이되게 된다. 따라서 이 경우
는 실험을 시작하고 단지 D_2에서 광자가 측정되기만을 기다리
면 언젠가는 측정이 될 것이고 그 순간 두 원자의 얽힘은 성공
적으로 생성되게 된다.

6.6.3 원자 상태의 양자 텔레포테이션

원리적으로 보면 원자 상태의 텔레포테이션도 광자 상태의
텔레포테이션과 다를 것이 없다. 식 (6.17)에서 큐비트의 두 기
본 상태 $|0>$과 $|1>$을 원자의 두 상태 $|e>$와 $|g>$로 생각하면
되기 때문이다.

그러나 실제적으로는 두 원자에 대한 4개의 벨 상태를 구별
하는 벨 상태 측정이 쉽지 않은 문제 등 여러 문제가 있기 때문
에 공동 QED(cavity QED)를 이용하여 공동의 복사장을 매개체로
사용하는 방법이 더 현실적이다. 그 예로서 프랑스의 아로슈 그
룹이 제안한 방법을 간단히 소개하도록 하겠다.[23]

그림 6.15에서 2준위 원자 A의 임의의 상태

$$|\psi>_A = \alpha|e>_A + \beta|g>_A \tag{6.30}$$

를 원자 B에게로 옮기는 것이 텔레포테이션의 목적이다. 이를
위해 우선 두 공동 C_1과 C_2를 진공 상태에 준비하고 들뜬 상태
$|e>$에 준비한 제3의 원자 C를 공동 C_1과 C_2에 차례로 통과시켜
두 공동 사이에 얽힘을 형성시킨다.

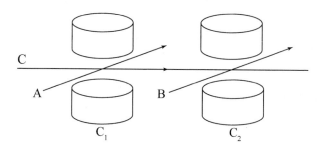

그림 6.15 원자 상태의 양자 텔레포테이션 실험.

이때 원자 C와 공동 C_1의 상호 작용 시간 t_1은 $\Omega t_1 = \dfrac{\pi}{2}$가 되도록, 또 원자 C와 공동 C_2의 상호 작용 시간 t_2는 $\Omega t_2 = \pi$가 되도록 조절한다. 그러면 원자 C가 두 공동을 통과한 후의 두 공동의 복사장 상태는 $|\psi\rangle_{12} = \dfrac{1}{\sqrt{2}}\left(|0\rangle_1|1\rangle_2 + |1\rangle_1|0\rangle_2\right)$의 얽힘 상태가 된다.

이때 원자 A와 두 공동의 복사장의 상태는

$$
\begin{aligned}
|\psi\rangle_{A12} &= |\psi\rangle_A |\psi\rangle_{12} \\
&= |\Psi^+\rangle_{A1}\left(\alpha|1\rangle_2 + \beta|0\rangle_2\right) \\
&\quad + |\Psi^-\rangle_{A1}\left(\alpha|1\rangle_2 - \beta|0\rangle_2\right) \\
&\quad + |\Phi^+\rangle_{A1}\left(\alpha|0\rangle_2 + \beta|1\rangle_2\right) \\
&\quad + |\Phi^-\rangle_{A1}\left(\alpha|0\rangle_2 - \beta|1\rangle_2\right)
\end{aligned}
\tag{6.31}
$$

로 표현될 수 있다. 여기서

$$|\Psi^{\pm}>_{A1} = \frac{1}{\sqrt{2}}\left(|e>_A|0>_1 \pm |g>_A|1>_1\right)$$ (6.32a)

$$|\Phi^{\pm}>_{A1} = \frac{1}{\sqrt{2}}\left(|e>_A|1>_1 \pm |g>_A|0>_1\right)$$ (6.32b)

이며, 원자 A와 공동 1의 복사장의 최대 얽힘을 나타내는 벨 상
태이다.

식 (6.31)을 보면 양자 텔레포테이션을 기술하는 식의 형태로 되
어 있는 것을 알 수 있다. 즉 원자 A와 공동 1을 대상으로 벨 상태
측정을 하면 측정의 결과에 따라 공동 2의 상태는 $\alpha|1>_2 \pm \beta|0>_2$,
$\alpha|0>_2 \pm \beta|1>_2$ 중 한 상태로 붕괴된다. 원자 A와 공동 1을 대상으
로 하는 벨 상태 측정은 원자 A를 공동 1에 통과시키면서 분산성
상호 작용(dispersive interaction)을 이용해 성취시킬 수 있다.

이에 대한 자세한 기술은 생략하기로 한다. 원자 A로부터 원
자 B로의 텔레포테이션을 완수하기 위해서는 공동 2의 상태를
원자 B의 상태로 투영시키는 작업이 필요하다. 이것은 원자 B
를 바닥 상태 $|g>_B$에 준비시키고 공동 2에 통과시키면 된다.
이때의 상호 작용 시간 t를 $\Omega t = \pi$가 만족되도록 하면

$$\alpha|1>_2 \pm \beta|0>_2 \rightarrow \alpha|e>_B \pm \beta|g>_B$$ (6.33a)

$$\alpha|0>_2 \pm \beta|1>_2 \rightarrow \alpha|g>_B \pm \beta|e>_B$$ (6.33b)

의 변환에 의해 원자 B의 상태가 결정된다. 벨 상태 측정의 결
과에 따라 알맞은 유니터리 변환을 해 주면 원자 B의 상태를
$\alpha|e>_B + \beta|g>_B$로 만들 수 있으며, 따라서 식 (6.30)의 원자 A
의 상태가 원자 B로 전이된 결과를 얻는다.

6.3.2에서 이미 언급한 바와 같이 원자 상태의 텔레포테이션

은 최근 두 연구팀에서 이온 포획을 이용하여 성공적으로 수행
했다.[13, 14]

6.7 연속 변수 양자 텔레포테이션

6.7.1 원리

지금까지 고려했던 텔레포테이션의 대상이 되는 상태는 모
두 2차원 힐베르트 공간에서 정의되는 상태였다. 예를 들어 임
의의 편광 상태

$$|\psi> \; = a|\leftrightarrow>+b|\updownarrow > \qquad\qquad (6.34)$$

는 a와 b가 어떤 값을 갖더라도(물론 $|a|^2+|b|^2=1$의 조건에서) 수
평 편광 $|\leftrightarrow>$와 수직 편광 $|\updownarrow >$을 기본 벡터로 하는 2차원 힐
베르트 공간에서 정의될 수 있다. 이렇게 유한한 차원 힐베르트
공간에 존재하는 상태가 유한한 비연속적인 변수로 기술되는
반면, 연속 변수로 기술되는 무한 차원 힐베르트 공간에서 정의
되는 상태도 존재한다.

그 좋은 예가 공간상의 위치를 나타내는 임의의 상태로서 일
반적으로 위치 연산자 $\hat{q}$의 고유 함수 $|q>$들의 선형 중첩으로
표시된다. 여기서 q는 연속 변수이고 고유 함수 $|q>$들은 무한 차
원 힐베르트 공간에서의 기본 벡터가 된다.

또 다른 예는 입자의 모멘텀을 나타내는 임의의 상태이다. 역
시 모멘텀 p는 연속 함수이고 고유 함수 $|p>$들은 무한 차원 힐
베르트 공간의 기본 벡터이다.

지금까지 고려한 텔레포테이션에서는 비연속 변수-예를 들어 수평 편광과 수직 편광의 두 고유 함수로 기술되는 편광-의 얽힘을 이용했다. 반면에 연속 변수의 얽힘을 이용하는 텔레포테이션도 가능하다.[6, 7]

그 좋은 예가 위치와 모멘텀의 얽힘을 이용하는 양자 텔레포테이션이다. 구체적으로 다음과 같은 경우를 생각하자. 앨리스와 밥이 각각 입자 A와 B를 가지고 있는데 이 두 입자의 위치와 모멘텀이

$$q_A + q_B = 0 \tag{6.35a}$$

$$p_C - p_A = 0 \tag{6.35b}$$

의 얽힘 관계에 있다고 하자. 두 연산자 $\hat{q}_A + \hat{q}_B$와 $\hat{p}_A - \hat{p}_B$는 서로 교환(commute)하므로 앞의 식 (6.35a)와 식 (6.35b)의 관계는 양자 역학적으로도 허용된다.

앨리스는 또 하나의 입자 C를 가지고 있는데 이 입자의 위치 q_C와 모멘텀 p_C를 밥에게 전달하고자 한다. 두 연산자 $\hat{q}_C$와 $\hat{p}_C$는 교환하지 않으므로 앨리스가 밥에게 전달하고자 하는 정보는 측정을 통해 정확히 알려질 수 없다. 그러나 앨리스와 밥이 이미 공유하고 있는 두 입자 A, B의 연속 변수 얽힘을 이용하면 텔레포테이션을 통해 이 정보를 입자 B로 옮겨놓을 수 있다. 그 방법은 사실상 비연속 변수 텔레포테이션과 같다.

우선 앨리스는 입자 A와 C를 대상으로 $q_C + q_A$와 $p_C - p_A$의 값을 알아내는 '벨 상태 측정'을 수행한다. 이 두 양에 대응하는 두 연산자는 교환하므로 두 양 모두 정확히 측정할 수 있다. 그 측정 결과가

$$q_C + q_A = a \qquad (6.36a)$$
$$p_C - p_A = b \qquad (6.36b)$$

라고 하자. 비연속 변수의 경우에 벨 상태 측정의 결과의 가짓 수가 유한하지만(큐비트의 두 기본 상태가 두 편광 상태인 경우 두 입자의 편광의 임의의 상태는 4차원 힐베르트 공간에서 기술되므로 벨 상태 측정의 결과의 가짓수도 4이다.) 연속 변수의 경우에는 두 양 $q_C + q_A$와 $p_C - p_A$는 연속적인 임의의 값을 가지므로 가능한 결과의 가짓수는 무한히 많다. 그렇다 하더라도 식 (6.35a)과 식 (6.35b)의 얽힘 관계와 식 (6.36a), 식 (6.36b)의 측정 결과에 따라서 입자 C와 B의 위치와 모멘텀은

$$q_B = q_C - a \qquad (6.37a)$$
$$p_B = p_C - b \qquad (6.37b)$$

의 관계를 갖는다.

따라서 앨리스의 측정 결과 a, b를 전해들은 밥이 입자 B의 위치와 모멘텀을 각각 a, b만큼 이동시키면 텔레포테이션이 완수된다. 즉 텔레포테이션 후의 입자 B의 위치와 모멘텀이 텔레포테이션 전의 입자 C의 위치와 모멘텀과 같게 된다.

연속 변수 텔레포테이션이 비연속 변수 텔레포테이션과 다른 점은 1개의 변수가 아니고 두 다른 공액인 변수-예를 들어 q와 p-의 얽힘을 이용한다는 점이다. 한 연속 변수의 얽힘-예를 들어 식 (6.36a)의 위치 얽힘-만을 이용하여 그 변수의 텔레포테이션을 시도하는 것은 의미가 없어진다. 연속 변수의 경우 무한한 수의 고유 함수들이 모두 직교하므로 한 입자를 대상으로 하더라도 정확한 측정이 가능하기 때문이다.

예를 들어 입자의 위치의 정보를 앨리스가 밥에게 전달하고 싶은 경우 텔레포테이션을 하는 대신 앨리스는 단지 입자 C의 위치를 정확히 측정하여 밥에게 알려 주면 되고 밥은 그 정보를 가지고 입자 B를 그 위치에 놓으면 된다. 그러나 서로 공액인 두 연속 변수—예를 들어 위치와 모멘텀—는 동시에 정확한 측정이 불가능하므로 텔레포테이션이 그 두 변수의 정보를 전달해 주는 효과적인 수단이 되고 따라서 의미가 있게 된다.

6.7.2 양자 광학적 구현

앞의 6.7.1에서 설명한 연속 변수 양자 텔레포테이션은 양자 광학적 구현이 가능하며, 실제로 이 방법을 이용하여 빛의 간섭성 상태의 텔레포테이션이 수행되었다.[8] 이를 설명하기 위해 우선 2.1에서 설명한 빛 상태의 양자 광학적 기술을 간단히 다시 살펴보도록 하자.

2.1의 빛의 양자 광학적 기술을 살펴보면 단일 모드의 복사장은 질량 1인 조화 진동자와 수학적으로 동등한 것을 알 수 있다. 소멸 연산자를 $\hat{a}$, 생성 연산자를 $\hat{a}^{\dagger}$라 하면

$$\hat{q} = \sqrt{\frac{\hbar}{2\omega}} \left(\hat{a} + \hat{a}^{\dagger} \right) \tag{6.38a}$$

$$\hat{p} = i\sqrt{\frac{\hbar\omega}{2}} \left(\hat{a}^{\dagger} - \hat{a} \right) \tag{6.38b}$$

로 정의되는 두 연산자는 조화 진동자의 위치 연산자 및 모멘텀 연산자와 동등한 역할을 한다. 토의의 편의를 위해 $\hat{q}$, $\hat{p}$ 대신

$$\hat{Q}= \sqrt{\frac{\omega}{2\hbar}}\, \hat{q}= \frac{1}{2}\left(\hat{a}+\hat{a}^{\dagger}\right) \tag{6.39a}$$

$$\hat{P} = \frac{1}{\sqrt{2\hbar\omega}}\, \hat{p}= \frac{1}{2i}\left(\hat{a}-\hat{a}^{\dagger}\right) \tag{6.39b}$$

의 두 연산자를 도입하자. (여기서의 $\hat{Q}$와 $\hat{P}$는 식 (2.25)의 X_1, X_2와 같다.) 두 연산자는 전기장의 위상이 $90\,^\circ$ 바뀔 때마다 번갈아 가면서 전기장 연산자에 비례하는 연산자가 되며, 이런 이유로 쿼드러처 연산자라 불린다. 또한 이 두 쿼드러처 연산자에 대한 불확정도는

$$\Delta Q \Delta P \geq \frac{1}{4} \tag{6.40}$$

을 만족시킨다. [식 (2.26) 참조]

이제 빛의 상태에 대한 연속 변수 텔레포테이션을 생각해 보자. 우선 식 (6.35a)와 식 (6.35b)에 대응하여

$$Q_A + Q_B = 0 \tag{6.41a}$$
$$P_A - P_B = 0 \tag{6.41b}$$

의 쿼드러처 얽힘의 관계를 만족시키는 두 빛 A, B를 앨리스와 밥이 공유해야 한다. 이러한 두 빛은 그림 6.16과 같이 50/50 광분할기의 한 입력 포트에 쿼드러처 Q가 최대로 압축된 ($Q_1 = 0$) 압축광 1을, 또 하나의 입력 포트에 쿼드러처 P가 최대로 압축된($P_2 = 0$) 압축광 2를 입사시켜서 생성할 수 있다.

이 경우 두 출력 포트로 나오는 빛 A와 B의 쿼드러처가

$$Q_A = \frac{1}{\sqrt{2}}(Q_1 - Q_2), \quad Q_B = \frac{1}{\sqrt{2}}(Q_1 + Q_2),$$

$$P_A = \frac{1}{\sqrt{2}}(P_1 - P_2), \quad P_B = \frac{1}{\sqrt{2}}(P_1 + P_2)$$

의 관계를 만족하므로 두 빛 A, B는 식 (6.41a)와 (6.41b)를 만족시킨다. 이러한 두 빛은 2.4.3에서 논의한 두 모드 압축광의 극단적인 예가 된다.

그림 6.16의 빛 A는 앨리스가, 빛 B는 밥이 가지고 있으면 연속 변수 텔레포테이션을 위한 얽힘의 조건은 만족된다. 앨리스는 쿼드러처 Q_C, P_C로 기술되는 또 하나의 빛 C를 가지고 있는데 이 빛 C의 상태를 밥이 가지고 있는 빛 B에게 전달하는 것이 텔레포테이션의 목표가 된다. 이 목표 달성을 위해서 이제 앨리스는 식 (6.36a)와 식 (6.36b)에 대응하는 벨 상태 측정을 해야 한다. 즉 $Q_C + Q_A$와 $P_C - P_A$를 정확히 측정해야 한다. 이 측정은 2.8에서 설명한 균형 호모다인 측정을 이용하여 수행될 수 있다.

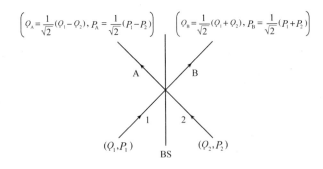

그림 6.16 연속 변수 얽힘광(두 모드 압축광)의 생성.

그림 6.17에서 보는 바와 같이 2개의 균형 호모다인 측정 장치

가 필요하다. 우선 빛 $C(Q_C, P_C)$를 빛 $A(Q_A, P_A)$와 50/50 광분할기를 사용하여 섞으면 출력 포트로 빛

$$E(Q_E = \frac{1}{\sqrt{2}}(Q_C - Q_A),\ P_E = \frac{1}{\sqrt{2}}(P_C - P_A))$$

와 빛

$$F(Q_F = \frac{1}{\sqrt{2}}(Q_C + Q_A),\ P_F = \frac{1}{\sqrt{2}}(P_C + P_A))$$

가 나오는데, 이 빛들 각각에 대해 국소 진동자 E, F(LO_E, LO_F)를 사용하여 균형 호모다인 측정을 수행하면 Q_F와 P_E, 즉 $Q_C + Q_A$와 $P_C - P_A$를 측정할 수 있다.

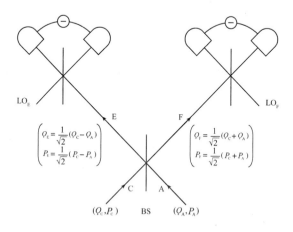

그림 6.17 연속 변수 벨 상태 측정.

이와 같이 균형 호모다인 측정을 이용하는 벨 상태 측정은
결정론적인 특성이 있다는 점을 강조할 필요가 있다. 편광 상태
나 광자 수 상태가 큐비트의 기본 상태인 경우에는 선형 광학
적 방법으로 네 벨 상태를 모두 구별할 수가 없는 것을 보았는
데, 균형 호모다인 측정의 방법은 $Q_C + Q_A$와 $P_C - P_A$를 모두 정
확히 알게 해 주므로 텔레포테이션이 확률적으로 수행되는 것
이 아니고 결정론적으로 수행될 수 있는 이점이 있다.

앨리스의 벨 상태 측정의 결과가

$$Q_C + Q_A = a \tag{6.42a}$$
$$P_C - P_A = b \tag{6.42b}$$

라면 앨리스는 이 측정 결과를 밥에게 전해 주고 밥은 이에 따
라 자신이 가지고 있는 빛 B의 쿼드러처 Q_B, P_B를 a, b만큼씩
동시켜야 한다. 이 쿼드러처 이동은 빛 B를 부분 반사 거울
(partially reflecting mirror)로부터 반사시킨 후 a와 b에 따라 위상
변조 및 진폭 변조된 빛을 거울을 통해 더해 줌으로써 성취될
수 있다. 이러한 과정을 거치면 빛 B의 상태는 텔레포테이션 전
의 빛 A의 상태와 같게 되며 따라서 연속 변수 텔레포테이션이
수행된 것이다.

종합하여 연속 변수 양자 텔레포테이션을 양자 광학적으로
구현해 주는 실험 장치를 그림 6.18에 보였다. 2개의 펌프 빔을
사용하여 두 압축광 1($Q_1 = 0$, P_1)과 2(Q_2, $P_2 = 0$)를 생성하여(그
림에서 OPO는 광학 매개 진동자로서 매개 하향 변환을 이용하여 압축광 1,
2를 발생시킨다.) 이 압축광들을 광분할기에 섞으면 두 출력 포트
로 $Q_A + Q_B = 0$, $P_A - P_B = 0$의 얽힘 관계에 있는 두 빛 A와 B가
나온다.

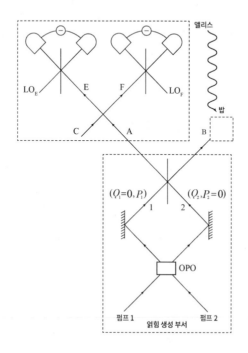

그림 6.18 연속 변수 양자 텔레포테이션의 양자 광학적 구현.

빛 A는 앨리스에게, 빛 B는 밥에게 보낸다. 앨리스는 자기가 가지고 있는 또 하나의 빛 $C(Q_C, P_C)$와 빛 $A(Q_A, P_A)$를 광분할기에 섞어 빛 $E(Q_E, P_E)$와 빛 $F(Q_F, P_F)$를 생성시키고 이들 빛 각각에 대해 균형 호모다인 측정을 이용해

$$Q_F = \frac{1}{\sqrt{2}}(Q_C + Q_A), \quad P_E = \frac{1}{\sqrt{2}}(P_C - P_A)$$

를 알아내는 벨 상태 측정을 수행하고 그 결과를 밥에게 알려준다. 결과를 전해 들은 밥은 알맞은 양의 쿼드러처 이동을 빛

B에 수행하여 텔레포테이션을 성취시킨다.

여기서 설명한 방법이 미국의 킴블 그룹이 사용하여 최초로 결정론적 연속 변수 텔레포테이션을 성공시킨 방법이다.[8]

6.8 비최대 얽힘 텔레포테이션

지금까지는 앨리스와 밥이 벨 상태로 주어지는 최대 얽힘을 공유한 경우의 양자 텔레포테이션을 고려했다. 그러나 여러 결 잃음 현상의 영향으로 공유하고 있는 얽힘의 정도가 감소하는 일이 충분히 일어날 수 있는데 이런 경우에는 어떤 방법으로 텔레포테이션을 수행할 수 있을까?

예를 들어 앨리스와 밥이 공유하고 있는 광자쌍들 A, B가

$$|\Psi_\eta^-> _{AB} = \cos\eta |\leftrightarrow> _A| \updownarrow > _B - \sin\eta | \updownarrow > _A |\leftrightarrow> _B \tag{6.43}$$

의 비최대 얽힘 상태에 있다고 하자. 이때 앨리스와 밥이 취할 수 있는 가능한 방법은 대략 다음의 세 가지로 분류될 수 있다.

첫째, 3.3.3에서 설명한 얽힘 응축을 이용해서 최대 얽힘 상태의 광자쌍들을 추출해 낸 후 이들을 사용하여 텔레포테이션을 수행할 수 있다. 물론 추출해 낸 최대 얽힘 상태의 광자쌍 수는 원래의 비최대 얽힘 상태(nonmaximal entanglement state)의 광자쌍 수보다 작은 것이 이 방법의 한계이다.

둘째, 비최대 얽힘 상태의 광자쌍들을 직접 사용해 그대로 텔레포테이션을 수행할 수 있다. 앨리스가 보내혀는 광자 C의 상태를

$$|\psi> _C = x|\leftrightarrow> _C + y| \updownarrow > _C \tag{6.44}$$

라고 하자. 세 광자 A, B, C의 상태는

$$
|\Psi_\eta^-\rangle_{AB}|\psi\rangle_C
$$
$$
= \frac{1}{2}\{(|\leftrightarrow\rangle_A|\updownarrow\rangle_C - |\updownarrow\rangle_A|\leftrightarrow\rangle_C)(x\sin\eta|\leftrightarrow\rangle_B + y\cos\eta|\updownarrow\rangle_B)
$$
$$
- (|\leftrightarrow\rangle_A|\updownarrow\rangle_C + |\updownarrow\rangle_A|\leftrightarrow\rangle_C)(x\sin\eta|\leftrightarrow\rangle_B - y\cos\eta|\updownarrow\rangle_B)
$$
$$
+ (|\leftrightarrow\rangle_A|\leftrightarrow\rangle_C - |\updownarrow\rangle_A|\updownarrow\rangle_C)(x\cos\eta|\updownarrow\rangle_B + y\sin\eta|\leftrightarrow\rangle_B)
$$
$$
+ (|\leftrightarrow\rangle_A|\leftrightarrow\rangle_C + |\updownarrow\rangle_A|\updownarrow\rangle_C)(x\cos\eta|\updownarrow\rangle_B - y\sin\eta|\leftrightarrow\rangle_B)\}
$$

$$(6.45)$$

로 표시할 수 있다. 이 식에서 알 수 있듯이 앨리스의 벨 상태 측정의 결과에 대응하는 광자 B의 상태는 텔레포테이션 전의 광자 C의 상태와 간단한 유니터리 변환의 관계는 아니다. 그러나 보조 큐비트를 사용하여 광자 B의 상태를 원하는 원래의 광자 C의 상태로 변환시킬 수 있는 방법이 존재한다.[24] 단 이 방법은 성공 확률이 1보다 작은 한계가 있다.

셋째, 앨리스는 벨 상태 측정 대신 POVM을 선택할 수 있다. 이 방법을 설명하기 위해서는 세 광자 A, B C의 상태를

$$
|\Psi_\eta^-\rangle_{AB}|\psi\rangle_C
$$
$$
= \frac{1}{2}\{(\cos\eta|\leftrightarrow\rangle_A|\updownarrow\rangle_C - \sin\eta|\updownarrow\rangle_A|\leftrightarrow\rangle_C)(x|\leftrightarrow\rangle_B + y|\updownarrow\rangle_B)
$$
$$
- (\cos\eta|\leftrightarrow\rangle_A|\updownarrow\rangle_C + \sin\eta|\updownarrow\rangle_A|\leftrightarrow\rangle_C)(x|\leftrightarrow\rangle_B - y|\updownarrow\rangle_B)
$$
$$
+ (\cos\eta|\leftrightarrow\rangle_A|\leftrightarrow\rangle_C - \sin\eta|\updownarrow\rangle_A|\updownarrow\rangle_C)(x|\updownarrow\rangle_B + y|\leftrightarrow\rangle_B)
$$
$$
+ (\cos\eta|\leftrightarrow\rangle_A|\leftrightarrow\rangle_C + \sin\eta|\updownarrow\rangle_A|\updownarrow\rangle_C)(x|\updownarrow\rangle_B - y|\leftrightarrow\rangle_B)\}
$$

$$(6.46)$$

로 표시하는 것이 편리하다. 이 식에서 볼 수 있듯이 앨리스가

서로 직교하지 않는 4개의 상태

$$\cos\eta|\leftrightarrow>_A|\updownarrow>_C \pm \sin\eta|\updownarrow>_A|\leftrightarrow>_C,$$

$$\cos\eta|\leftrightarrow>_A|\leftrightarrow>_C \pm \sin\eta|\updownarrow>_A|\updownarrow>_C$$

를 구별하는 POVM을 수행하여 그 결과를 알려 주면 밥은 알맞은 유니터리 변환을 수행해서 텔레포테이션을 완수할 수 있다. 앞의 네 상태를 구별하는 POVM은 광분할기, 편광 분할기와 광측정기를 사용하여 수행할 수 있다.[25] 단 이 방법도 POVM의 성공 확률이 1보다 작은 한계가 있다.

요약하여 앨리스와 밥이 공유하고 있는 얽힘이 최대가 아니더라도 텔레포테이션은 가능하나 최대 얽힘의 경우보다 효율이 떨어진다. 실제로 첫 번째 방법에서 비최대 얽힘의 하나의 광자쌍에서 추출해 내는 최대 얽힘의 광자쌍의 수는 두 번째 방법에서 보조 큐비트를 사용하여 광자 B의 상태를 원래의 광자 C의 상태로 성공적으로 변환시킬 확률과 같고, 또한 세 번째 방법에서의 POVM의 성공 확률과 같다.

6.9 얽힘 교환과 얽힘 상태의 텔레포테이션

입자 A, B와 C, D가 각각 얽힘의 관계에 있다고 하자. 구체적으로 단일선 벨 상태의 얽힘의 관계라면 이들 네 입자의 상태함수는

$$|\psi>_{ABCD} = |\Psi^->_{AB}|\Psi^->_{CD} \tag{6.47}$$

이다. 간단한 수학을 통해 이 상태 함수는

$$|\psi>_{ABCD}=\frac{1}{2}(|\Psi^+>_{AD}|\Psi^+>_{BC}-|\Psi^->_{AD}|\Psi^->_{BC}$$

$$-|\Phi^+>_{AD}|\Phi^+>_{BC}+|\Phi^->_{AD}|\Phi^->_{BC}) \qquad (6.48)$$

로도 표시할 수 있음을 알 수 있다.

식 (6.48)은 입자 A와 D를 대상으로 벨 상태 측정을 하면 그 결과에 따라 입자 B와 C도 벨 상태로 붕괴됨을 의미한다. 즉 입자 A와 D에 대한 벨 상태 측정은 입자 B와 C의 얽힘을 생성한다. 원래 입자 B와 C는 얽힘이 없었고 또 서로 상호 작용도 없었지만 단지 A와 D에 대한 벨 상태 측정으로 인해 얽힘의 관계를 갖게 된다. 이 현상을 얽힘 교환(Entanglement Swapping)[26, 27, 28]이라 부른다. 원래는 A와 B, 그리고 C와 D가 얽힘의 관계를 갖고 있었는데 벨 상태 측정 후에는 A와 D, 그리고 B와 C가 얽힘의 관계를 갖게 되니 얽힘이 교환된 셈이다.

얽힘 교환
A, B와 C, D가 각각 얽힘의 관계에 있을 때 A와 D를 대상으로 한 벨 상태 측정을 통하여 B와 C가 얽힘의 관계를 갖게 되는 현상

앞의 상황에서 앨리스가 입자 A, C, D를, 밥이 입자 B를 가지고 있다고 하자. 앨리스와 밥은 입자 A, B를 통하여 얽힘을 공유하고 있는 상황이다. 앨리스가 입자 D와 A를 대상으로 벨 상태 측정을 하면 입자 D의 상태가 입자 B로 전이되는 텔레포테

이션의 조건이 성립된다.

이 관점에서 보면 얽힘 교환은 얽힘 상태의 텔레포테이션이라고 이해할 수도 있다. 텔레포테이션 전의 입자 D의 역할을 텔레포테이션 후에는 입자 B가 하는 셈이고, 따라서 텔레포테이션 전에는 입자 C와 D가 얽힘의 관계에 있었는데 텔레포테이션 후에는 입자 C와 B가 얽힘의 관계를 갖게 되는 것이다.

그러나 엄밀하게는 얽힘 교환을 얽힘의 텔레포테이션으로 볼 수는 없다. 왜냐하면 텔레포테이션 후에 얽힘의 관계에 있는 두 입자 중의 한 입자 C는 앨리스가 가지고 있기 때문이다.

엄밀한 의미의 얽힘의 텔레포테이션은 다음과 같이 진행된다.[29, 30, 31] 앨리스가 모르는 얽힘 상태

$$|\psi>_{CD} = a|0>_C|1>_D + b|1>_C|0>_D \qquad (6.49)$$

에 있는 두 입자 C, D를 가지고 있고 밥이 두 입자 E, F를 가지고 있을 때, 입자 C, D의 얽힘 상태가 입자 E, F로 전이되면 이 것을 얽힘 상태의 텔레포테이션이라고 할 수 있다. 이 같은 얽힘의 텔레포테이션 수행을 위해서는 역시 앨리스와 밥이 사전에 얽힘을 공유하는 것이 필요하다. 이때 필요한 얽힘은 4입자 얽힘으로 예를 들어

$$|\psi>_{ABEF} = \frac{1}{\sqrt{2}}(|0>_A|1>_B|0>_E|1>_F$$
$$+|1>_A|0>_B|1>_E|0>_F) \qquad (6.50)$$

의 상태로 표시되는 얽힘이다.

여기서 A, B, E, F는 얽힘의 관계에 있는 4개의 입자로 A, B

는 앨리스가 가지고 있고 E, F는 밥이 가지고 있다. 텔레포테이션의 목표는 식 (6.49)의 상태를 밥이 가지고 있는 두 입자 E와 F로 전이시키는 것이고, 이를 위해 앨리스는 자신이 가지고 있는 4개의 입자 A, B, C, D를 대상으로 알맞은 벨 상태 측정을 해야 한다. 정확히 어떤 벨 상태 측정을 해야 되는지를 알기 위해서는 A, B, C, D, E, F의 6개의 입자의 상태 함수를 벨 상태들의 항으로 표시해야 한다.

약간의 수학을 거치면 이 상태 함수는

$$|\psi>_{ABEF}|\psi>_{CD} = \frac{1}{2\sqrt{2}} \times$$

$$\{(|\Phi^+>_{AC}|\Phi^+>_{BD} - |\Phi^->_{AC}|\Phi^->_{BD})(a|0>_E|1>_F + b|1>_E|0>_F)$$

$$+ (|\Phi^->_{AC}|\Phi^+>_{BD} - |\Phi^+>_{AC}|\Phi^->_{BD})(a|0>_E|1>_F - b|1>_E|0>_F)$$

$$+ (|\Psi^+>_{AC}|\Psi^+>_{BD} - |\Psi^->_{AC}|\Psi^->_{BD})(b|0>_E|1>_F + a|1>_E|0>_F)$$

$$+ (|\Psi^->_{AC}|\Psi^+>_{BD} - |\Psi^+>_{AC}|\Psi^->_{BD})(b|0>_E|1>_F - a|1>_E|0>_F)\}$$

$$(6.51)$$

로 주어짐을 알 수 있다. 이 식의 물리적 의미는 명확하다. 앨리스는 입자쌍 A, C 및 B, D를 대상으로 각각 벨 상태 측정을 한다. 이 두 벨 상태 측정의 결과가 어떻게 나오는지에 따라 밥이 알맞은 유니터리 변환을 수행하면 얽힘의 텔레포테이션이 완수되는 것이다. 그림 6.19에 얽힘의 텔레포테이션에 관계된 6개 입자의 역할이 요약되어 있다.

그림에서 고리는 얽힘을 의미하고 타원은 벨 상태 측정을 의미한다. 텔레포테이션 후의 E와 F의 얽힘 관계가 텔레포테이션

전의 C와 D의 얽힘 관계와 같게 된다.

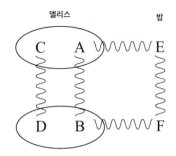

그림 6.19 얽힘의 양자 텔레포테이션.

6.10 텔레포테이션의 충실도

텔레포테이션의 충실도는 텔레포테이션으로 전달된 상태와 텔레포테이션 전의 원래 상태가 얼마나 가까운가를 말해 주는 척도이다. 물론 오류와 결잃음이 없는 이상적 상황에서 앨리스와 밥이 최대 얽힘 상태의 입자쌍을 공유하고 있고 고전 통신의 채널도 가지고 있으면 충실도는 1이다.

만일 얽힘을 공유하지 못한 상태에서 고전 통신의 수단만 사용하는 경우 충실도는 어느 값까지 가능할까? 스핀 1/2의 입자의 경우를 생각하면 이 경우에는 앨리스가 z 방향으로 측정하고 그 결과(위 또는 아래)를 밥에게 알려 주면 밥은 그에 따라 자기가 가지고 있는 입자 스핀을 그 방향으로 준비시키는 방법이 최선의 방법이다. 이런 방법을 사용하면 충실도의 가능한 최댓

값은 3분의 2이다.[32, 33]

이것은 텔레포테이션 실험의 성공 여부를 가늠해 주는 중요한 기준이 된다. 즉 텔레포테이션 실험을 수행해서 그 충실도가 3분의 2보다 크게 나오면 그것은 양자 얽힘의 도움을 받았다는 증명이 되는 것이고 따라서 양자 텔레포테이션을 수행했다는 증명이 된다. 연속 변수의 경우에는 얽힘을 공유하지 않았다면 가능한 충실도의 최댓값이 2분의 1이다. 따라서 연속 변수 텔레포테이션 실험에서는 충실도가 2분의 1을 넘으면 양자 텔레포테이션을 수행했다는 증명이 된다.

연습 문제

문제 6.1

(a) 두 큐비트 A, B의 상태에 대하여

$$|\Psi^+>_{AB} = \frac{1}{\sqrt{2}}\left(|0>_A|1>_B + |1>_A|0>_B\right),$$

$$|\Psi^->_{AB} = \frac{1}{\sqrt{2}}\left(|0>_A|1>_B - |1>_A|0>_B\right),$$

$$|0>_A|0>_B,\ |1>_A|1>_B$$

의 네 기저 상태 중 하나로 투영시키는 폰 노이만 측정이 가능한가?

(b) 가능하다면 $|0> = |\leftrightarrow>$, $|1> = |\updownarrow>$인 경우에 그러한 측정을 수행하게 해 주는 실험 구도를 그리고 각각의 기저 상태가 어떤 결과를 주는지를 밝히시오.

문제 6.2 다음 그림의 양자 회로가 수행하는 역할은 무엇인가?

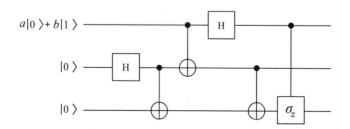

제7장 양자 정보학의 미래

이 책에서는 양자 역학, 양자 광학, 양자 얽힘의 기본 이론을 바탕으로 양자 정보학의 중심 과제인 양자 전산, 양자 암호, 양자 텔레포테이션의 원리와 방법을 설명했다. 과거 30여 년 동안 양자 정보학은 적어도 이론적으로는 눈부신 발전을 이룩했고 물리학, 정보 이론, IT, NT의 첨단 학문으로 자리 잡았다. 실험적으로도 많은 발전을 했지만 기본적으로 양자 정보 처리가 광자 하나하나에 정보를 입히고 관측하는 극도로 정밀한 첨단 실험을 요구하는 이유로 인해서 이론과 같은 빠른 발전을 보이지는 못하고 있는 상황이다. 여기서는 양자 암호, 양자 텔레포테이션, 양자 전산의 각각의 분야에서의 현재의 실험적 발전 상황을 요약해 보도록 한다.

양자 정보학의 여러 분야 중 실험적으로 가장 빠른 발전을 보인 분야는 양자 암호학이다. 5장의 서두에서 언급했듯이 이미 여러 해 동안 ID 퀀티크 , 매지큐 테크놀로지스 등의 회사에서 양자 키 분배를 수행하는 장비를 상용 판매하고 있는 상황까지 발전했다.

1989년 베넷과 브라사르가 공기 중으로 30센티미터의 양자 암호 전달을 수행한 양자 암호의 최초 실험에 비하면 장족의 발전을 한 셈이다. 현재의 실험 발전 상황을 간단히 살펴보면 (조금 더 자세한 지금까지의 발전 상황은 5.7.1에 있다.), 광섬유를 통해서는 BB84의 위상 코딩의 방법을 사용해서 300킬로미터의 전송 거리,[1] 공기 중으로는 BB84의 편광 코딩의 방법을 사용해서 144킬로미터의 전송 거리를 기록하고 있다.[2] 안전성을 높여 전송 거리를 증가시키는 방법으로 황원영 교수가 제안한 유인 상태(decoy state) 방법[3]이 자주 사용되는 것이 특기할 만하다.

양자 텔레포테이션 실험은 양자 키 분배와 같이 장거리 전송 거리를 기록하지는 못하고 있는데 그 주된 이유는 양자 얽힘을 손상 없이 장거리 분배해야 하는 어려움 때문이다. 1997~1998년 최초로 양자 텔레포테이션의 실험적 데모가 수행된 후 0.8~2킬로미터 정도의 거리에서 광자의 양자 텔레포테이션을 성공적으로 수행한 기록이 있다.[4][5][6] 또 연속 변수 텔레포테이션과 마찬가지로 적어도 원리적으로는 100퍼센트의 성공 확률이 가능한 원자 상태의 양자 텔레포테이션의 실험적 데모도 성공적으로 수행되었다. (6.6절 참조) 최근에는 중국의 지상 기지국으로부터 500킬로미터 상공의 양자 통신용 인공위성 모쯔 호의 양자 텔레포테이션을 성공했다는 발표도 있었다.

양자 전산에서는 1994년 쇼어 알고리듬이 발표된 이후 2001년 IBM 연구진이 액체 NMR 실험으로 7큐비트 양자 컴퓨터를 구현하여 주목을 이끌었다.[7] 이 실험에서는 쇼어 알고리듬을 사용하여 15를 소인수 분해할 수 있는 것을 보였다. 이후 더 많은 수의 큐비트를 사용하는 양자 컴퓨터 개발에 대한 노력이 꾸준히 이어졌다. 2007년에는 캐나다의 디 웨이브 시스템(D—wave

System)에서 16큐비트의 양자 컴퓨터를 개발했다는 보도가 있었는데, 이것이 진정한 양자 컴퓨터인지에 대해서는 이견들이 있었다.

특히 2014년 이후에 양자 컴퓨터의 하드웨어에 대한 발전이 눈에 띄게 이루어졌는데, 이는 구글 등의 대기업에서 양자 컴퓨터 개발에 전폭적인 투자를 한 까닭이다. 실제로 구글에서는 현재 9큐비트 초전도 양자 컴퓨터를 보유하고 있다. 2017년 내로 49큐비트 양자 컴퓨터를 개발하겠다는 목표를 발표한 바 있다.

양자 컴퓨터가 기존의 고전 슈퍼 컴퓨터를 능가할 경계점이 약 50큐비트인 점을 고려하면 이러한 발전은 주목할 만하다. 구글 외에도 여러 다른 대기업들에서 초전도체는 물론 포획된 이온, 실리콘 양자점 등의 하드웨어로 양자 컴퓨터를 개발하는 데 많은 투자를 하고 있다. 이런 이유로 앞으로 양자 컴퓨터에 관련된 기술은 빠르게 발전할 것으로 전망된다. 불과 3년 전만 해도 가까운 장래에 실제로 의미 있는 계산을 해 주는 수십 큐비트 이상의 양자 컴퓨터가 등장하기는 힘들 것이라는 의견이 지배적이었다. 그러나 지금은 머지않은 장래에 양자 컴퓨터가 출현할 수 있으리라는 낙관론이 서서히 고개를 들고 있는 상황이다.

양자 정보학의 궁극적 목표물은 양자 컴퓨터일 것이다. 현재의 고전 컴퓨터의 성능을 훨씬 능가하는 양자 컴퓨터가 등장한다면 인류 사회에 미치는 영향은 그야말로 무궁무진할 것이다. 양자 정보학이 학문으로서 진정한 꽃을 피우느냐는 결국 양자 컴퓨터의 실현 여부에 달려있다고 하겠다.

이것은 과연 언제나 가능할 것인가? 이 물음에 대한 답은 양자 컴퓨터를 둘러싸고 있는 현실적 문제들을 언제 극복하느냐에 달려 있다. 여러 현실적 문제는 디빈첸초의 다섯 가지 조건(DiVincenzo's five criteria, 디빈첸초의 다섯 가지 계명(DiVincenzo's five commandments)이라고도

한다.)으로 요약된다.[8] 즉 양자 컴퓨터가 구현되려면 다음의 다섯
가지 조건이 만족되어야 한다는 것이다.

(1) 큐비트가 정확히 정의되고 실질적으로 많은 수의 큐비트까지
　　확장될 수 있는(scalable) 물리계가 있어야 한다.
(2) 큐비트들을 원하는 임의의 초기 상태에 준비시킬 수 있어야 한다.
(3) 물리계는 양자 게이트들의 작동시간보다 훨씬 긴 결잃음 시간
　　(decoherence time)을 가져야 한다. 즉 양자 게이트들이 작동하는
　　동안 결잃음이 무시될 정도로 작아야 한다.
(4) 보편적 양자 게이트들의 조합이 있어야 한다.
(5) 큐비트들을 대상으로 하는 측정이 가능해야 한다.

최소한 이 다섯 조건을 만족시킬 수 있는 물리계로서 현재 이
론적으로 고려되고 있고 실험적으로 시도되고 있는 여러 계들이
있는데 이들은 초전도계, 포획된 이온들, 양자점, 다이아몬드의
NV 센터(Nitrogen Vacancy Center), 위상적 큐비트(topological qubit), 선
형 광학계 등이다. 처음에는 액체 NMR이 7큐비트의 양자 전산
을 수행해서 가장 주목을 받았지만 첫 번째 확장의 조건에서
의문이 있어서 궁극적으로는 이온들이나 초전도계 또는 고체계
로 추진되어야 될 것이라는 의견들이 많다. 현재 상황을 보면
초전도체가 가장 앞선 가운데 포획된 이온들을 대상으로도 상
당한 진전이 보고되고 있다.[9, 10]
　　현재 우리가 가지고 있는 컴퓨터, 즉 고전 컴퓨터가 인류의
생활에 미친 영향은 그야말로 막대하다. 컴퓨터가 등장하기 전
의 우리의 생활과 후의 그것을 비교해 보면 생활의 모든 면에
서 정말 엄청난 차이를 컴퓨터가 가지고 왔다는 사실을 알 수
있다.

　무엇보다도 컴퓨터와 인터넷의 덕으로 인간이 하루에 처리할 수 있는 일의 양이 엄청나게 증가했다. 인류가 이룩한 과거 50년간의 발전이 그전 과거 수백 년 동안의 발전보다도 더 많고 빨랐다는 말은 여기에 기인한다.

　그런데 만일 양자 컴퓨터가 등장한다면 고전 컴퓨터가 몰고 온 혁명보다도 더 큰 혁명을 불러올 것이다. 상상하기 힘들 정도의 속도로 양자 통신, 양자 전산이 수행될 것이기 때문이다.

　그러나 이러한 꿈이 실현되려면 아직도 풀어야 할 문제가 많이 남아 있다. 절대적으로 안전한 장거리 암호 전달이 가능할 것인가? 거시 세계 물체의 양자 텔레포테이션이 가능할 것인가? 수십~수백 큐비트로 작동하는 양자 컴퓨터가 나올 수 있을까? 지금까지의 양자 정보학의 발전은 이런 질문들을 공상 과학 소설 수준에서 진지한 학문적 수준의 질문으로 끌어올렸다. 이제 양자 정보학의 연구자들이 할 일은 그 질문의 답을 "Yes."로 만드는 일일 것이다.

　그러기 위해서는 양자 암호, 양자 텔레포테이션 등의 양자 통신을 완벽히 수행해 주기 위한 여러 기술들이 개발되어야 하고 (예를 들어 원하는 시각에 정확히 1개의 광자를 발생시키는 단일 광자 광원, 1개의 광자를 손실 없이 장거리를 전달해 주는 광섬유, 1개 1개의 광자를 정확히 측정하고 셀 수 있는 단일 광자 측정기, 또는 이같이 이상적인 장비들에 아주 가까운 수준의 장비들이 개발되어야 하고) 양자 컴퓨터를 구현하기 위한 여러 과학적, 기술적 문제들이 해결되어야 한다. 또 더 많은 양자 알고리듬들이 개발되어야 한다. 앞으로 양자 정보학의 발전에 힘입어 과연 50년 후, 100년 후 우리의 세상이 어떻게 달라질지 기대를 가지고 지켜볼 만할 것이다.

후주

제1장 양자 정보학을 위한 양자 물리학

1. A. Einstein, B. Podolsky, and N. Rosen, "Can quantum−mechanical description of physical reality be considered complete?", *Physical Review* 47, 777 (1935). 아인슈타인이 숨은 변수 이론을 도입하여 양자 역학의 불완전성을 증명하고자 했던 유명한 논문이다.

2. S. M. Barnett, and S. Croke, "Quantum state discrimination", *Advances in Optics and Photonics* 1, 238 (2009).

3. J. A. Bergou, "Discrimination of quantum states", *Journal of Modern Optics* 57, 160 (2010).

4. W. H. Zurek, "Decoherence and the transition from quantum to classical", *Physics Today* 44, 36 (1991).

5. J. Preskill, *Lecture Notes for Physics* 229: *Quantum Information and Computation*, California Institute of Technology (1998), http://www.theory.caltech.edu/~preskill/ph219/.

6. D. A. Lidar, and K. B. Whaley, *Lecture Notes in Physics* 622: *Irreversible Quantum Dynamics*, Springer, Berlin, Heidelberg (2003).

7. M. A. Nielsen, and I. L. Chuang, Q*uantum Computation and Quantum Information*, Cambridge (2000).

8. J. B. Altepeter, P. G. Hadley, S. M. Wendelken, A. J. Berglund, and P. G. Kwiat, "Experimental investigation of a two−qubit decoherence−free subspace", *Physical Review Letters* 92, 147901 (2004).

제2장 양자 정보학을 위한 양자 광학

1. R. J. Glauber, "The quantum theory of optical coherence", *Physical Review* 130, 2529 (1963); ibid 131, 2766 (1963).

2. R. Loudon, and P. L. Knight, "Squeezed light", *Journal of Modern Optics* 34, 709 (1987).

3. R. E. Slusher, L. W. Hollberg, B. Yurke, J. C. Mertz, and J. F. Valley, "Observation of squeezed states generated by four-wave mixing in an optical cavity", *Physical Review Letters* 55, 2409 (1985).

4. R. M. Shelby, M. D. Levenson, S. H. Perlmutter, R. G. DeVoe, and D. F. Walls, "Broad-band parametric deamplification of quantum noise in an optical fiber" *Physical Review Letters* 57, 691 (1986).

5. L. A. Wu, H. J. Kimble, J. L. Hall, and H. Wu, "Generation of squeezed states by parametric down conversion", *Physical Review Letters* 57, 2520 (1986).

6. R. Hanbury-Brown, and R. Q. Twiss, "Correlation between photons in two coherent beams of light", *Nature* 177, 27 (1956).

7. F. Bloch, "Nuclear induction", *Physical Review* 70, 460 (1946).

8. A. Zeilinger, "General properties of lossless beam splitters in interferometry", *American Journal of Physics* 49, 882 (1981).

9. R. A. Campos, B. E. A. Saleh, and M. C. Teich, "Quantum- mechanical lossless beam splitter: SU(2) symmetry and photon statistics", *Physical Review* A 40, 1371 (1989).

10. S. Prasad, M. O. Scully, and W. Martienssen, "A quantum description of the beam splitter", *Optics Communications* 62, 139 (1987).

11. H. Fearn, and R. Loudon, "Quantum theory of the lossless beam splitter", *Optics Communications* 64, 485 (1987).

12. E. T. Jaynes and C. W. Cummings, "Some new features of photon statistics in a fully quantized parametric amplification process", *Proceedings of the IEEE* 51, 89 (1963).

13. J. H. Eberly, N. B. Narozhny, and J. J. Sanchez-Mondragon, "Periodic spontaneous collapse and revival in a simple quantum model", *Physical Review Letters* 44, 1323 (1980).

14. N. B. Narozhny, J. J. Sanchez-Mondragon, and J. H. Eberly, "Coherence versus incoherence: collapse and revival in a simple quantum model", *Physical Review* A 23, 236 (1981).

15. G. Rempe, H. Walther, and N. Klein, "Observation of quantum collapse and

revival in a one—atom maser", *Physical Review Letters* 58, 353 (1987).

제3장 양자 얽힘

1. A. Einstein, B. Podolsky, and N. Rosen, "Can quantum—mechanical description of physical reality be considered complete?", *Physical Review* 47, 777 (1935).

2. E. Schrodinger, "Mathematical proceedings of the cambridge philosophical society", *Proceedings of the Cambridge Philosophical Society* 31, 555 (1935).

3. C. S. Wu, and I. Shaknov, "The angular correlation of scattered annihilation radiation", *Physical Review* 77, 136 (1950).

4. D. M. Greenberger, M. A. Horne, and A. Zeilinger, *Bell's Theorem, Quantum Theory, and Conceptions of the Universe*, Kluwer Academic, Dordrecht (1989), p. 69.

5. W. Dur, G. Vidal, and J. I. Cirac, "Three qubits can be entangled in two inequivalent ways", *Physical Review* A 62, 062314 (2000).

6. J. S. Bell, "On the Einstein—Podolsky—Rosen paradox", *Physics* 1, 195 (1965).

7. N. Herbert, *Quantum Reality*, Anchor, New York (1985).

8. L. E. Ballentine, *Quantum Mechanics,* World Scientific, Singapore (1998).

9. L. E. Ballentine, *Foundations of Quantum Mechanics Since the Bell Inequalities, Selected Reprints*, American Association of Physics Teachers, College Park (1988).

10. J. F. Clauser, M. A. Horne, A. Shimony, and R. A. Holt, "Proposed experiment to test local hidden—variable theories", *Physical Review Letters* 23, 880 (1969).

11. J. F. Clauser, and M. A. Horne, "Experimental consequences of objective local theories", *Physical Review* D 10, 526 (1974).

12. A. Aspect, J. Dalibard, and G. Roger, "Experimental test of Bell's inequalities using time—varying analyzers", *Physical Review Letters* 49, 1804 (1982).

13. C. H. Bennett, G. Brassard, S. Popescu, B. Schumacher, J. A. Smolin, and W. K. Wootters, "Purification of noisy entanglement and faithful teleportation via noisy channels", *Physical Review Letters* 76, 722 (1996).

14. [BDSW 1996] C. H. Bennett, D. P. DiVincenzo, J. A. Smolin, and W. K.

Wootters, "Mixed-state entanglement and quantum error correction", *Physical Review* A 54, 3824 (1996).

15. R. F. Werner, "Quantum states with Einstein-Podolsky- Rosen correlations admitting a hidden-variable model", *Physical Review* A 40, 4277 (1989).

16. C. H. Bennett, H. J. Bernstein, S. Popescu, and B. Schumacher, "Concentrating partial entanglement by local operations", *Physical Review* A 53, 2046 (1996).

17. R. F. Werner, and M. M. Wolf, "Bell's inequalities for states with positive partial transpose", *Physical Review* A 61, 062102 (2000).

18. A. Peres, "Separability criterion for density matrices", *Physical Review Letters* 77, 1413 (1996).

19. P. Horodecki, "Separability criterion and inseparable mixed states with positive partial transposition", *Physical Letters* A 232, 333 (1997).

20. M. Horodecki, "Separability of mixed states: necessary and sufficient conditions", P. Horodecki, and R. Horodecki, *Physical Letters* A 223, 1 (1996).

21. R. Horodecki, P. Horodecki, M. Horodecki, and K. Horodecki, "Quantum entanglement", *Review of Modern Physics* 81, 865-942 (2009).

22. M. Horodecki, P. Horodecki, and R. Horodecki, "Mixed-state entanglement and distillation: Is there a "bound" entanglement in nature?", *Physical Review Letters* 80, 5239 (1998).

23. M. Horodecki, P. Horodecki, and R. Horodecki, "Inseparable two spin-1/2 density matrices can be distilled to a singlet form", *Physical Review Letters* 78, 574 (1997).

24. B. M. Terhal, "Bell inequalities and the separability criterion", *Physics Letters* A 271, 319 (2000).

25. B. M. Terhal, "Detecting quantum entanglement", *Theoretical Computer Science* 287, 313 (2002).

26. M. Lewenstein, B. Kraus, J. I. Cirac, and P. Horodecki, "Optimization of entanglement witnesses", *Physical Review* A 62, 052310 (2000).

27. M. Lewenstein, B. Kraus, P. Horodecki, and J. I. Cirac, "Characterization of separable states and entanglement witnesses", *Physical Review A* 63, 044304 (2001).

28. D. Bruss, J. I. Cirac, P. Horodecki, F. Hulpke, B. Kraus, M. Lewenstein, and A. Sanpera, "Reflections upon separability and distillability", *Journal of*

Modern Optics 49, 1399 (2002).

29. W. K. Wootters, "Entanglement of formation and concurrence", *Quantum Information and Computation* 1, 27 (2001).

30. S. Hill, and W. K. Wootters, "Entanglement of a Pair of Quantum Bits", *Physical Review Letters* 78, 5022 (1997).

31. W. K. Wootters, "Entanglement of formation of an arbitrary State of two qubits", *Physical Review Letters* 80, 2245 (1998).

제4장 양자 전산

1. L. M. K. Vandersypen, M. Steffen, G. Breyta, C. S. Yannoni, M. H. Sherwood, and I. L. Chuang, "Experimental realization of Shor's quantum factoring algorithm using nuclear magnetic resonance", *Nature* 414, 883 (2001).

2. L. K. Grover, "Quantum mechanics helps in searching for a needle in a haystack", *Physical Review Letters* 79, 325 (1997).

3. P. W. Shor, *Proceedings of the 35th Annual Symposium on Foundations of Computer Science*, IEEE Press (1994).

4. P. W. Shor, "Polynomial−time algorithms for prime factorization and discrete logarithms on a quantum computer", *SIAM Journal on Computing* 26, 1484 (1997).

5. D. Deutsch, "Quantum theory, the church−turing principle and the universal quantum computer", *Proceedings of the Royal Society of London* A 400, 97 (1985).

6. D. Deutsch, and R. Jozsa, "Rapid solution of problems by quantum computation", *Proceedings of the Royal Society of London* A 439, 553 (1992).

7. R. Raussendorf, and H. J. Briegel, "A one−way quantum computer", *Physical Review Letters* 86, 5188 (2001).

8. P. Walther, K. J. Resch, T. Rudolph, E. Schenck, H. Weinfurter, V. Vedral, M. Aspelmeyer, and A. Zeilinger, "Experimental one−way quantum computing", *Nature* 434, 169 (2005).

9. M. Hein, J. Eisert, and H. J. Briegel, "Multiparty entanglement in graph states", *Physical Review* A 69, 062311 (2004).

10. M. Hein, W. Dur, J. Eisert, R. Raussendorf, M. van den Nest, and H. J. Briegel, "Entanglement in graph states and its applications", eprint quant−ph/0602096.

11. H. J. Briegel, and R. Raussendorf, "Persistent entanglement in arrays of interacting particles", *Physical Review Letters* 86, 910 (2001).
12. R. Raussendorf, D. E. Browne, and H. J. Briegel, "Measurement−based quantum computation on cluster states", *Physical Review* A 68, 022312 (2003).

제5장 양자 암호

1. W. K. Wootters, and W. H. Zurek, "A single quantum cannot be cloned", *Nature* 299, 802 (1982).
2. D. Dieks, "Communication by EPR devices", *Physics Letters* A 92, 271 (1982).
3. P. Shor, "Scheme for reducing decoherence in quantum computer memory", *Physical Review* A 52, 2493 (1995).
4. A. M. Steane, "Error correcting codes in quantum theory", *Physical Review Letters* 77, 793 (1996).
5. V. Buzek, and M. Hillery, "Quantum copying: Beyond the no−cloning theorem", *Physical Review* A 54, 1844 (1996).
6. N. Gisin, and S. Massar, "Optimal quantum cloning machines", *Physical Review Letters* 79, 2153 (1997).
7. J. Fiurasek, S. Iblisdir, S. Massar, and N. J. Cerf, "Quantum cloning of orthogonal qubits", *Physical Review* A 65, 040302(R) (2002).
8. S. Wiesner, "Conjugate coding", *SIGACT News* 15, 78 (1983).
9. N. Gisin, G. Ribordy, W. Tittel, and H. Zbinden, "Quantum cryptography", *Reviews of Modern Physics* 74, 145 (2002).
10. C. H. Bennett, and G. Brassard, *Proceedings of IEEE International Conference on Computers, Systems, and Signal Processing*, IEEE, New York (1984), p. 175.
11. C. H. Bennett, "Quantum cryptography using any two nonorthogonal states", *Physical Review Letters* 68, 3121 (1992).
12. A. Ekert, "Quantum cryptography based on Bell's theorem", *Physical Review Letters* 67, 661 (1991).
13. D. Deutsch, A. Ekert, R. Jozsa, C. Macchiavello, S. Popescu, and A. Sanpera, "Quantum privacy amplification and the security of quantum cryptography over noisy channels", *Physical Review Letters* 77, 2818 (1996).
14. C. H. Bennett, G. Brassard, and N. D. Mermin, "Quantum cryptography

without Bell's theorem", *Physical Review Letters* 68, 557 (1992).

15. M. Ardehali, H. F. Chau, and H. K. Lo, "Efficient quantum key distribution", arxiv: quant-ph/9803007.

16. H. K. Lo, H. F. Chau, and M. Ardehali, "Efficient quantum key distribution scheme and proof of its unconditional security", arxiv: quant-ph/0011056.

17. D. Bruss, "Optimal eavesdropping in quantum cryptography with six states", *Physical Review Letters* 81, 3018 (1998).

18. V. Scarani, A. Acin, G. Ribordy, and N. Gisin, "Quantum cryptography protocols robust against photon number splitting attacks for weak laser pulse implementations", *Physical Review Letters* 92, 057901 (2004).

19. K. Bostrom, and T. Felbinger, "Deterministic secure direct communication using entanglement", *Physical Review Letters* 89, 187902 (2002).

20. C. H. Bennett, F. Bessette, G. Brassard, L. Salvail, and J. Smolin, "Experimental quantum cryptography", *Journal of Cryptology* 5, 3 (1992).

21. G. Brassard, and L. Salvail, *Lecture Notes in Computer Science: Advances in Cryptology-EUROCRYPT'93*, Springer-Verlag, New York (1994).

22. C. H. Bennett, G. Brassard, and J. M. Robert, "Privacy amplification by public discussion", *SIAM Journal on Computing* 17, 210 (1998).

23. C. H. Bennett, G. Brassard, C. Crepeau, and U. M. Maurer, *IEEE Transactions on Information Theory* 41, 1915 (1995).

24. R. Hughes, G. Morgan, and C. Peterson, "Generalized privacy amplification", *Journal of Modern Optics* 47, 533 (2000).

25. A. Muller, T. Herzog, B. Huttner, W. Tittel, H. Zbinden, and N. Gisin, ""Plug and play" systems for quantum cryptography", *Applied Physics Letters* 70, 793 (1997).

26. H. Zbinden, J. D. Gautier, N. Gisin, B. Huttner, A. Muller, and W. Tittel, "Interferometry with Faraday mirrors for quantum cryptography", *Electronics Letters* 33, 586 (1997).

27. D. Stucki, N. Gisin, O. Guinnard, G. Ribordy, and H. Zbinden, "Quantum key distribution over 67 km with a plug&play system", *New Journal of Physics* 4, 41.1-41.8 (2002).

28. H. Kosata, A. Tomita, Y. Nambu, T. Kimura, and K. Nakamura, "Single-photon interference experiment over 100 km for quantum cryptography system using a balanced gated-mode photon detector", *Electronics Letters* 39, 1199 (2003).

29. B. Korzh, C. C. W. Lim, R. Houlmann, N. Gisis, M. J. Li, D. Nolan, B. Sanguinetti, R. Thew, and H. Zbinden, "Provably secure and practical quantum key distribution over 307 km of optical fibre", *Nature Photonics* 9, 163 (2015).

30. T. Jennewein, C. Simon, G. Weihs, H. Weinfurter, and A. Zeilinger, "Quantum cryptography with entangled photons", *Physical Review Letters* 84, 4729 (2000).

31. T. S. Naik, C. G. Peterson, A. G. White, A. J. Berglund, and P. G. Kwiat, "Entangled state quantum cryptography: Eavesdropping on the Ekert protocol", *Physical Review Letters* 84, 4733 (2000).

32. W. Tittel, J. Brendel, H. Zbinden, and N. Gisin, "Quantum cryptography using entangled photons in energy—time Bell states", *Physical Review Letters* 84, 4737 (2000).

33. R. J. Hughes, J. E. Nordholt, D. Derkacs, and C. G. Peterson, "Practical free—space quantum key distribution over 10 km in daylight and at night", *New Journal of Physics* 4, 43.1—43.14 (2002).

34. C. Kurtsiefer, P. Zarda, M. Halder, H. Weinfurter, P. M. Gorman, P. R. Tapster, and J. G. Rarity, "Quantum cryptography: A step towards global key distribution", *Nature* 419, 450 (2002).

35. T. Schmitt—Manderbach, H. Weier, M. Furst, R. Ursin, F. Tiefenbacher, T. Scheidl, J. Perdigues, Z. Sodnik, C. Kurtsiefer, J. G. Rarity, A. Zeilinger, and H. Weinfurter, "Experimental demonstration of free—space decoy—state quantum key distribution over 144 km", *Physical Review Letters* 98, 010504 (2007).

36. J. Yin, Y. Cao, Y. H. Li, S. K. Liao, L. Zhang, J. G. Ren, W. Q. Cai, W. Y. Liu, B. Li, H. Dai, G. B. Li, Q. M. Lu, Y. H. Gong, Y. Xu, S. L. Li, F. Z. Li, Y. Y Yin, Z. Q. Jiang, M. Li, J. J. Jia, G. Ren, D. He, Y. L. Zhou, X. X. Zhang, N. Wang, X. Chang, Z. C. Zhu, N. L. Liu, Y. A. Chen, C. Y. Lu, R. Shu, C. Z. Peng, J. Y. Wang, and J. W. Pan, "Satellite—based entanglement distribution over 1200 kilometers", *Science* 356, 1140 (2017).

37. D. Mayers, "Unconditional security in quantum cryptography" *Journal of the ACM* 48, 351 (2001).

38. H. Lo, and H. F. Chau, "Unconditional security of quantum key distribution over arbitrarily long distances" *Science* 283, 2050 (1999).

39. P. W. Shor, and J. Preskill, "Simple proof of security of the BB84 quantum key distribution protocol" *Physical Review Letters* 85, 441

(2000).

40. H. J. Briegel, W. Dur, J. I. Cirac, and P. Zoller, "Quantum repeaters: The role of imperfect local qperations in quantum communication", *Physical Review Letters* 81, 5932 (1998).

41. M. Hillery, V. Buzek, and A. Berthiaume, "quantum secret sharing", *Physical Review* A 59, 1829 (1999).

42. R. Cleve, D. Gottesman, and H. K. Lo, "How to share a quantum secret", *Physical Review Letters* 83, 648 (1999).

제6장 양자 텔레포테이션

1. Y. H. Kim, S. P. Kulik, and Y. Shih, "Quantum teleportation of a polarization state with a complete Bell state measurement", *Physical Review Letters* 86, 1370 (2001).

2. C. H. Bennett, and S. J. Wiesner, "Communication via one— and two—particle operators on Einstein—Podolsky—Rosen states", *Physical Review Letters* 69, 2881 (1992).

3. C. H. Bennett, G. Brassard, C. Crepeau, R. Jozsa, A. Peres, and W. K. Wootters, "Teleporting an unknown quantum state via dual classical and Einstein—Podolsky—Rosen channels", *Physical Review Letters* 70, 1895 (1993).

4. D. Boschi, S. Branca, F. De Martini, L. Hardy, and S. Popescu, "Experimental realization of teleporting an unknown pure quantum state via dual classical and Einstein—Podolsky—Rosen channels", *Physical Review Letters* 80, 1121 (1998).

5. D. Bouwmeester, J. W. Pan, K. Mattle, M. Eibl, H. Weinfurter, and A. Zeilinger, "Experimental quantum teleportation", *Nature* (London) 390, 575 (1997).

6. L. Vaidman, "Teleportation of quantum states", *Physical Review* A 49, 1473 (1994).

7. S. L. Braunstein, and H. J. Kimble, "Teleportation of continuous quantum variables", *Physical Review Letters* 80, 869 (1998).

8. A. Furusawa, J. L. Sorensen, S. L. Braunstein, C. L. Fuchs, H. J. Kimble, and E. S. Polzik, "Unconditional quantum teleportation", *Science* 282, 706 (1998).

9. I. Marcikic, H. de Riedmatten, W. Tittel, H. Zbinden, and N, Gisin, "Long—distance teleportation of qubits at telecommunication wavelengths",

Nature (London) 421, 509 (2003).

10. H. de Riedmatten, I. Marcikic, W. Tittel, H. Zbinden, D. Collins, and N. Gisin, "Long distance quantum teleportation in a quantum relay configuration", *Physical Review Letters* 92, 047904 (2004).

11. R. Ursin, T. Jennewein, M. Aspelmeyer, R. Kaltenbaek, M. Lindenthal, P. Walther, and A. Zeilinger, "Communications: Quantum teleportation across the danube", *Nature* 430, 849 (2004).

12. [E. Hagley, X. Maitre, G. Nogues, C. Wunderlich, M. Brune, J. M. Raimond, and S. Haroche, "Generation of Einstein−Podolsky− Rosen pairs of atoms", *Physical Review Letters* 79, 1 (1997).

13. M. Riebe, H. Haffner, C. F. Roos, W. Hansel, J. Benhelm, G. P. T. Lancaster, T. W. Korber, C. Becher, F. Schmidt−Kaler, D. F. V. James, and R. Blatt, "Deterministic quantum teleportation with atoms", *Nature* (London) 429, 734 (2004).

14. M. D. Barrett, J. Chiaverini, T. Schaetz, J. Britton, W. M. Itano, J. D. Jost, E. Knill, C. Langer, D. Leibfried, R. Ozeri, and D. J. Wienland, "Deterministic quantum teleportation of atomic qubits", *Nature* (London) 429, 737 (2004).

15. B. Julsgaard, A. Kozhekin, and E. S. Polzik, "Experimental long−lived entanglement of two macroscopic objects", *Nature* (London) 413, 400 (2001).

16. H. W. Lee, and J. Kim, "Quantum teleportation and Bell's inequality using single−particle entanglement", *Physical Review* A 63, 012305 (2001).

17. E. Lombardi, F. Sciarrino, S. Popescu, and F. De Martini, "Teleportation of a vacuum-one−photon qubit", *Physical Review Letters* 88, 070402 (2002).

18. S. Giacomini, F. Sciarrino, E. Lombardi, and F. De Martini, "Active teleportation of a quantum bit", *Physical Review* A 66, 030302(R) (2002).

19. Y. W. Cheong, H. Kim, and H. W. Lee, "Near−complete teleportation of a superposed coherent state", *Physical Review* A 70, 032327 (2004).

20. M. B. Plenio, S. F. Huelga, A. Beige, and P. L. Knight, "Cavity−loss−induced generation of entangled atoms", *Physical Review* A 59, 2468 (1999).

21. J. Hong, and H. W. Lee, "Quasideterministic generation of entangled atoms in a cavity", *Physical Review Letters* 89, 237901 (2002).

22. L. M. Duan, and H. J. Kimble, "Efficient engineering of multiatom

entanglement through single-photon detections", *Physical Review Letters* 90, 253601 (2003).

23. L. Davidovich, N. Zagury, M. Brune, J. M. Raimond, and S. Haroche, "Teleportation of an atomic state between two cavities using nonlocal microwave fields", *Physical Review* A 50, R895 (1994).

24. W. L. Li, C. F. Li, and G. C. Guo, "Probabilistic teleportation and entanglement matching", *Physical Review* A 61, 034301 (2000).

25. H. Kim, Y. W. Cheong, and H. W. Lee, "Generalized measurement and conclusive teleportation with nonmaximal entanglement", *Physical Review* A 70, 012309 (2004).

26. M. Zukowski, A. Zeilinger, M. A. Horne, and A. K. Ekert, ""Event-ready-detectors" Bell experiment via entanglement swapping", *Physical Review Letters* 71, 4287 (1993).

27. S. Bose, V. Vedral, and P. L. Knight, "Multiparticle generalization of entanglement swapping", *Physical Review* A 57, 822 (1998).

28. J. W. Pan, D. Bouwmeester, H. Weinfurter, and A. Zeilinger, "Experimental entanglement swapping: Entangling photons that never interacted", *Physical Review Letters* 80, 3891 (1998).

29. H. W. Lee, "Total teleportation of an entangled state", *Physical Review* A 64, 014302 (2001).

30. B. S. Shi, Y. K. Jiang, and G. C. Guo, "Probabilistic teleportation of two-particle entangled state", *Physics Letters* A 268, 161 (2000).

31. V. N. Gorbachev, and A. I. Trubilko, "Quantum teleportation of an Einstein-Podolsy-Rosen pair using an entangled three-particle state", *Journal of Experimental and Theoretical Physics* 91, 894 (2000).

32. S. Massar, and S. Popescu, "Optimal extraction of information from finite quantum ensembles", *Physical Review Letters* 74, 1259 (1995).

33. S. Popescu, "Bell's inequalities versus teleportation: What is nonlocality?", *Physical Review Letters* 72, 797 (1994).

제7장 양자 정보학의 미래

1. B. Korzh, C. C. W. Lim, R. Houlmann, N. Gisis, M. J. Li, D. Nolan, B. Sanguinetti, R. Thew, and H. Zbinden, "Provably secure and practical quantum key distribution over 307 km of optical fibre", *Nature Photonics* 9, 163 (2015).

2. T. Schmitt—Manderbach, H. Weier, M. Furst, R. Ursin, F. Tiefenbacher,

연습 문제 해답

1

$$|\psi>_{AB} = \frac{1}{\sqrt{2}}[\frac{1}{\sqrt{2}}(|0>_A + |1>_A)|0>_B + \frac{1}{\sqrt{2}}(|0>_A - |1>_A)|1>_B]$$

슈미트 수는 2이다.

$$>_{AB} = \frac{1}{\sqrt{2}}[|0>_A \frac{1}{\sqrt{2}}(|0>_B - |1>_B) + |1>_A \frac{1}{\sqrt{2}}(-|0>_B - |1>_B)]$$

트 수는 2이다.

$$_{AB} = \frac{1}{\sqrt{2}}(|0>_A - |1>_A)\frac{1}{\sqrt{2}}(|0>_B - |1>_B)$$

수는 1이다.

T. Scheidl, J. Perdigues, Z. Sodnik, C. Kurtsiefer, J. G. Rarity, A. Zeilinger, and H. Weinfurter, "Experimental demonstration of free-space decoy-state quantum key distribution over 144 km", *Physical Review Letters* 98, 010504 (2007).

3. W. Y. Hwang, "Quantum key distribution with high loss: Toward global secure communication", *Physical Review Letters* 91, 057901 (2003).

4. I. Marcikic, H. de Riedmatten, W. Tittel, H. Zbinden, and N, Gisin, "Long-distance teleportation of qubits at telecommunication wavelengths", *Nature* (London) 421, 509 (2003).

5. H. de Riedmatten, I. Marcikic, W. Tittel, H. Zbinden, D. Collins, and N. Gisin, "Long distance quantum teleportation in a quantum relay Configuration", *Physical Review Letters* 92, 047904 (2004).

6. R. Ursin, T. Jennewein, M. Aspelmeyer, R. Kaltenbaek, M. Lindenthal, P. Walther, and A. Zeilinger, "Communications: Quantum teleportation across the danube", *Nature* 430. 849 (2004).

7. L. M. K. Vandersypen, M. Steffen, G. Breyta, C. S. Yannoni, M. H. Sherwood, and I. L. Chuang, "Experimental realization of Shor's quantum factoring algorithm using nuclear magnetic resonance", *Nature* 414, 883 (2001).

8. D. P. DiVincenzo, "The physical implementation of quantum computation", *Fortschritte der Physik* 48, 771 (200).

9. M. H. Devoret, and R. J. Schoelkopf, "Superconducting circuits for quantum information: An outlook", *Science* 339, 1169 (2013).

10. C. Monroe, and J. Kim, "Scaling the ion trap quantum processor", *Science* 339, 1164 (2013).

참고 문헌

머리말

1. 사가와 히로유키(佐川弘幸), 요시다 노부아키(吉田宣章), 『양자정보이론(量子情報理論)』(진병문, 연규환 옮김, 청범출판사, 2008년). 일본 저자 2명이 양자 정보학의 전반적인 이론을 설명한 내용의 책을 한국어로 번역한 이 책이 아마도 현재 한국어로 읽을 수 있는 대학원 수준의 전문 도서로는 거의 유일한 듯하다.

2. 안도열, 『양자정보통신의 기술동향 및 시장전망』(하연, 2012년). 양자 정보학 보다는 양자 정보 통신 기술을 주제로 그 현황과 전망을 기술한 책이다.

제1장 양자 정보학을 위한 양자 물리학

1. S. Gasiorowicz, *Quantum Physics*, Wiley (1974). 학부 수준 양자 역학의 대표적인 교재이다.

2. E. Merzbacher, *Quantum Mechanics*, Wiley (1970). 대학원 수준 양자 역학의 대표적인 교재이다.

3. A. Peres, *Quantum Theory: Concepts and Methods*, Kluwer, Dordrecht (1993). 양자 정보를 전공할 대학원생에게 특히 좋은 양자 역학 교재이다. 다른 책에서는 잘 다루지 않는 슈미트 분해, POVM 등도 설명해 준다.

4. M. Nielsen, and I. Chuang, *Quantum Computation and Quantum Information*, Cambridge (2000). 양자 정보학의 필수 교재이다.

5. J. Preskill, *Lecture Notes for Physics* 229, *Quantum Information and Computation*, California Institute of Technology (1998). http://v caltech.edu/~preskill/ph219.

6. D. Bouwmeester, A. Ekert, and A. Zeilinger (eds.), *Th Quantum Information*, Springer (2000).

7. G. Benenti, G. Casati, and G. Strini, *Principles of Quantum Information*, vol I: Basic Concepts, World Scientific (2004 중요 개념들이 간략하게 잘 정리된 책이다.

제2장 양자 정보학을 위한 양자 광학

1. P. L. Knight, and L. Allen, *Concepts of Quantum Optic (1983). 양자 광학의 기본 이론을 간결, 명확하게 기술햿 전에 중요한 역할을 했던 논문들이 실려 있다.

2. R. Loudon, *The Quantum Theory of Light*, Clarend 광학 분야의 고전으로 널리 알려진 필독서이다.

3. P. Meystre, and M. Sargent III, *Elements of Qu Verlag, Berlin (1990).

4. D. F. Walls, and G. Milburn, *Quantum Optics*, Sp

5. M. O. Scully, and M. S. Zubairy, *Quantum Optic: Cambridge (1997). 최근의 양자 광학 과제들까

6. 이해웅, 『빛의 양자 이론』(민음사, 1998년)

제7장 양자 정보학의 미래

1. 이순칠, 『양자 컴퓨터』(살림출판사, 2003

2. 조지 존슨(George Johnson), 『양자 컴퓨터 완 옮김, 한승출판사, 2007년). 한글로 쓴 자들을 위해 쉽게 쓴 책이며 저자와 역자 의 선구자이다.

1.2

$$|\psi>_{AB} = \sqrt{\frac{1}{3}}\,|\tilde{0}>_A|\tilde{0}>_B + \sqrt{\frac{2}{3}}\,|\tilde{1}>_A|\tilde{1}>_B$$

$$|\tilde{0}>_{A,B} = \frac{1}{\sqrt{2}}(|0>_{A,B} + |1>_{A,B})$$

$$|\tilde{1}>_{A,B} = \frac{1}{\sqrt{2}}(|0>_{A,B} - |1>_{A,B})$$

슈미트 수는 2이다.

1.3

(a) $\rho_A = \rho_B = \rho_C = \frac{1}{2}\begin{pmatrix} 1 & 0 \\ 0 & 1 \end{pmatrix}$

(b) $1 - {}_{100}C_{50}\,(\frac{1}{2})^{100}$

2.1 $<\alpha|\beta> = \exp[-\frac{1}{2}(|\alpha|^2 + |\beta|^2 - 2\alpha^*\beta)]$,

$|<\alpha|\beta>|^2 = \exp(-|\alpha - \beta|^2)$

2.3 (a) $\frac{1}{2}$ (b) $\frac{2}{3}$

2.4 (b) $|\sqrt{2}\,\alpha>_D$

3.4 (b) $|\Psi^+>_{AB} \rightarrow C(\hat{a}, \hat{b}) = -\cos(\theta_a + \theta_b)$,

$|\Phi^+>_{AB} \rightarrow C(\hat{a}, \hat{b}) = \cos(\theta_a - \theta_b)$,

$|\Phi^->_{AB} \rightarrow C(\hat{a}, \hat{b}) = \cos(\theta_a + \theta_b)$,

$|\uparrow>_A|\downarrow>_B \rightarrow C(\hat{a}, \hat{b}) = -\cos\theta_a\cos\theta_b.$

4.3 (a) $\frac{\pi}{2}$, π, $\frac{1}{\sqrt{2}}(1,0,1)$ (b) $\frac{\pi}{4}$, $\frac{\pi}{2}$, $(0,0,1)$

4.4 $A = R_y(\frac{\pi}{4})$, $B = R_y(-\frac{\pi}{4})R_z(-\frac{\pi}{2})$, $C = R_z(\frac{\pi}{2})$, $\alpha = \frac{\pi}{2}$

4.7 (a) SWAP (b) 조정 $R_y(2\theta)$ 회전

5.1 (a) 75퍼센트 (b) 62.5퍼센트

5.2 $2\sin^2(22.5°) = 0.293$

6.2 첫 번째 큐비트에서 세 번째 큐비트로의 양자 텔레포테이션.

찾아보기

영문 찾아보기

카이스트 명강 **PLUS** 01

양자 정보학 강의

1판 1쇄 펴냄 2017년 12월 30일
1판 3쇄 펴냄 2023년 4월 30일

지은이 이해웅
펴낸이 박상준
펴낸곳 (주)사이언스북스

출판등록 1997. 3. 24. (제16-1444호)
(06027) 서울특별시 강남구 도산대로1길 62
대표전화 515-2000, 팩시밀리 515-2007
편집부 517-4263, 팩시밀리 514-2329
www.sciencebooks.co.kr

ⓒ 이해웅, 2017. Printed in Seoul, Korea.

ISBN 978-89-8371-887-7 94400
ISBN 978-89-8371-886-0 (세트)